剪映

U0187409

影视栏目与商业广告

从入门到精通

龙 飞 编著

清华大学出版社
北 京

内容简介

本书根据27万学员喜欢的影视栏目和商业广告制作技巧，提炼为8章内容，以案例的形式进行知识讲解，帮助读者从入门到精通剪映影视栏目和商业广告的制作。书中分为两条线：一条是影视栏目剪辑线，介绍了影视后期基本剪辑、画中画综艺分屏效果、后期包装文字动画、影视栏目片头制作、影视栏目片尾制作及综艺栏目特效制作等内容；另一条为商业广告制作线，介绍了婚庆广告、书店广告、健身广告、汽车广告、菜肴广告及面包广告等短片的制作方法。

本书适合影视栏目和商业广告制作等相关工作人员阅读，也适合短视频剪辑、视频后期处理、视频剪辑的爱好者，以及视频自媒体运营者、摄影摄像师等人员阅读，还可作为高等院校后期制作等专业及相关培训班的辅导教材。

图书在版编目 (CIP) 数据

剪映影视栏目与商业广告从入门到精通 / 龙飞编著 . —北京：清华大学出版社，2022.9
ISBN 978-7-302-61587-3

Ⅰ. ①剪…　Ⅱ. ①龙…　Ⅲ. ①视频编辑软件 ②商业广告—设计　Ⅳ. ① TP317.53 ② J524.3

中国版本图书馆 CIP 数据核字 (2022) 第 146791 号

责任编辑：李　磊
封面设计：杨　曦
版式设计：孔祥峰
责任校对：马遥遥
责任印制：刘海龙

出版发行：清华大学出版社
网　　址：http://www.tup.com.cn，http://www.wqbook.com
地　　址：北京清华大学学研大厦A座　　邮　　编：100084
社 总 机：010-83470000　　邮　　购：010-62786544
投稿与读者服务：010-62776969，c-service@tup.tsinghua.edu.cn
质 量 反 馈：010-62772015，zhiliang@tup.tsinghua.edu.cn
印 装 者：涿州汇美亿浓印刷有限公司
经　　销：全国新华书店
开　　本：185mm×260mm　　印　　张：14.75　　字　　数：359千字
版　　次：2022年10月第1版　　印　　次：2022年10月第1次印刷
定　　价：99.00元

产品编号：095380-01

序　言

PREFACE

剪映的背景

抖音刚上市时，没有人会想到这款App竟然会在短短几年发展成享誉世界的行业翘楚，而由抖音官方推出的手机视频编辑工具剪映App也逐渐成为8亿用户首选的短视频后期处理工具。如今，剪映在安卓、苹果、电脑端的总下载量超过30亿次，不仅是手机端短视频剪辑领域的强者，而且得到越来越多的电脑端用户的青睐。

那么，剪映下一步的发展趋势是什么呢？

答案是商业化的应用。以前，使用Premiere和After Effects等大型图形视频处理软件制作电影效果与商业广告需要花费几个小时，而使用剪映只需花费几分钟或几十分钟就能达到同样的效果。速度快、质量好的特点，使剪映有望在未来成为商业作品的重要剪辑工具之一。

剪映的优势

根据众多用户多年的使用经验，总结出剪映的三大优势：

一是配置要求低。与很多视频处理软件对电脑的配置要求非常高不同，剪映对操作系统、内存等的要求非常低，使用普通的电脑、平板电脑和手机等就能实现视频的剪辑操作。

二是容易上手。多数视频编辑软件的菜单、命令既多又复杂，对用户的专业性要求较高；而剪映是扁平界面模式，核心功能一目了然，用户能够轻松地掌握各项功能。

三是功能强大。使用剪映，可在几分钟内制作出精彩的影视特效、商业广告，在剪辑的方便性、快捷性、功能性方面，剪映都优于其他视频处理软件。

剪映的用户

剪映手机版，已成为短视频剪辑软件中的佼佼者，而根据笔者的亲身经历和对周围人群的调研，剪映电脑版未来也很可能会成为电脑端视频剪辑的重要工具。越来越多的用户选择使用剪映，主要原因有以下三个：

一是剪映背靠抖音8亿短视频用户，使用剪映可以简单、高效地制作抖音视频。

二是专业的视频后期人员也开始使用剪映电脑端，因为剪映在制作片头、片尾、字幕、音频时更为方便、简单和高效。

三是剪映功能强大、简单易学的特点，吸引了很多刚刚开始学习和使用视频处理软件的新用户。

剪映 的应用

在抖音上搜索“影视剪辑”，可找到各类关于影视剪辑的话题，总播放量达2350亿次。其中，“影视剪辑”的播放量为1559.4亿次、“电影剪辑”的播放量为628.9亿次、“原创影视剪辑”的播放量为30.2亿次。

在抖音上搜索“特效制作”，可找到各类特效制作话题，总播放量达58亿次。其中，“影视特效”的播放量为30亿次、“特效制作”的播放量为5.6亿次、“手机特效制作”的播放量为6.9亿次。

在抖音上搜索“调色”，相关话题的总播放量也达30亿次。其中，“滤镜调色”的播放量为25.9亿次、“调色调色”的播放量为16.7亿次、“手机调色”的播放量为2.6亿次、“调色师”的播放量为1.5亿次。

从以上数据可以看出，影视剪辑、特效制作、视频调色，都是非常受用户欢迎的热点内容，存在非常旺盛的需求，市场前景广阔。

剪映 系列图书

基于以上剪映的背景、优势、用户和应用，笔者策划了本系列图书，旨在帮助对视频后期制作感兴趣的人员学习。本系列图书共三本：

- 《剪映电影与视频调色技法从入门到精通》
- 《剪映影视栏目与商业广告从入门到精通》
- 《剪映影视剪辑与特效制作从入门到精通》

本系列图书具有如下三个特色。

第一，视频教学！赠送教学视频，读者扫描书中二维码可以查看制作过程。

第二，热门案例！精选抖音爆火案例，手把手教你制作方法。

第三，素材丰富！为提高读者学习效率，书中提供了案例的素材文件以供演练。

本书内容

本书主要介绍了使用剪映制作影视栏目与商业广告的方法，全书共分为8章，具体内容如下。

第1章：介绍影视后期剪辑入门的基础剪辑操作和后期包装操作。

第2章：介绍常用的画中画效果和蒙版创意分屏效果的制作方法。

第3章：介绍后期包装文字动画的制作，包括文字动画制作方法、影视类文字动画和艺术感文字动画等。

第4章：介绍影视栏目片头的制作方法，包括影视片头、节目片头，以及创意片头等。

第5章：介绍影视栏目片尾的制作方法，包括影视片尾和节目片尾等。

第6章：介绍综艺栏目特效的制作方法，包括人物出场特效、综艺常用特效和综艺弹幕贴纸等。

第7章：介绍商务宣传短片的制作方法，包括婚庆广告、书店广告、健身广告等。

第8章：介绍产品广告短片的制作方法，包括汽车广告、菜肴广告和面包广告等。

此外，为方便读者学习，本书提供了丰富的配套资源。读者可扫描右侧二维码获取全书的素材文件、案例效果和教学视频；也可直接扫描书中二维码，观看案例效果和教学视频，随时随地学习和演练，让学习更加轻松。

配套资源

温馨提示

笔者基于当前各平台和软件截取的实时操作界面的图片编写本书，但图书从编辑到出版需要一段时间，在这段时间里，软件界面与功能会有一些调整和变化，比如删除或增加了某些内容，这是软件开发商做的更新。阅读时，读者可根据书中介绍的思路，举一反三，进行学习即可。

本书及附赠的资源文件中引用的图片、模板、音频及视频等素材仅为说明(教学)之用，绝无侵权之意，特此声明。也请大家尊重本书编写团队拍摄的素材，不要用于其他商业活动。

售后服务

本书主要内容为短视频后期制作，如果读者想学习短视频的前期拍摄方法，可以关注笔者的公众号“手机摄影构图大全”，学习公众号中分享的300多个拍摄技巧。

参与本书编写的人员有邓陆英，提供视频素材和拍摄帮助的人员有向小红、苏苏、巧慧、燕羽、徐必文、黄建波、罗健飞，以及王甜康等，在此表示感谢。

由于笔者水平有限，书中难免有疏漏之处，恳请广大读者批评、指正。

龙　飞

2022年3月

目　录 CONTENTS

知识导读

本章主要介绍影视后期剪辑的基本操作，包括导入和剪辑视频素材、导出成品设置属性的操作方法，以及影视科幻大片、电视栏目宣传包装和预告片的制作方法。这些基础操作，可以让我们在学习后面章节的知识时更加得心应手。

1 CHAPTER

第1章 影视后期基本剪辑

本章重点索引

- 基础剪辑操作
- 后期包装操作

效果欣赏

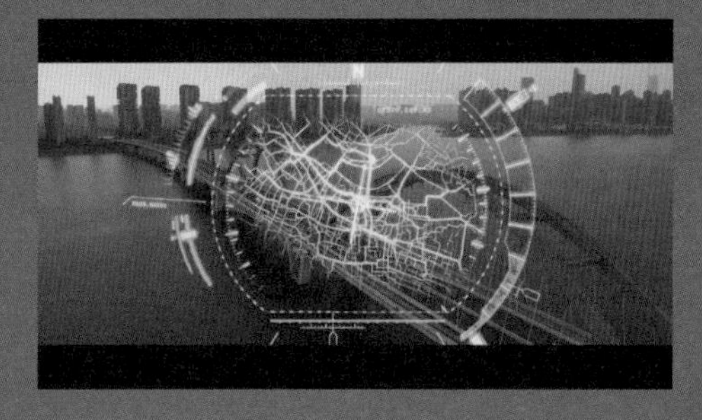

1.1 基础剪辑操作

在剪映专业版中剪辑视频的操作方法比较简单，首先导入素材，然后对导入的视频进行剪辑处理，最后导出成品并设置相关参数即可。本节为大家介绍这些基础的操作方法。

1.1.1 导入和剪辑素材

【效果说明】：在剪映中进行剪辑操作，需要先导入视频素材。导入的素材时长如果过长，可以通过裁剪留下需要的片段，以突出原始视频素材中的重点画面。导入和剪辑素材后的效果，如图1-1所示。

案例效果

教学视频

图1-1　导入和剪辑素材后的效果

STEP 01 打开剪映专业版软件，在“本地草稿”面板中单击“开始创作”按钮，如图1-2所示。

STEP 02 进入视频剪辑界面，在“媒体”功能区的“本地”选项卡中，单击“导入”按钮，如图1-3所示。

图1-2　单击“开始创作”按钮

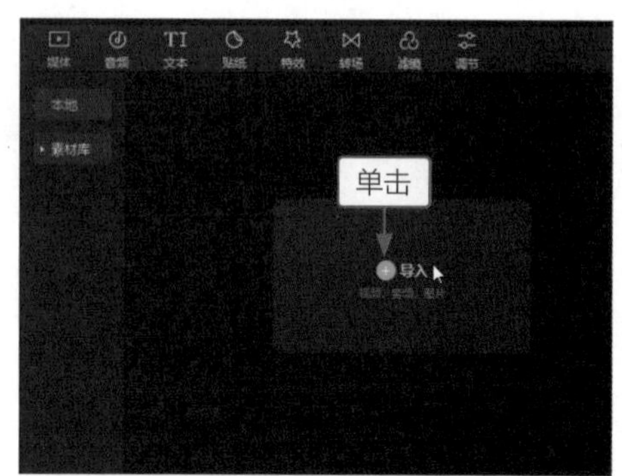

图1-3　单击“导入”按钮

STEP 03 在弹出的"请选择媒体资源"对话框中，❶选择视频素材；❷单击"打开"按钮，如图1-4所示。

STEP 04 将视频素材导入"本地"选项卡中，单击视频素材右下角的"添加到轨道"按钮⊕，如图1-5所示。

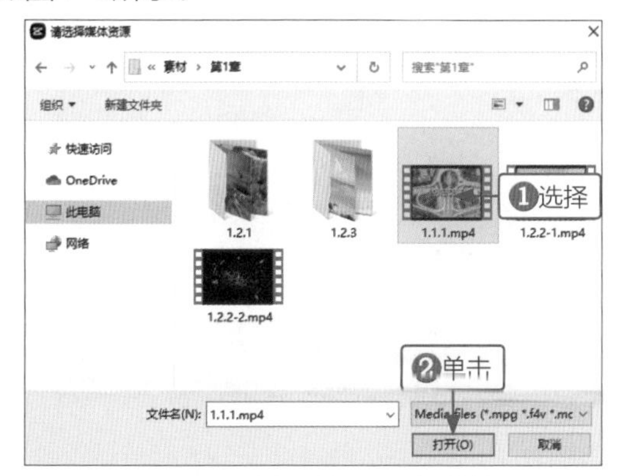

图1-4　选择并打开视频素材

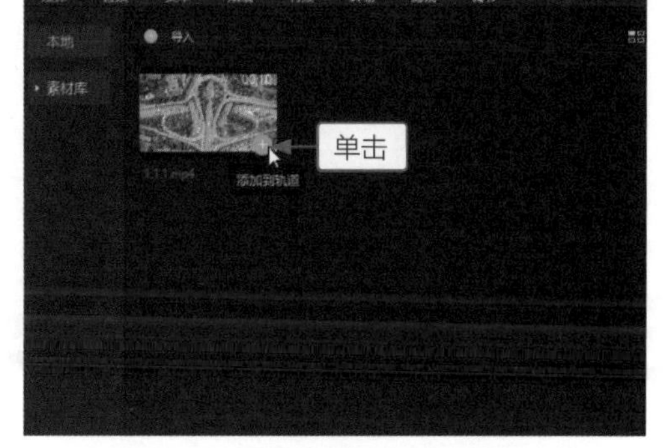

图1-5　将视频素材添加到轨道

STEP 05 执行操作后，❶将视频添加到时间线面板的视频轨道中；❷向左拖曳右上角的滑块，缩小视频素材的预览长度，如图1-6所示。同理，向右拖曳滑块，则可以放大视频素材的预览长度。

图1-6　向左拖曳滑块缩小视频素材预览长度

STEP 06 ❶将时间指示器拖曳至00:00:06:00的位置；❷单击"分割"按钮Ⅱ，分割视频，如图1-7所示。

STEP 07 分割视频素材后，❶选择后半段不需要的素材；❷单击"删除"按钮◻，即可删除多余的视频片段，如图1-8所示。

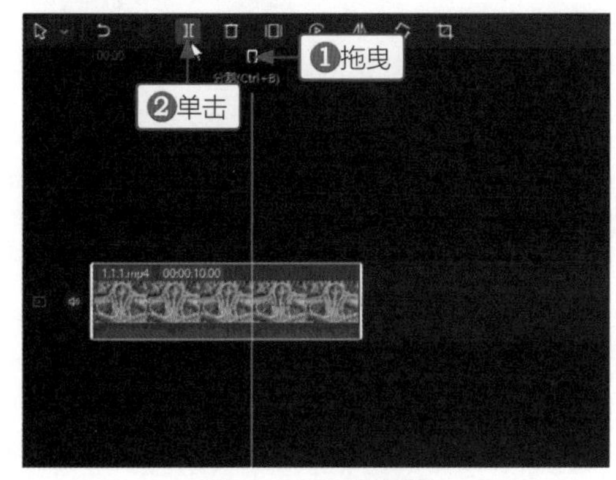

图1-7　分割视频

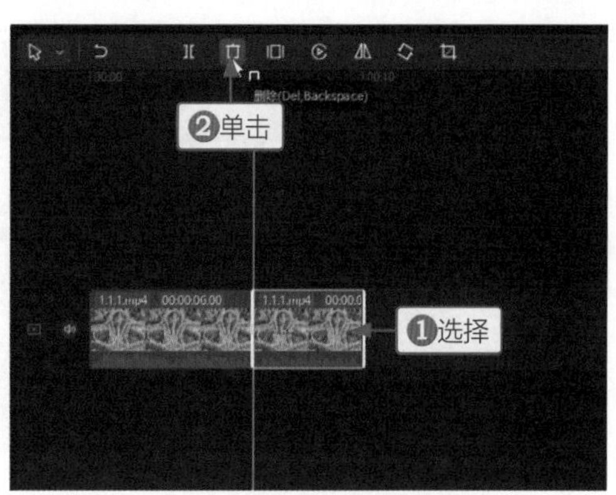

图1-8　删除多余视频

1.1.2 导出成品设置属性

【效果说明】：完成视频剪辑后，在剪映的“导出”对话框中设置相关参数，可以让视频画质更加高清，播放速度更加流畅。导出成品设置属性后的效果，如图1-9所示。

案例效果

教学视频

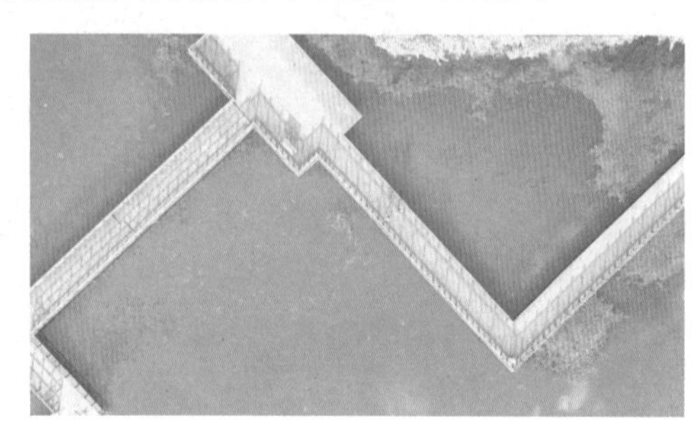
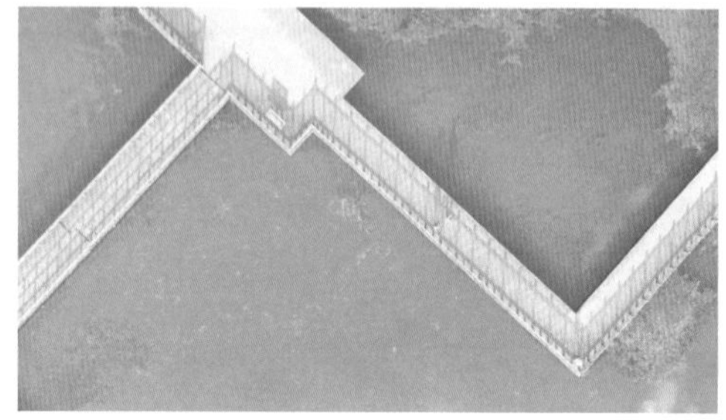
图1-9　导出成品设置属性后的效果

STEP 01 在剪映中打开一个草稿文件，此时视频轨道中的素材时长已被裁剪，如图1-10所示。

STEP 02 单击界面右上角的“导出”按钮，如图1-11所示。

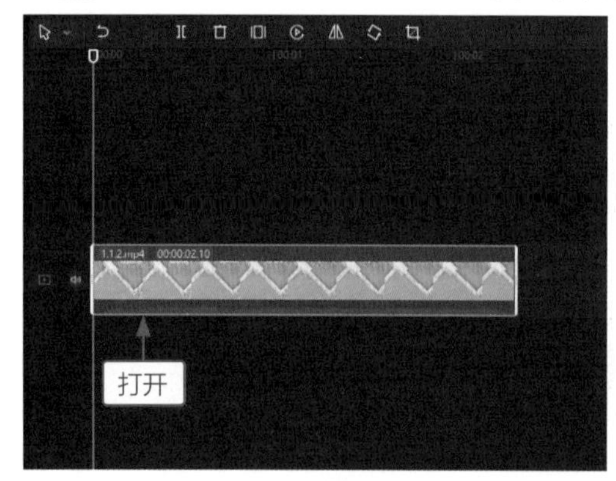

图1-10　打开草稿文件

图1-11　单击“导出”按钮

STEP 03 弹出“导出”对话框，在“作品名称”文本框中更改名称，如图1-12所示。

STEP 04 单击“导出至”右侧的按钮，弹出“请选择导出路径”对话框，❶选择保存路径；❷单击“选择文件夹”按钮，如图1-13所示。

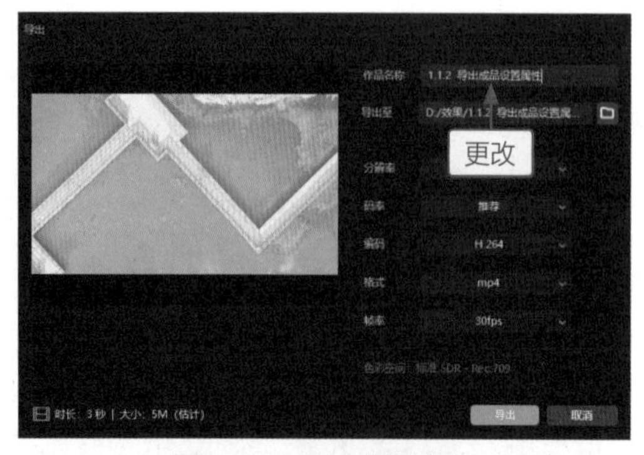

图1-12　更改作品名称

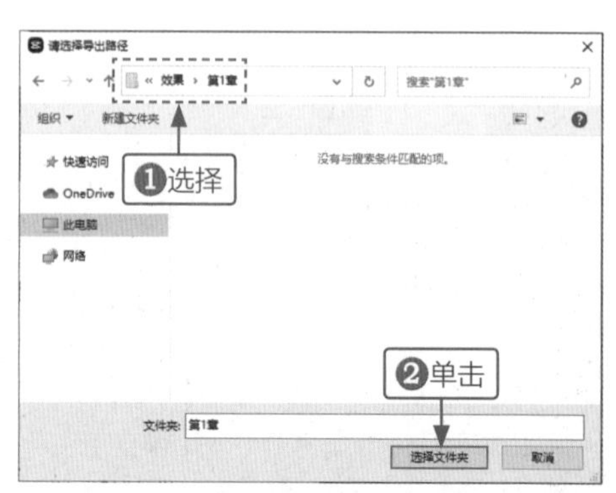

图1-13　选择保存文件夹

STEP 05 在“分辨率”列表框中，选择4K选项，让导出的视频素材画质更加高清，如图1-14所示。

STEP 06 在“码率”列表框中，选择“更高”选项，也能提高视频分辨率，如图1-15所示。

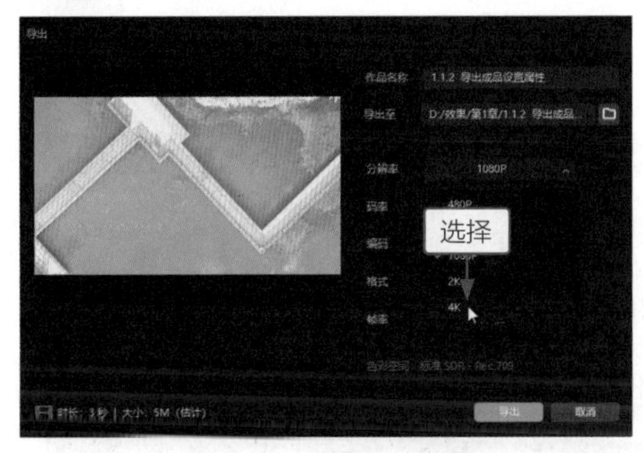

图1-14　选择4K选项

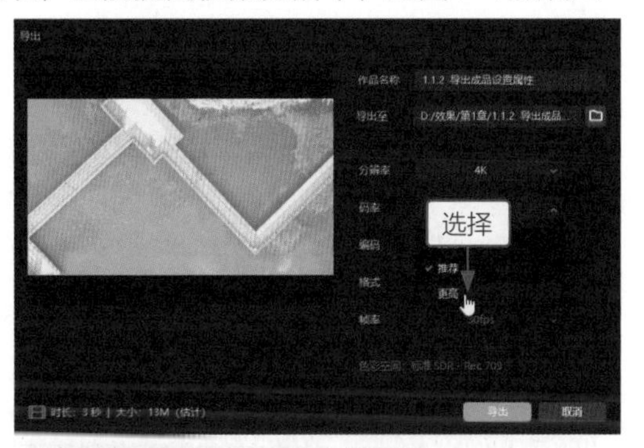

图1-15　选择“更高”选项

STEP 07 默认“编码”和“格式”选项的设置，方便视频素材导出后的压缩和播放，如图1-16所示。

STEP 08 ❶在“帧率”列表框中，选择50fps选项，让视频的播放速度更加流畅；❷单击“导出”按钮，如图1-17所示。

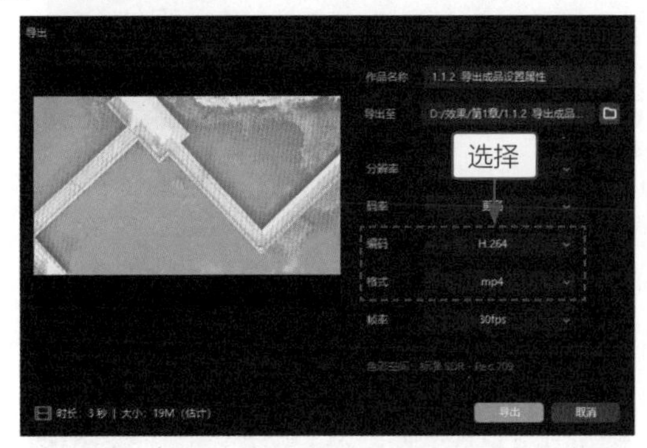

图1-16　默认“编码”和“格式”选项的设置

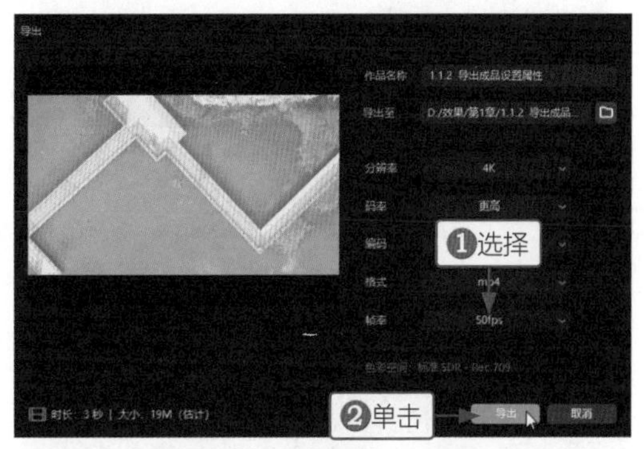

图1-17　选择帧率并导出

STEP 09 导出完成后，❶单击“西瓜视频”按钮，即可打开浏览器，发布视频至西瓜视频平台；❷单击“抖音”按钮，即可将视频发布至抖音平台；❸单击“关闭”按钮，即可完成视频的导出操作，如图1-18所示。

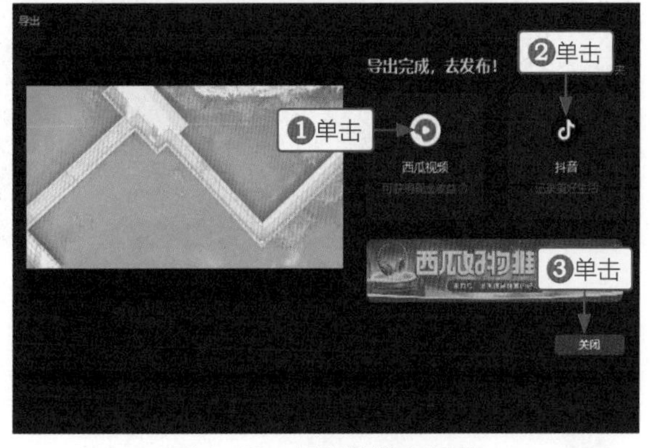

图1-18　视频的发布/导出

1.2 后期包装操作

无论是电影、电视剧、综艺节目、新闻报道，还是其他影视栏目，都需要在现有的拍摄素材上进行后期剪辑包装。经过后期包装的视频，能够吸引更多的观众。

1.2.1 影视科幻大片制作

案例效果

教学视频

【效果说明】：在剪映中，为拍摄的视频添加科幻特效，再将画面制作成电影画幅，就可以将一段平平无奇的视频素材包装成影视科幻大片。影视科幻大片效果，如图1-19所示。

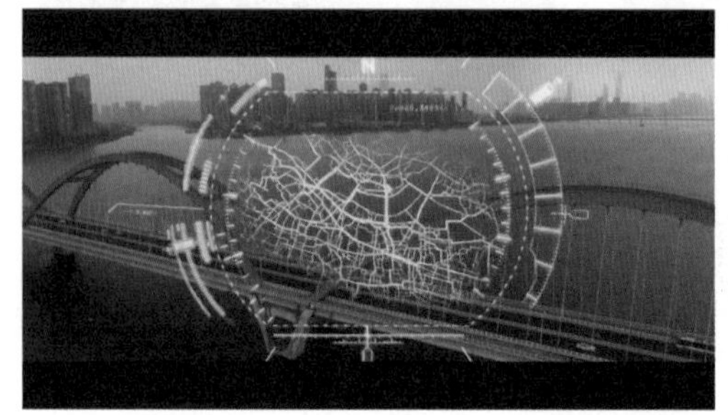
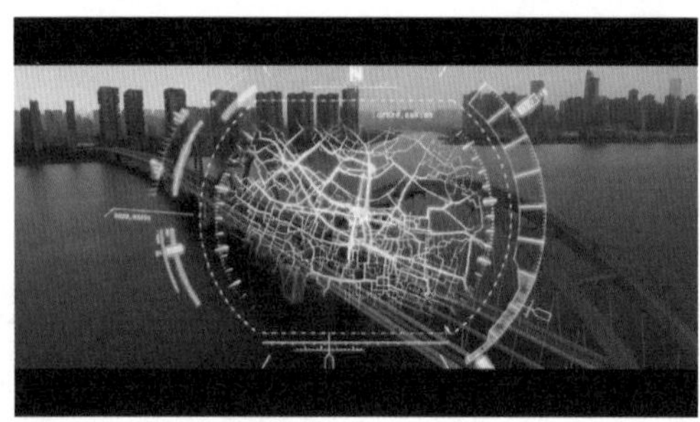
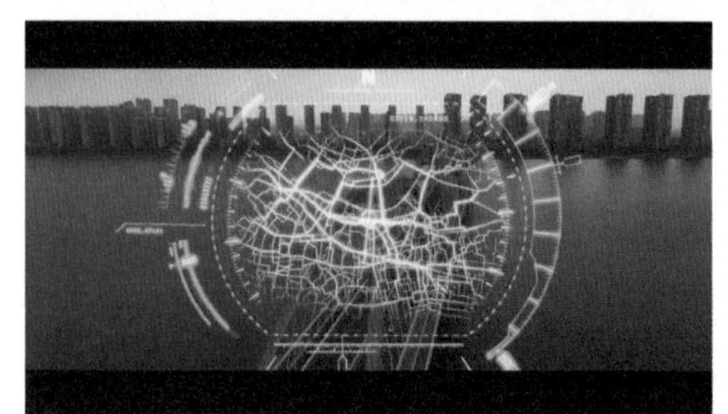

图1-19 影视科幻大片效果

STEP 01 在剪映中，导入一段视频素材和一段科幻特效视频，如图1-20所示。

STEP 02 将2段视频分别添加到视频轨道和画中画轨道，如图1-21所示。

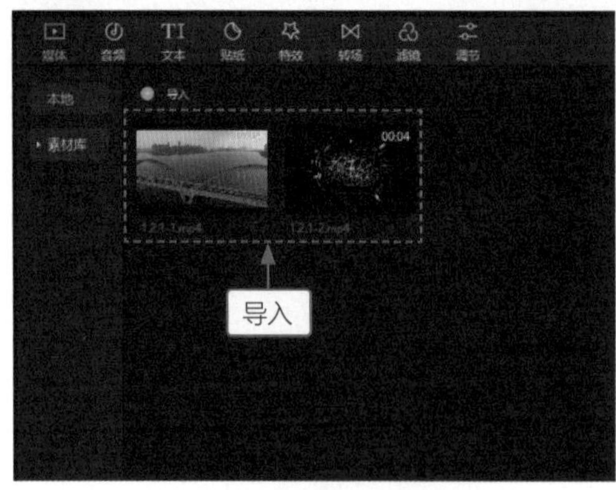

图1-20 导入2段视频

图1-21 添加2段视频至轨道

STEP 03 选择画中画轨道中的特效视频，❶切换至“画面”操作区的“基础”选项卡；❷在“混合模式”列表框框中，选择“滤色”选项，如图1-22所示。

STEP 04 在“调节”操作区中，设置“饱和度”和“亮度”参数均为50，如图1-23所示。

STEP 05 在“特效”功能区中，单击“电影画幅”特效右下角的按钮⊕，将特效添加到轨道，如图1-24所示。

STEP 06 执行操作后，即可添加“电影画幅”特效，调整特效的时长与视频时长一致，完成影视科幻大片的制作，如图1-25所示。

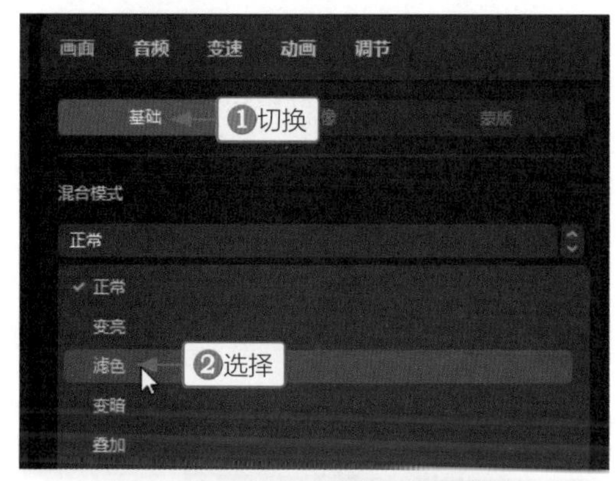

图1-22　选择“滤色”混合模式

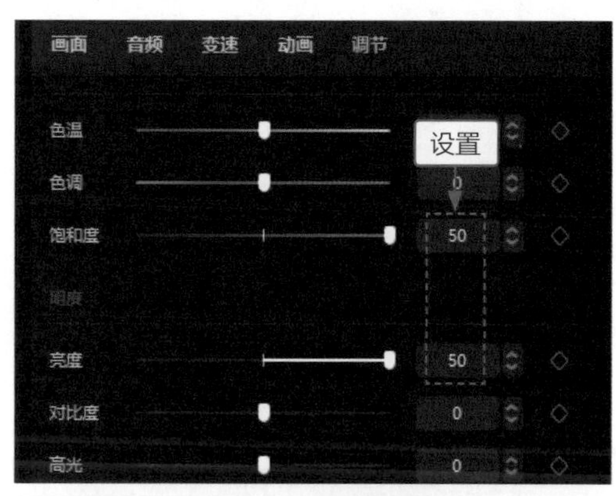

图1-23　设置参数

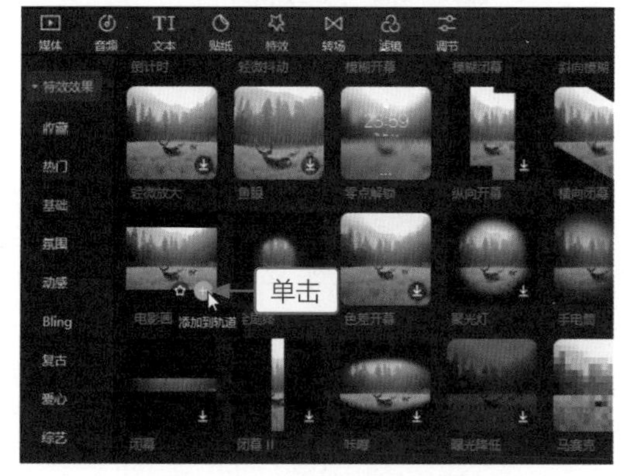

图1-24　添加特效到轨道

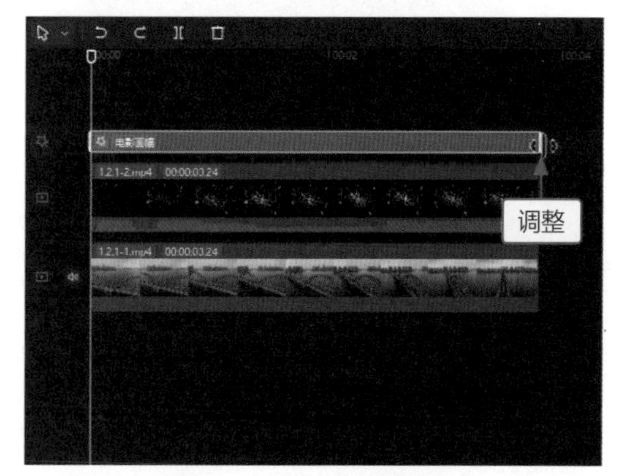

图1-25　添加并调整特效

1.2.2 电视栏目宣传包装

【效果说明】：本节介绍电视栏目的宣传包装技巧，包括制作线条切割视频，添加节目转场效果，制作字幕动画效果，以及制作画中画效果等，让原有的照片、视频等素材变得更加丰富多彩。电视栏目宣传包装效果，如图1-26所示。

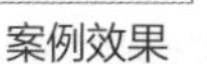

案例效果　教学视频

图1-26　电视栏目宣传包装效果

图1-26　电视栏目宣传包装效果(续)

下面以制作《青春环游》宣传短片为例，介绍电视栏目具体的包装方法。

1. 制作线条切割视频

通过设置背景颜色、添加“线性”蒙版和关键帧，可以将图片制作成线条切割效果的视频。下面介绍制作线条切割视频的操作方法。

STEP 01 新建一个草稿文件，导入2张图片素材，如图1-27所示。

STEP 02 将第1张图片添加到视频轨道，并调整其时长为00:00:02:15，如图1-28所示。

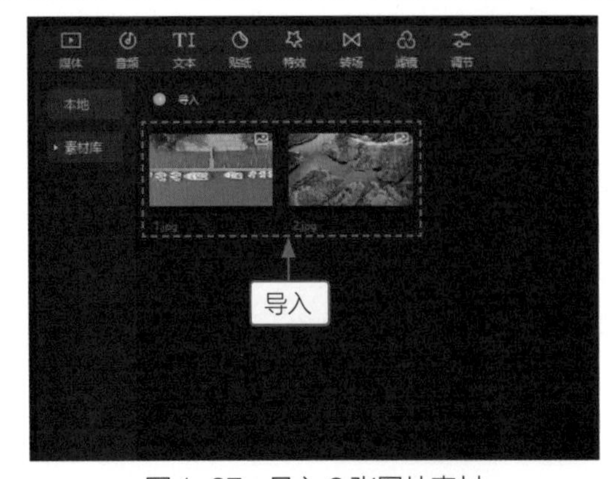

图1-27　导入2张图片素材

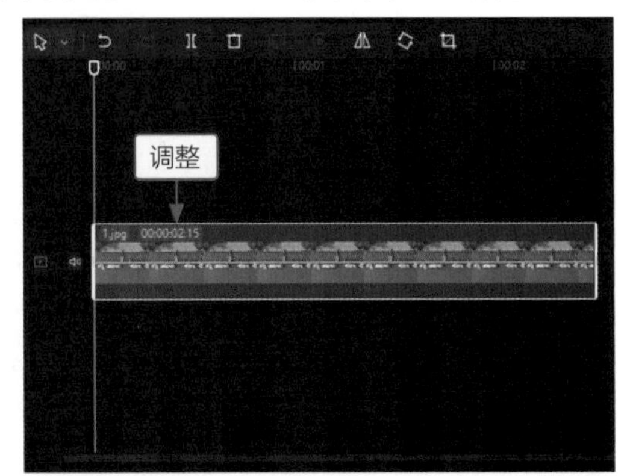

图1-28　添加照片并调整时长

STEP 03 在“画面”操作区中，❶切换至“基础”选项卡；❷设置“缩放”参数为95%，如图1-29所示。

STEP 04 ❶切换至“背景”选项卡；❷在“背景填充”列表框中，选择“颜色”选项，如图1-30所示。

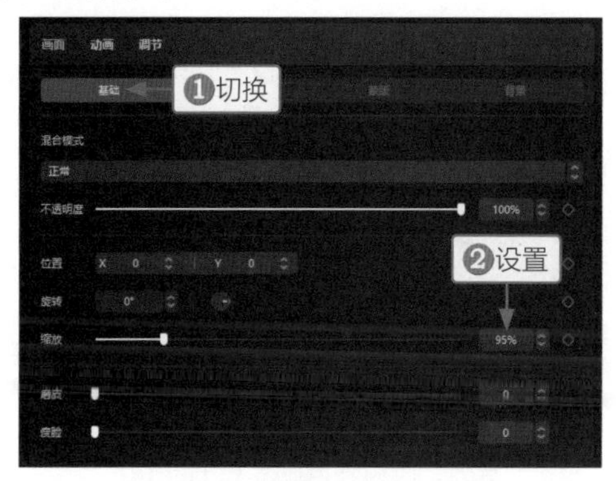

图1-29　设置“缩放”参数

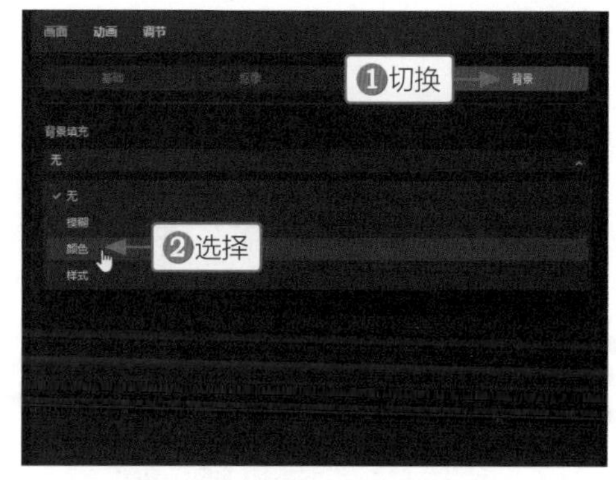

图1-30　选择“颜色”选项

STEP 05 在“颜色”面板中，选择白色色块，即可将背景画面设置为白色，如图1-31所示。

STEP 06 ❶切换至“蒙版”选项卡；❷选择“线性”蒙版，如图1-32所示。

图1-31　选择白色色块

图1-32　选择“线性”蒙版

STEP 07 在视频轨道中选择素材，按Ctrl+C组合键复制，按Ctrl+V组合键将视频粘贴至画中画轨道，如图1-33所示。

STEP 08 ❶切换至“画面”操作区的“蒙版”选项卡；❷单击“反转”按钮，如图1-34所示。

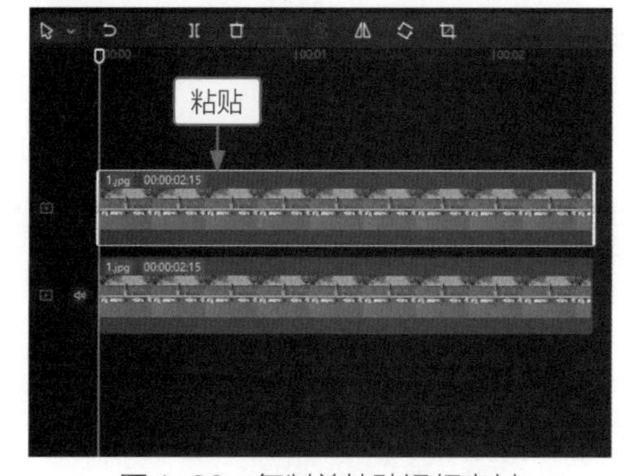

图1-33　复制并粘贴视频素材

图1-34　反转蒙版

STEP 09 选择视频轨道中的素材，❶切换至“基础”选项卡；❷设置“位置”的X参数为-3760、Y参数为15；❸添加关键帧◆，如图1-35所示。

STEP 10 将时间指示器拖曳至00:00:00:16的位置，在“基础”选项卡中，设置“位置”的X参数为0、Y参数为15，添加第2个关键帧，制作画面右滑效果，如图1-36所示。

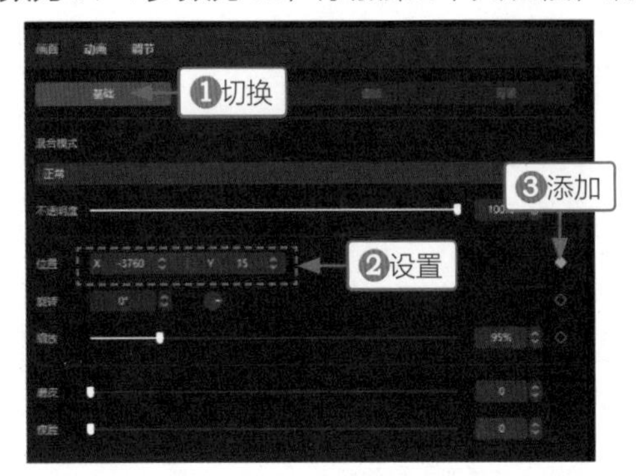

图1-35 设置视频轨道中素材的位置和关键帧

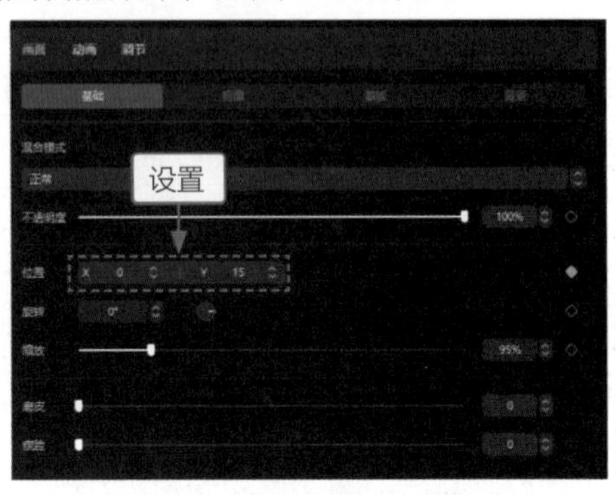

图1-36 制作画面右滑效果

STEP 11 不改变时间指示器的位置，选择画中画轨道中的素材，❶切换至“基础”选项卡；❷设置“位置”的X参数为0、Y参数为-15；❸添加关键帧◆，如图1-37所示。

STEP 12 将时间指示器拖曳至开始位置，在“基础”选项卡中，设置“位置”的X参数为3760、Y参数为-15，添加第2个关键帧，制作画面左滑效果，如图1-38所示。

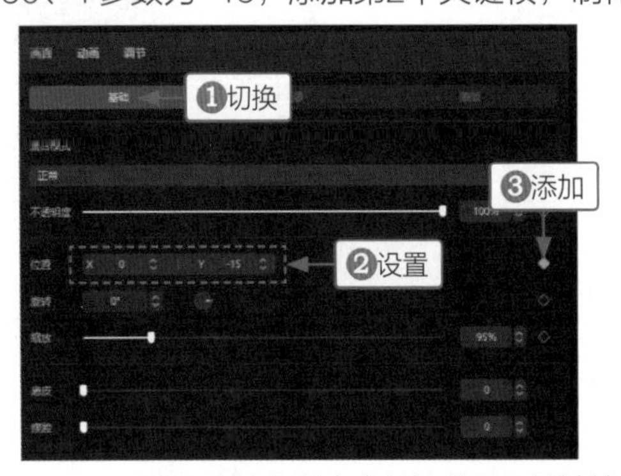

图1-37 设置画中画轨道中素材的位置和关键帧

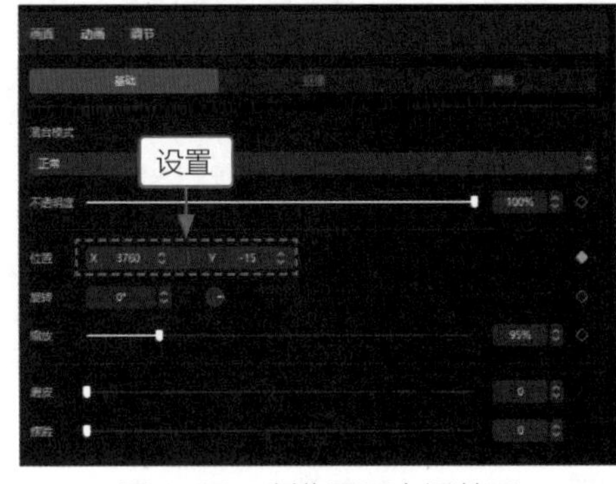

图1-38 制作画面左滑效果

STEP 13 执行上述操作后，将第1个线条切割视频导出。在“媒体”功能区中，选择第2张图片，将其拖曳至视频轨道的素材上，如图1-39所示。

STEP 14 释放鼠标左键，弹出“替换”对话框，单击“替换片段”按钮，即可将视频轨道中的素材替换，如图1-40所示。

STEP 15 以上述同样的方法，用第2张图片替换画中画轨道中的素材，如图1-41所示。

STEP 16 选择视频轨道中的素材，❶切换至“画面”操作区的“蒙版”选项卡；❷设置“位置”的X参数为65、Y参数为-30；❸设置“旋转”参数为29°，调整蒙版的位置和角度，如图1-42所示。

STEP 17 选择画中画轨道中的素材，在“蒙版”选项卡中，❶设置“位置”的X参数为80、Y参数为-70；❷设置“旋转”的参数为29°，如图1-43所示。

STEP 18 选择视频轨道中的素材，❶切换至“画面”操作区的“基础”选项卡；❷修改“位置”的X参数为3760、Y参数为15，使画面从右上角切入，如图1-44所示。

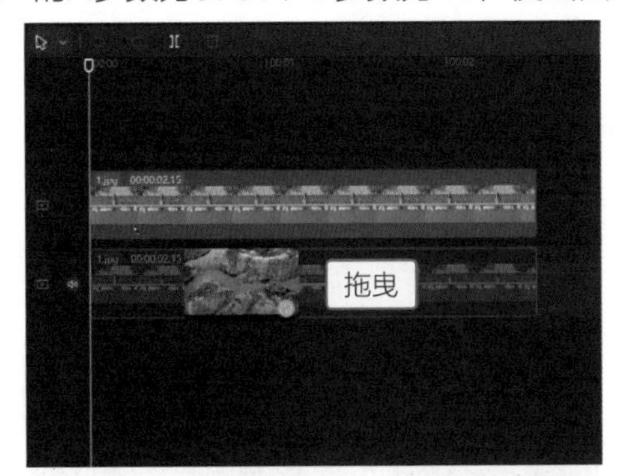

图1-39　拖曳第2张图片至视频轨道素材

图1-40　替换视频轨道中的素材

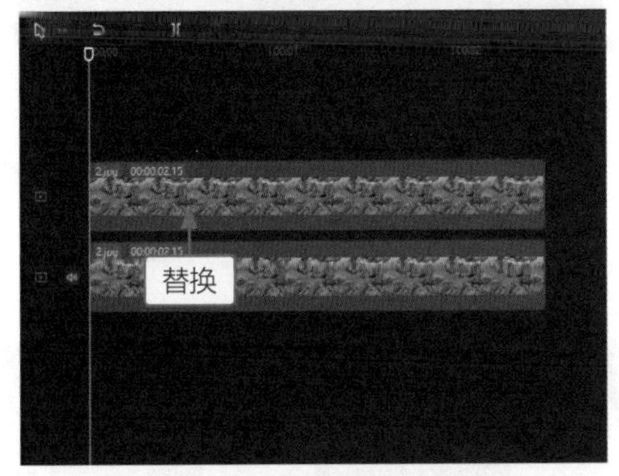

图1-41　替换画中画轨道中的素材

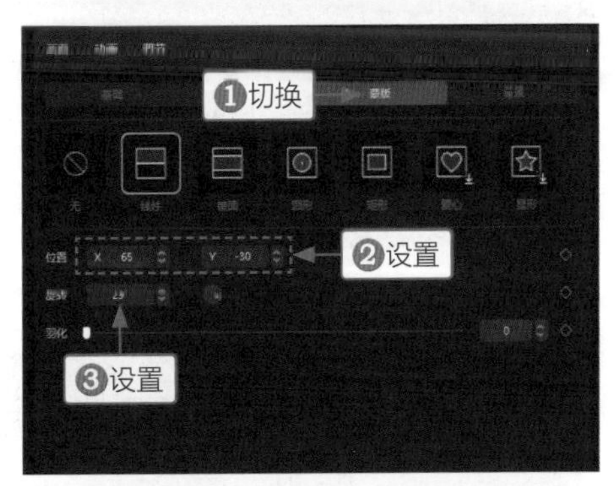

图1-42　调整蒙版的位置和角度

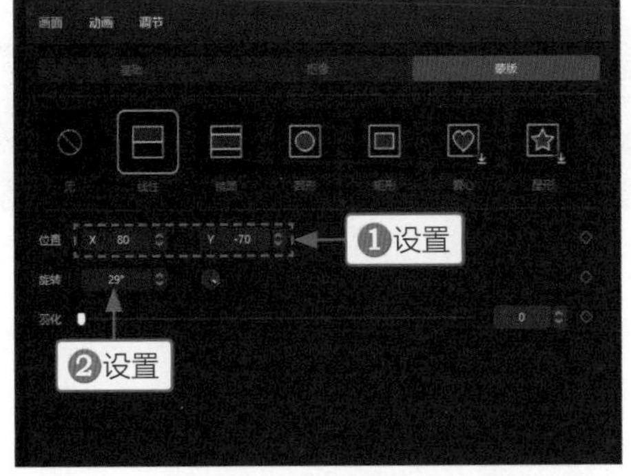

图1-43　设置画中画轨道中的素材参数

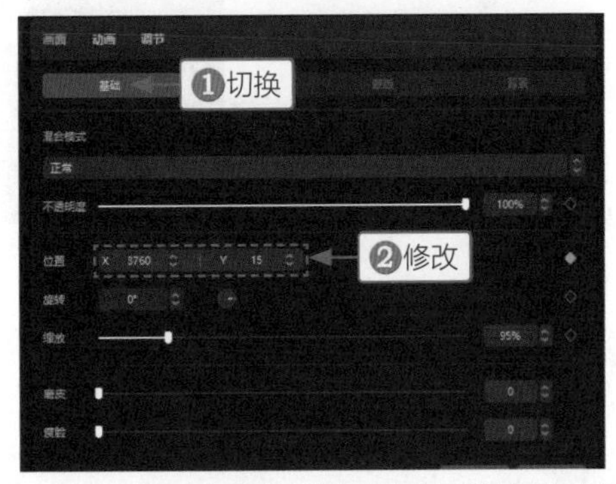

图1-44　修改视频轨道中素材的“位置”参数

STEP 19 选择画中画轨道中的素材，在“画面”操作区的“基础”选项卡中，修改“位置”的X参数为-3760、Y参数为-15，使画面从左下角切入，如图1-45所示。执行上述操作后，将制作的第2个线条切割视频导出备用。

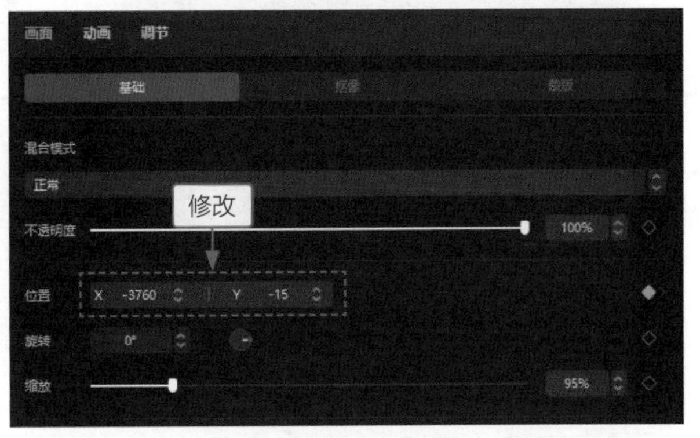

图1-45　修改画中画轨道中素材的“位置”参数

2. 添加节目转场效果

在剪映中，可为电影栏目添加转场效果，操作步骤也很简单，只需导入并调整各照片和视频的时长，为其添加节目转场效果即可。下面介绍添加转场效果的具体操作方法。

STEP 01 新建一个草稿文件，在“媒体”功能区中导入需要的素材，如图1-46所示。

STEP 02 将“线条切割1.mp4”和“线条切割2.mp4”、3.mp4、4.jpg、5.jpg素材添加到视频轨道上，如图1-47所示。

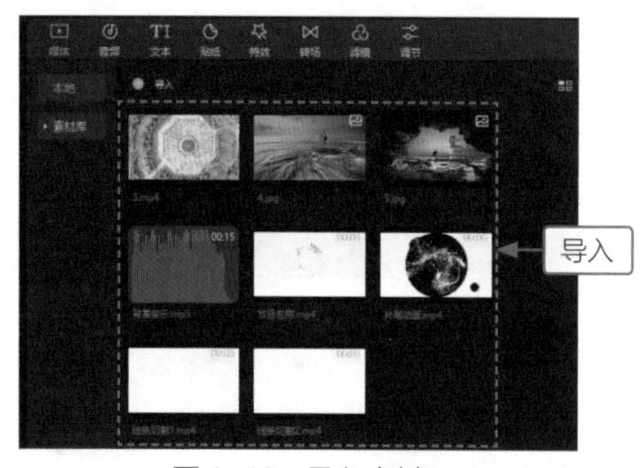

图1-46 导入素材

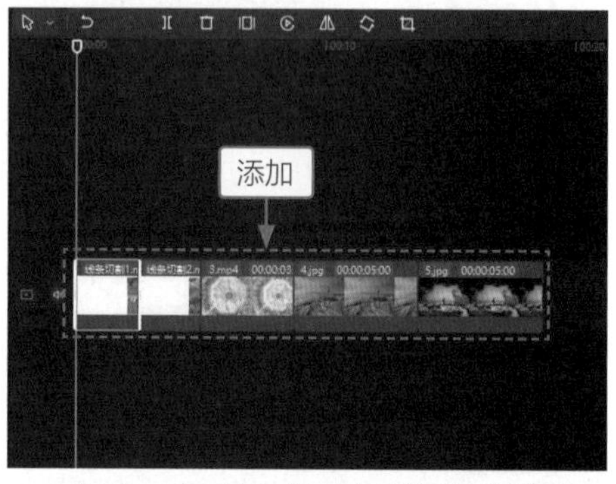

图1-47 将素材添加到视频轨道

STEP 03 ❶调整第1个和第2个素材的时长均为00:00:01:15；❷调整第4个素材的时长为00:00:02:00；❸调整第5个素材的时长为00:00:01:20；❹选择第3个素材，如图1-48所示。

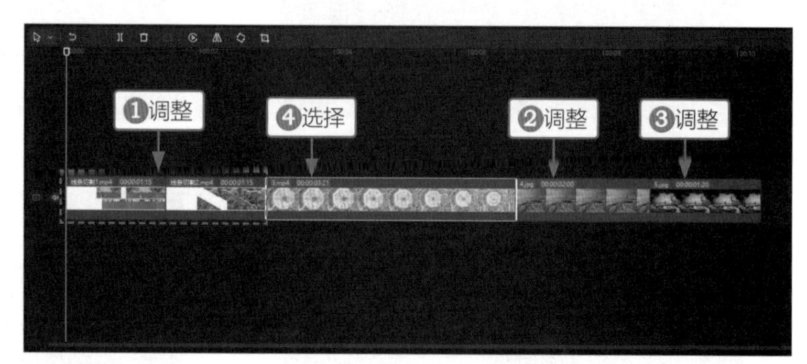

图1-48 调整和选择素材

STEP 04 ❶切换至“变速”操作区的“常规变速”选项卡；❷设置“自定时长”参数为2.0s，如图1-49所示。

STEP 05 将“片尾动画.mp4”素材添加到视频轨道，如图1-50所示。

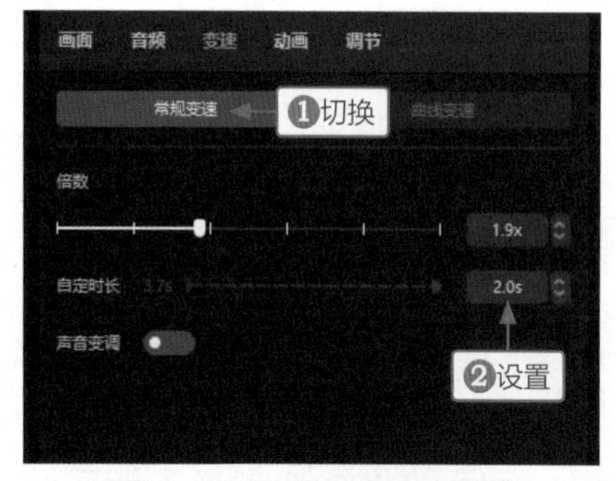

图1-49 设置变速时长参数

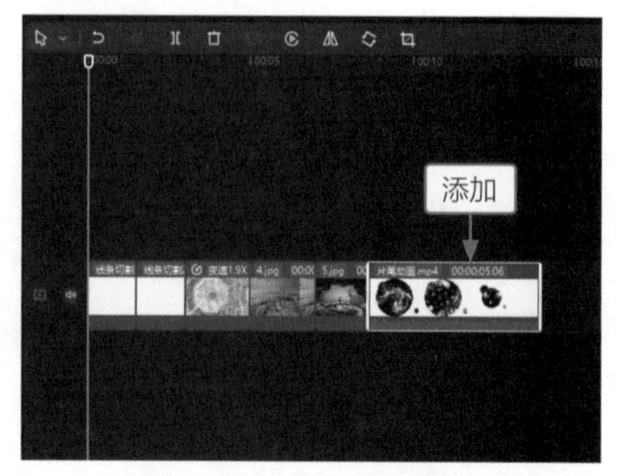

图1-50 添加片尾素材

STEP 06 ❶拖曳时间指示器至00:00:09:12的位置；❷单击“分割”按钮Ⅱ，如图1-51

所示。

STEP 07 ❶拖曳时间指示器至00:00:11:08的位置；❷单击“分割”按钮，如图1-52所示。

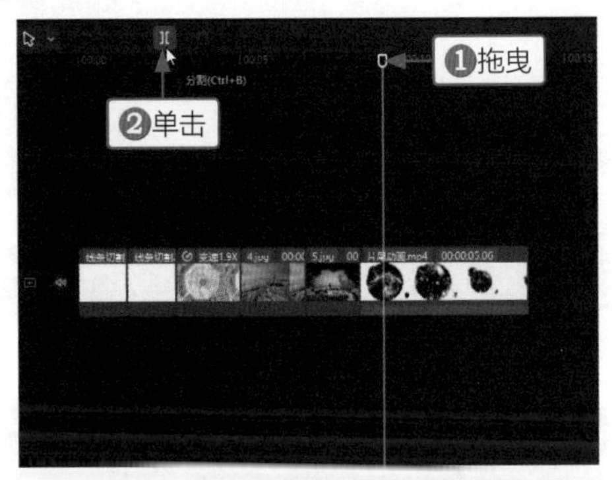

图1-51　分割第1段片尾视频

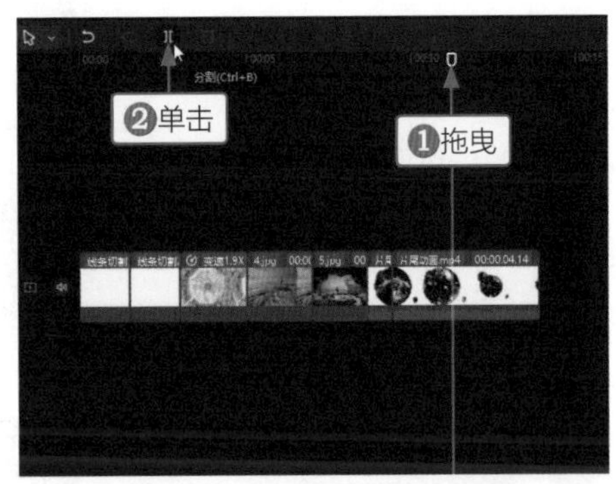

图1-52　分割第2段片尾视频

STEP 08 按住Ctrl键的同时，❶选择分割出来的前后两段视频；❷单击“删除”按钮，如图1-53所示。

STEP 09 选择第3个素材，在“画面”操作区的“基础”选项卡中，设置“缩放”参数为95%，如图1-54所示。

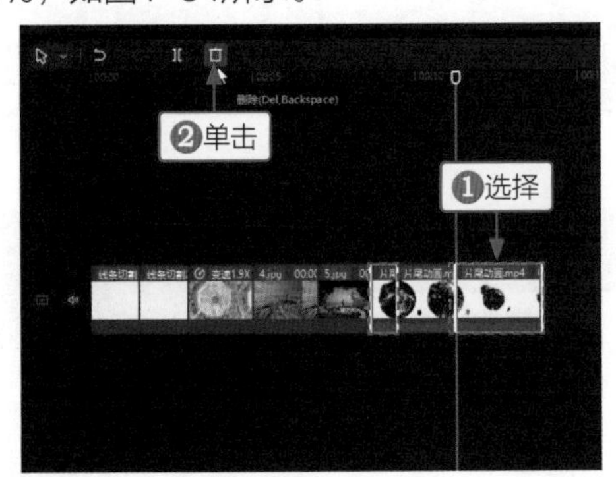

图1-53　删除视频

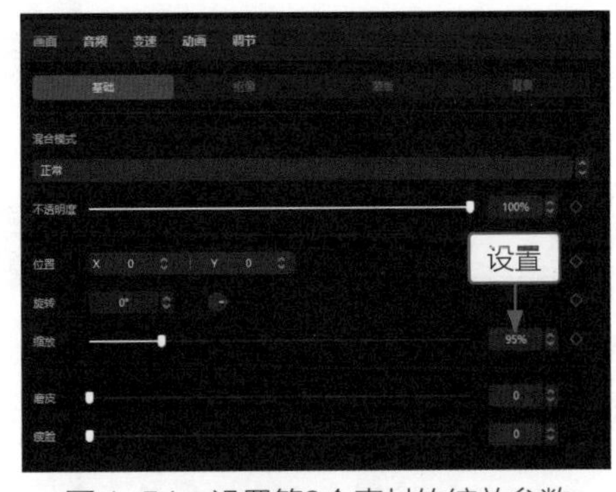

图1-54　设置第3个素材的缩放参数

STEP 10 选择第4个素材，拖曳时间指示器至00:00:05:15的位置，在“画面”操作区的“基础”选项卡中，❶设置“位置”的X参数为-347、Y参数为-228；❷设置“缩放”参数为85%；❸同时添加“位置”和“缩放”的关键帧，将人物移至画面中间的位置，如图1-55所示。

图1-55　设置第4个素材的位置参数和关键帧

STEP 11 将时间指示器拖曳至00:00:06:29的位置，在“画面”操作区的“基础”选项卡中，❶设置“位置”的X参数为0、Y参数为0；❷设置“缩放”参数为95%，如图1-56所示。

图1-56　设置第4个素材的缩放参数

STEP 12 ❶切换至“背景”选项卡；❷在“背景填充”选项区，将“颜色”设置为白色；❸单击“应用到全部”按钮，如图1-57所示。

图1-57　设置背景颜色

STEP 13 拖曳时间指示器至00:00:05:15的位置，在“蒙版”选项卡中，❶选择“矩形”蒙版；❷设置“位置”的X参数为200、Y参数为124；❸设置“大小”参数的“长”为467、“宽”为456；❹设置“圆角”参数为100；❺添加“位置”“大小”“圆角”的关键帧◆，如图1-58所示。

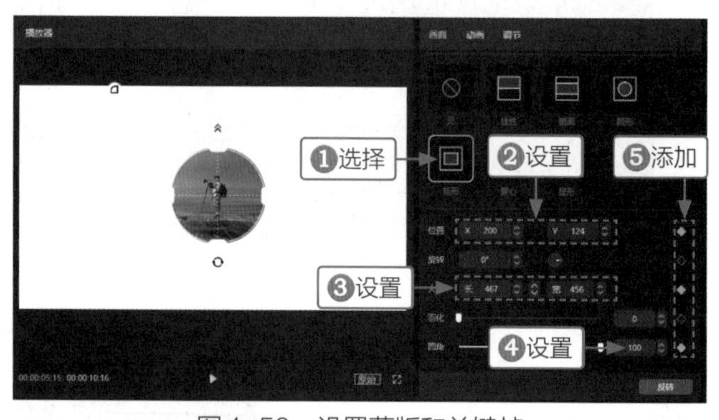

图1-58　设置蒙版和关键帧

STEP 14 拖曳时间指示器至00:00:06:29的位置，在“蒙版”选项卡中，❶设置“位置”的X参数为0、Y参数为0；❷设置“大小”的参数“长”为1354、“宽”为762；❸设置“圆角”参数为0，如图1-59所示。

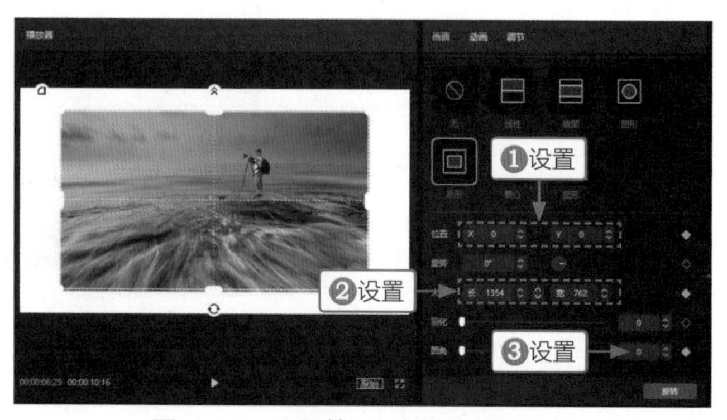

图1-59　设置第4个素材的蒙版参数

STEP 15 选择第5个素材，拖曳时间指示器至00:00:07:00的位置，在画面操作区的“基础”选项卡中，❶设置“缩放”参数为95%；❷添加“缩放”右侧的关键帧◆，如图1-60所示。

图1-60　设置第5个素材的缩放参数和关键帧

STEP 16 拖曳时间指示器至00:00:08:05的位置，在“基础”选项卡中，设置“缩放”参数为145%，如图1-61所示。

图1-61　设置第5个素材的缩放参数

STEP 17 拖曳时间指示器至00:00:07:00的位置，在“蒙版”选项卡中，❶选择“矩形”蒙版；❷设置“大小”参数的“长”为4200、“宽”为2315；❸设置“圆角”参数为65；❹添加“圆角”右侧的关键帧◆，如图1-62所示。

图1-62　设置第5个素材的蒙版参数

STEP 18 拖曳时间指示器至00:00:08:19的位置，在“蒙版”选项卡中，设置“圆角”参数为0，效果如图1-63所示。

STEP 19 将时间指示器拖曳至第1个素材和第2个素材之间，如图1-64所示。

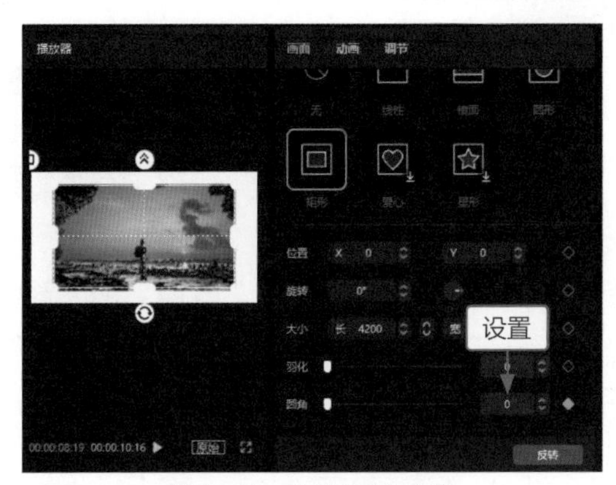

图1-63　设置圆角参数

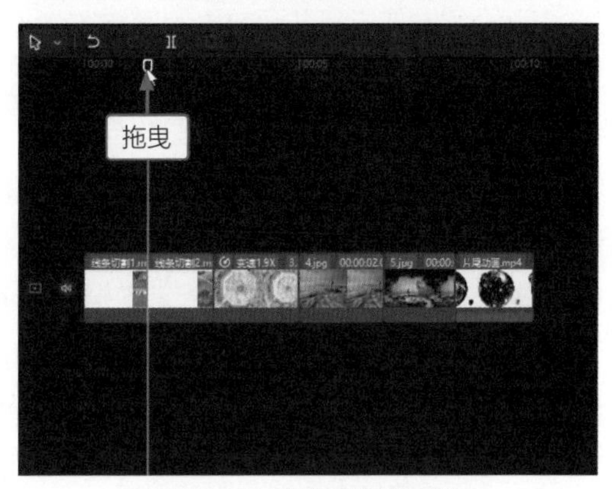

图1-64　拖曳时间指示器

STEP 20 ❶切换至“转场”功能区；❷在“MG转场”选项卡中单击“箭头向右”右下角的按钮⊕，将转场效果添加到轨道，如图1-65所示。

STEP 21 执行操作后，即可在两个素材之间添加“箭头向右”转场，如图1-66所示。

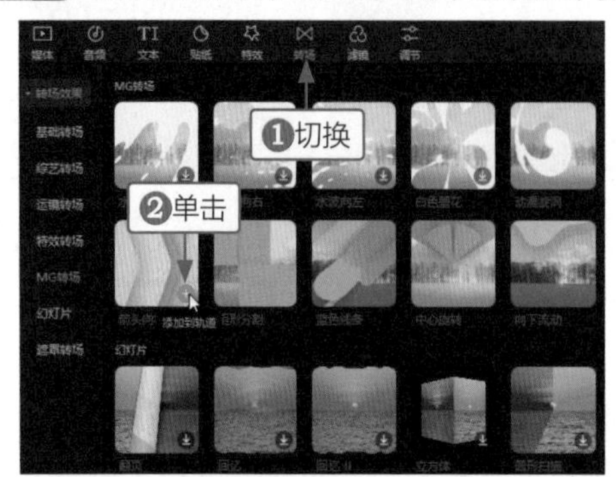

图1-65　添加转场效果到轨道

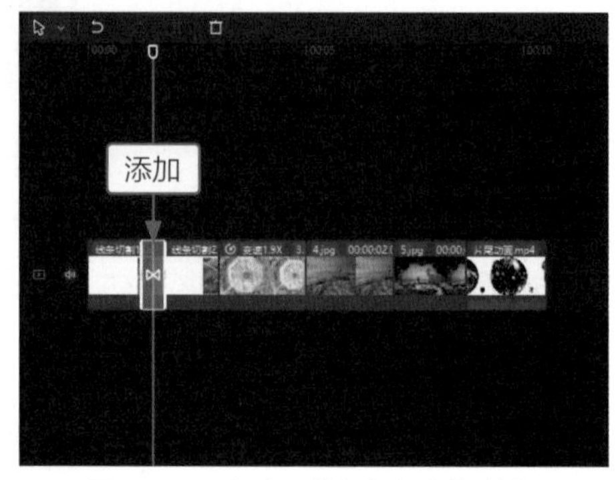

图1-66　添加“箭头向右”转场

STEP 22 ❶切换至“转场”操作区；❷设置“转场时长”参数为0.7s，如图1-67所示。

STEP 23 用上述同样的操作方法，在后面每两个素材之间，分别添加“矩形分割”转场(时长为0.7s)、“中心旋转”转场(时长为1.0s)、“蓝色线条”转场(时长为0.5s)、“动漫旋涡”转场(时长为0.8s)，如图1-68所示。

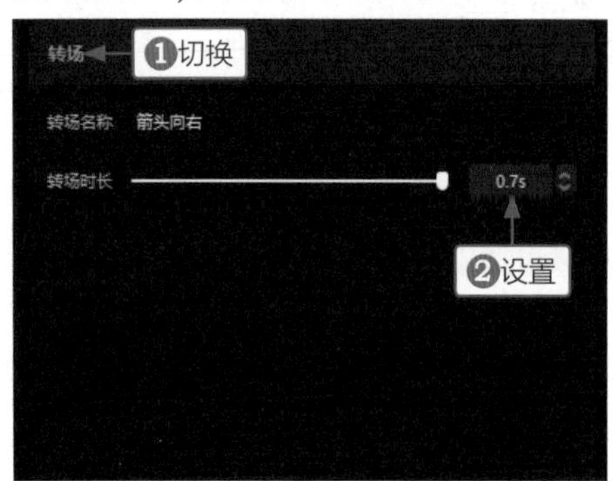

图1-67　设置转场时长参数

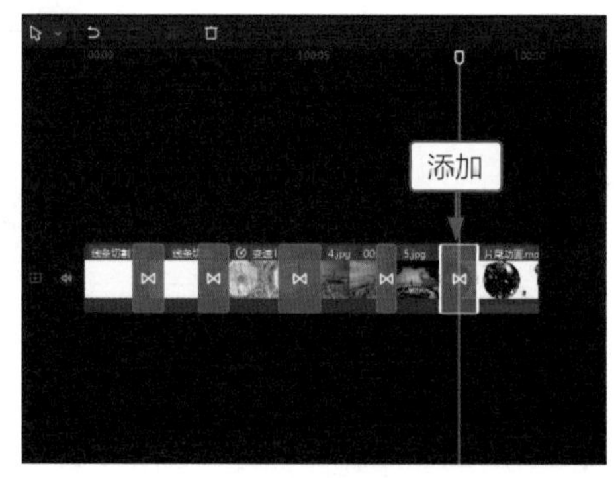

图1-68　添加多个转场

3. 制作字幕动画效果

字幕具有点睛的作用，为宣传视频添加字幕，可以让观众更直白地了解视频的内容和含义。下面介绍制作字幕动画效果的操作方法。

STEP 01 将时间指示器拖曳至开始位置，在“文本”功能区中，单击“默认文本”中的“添加到轨道”按钮⊕，添加文本，如图1-69所示。

STEP 02 执行操作后，即可在字幕轨道上添加一个文本字幕，调整其时长与转场的开始位置对齐，如图1-70所示。

STEP 03 在“编辑”操作区的文本框中，❶输入字幕内容；❷设置“位置”的X参数为-661、Y参数为217，如图1-71所示。

STEP 04 设置字体后，❶单击“颜色”右侧的下拉按钮；❷在弹出的颜色面板中，选择第2排第6个色块，如图1-72所示。

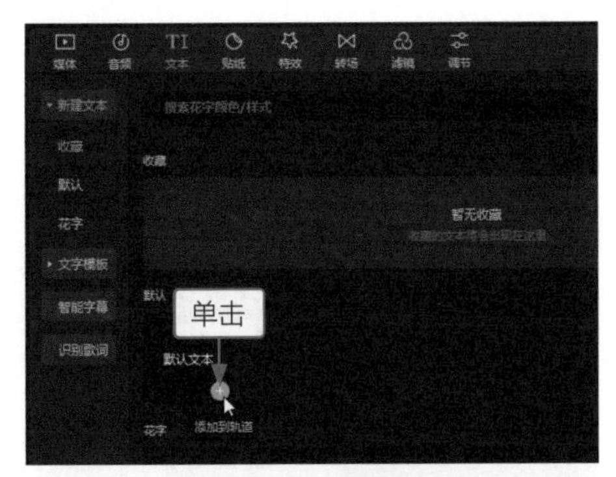

图1-69　添加文本

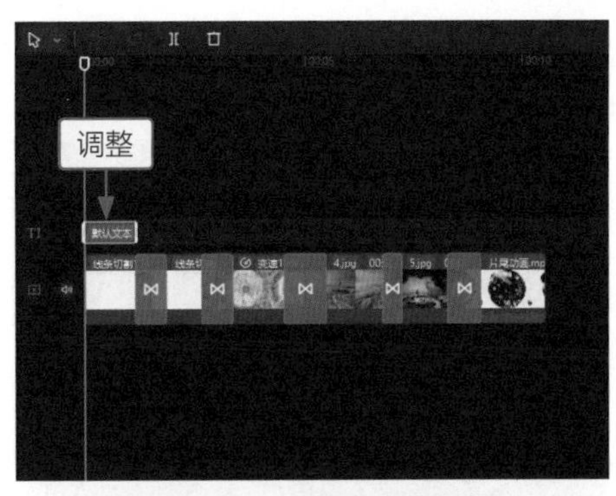

图1-70　调整文本的时长

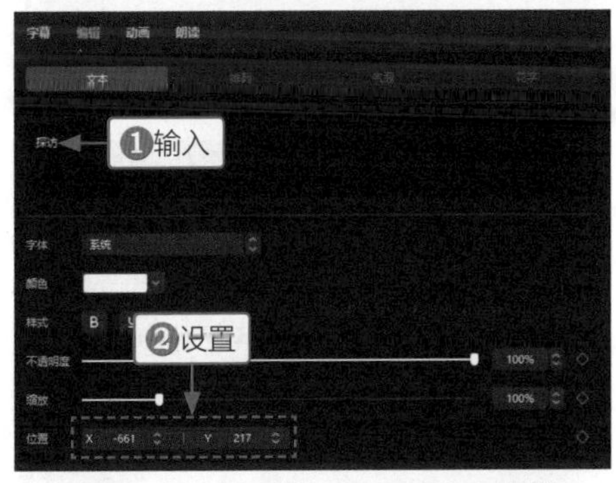

图1-71　输入文本并设置位置参数

图1-72　设置文本颜色

STEP 05 ❶选中“描边”复选框；❷设置“颜色”为白色；❸设置“粗细”参数为20，如图1-73所示。

STEP 06 ❶切换至“动画”操作区；❷在“入场”选项卡中选择“向右滑动”动画；❸设置“动画时长”参数为0.7s，如图1-74所示。

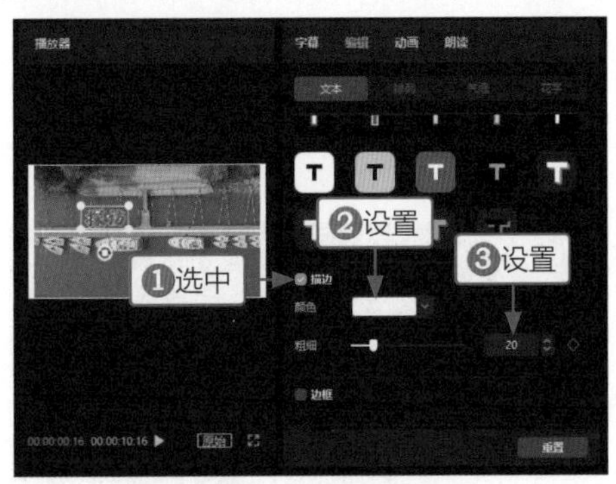

图1-73　设置描边参数

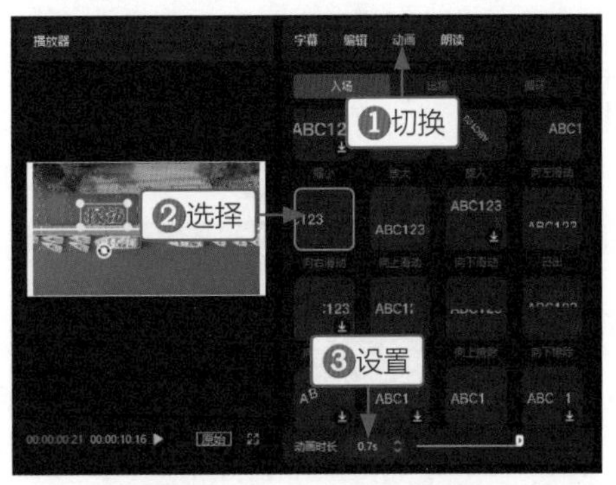

图1-74　选择动画并设置时长

STEP 07 将制作的文本复制粘贴在第2条字幕轨道中，在“编辑”操作区的文本框中，❶修改字幕内容；❷重新设置一个字体；❸设置“颜色”为白色；❹设置“位置”的X参数为80、Y参数为-245，如图1-75所示。

STEP 08 在“描边”选项区中，❶单击“颜色”右侧的下拉按钮；❷在弹出的颜色面板中，选择第2排第6个色块，如图1-76所示。

STEP 09 ❶切换至“动画”操作区；❷在“入场”选项卡中选择“向左滑动”动画；❸设置“动画时长”参数为0.7s，如图1-77所示。

STEP 10 ❶复制制作的两个文本；❷将时间指示器拖曳至00:00:01:26的位置；❸按Ctrl+V组合键将文本粘贴至时间指示器的位置，并适当调整文本时长，如图1-78所示。

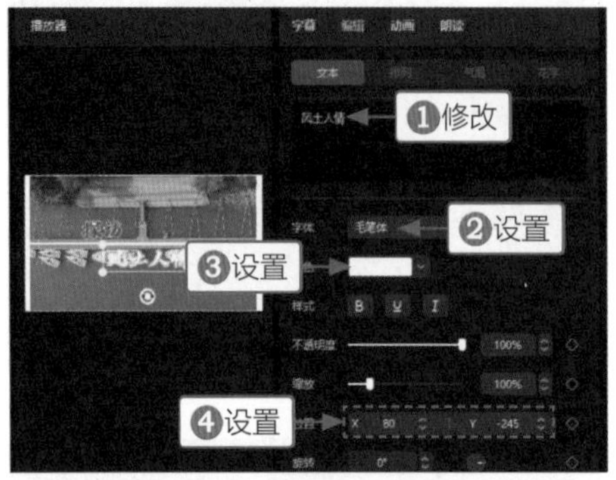

图1-75　设置第2条字幕

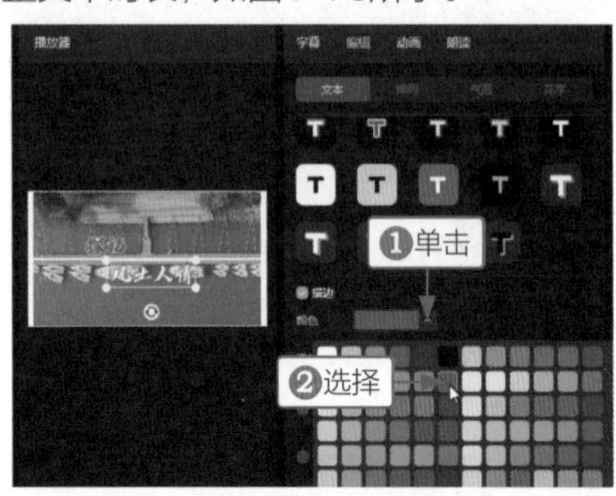

图1-76　设置第2个文本颜色

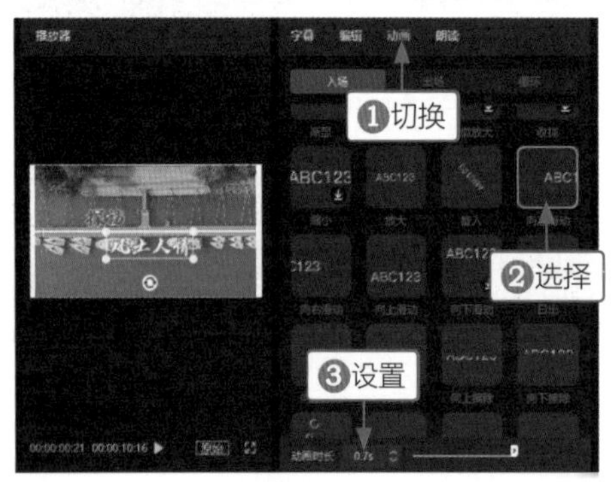

图1-77　选择动画并设置时长

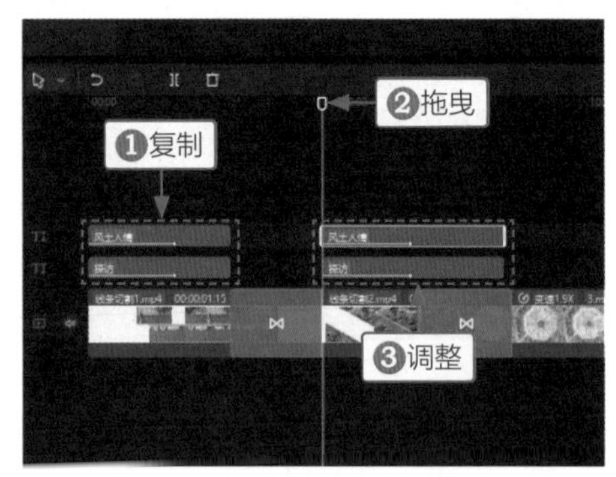

图1-78　粘贴文本并调整时长

STEP 11 在“动画”操作区中，取消两个文本的动画效果，❶将第1条字幕轨道中的文本内容修改为“领略”；❷第2条字幕轨道中的文本内容修改为“大好河山”，如图1-79所示。

STEP 12 ❶选择“领略”文本，将时间指示器拖曳至00:00:02:19的位置；❷在“编辑”操作区中设置“位置”的X参数为886、Y参数为341；❸设置“旋转”参数为30°；❹添加“位置”和“旋转”的关键帧◆，如图1-80所示。

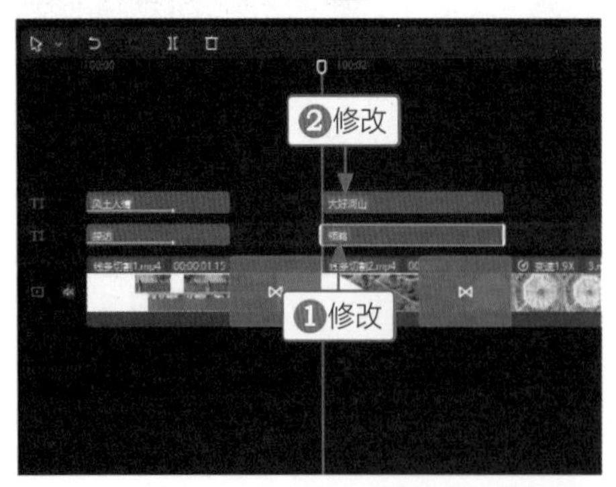

图1-79　修改文本内容

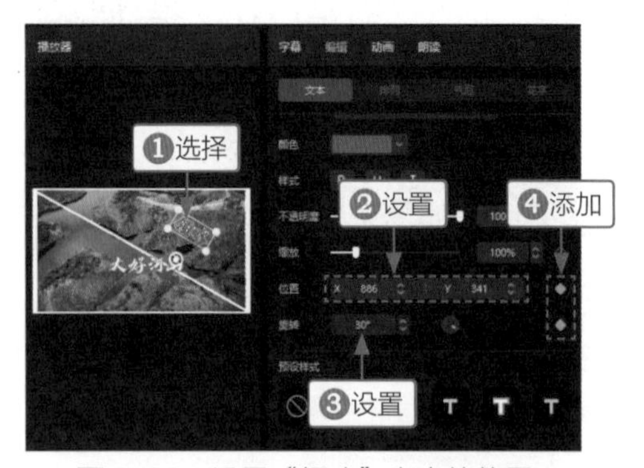

图1-80　设置“领略”文本的位置

STEP 13 将时间指示器拖曳至00:00:03:00的位置，在“编辑”操作区中，❶设置“位置”的X参数为886、Y参数为554；❷设置“旋转”参数为0°，如图1-81所示。

STEP 14 将时间指示器拖曳至00:00:03:08的位置，在“编辑”操作区中，设置“位置”的X参数为2465、Y参数为554，使文本随转场向右滑动离开画面，如图1-82所示。

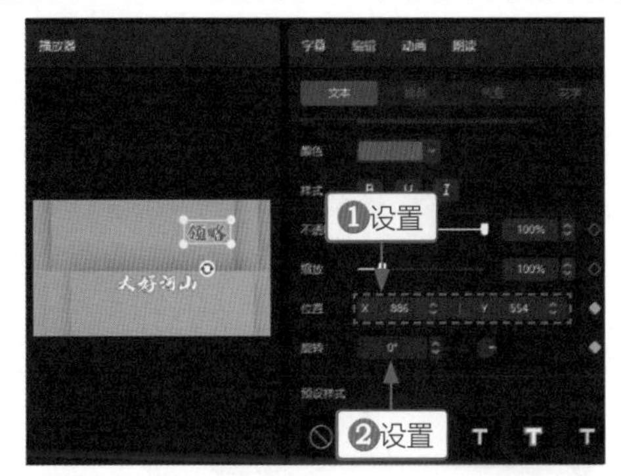

图1-81　设置“领略”文本的参数

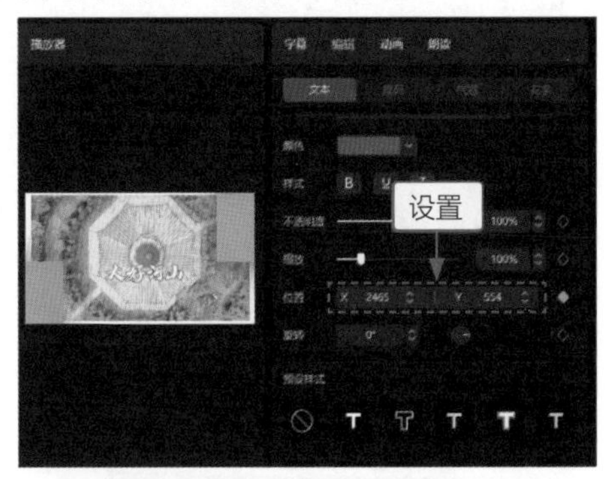

图1-82　设置“领略”文本转场画面

STEP 15 选择“大好河山”文本，将时间指示器拖曳至00:00:02:19的位置，在“编辑”操作区中，①设置“位置”的X参数为-601、Y参数为-208；②设置“旋转”参数为29°；③添加“位置”和“旋转”关键帧◆，如图1-83所示。

STEP 16 将时间指示器拖曳至00:00:03:00的位置，在“编辑”操作区中，①设置“位置”的X参数为-598、Y参数为-638；②设置“旋转”参数为0°，如图1-84所示。

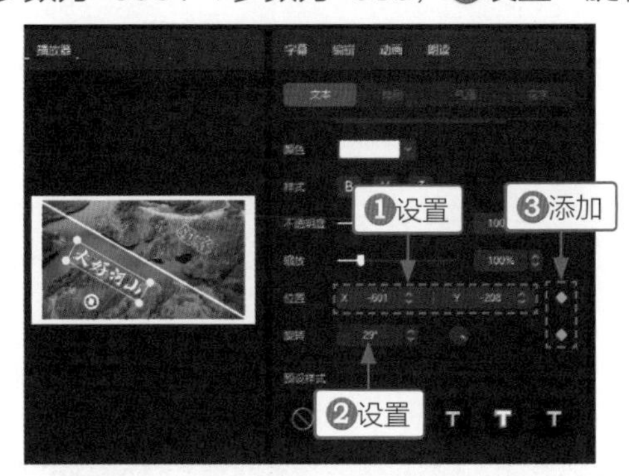

图1-83　设置“大好河山”文本位置

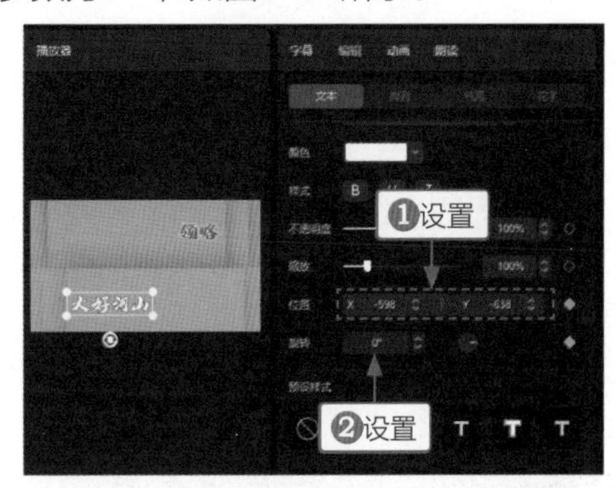

图1-84　设置“大好河山”文本参数

STEP 17 将时间指示器拖曳至00:00:03:08的位置，在“编辑”操作区中，设置“位置”的X参数为-2775、Y参数为-638，使文本随转场向左滑动离开画面，如图1-85所示。

STEP 18 参考上述字幕的制作方法，根据转场和视频场景，使用关键帧和动画，再为视频制作3组文本字幕，如图1-86所示。

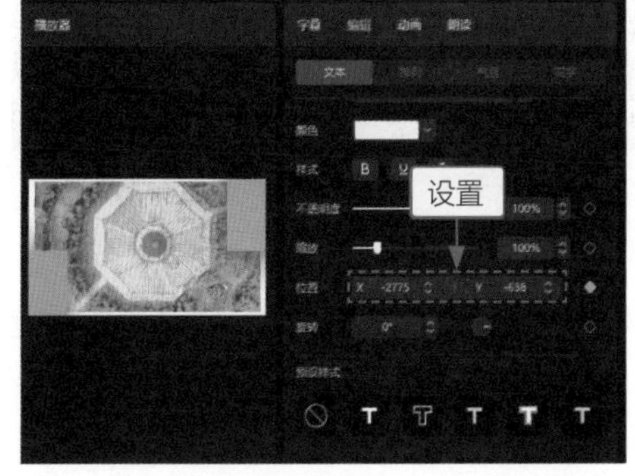

图1-85　设置“大好河山”文本转场画面

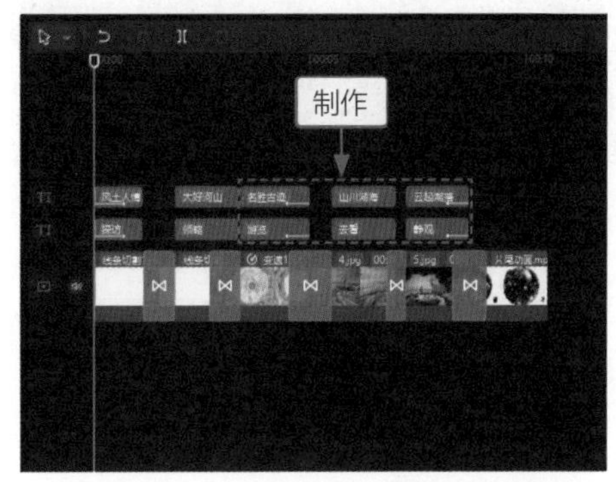

图1-86　为视频制作3组文本字幕

STEP 19 在预览窗口中，可以查看制作的字幕动画效果，如图1-87所示。

图 1-87　查看制作的字幕动画效果

4. 制作片尾画中画效果

当展示了节目的宣传内容后，便需要在视频的片尾处添加节目名称，便于观众了解。为了使片尾更有吸引力，可以使用多个视频叠加的方式，制作画中画效果，加深观众对节目的印象。下面介绍制作片尾画中画效果的具体操作方法。

STEP 01 ❶将时间指示器拖曳至00:00:08:20的位置；❷将“媒体”功能区中的“节目名称.mp4”视频添加至视频轨道，如图1-88所示。

STEP 02 ❶选择“片尾动画.mp4”视频，按Ctrl＋C组合键复制；❷按Ctrl＋V组合键粘贴至画中画轨道，如图1-89所示。

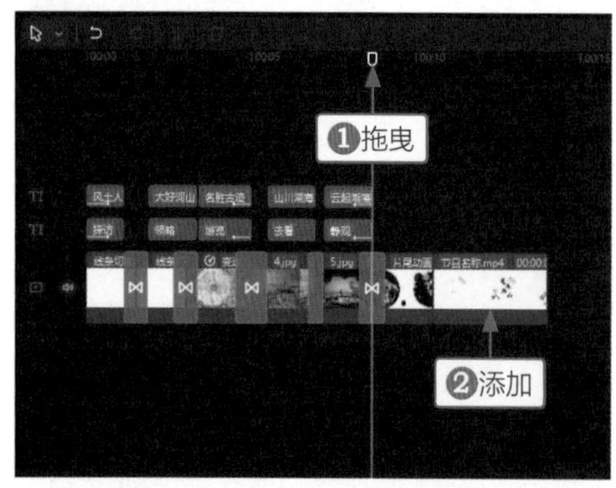

图 1-88　将视频添加至视频轨道

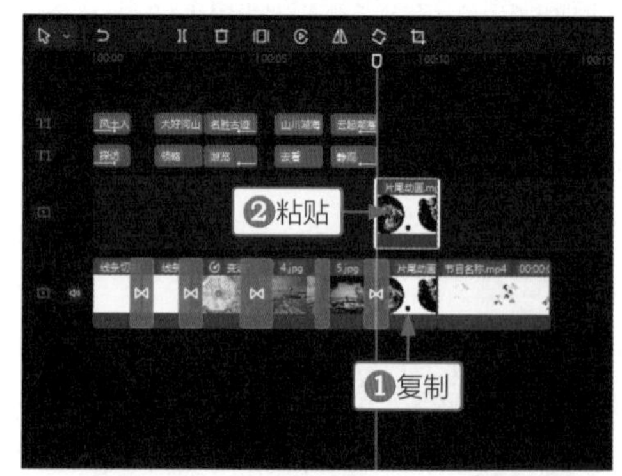

图 1-89　粘贴视频至画中画轨道

STEP 03 拖曳画中画轨道中素材左右两端的白色拉杆，调整视频时长，如图1-90所示。

STEP 04 ❶切换至“画面”操作区的“基础”选项卡；❷在“混合模式”列表框中，选择“变暗”选项，如图1-91所示。

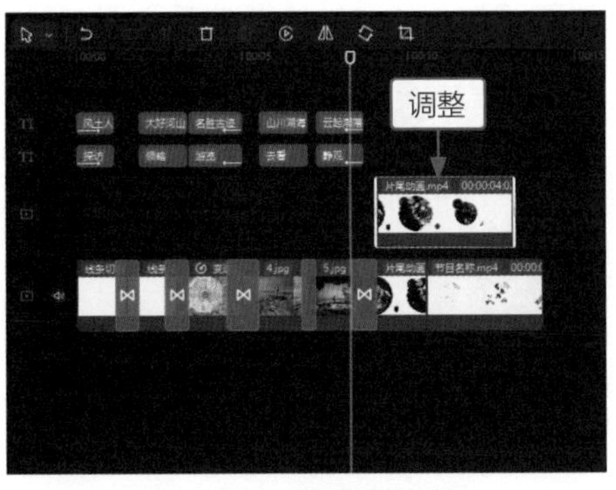

图1-90　调整视频时长

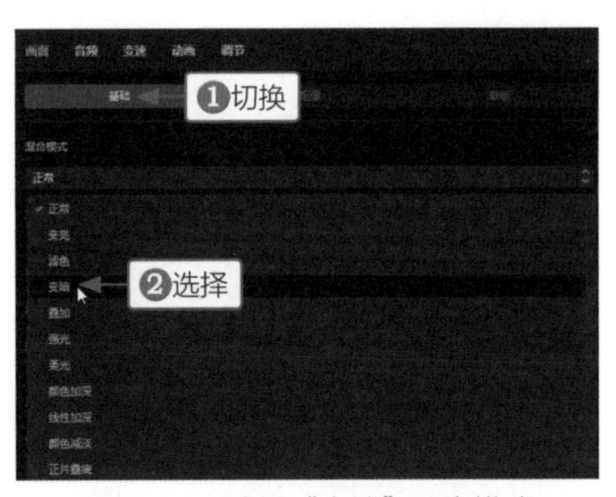

图1-91　选择“变暗”混合模式

STEP 05 将时间指示器拖曳至开始位置，在“媒体”功能区中，单击“背景音乐.mp3”中的“添加到轨道”按钮，添加音乐至轨道中，如图1-92所示。

STEP 06 执行操作后，即可为视频添加背景音乐，如图1-93所示。

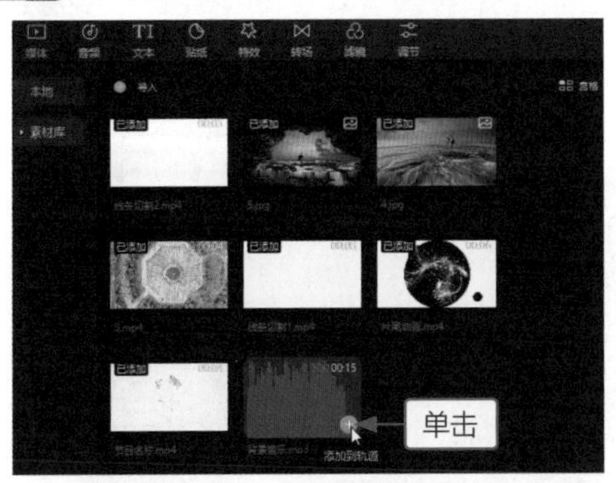

图1-92　添加音乐至轨道

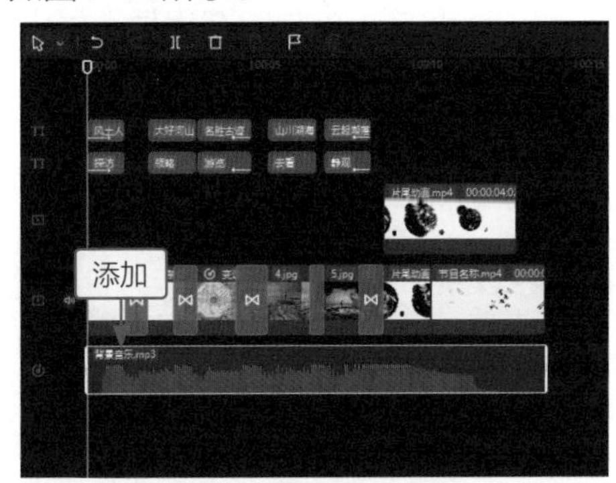

图1-93　为视频添加背景音乐

除了添加本地音乐外，用户也可以添加剪映自带的音乐。在剪映的“音频”功能区中，为用户提供了一个庞大的音乐素材库，并且进行了音乐分区，用户可以根据不同类型的视频添加不同分区中的音乐。在剪映中添加音乐的方式有很多种，除了素材库中的音乐，还可以提取其他视频中的背景音乐，而且剪映中的音效素材也非常丰富。除此之外，还可以添加抖音收藏中的音乐，以及通过视频链接下载音乐。

STEP 07 在预览窗口中，可以查看制作的片尾画中画效果，如图1-94所示。

图1-94　查看制作的片尾画中画效果

图1-94 查看制作的片尾画中画效果(续)

1.2.3 预告片制作

【效果说明】：预告片是一种营销宣传手段，在电影、电视剧及综艺栏目还未正式播出前，将一些比较精彩的、有噱头的视频片段剪辑在一起，包装成一个预告宣传片，可以吸引人气，让作品更受关注。预告片的效果，如图1-95所示。

案例效果

教学视频

图1-95 预告片的效果

下面以《一起去旅行》预告片为例，介绍预告片的制作方法。

STEP 01 在剪映中导入9段视频素材，如图1-96所示。

STEP 02 将9段视频依次添加到视频轨道中，如图1-97所示。

图1-96 导入9段视频素材

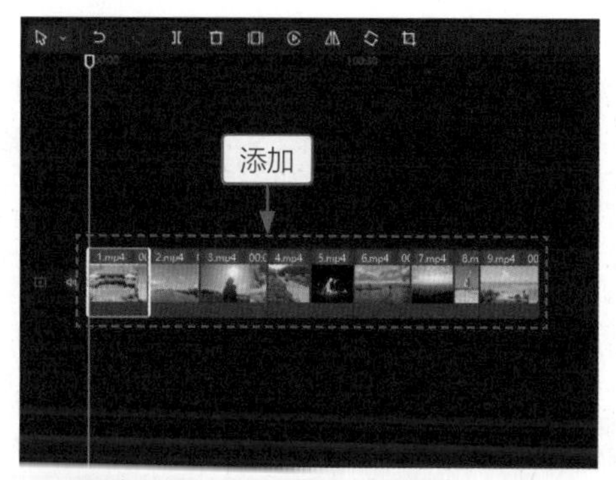

图1-97 添加9段视频至视频轨道

STEP 03 在“音频”功能区的“收藏”选项卡中，单击“旅行音乐2”音频中的“添加到轨道”按钮⊕，如图1-98所示。

STEP 04 执行操作后，即可将音频添加到音频轨道中，如图1-99所示。

图1-98 添加音频至轨道

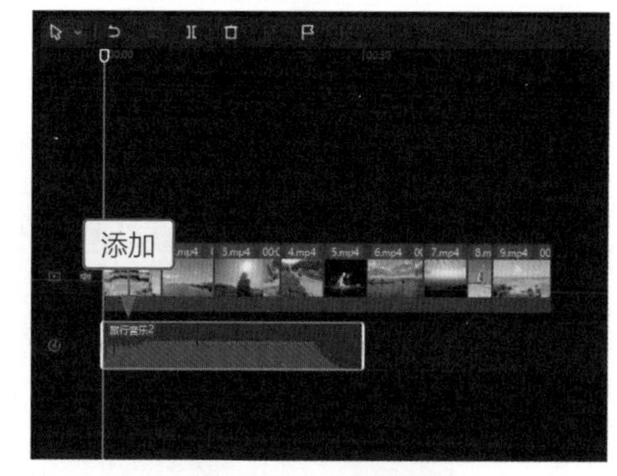

图1-99 添加音频

STEP 05 根据背景音乐调整第1段视频的时长为00:00:03:13、第2段视频的时长为00:00:01:12、第3段视频的时长为00:00:04:13、第4段视频的时长为00:00:03:00、第5段视频的时长为00:00:03:00、第6段视频的时长为00:00:03:22、第7段视频的时长为00:00:03:25、第8段视频的时长为00:00:02:26、第9段视频的时长为00:00:04:09，使9段视频的时长加起来与背景音乐同长，如图1-100所示。

图1-100 调整视频时长

STEP 06 在“文本”功能区中，单击“默认文本”中的“添加到轨道”按钮⊕，如图1-101所示。

STEP 07 执行操作后，即可在字幕轨道上添加一个文本，并调整其结束位置与第7个视频的结束位置对齐，如图1-102所示。

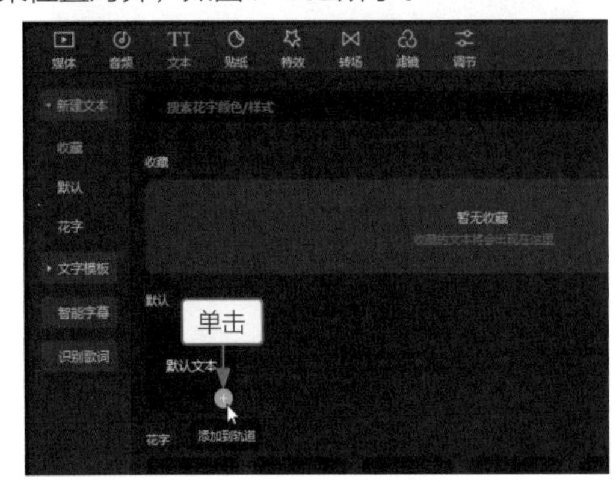

图1-101 添加文本

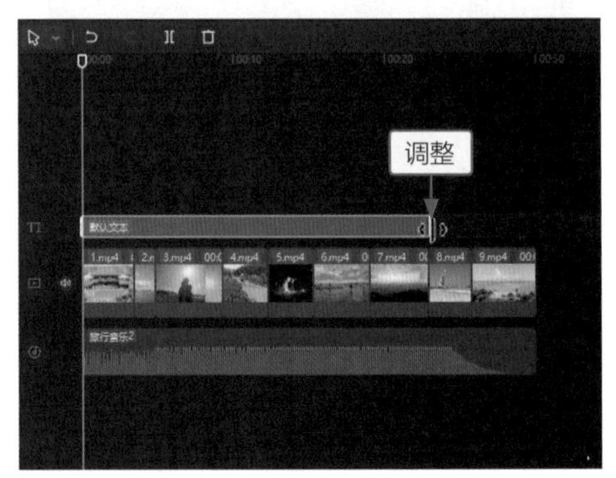

图1-102 调整文本的结束位置

STEP 08 在“编辑”操作区的文本框中，❶输入预告内容；❷设置一个合适的字体；❸设置“缩放”参数为45%；❹设置“位置”的X参数为-909、Y参数为917；❺在“预设样式”选项区中选择第2个样式，如图1-103所示。

图1-103 输入文本并设置样式

STEP 09 拖曳时间指示器至00:00:23:07的位置处，在“文本”功能区的“花字”选项卡中，单击第1个花字中的“添加到轨道”按钮⊕，如图1-104所示。

STEP 10 执行操作后，即可在字幕轨道上添加一个花字文本，调整其结束位置与第9个视频的结束位置对齐，如图1-105所示。

STEP 11 在“编辑”操作区的文本框中，❶输入文本内容；❷设置一个合适的字体；❸设置“位置”的X参数为-311、Y参数为565，如图1-106所示。

STEP 12 ❶切换至“动画”操作区的“入场”选项卡中；❷选择“随机飞入”动画；❸设置“动画时长”参数为0.5s，如图1-107所示。

STEP 13 ❶将时间指示器拖曳至00:00:23:22的位置；❷添加一个默认文本，调整其结束位置与第9个视频的结束位置对齐，如图1-108所示。

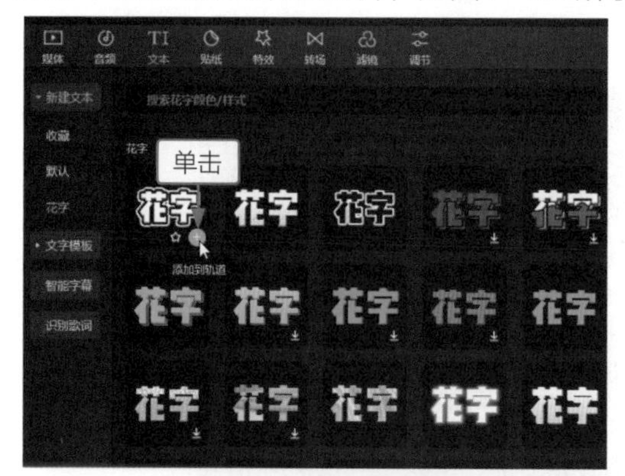

图1-104　添加花字样式

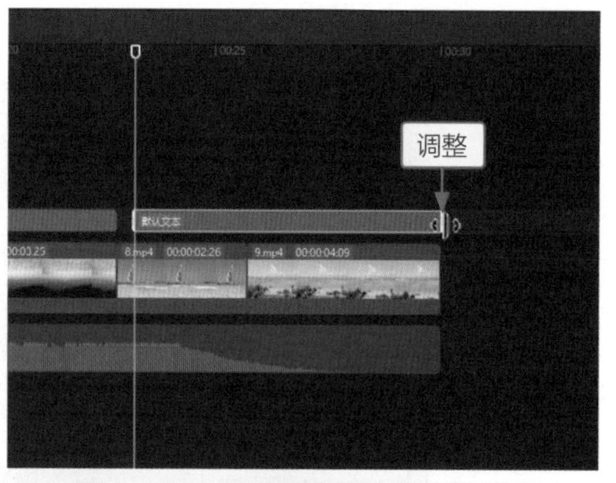

图1-105　调整花字文本的结束位置

图1-106　输入“一起”并设置文本参数

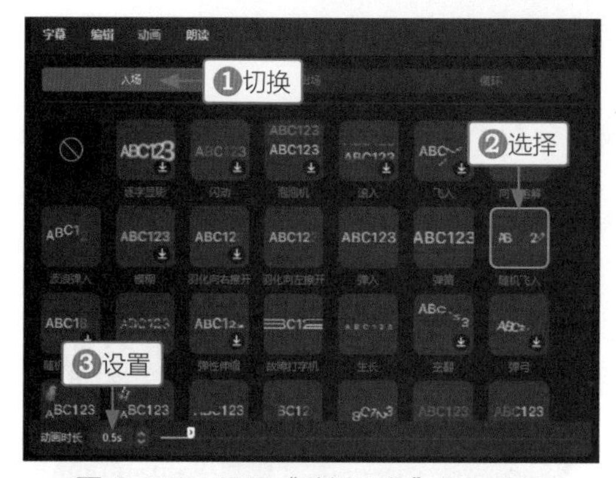

图1-107　设置“随机飞入”入场动画

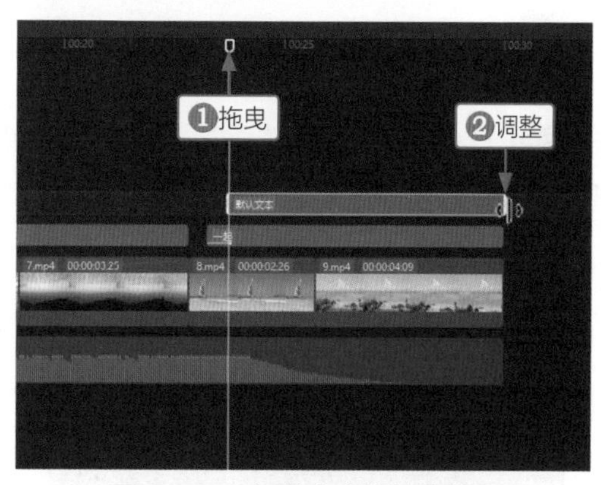

图1-108　调整文本的结束位置

STEP 14 在“编辑”操作区的文本框中，❶输入文本内容；❷设置合适的字体；❸设置“位置”的X参数为155、Y参数为129；❹在“预设样式”选项区中选择一个样式，如图1-109所示。

STEP 15 ❶切换至“动画”操作区的“入场”选项卡；❷选择“波浪弹入”动画；❸设置“动画时长”参数为1.5s，如图1-110所示。

STEP 16 将时间指示器拖曳至00:00:25:08的位置，在“贴纸”功能区的“收藏”选项卡中，在两个人背着包的贴纸上单击“添加到轨道”按钮⊕，如图1-111所示。

图1-109　输入“去旅行”文本并选择样式

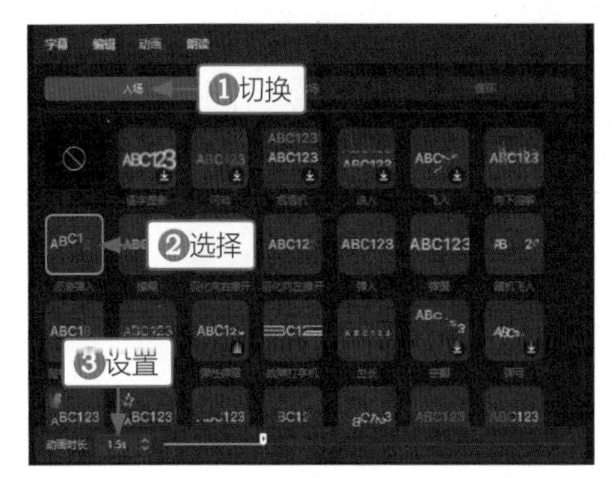

图1-110　设置“波浪弹入”入场动画

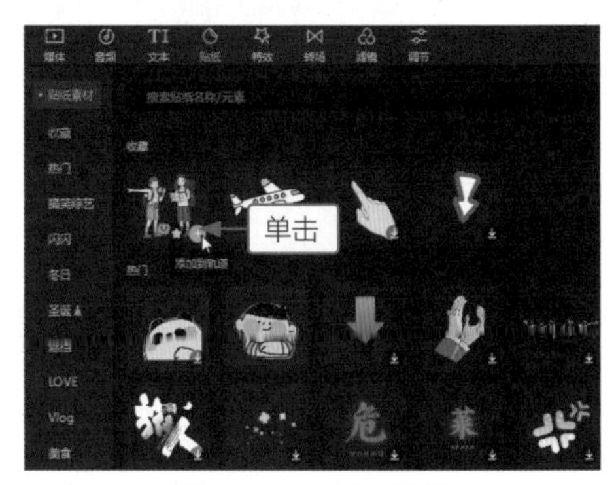

图1-111　添加贴纸

STEP 17 执行操作后，即可添加第1个贴纸，调整其结束位置与第9个视频的结束位置对齐，如图1-112所示。

STEP 18 在“编辑”操作区中，❶设置“缩放”参数为43%；❷设置“位置”的X参数为-556、Y参数为180，如图1-113所示。

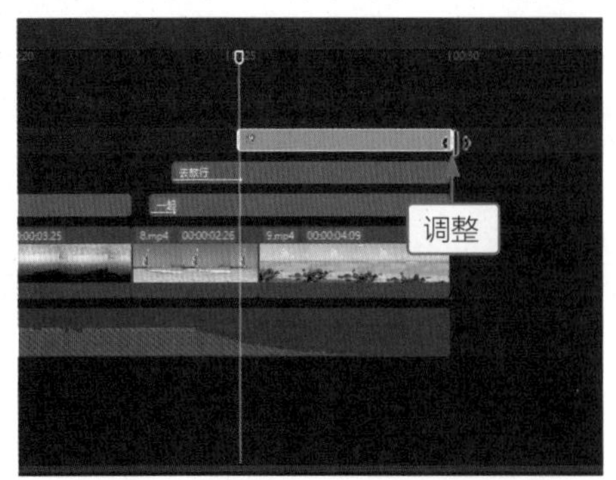

图1-112　调整第1个贴纸的结束位置

图1-113　设置贴纸参数

STEP 19 ❶切换至“动画”操作区的“入场”选项卡；❷选择“渐显”动画；❸设置“动画时长”参数为1.5s，如图1-114所示。

STEP 20 在同一个位置，将“贴纸”功能区中的飞机贴纸拖曳至轨道上，添加第2个贴纸并调整时长，如图1-115所示。

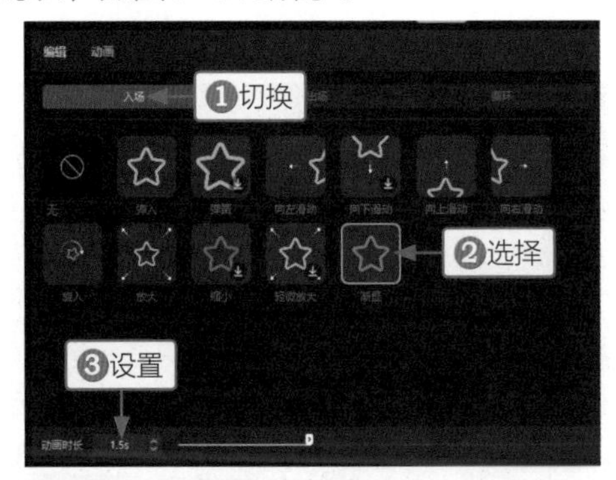

图1-114　设置“渐显”入场动画

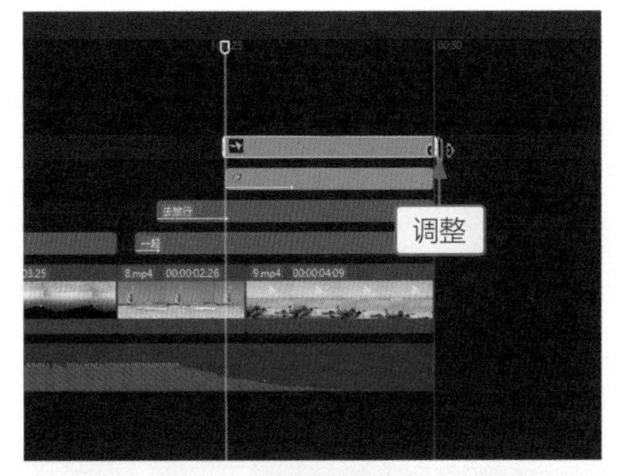

图1-115　添加并调整第2个贴纸

STEP 21 在“编辑”操作区中，①设置“缩放”参数为46%；②设置“位置”的X参数为387、Y参数为473，如图1-116所示。

STEP 22 ①切换至“动画”操作区的“入场”选项卡；②选择“向右滑动”动画；③设置“动画时长”参数为1.5s，如图1-117所示。

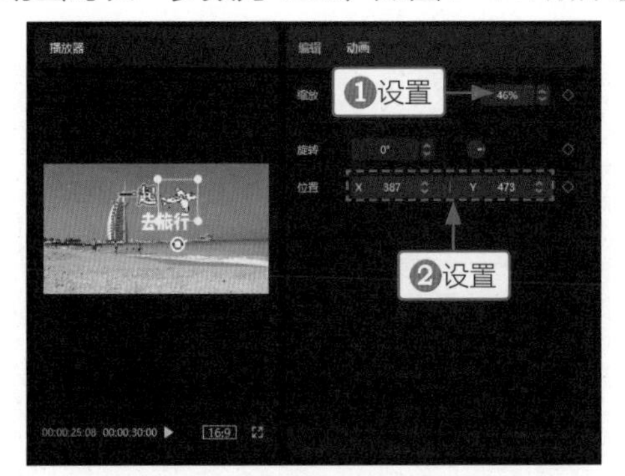

图1-116　设置第2个贴纸的参数

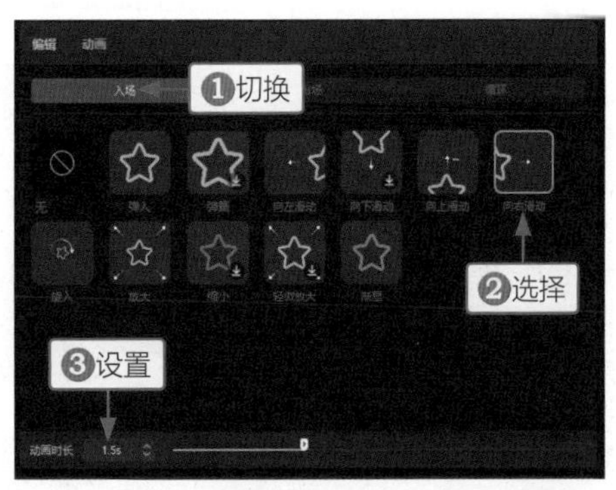

图1-117　设置“向右滑动”入场动画

STEP 23 ①将时间指示器拖曳至00:00:26:24的位置；②添加一个默认文本，调整其结束位置与第9个视频的结束位置对齐，如图1-118所示。

STEP 24 在“编辑”操作区的文本框中，①输入文本内容；②设置一个合适的字体；③设置“缩放”参数为41%；④设置“位置”的X参数为0、Y参数为-258，如图1-119所示。

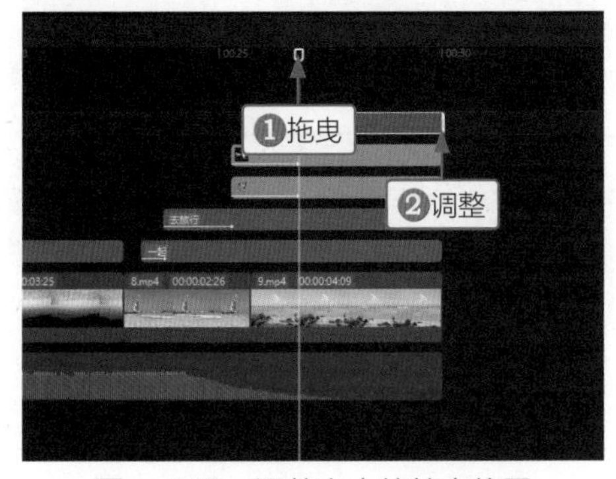

图1-118　调整文本的结束位置

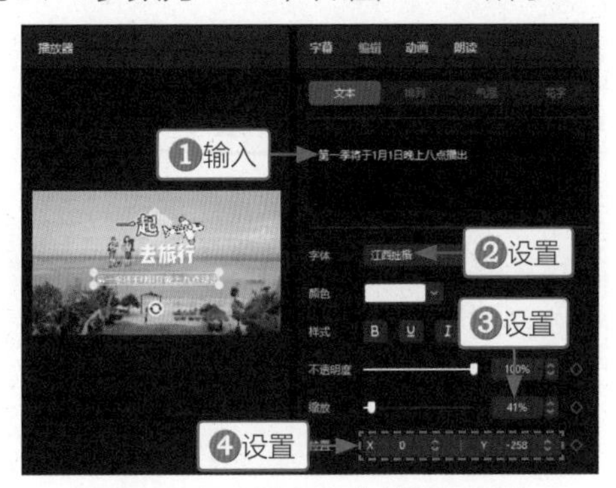

图1-119　输入文本并设置参数

STEP 25 ❶将时间指示器拖曳至00:00:00:21的位置；❷添加一个默认文本，如图1-120所示。

STEP 26 在“编辑”操作区的文本框中，输入第1段语音文本，如图1-121所示。

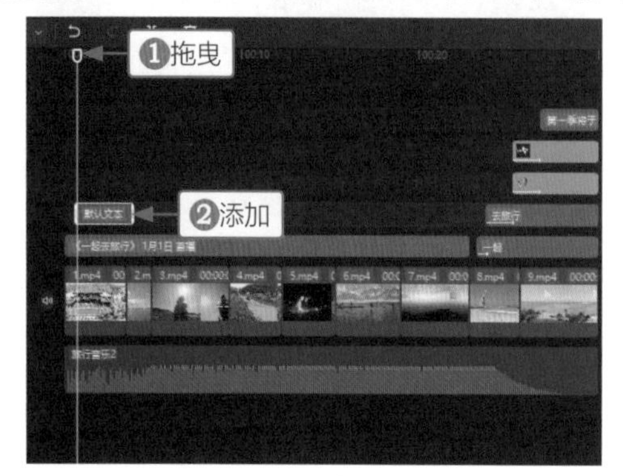

图1-120　添加默认文本

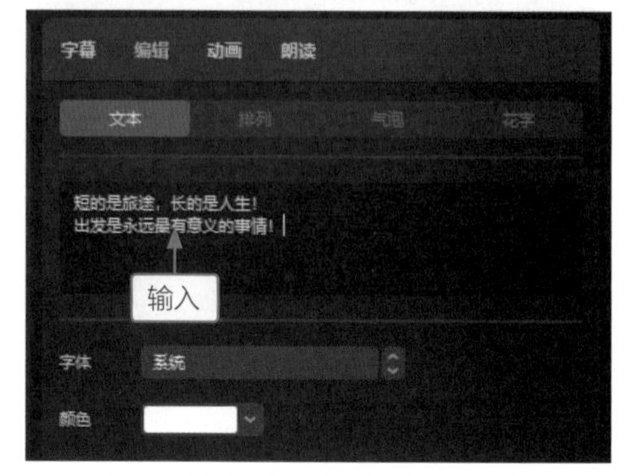

图1-121　输入第1段语音文本

STEP 27 ❶切换至“朗读”操作区；❷选择“知识讲解”声音模式；❸单击“开始朗读”按钮，如图1-122所示。

STEP 28 稍等片刻，即可在音频轨道中生成第1段语音，如图1-123所示。

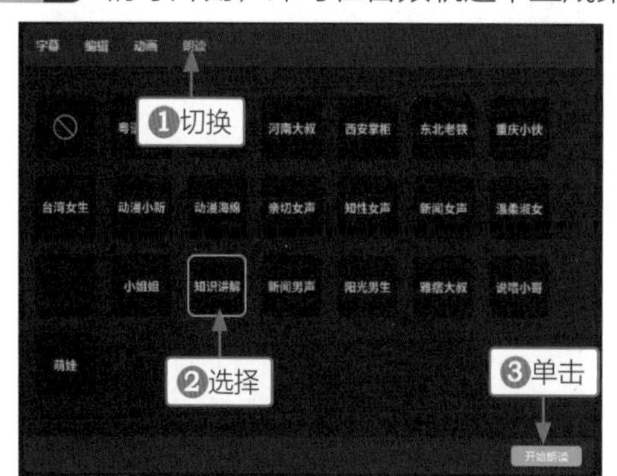

图1-122　选择声音模式并开始朗读

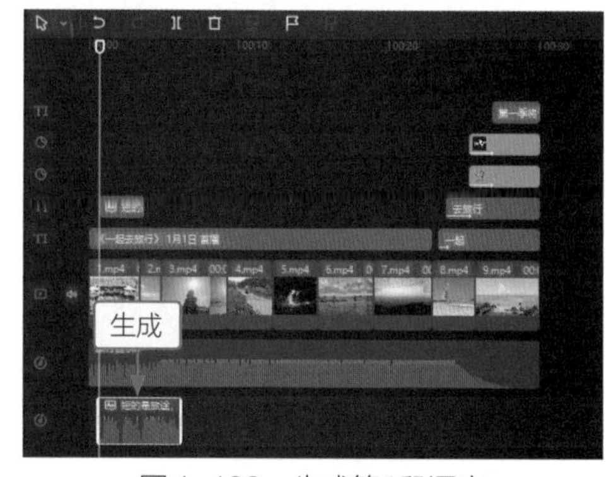

图1-123　生成第1段语音

STEP 29 在“音频”操作区中，设置“音量”参数为20.0dB，如图1-124所示。

STEP 30 ❶将时间指示器拖曳至第4个视频的开始位置；❷移动语音文本至时间指示器的位置，如图1-125所示。

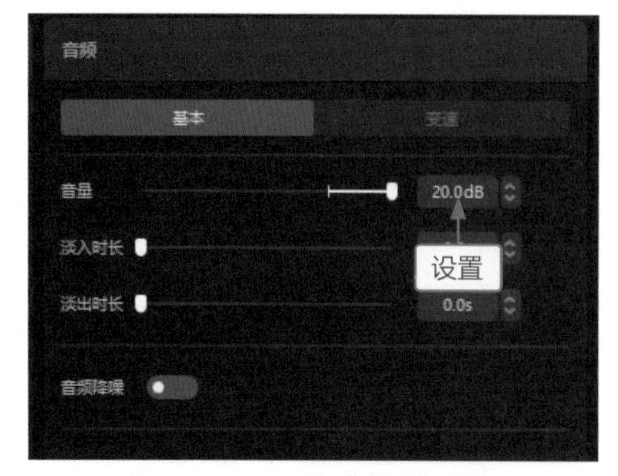

图1-124　设置“音量”参数

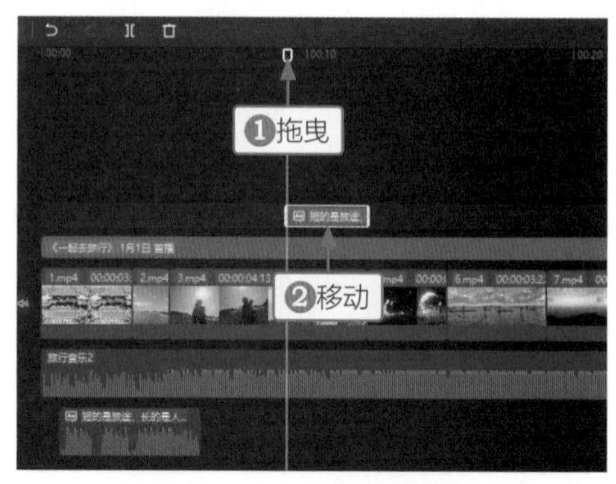

图1-125　移动语音文本

STEP 31 在“编辑”操作区中，删除原来的文本内容，输入第2段语音文本，如图1-126所示。

STEP 32 用上述同样的操作方法，在音频轨道中，生成第2段语音，调整音量大小，如图1-127所示。

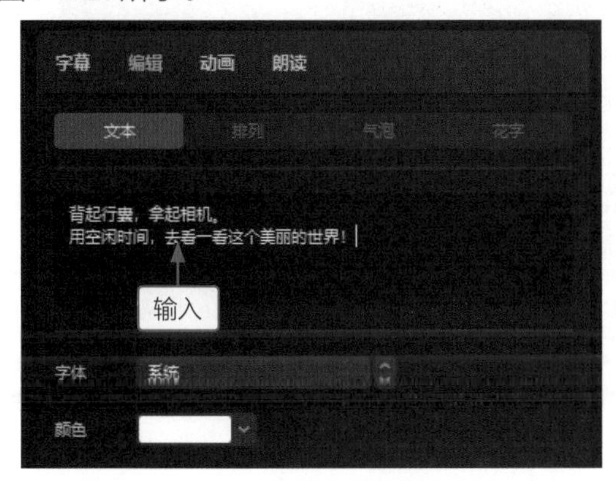

图1-126　输入第2段语音文本

图1-127　生成第2段语音

STEP 33 用同样的方法，分别在第6个视频和第8个视频的位置处，生成第3段和第4段语音并调整音量，如图1-128所示。

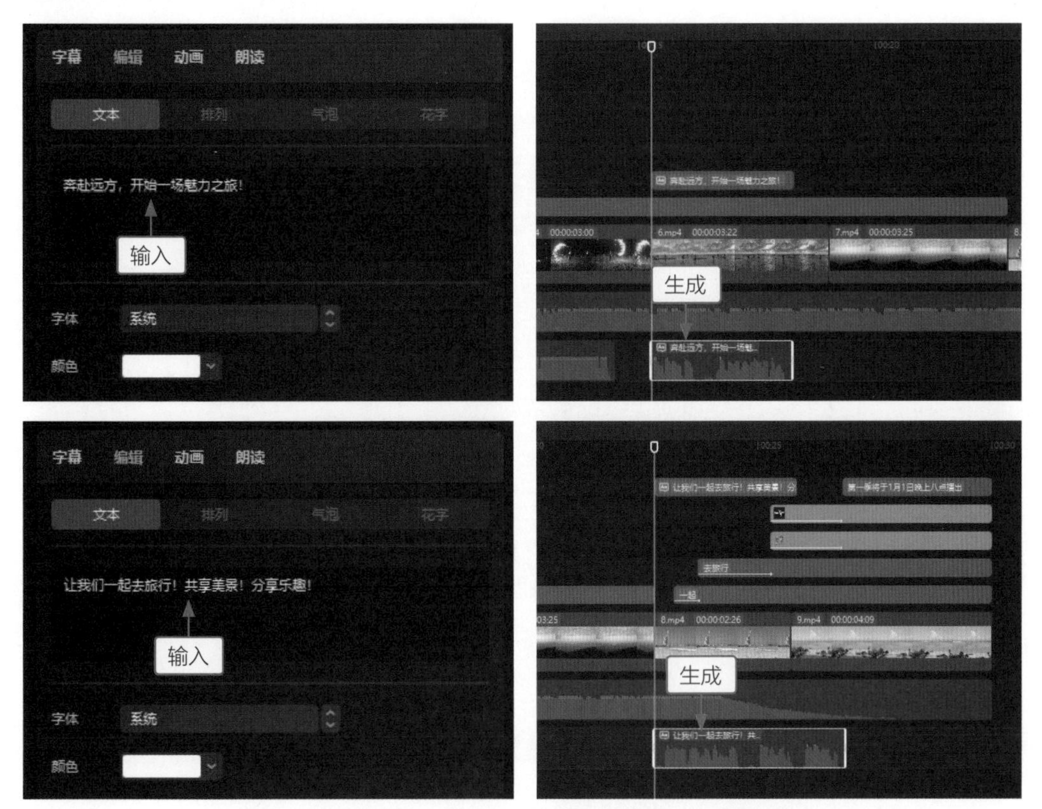

图1-128　输入并生成第3段和第4段语音并调整音量

STEP 34 ❶选择语音文本；❷单击“删除”按钮，即可将文本删除，如图1-129所示。执行上述操作后，预告片即制作完成。

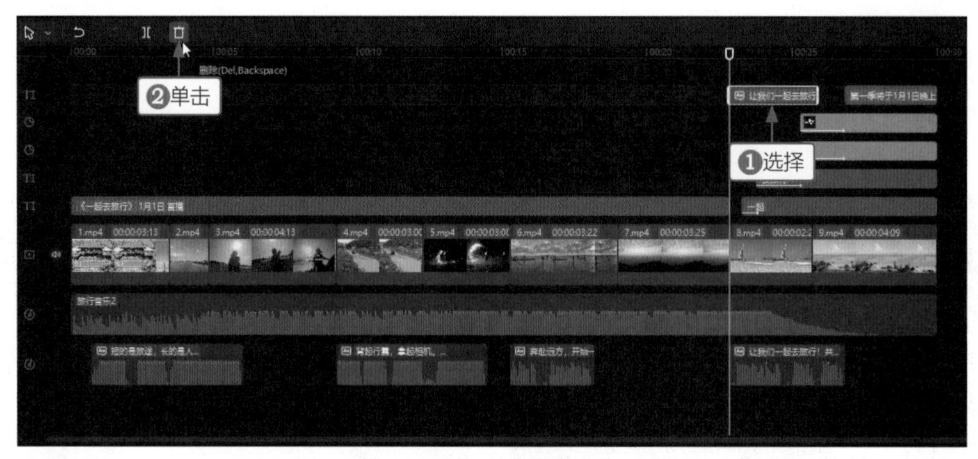

图 1-129　删除语音文本

知识导读

分屏效果是综艺节目中常用的后期包装形式，为观众展示出一种画中画的视觉效果。现在很多大型的真人秀节目会采用多机位拍摄方式，因此分屏效果的运用也越来越广泛，画中画的样式也越来越多样化。本章主要介绍在剪映中制作各种画中画综艺分屏效果的操作方法。

2 CHAPTER

第2章 画中画综艺分屏效果

本章重点索引

- 常用的画中画效果
- 蒙版创意分屏效果

效果欣赏

2.1 常用的画中画效果

常用的画中画效果有双机位分屏、三屏、四屏、多屏汇集、多屏拼接、单屏变双屏，以及双屏变三屏等效果，在很多摄制空间比较单一的棚内综艺中经常能够看到。本节主要介绍几种常用的画中画效果的制作方法。

2.1.1 画面双屏切割分离

【效果说明】：画面双屏切割分离是指将原本单一摄制的画面一分为二，并上下滑动分离展示其他视频画面。画面双屏切割分离效果，如图2-1所示。

图2-1　画面双屏切割分离效果

STEP 01 在剪映中导入3个视频素材，并添加到视频轨道和画中画轨道中，如图2-2所示。

STEP 02 ❶选择第2条画中画轨道中的视频；❷将时间指示器拖曳至00:00:01:10的位置；❸单击“分割”按钮，如图2-3所示。

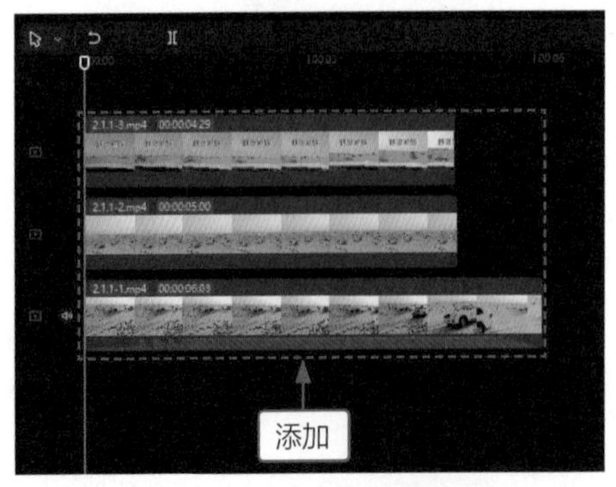

图2-2　添加3个视频素材

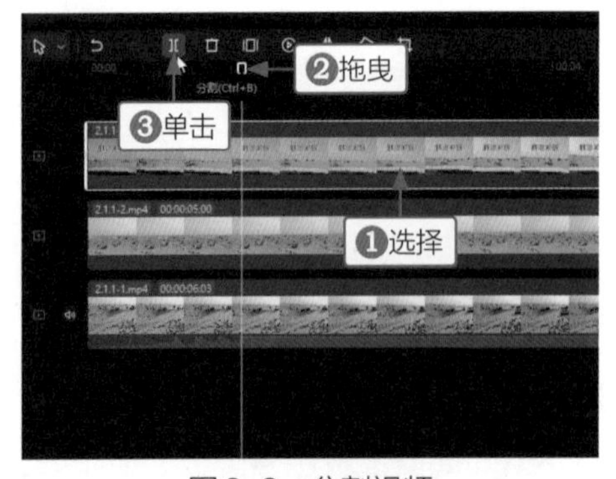

图2-3　分割视频

STEP 03 选择分割的后一段视频，并调整其时长为1秒左右，如图2-4所示。

STEP 04 使用上述同样的方法，在00:00:02:10的位置处，对第1条画中画轨道中的视频进行分割，并调整后半段视频的时长为1秒左右，如图2-5所示。

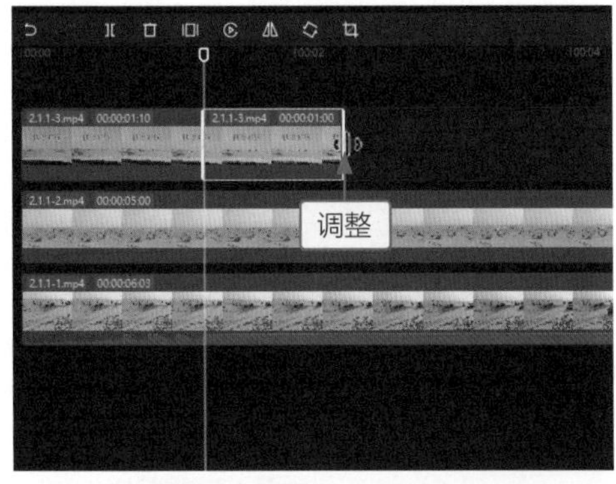

图2-4　调整第2条画中画轨道中视频的时长

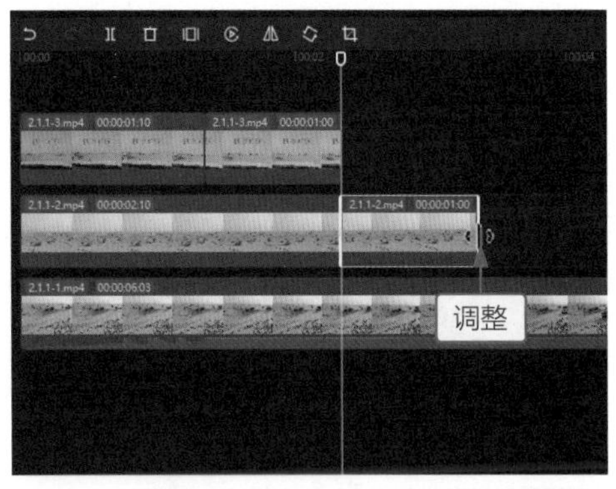

图2-5　调整第1条画中画轨道中视频的时长

STEP 05 选择第2条画中画轨道中的第2段视频，在“动画”操作区的“组合”选项卡中，❶选择“中间分割”动画；❷设置“动画时长”参数为1.0s，如图2-6所示。

STEP 06 使用上述同样的方法，为第1条画中画轨道中的第2段视频添加“中间分割”组合动画，此时轨道中的视频缩略图上会显示一条白色的线，表示视频已添加动画效果，如图2-7所示。执行操作后，即可完成画中画双屏切割分离效果的制作。

图2-6　选择动画并设置时长

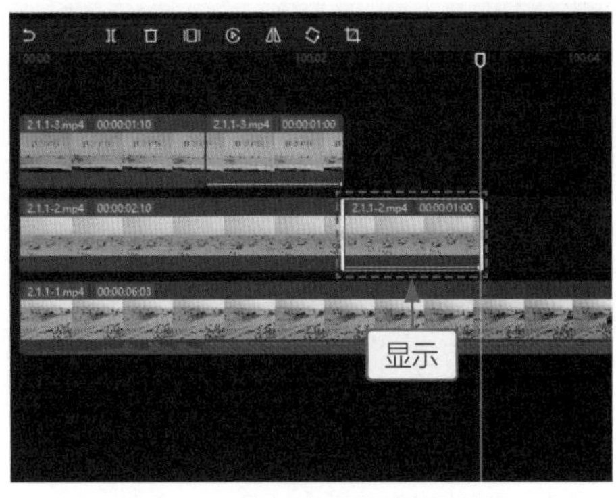

图2-7　为视频添加动画效果

2.1.2 画中画缩小汇集

【效果说明】：画中画缩小汇集效果是指为视频添加“位置”和“缩放”关键帧，使多个视频画面同时缩小汇集展示在屏幕上。画中画缩小汇集效果，如图2-8所示。

案例效果

教学视频

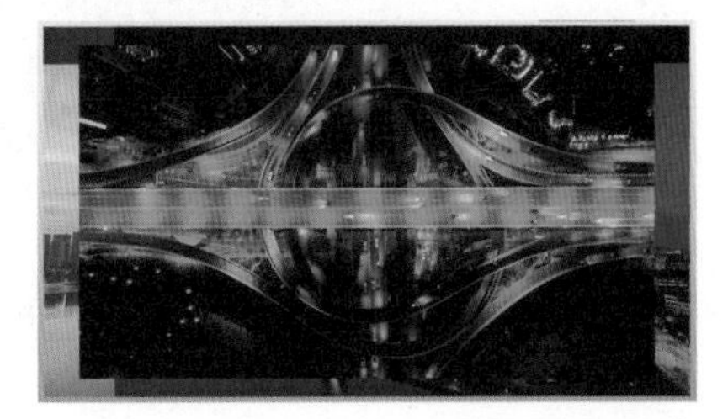

图2-8　画中画缩小汇集效果

STEP 01 在剪映中导入5个视频素材，如图2-9所示。

STEP 02 将第1个视频添加到视频轨道上，如图2-10所示。

图2-9　导入5个视频素材

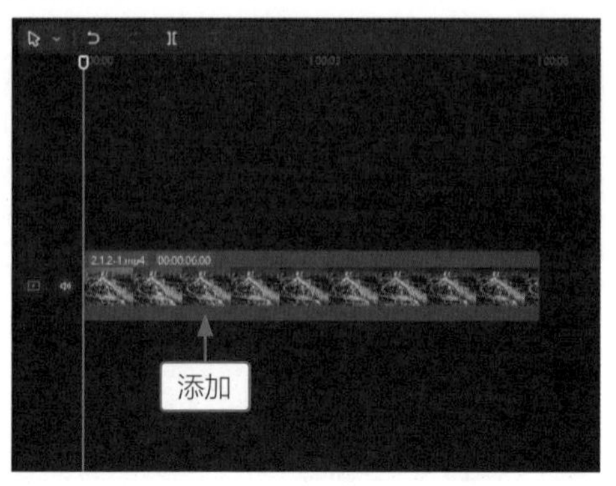

图2-10　添加第1个视频

STEP 03 在“画面”操作区的“基础”选项卡中，添加“位置”和“缩放”的关键帧◆，如图2-11所示。

STEP 04 拖曳时间指示器至00:00:03:00的位置，在“播放器”面板中，拖曳画面四周的控制柄，❶调整画面的大小和位置；❷此时“位置”和“缩放”的关键帧会亮起，表示在当前位置已自动添加了对应的关键帧，如图2-12所示。

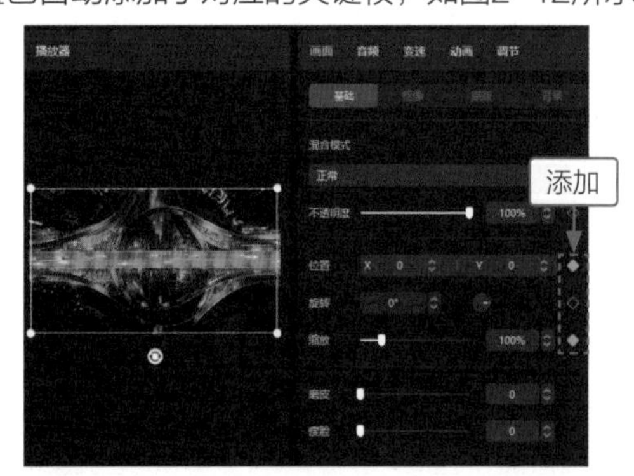

图2-11　添加“位置”和“缩放”关键帧

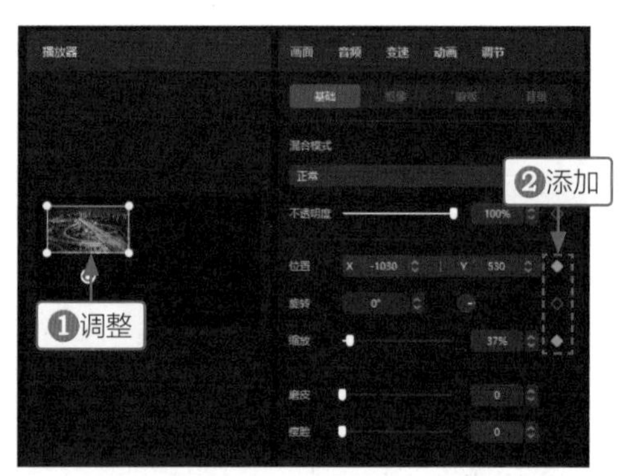

图2-12　调整画面自动添加关键帧

STEP 05 使用上述同样的方法，❶将其他4个视频依次添加到画中画轨道中，在开始位置和00:00:03:00的位置处添加对应的关键帧；❷在“播放器”面板中调整画面的大小和位置，如图2-13所示。

图2-13　添加视频并调整画面的大小和位置

STEP 06 选择视频轨道中的视频，在“画面”操作区中，❶切换至“背景”选项卡；❷在“背景填充”列表框中，选择“样式”选项，如图2-14所示。

STEP 07 在“样式”选项区中，选择一个背景样式，如图2-15所示。执行操作后，即可完成画中画缩小汇集效果的制作。

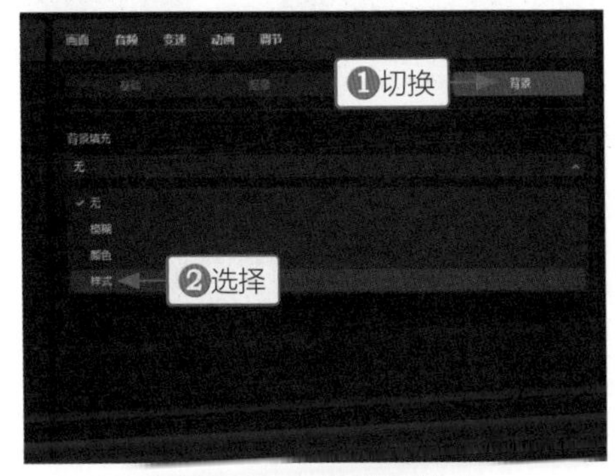

图2-14　添加背景样式

图2-15　选择背景样式

2.1.3 画中画多屏拼接

案例效果

教学视频

【效果说明】：画中画多屏拼接效果是指通过调整视频画面的大小和位置，使多个视频刚好镶嵌在可以容纳多个画面的边框贴纸中。画中画多屏拼接效果，如图2-16所示。

图2-16　画中画多屏拼接效果

STEP 01 在剪映中导入5个视频素材，如图2-17所示。

STEP 02 将第1个视频添加到视频轨道上，如图2-18所示。

图2-17　导入5个视频素材

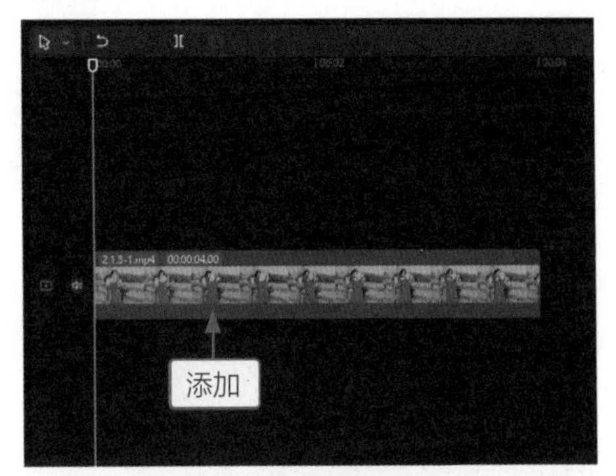

图2-18　添加第1个视频

STEP 03 ❶切换至“贴纸”功能区的“边框”选项卡中；❷在有5个窗格的贴纸上单击“添加

到轨道”按钮⊕，如图2-19所示。

STEP 04 执行操作后，即可添加边框贴纸，调整其时长与视频一致，如图2-20所示。

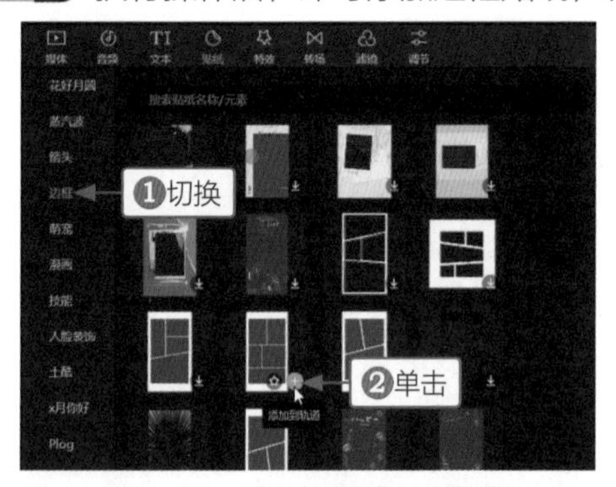

图2-19　添加边框贴纸到轨道

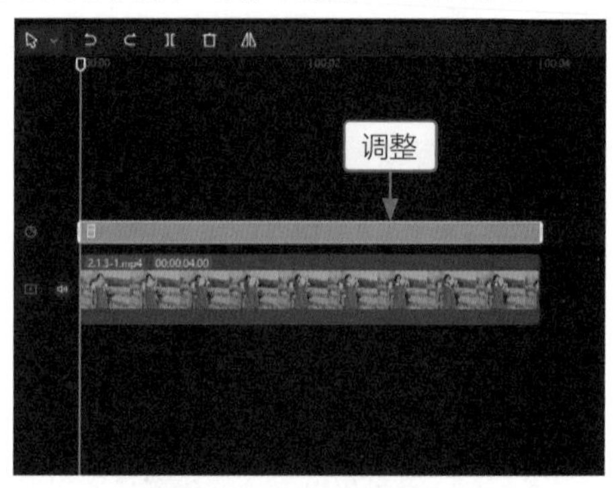

图2-20　调整贴纸时长

STEP 05 在“编辑”操作区中，❶设置“缩放”参数为60%；❷设置“旋转”参数为90°，将竖向的贴纸改为横向，如图2-21所示。

STEP 06 选择视频轨道中的视频，在“画面”操作区的“基础”选项卡中，❶设置“位置”的X参数为-1100、Y参数为0；❷设置“缩放”参数为145%，使人物刚好显示在第1个窗格中，如图2-22所示。

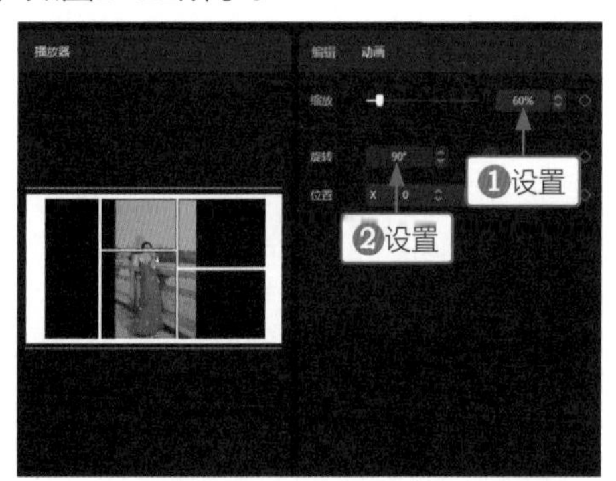

图2-21　设置贴纸方向

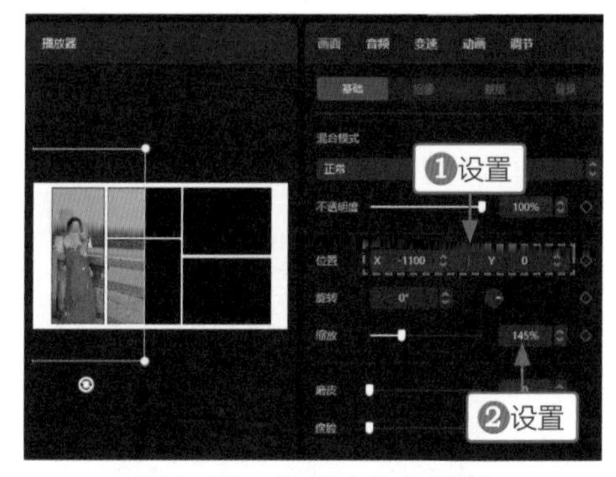

图2-22　设置人物的位置

STEP 07 ❶切换至“蒙版”选项卡；❷选择“矩形”蒙版；❸在“播放器”面板中，调整蒙版的大小和位置，将第1个视频中多余的画面隐藏起来，如图2-23所示。

STEP 08 使用上述相同的操作方法，依次将其他4个视频添加到画中画轨道中，调整画面的大小和位置，并添加矩形蒙版，如图2-24所示。

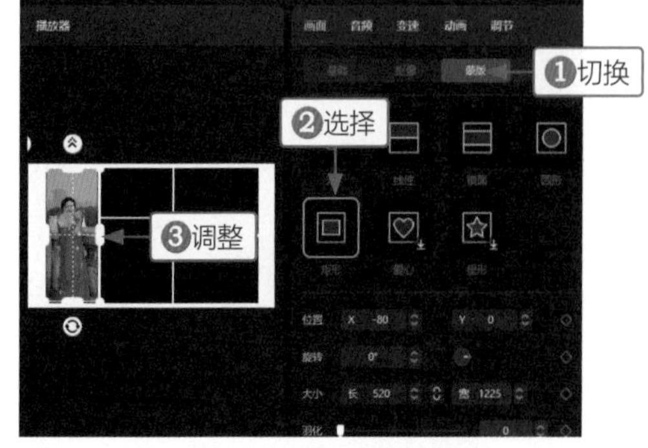

图2-23　选择和调整蒙版

图2-24　调整视频画面效果

2.1.4 画中画单屏变三屏

案例效果

教学视频

【效果说明】：画中画单屏变三屏效果是指画面从单屏画面切换成双屏画面，再从双屏画面切换为三屏画面。画中画单屏变三屏效果，如图2-25所示。

图2-25　画中画单屏变三屏效果

STEP 01 在剪映中导入3个视频素材，如图2-26所示。

STEP 02 将第1个视频添加到视频轨道上，如图2-27所示。

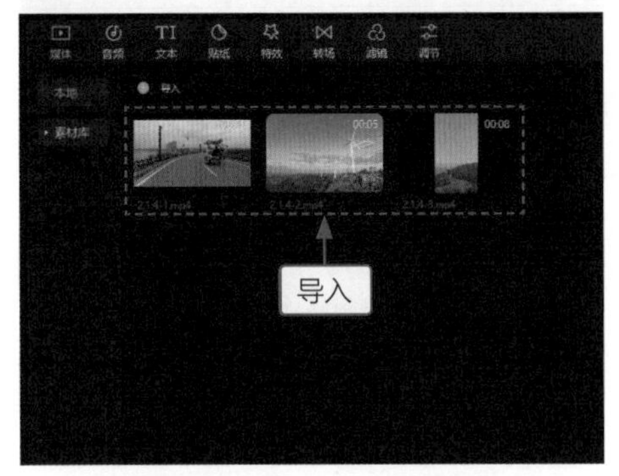

图2-26　导入3个视频素材

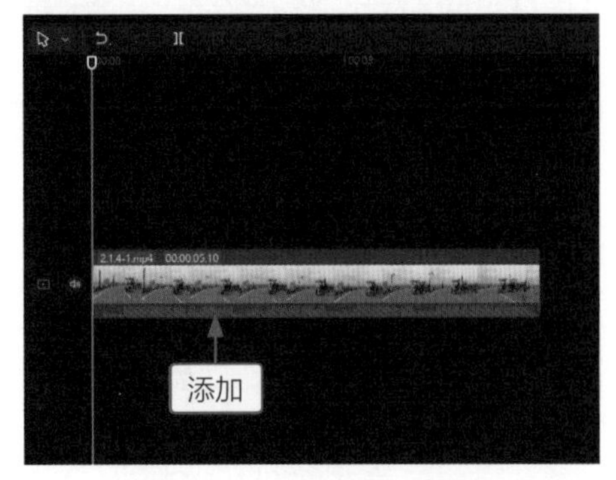

图2-27　添加第1个视频

STEP 03 将时间指示器拖曳至00:00:01:00的位置，在“画面”操作区的“基础”选项卡中，添加“位置”关键帧◆，如图2-28所示。

STEP 04 ❶切换至“蒙版”选项卡；❷选择“线性”蒙版；❸设置“位置”的X参数为960、Y参数为-62；❹设置“旋转”参数为-90°；❺添加“位置”关键帧◆，如图2-29所示。

STEP 05 将时间指示器拖曳至00:00:01:05的位置，在“画面”操作区的“基础”选项卡中，设置“位置”的X参数为-1590、Y参数为0，如图2-30所示。

STEP 06 ❶切换至“蒙版”选项卡；❷设置“位置”的X参数为788、Y参数为-37，如图2-31所示。

图2-28　添加第1个视频的“位置”关键帧

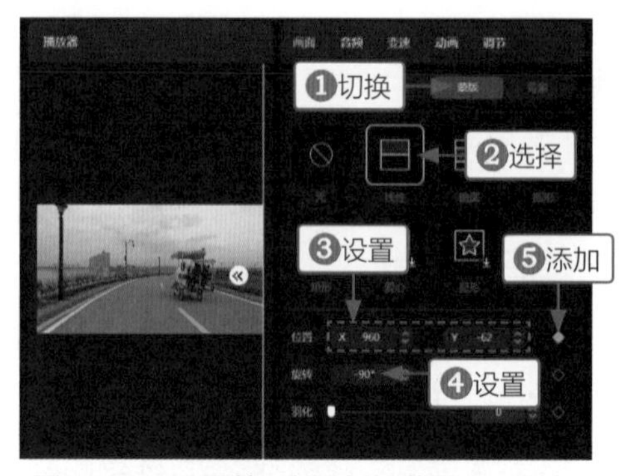

图2-29　设置第1个视频的蒙版和关键帧

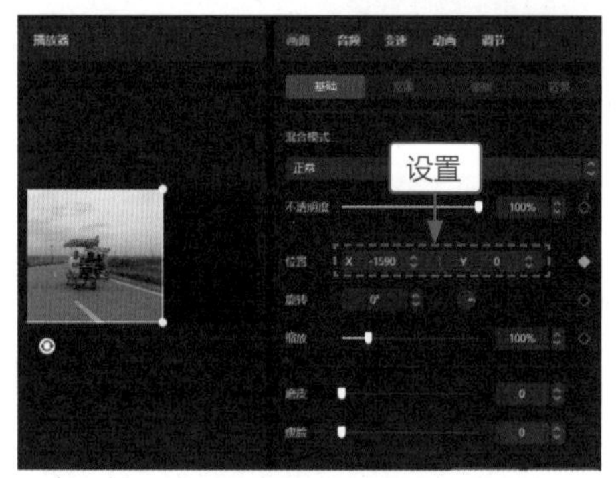

图2-30　设置第1个视频的位置参数

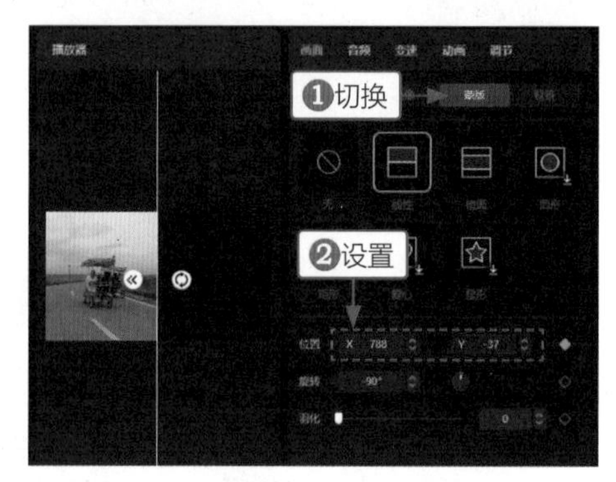

图2-31　设置第1个视频的蒙版参数

STEP 07 在“背景”选项卡中，设置视频的背景颜色为白色，如图2-32所示。

STEP 08 在时间指示器的位置，将第2个视频添加至画中画轨道中，如图2-33所示。

图2-32　设置视频的背景颜色

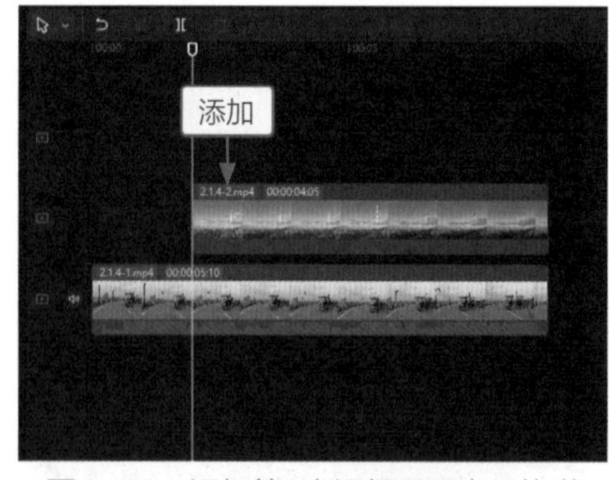

图2-33　添加第2个视频至画中画轨道

STEP 09 将时间指示器拖曳至00:00:02:14的位置，在“基础”选项卡中，❶设置“位置”的X参数为305、Y参数为0；❷添加“位置”和“缩放”关键帧◆，如图2-34所示。

STEP 10 在“蒙版”选项卡中，❶选择“线性”蒙版；❷设置“位置”的X参数为-89、Y参数为21；❸设置“旋转”参数为90°；❹添加“位置”关键帧◆，如图2-35所示。

STEP 11 将时间指示器拖曳至00:00:02:15的位置，在“基础”选项卡中，❶设置“位置”的X参数为920、Y参数为660；❷设置“缩放”参数为62%，如图2-36所示。

STEP 12 执行操作后，在“蒙版”选项卡中，设置“位置”的X参数为-480、Y参数为24，如图2-37所示。

图2-34　添加第2个视频的“位置”和“缩放”关键帧

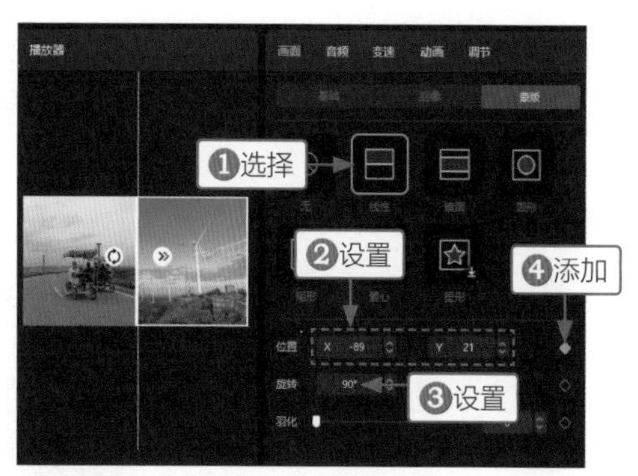

图2-35　设置第2个视频的蒙版和关键帧

图2-36　设置第2个视频的位置和参数

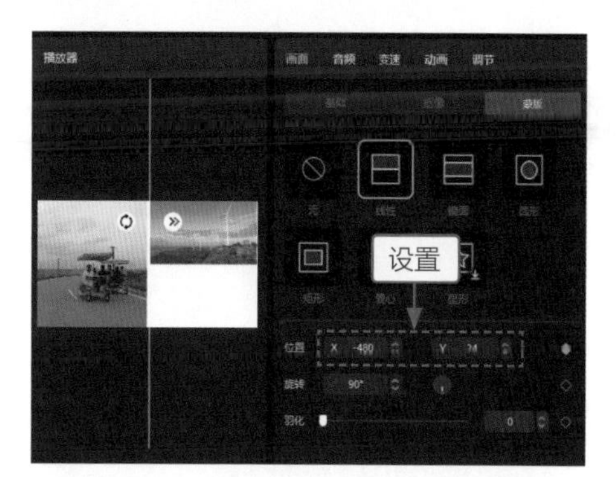

图2-37　设置第2个视频的蒙版参数

在剪映中，当用户为视频添加第1个或第1组关键帧后，在其他任何时间点设置视频的位置、缩放等参数时，都会在该时间点自动添加下一个或下一组关键帧。

STEP 13 在时间指示器的位置，将第3个视频添加至第2条画中画轨道，并调整其时长与其他两个视频的结束位置对齐，如图2-38所示。

STEP 14 在“画面”操作区的“基础”选项卡中，❶设置“位置”的X参数为975、Y参数为200；❷设置“缩放”参数为157%，如图2-39所示。

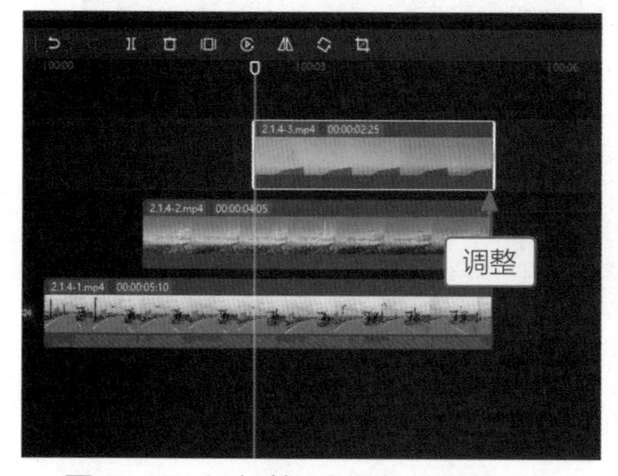

图2-38　添加第3个视频并调整时长

图2-39　设置第3个视频的位置和参数

STEP 15 执行操作后，在“蒙版”选项卡中，❶选择“线性”蒙版；❷设置“位置”的X参数为-34、Y参数为-135；❸单击“反转”按钮，反转蒙版，如图2-40所示。执行上述操作后，即可完成画中画单屏变三屏效果的制作。

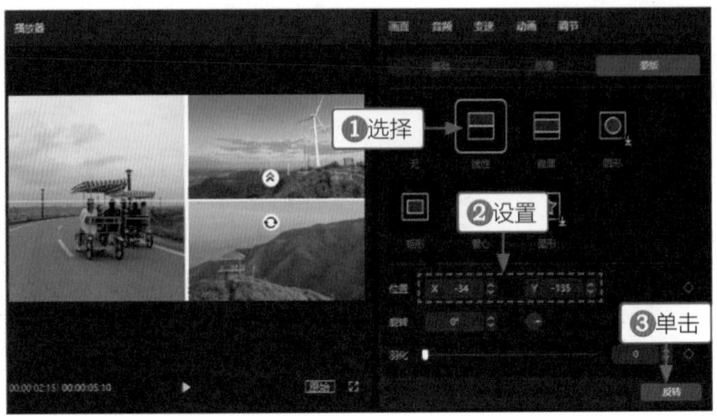

图2-40 设置第3个视频的蒙版参数

2.2 蒙版创意分屏效果

通过学习前文，想必大家对于蒙版的用法已有了一些基本的了解。在剪映中，蒙版的用法还有很多，只要掌握其操作方法，就可以制作出更多具有创意的分屏效果。本节主要为大家介绍几种常用的蒙版创意分屏效果的制作方法。

2.2.1 画面回放圆形分屏

【效果说明】：我们经常会在综艺节目中看到当前时间段摄制的画面和过去时间段摄制的画面同框显示的情景，也就是画中画分屏回放。在剪映中，运用圆形蒙版，可以制作出圆形的画面回放分屏效果，将两个画面同时展现。画面回放圆形分屏效果，如图2-41所示。

案例效果

教学视频

图2-41 画面回放圆形分屏效果

STEP 01 在剪映中导入2个视频素材，在“播放器”面板中可以预览2个视频的画面效果，如图2-42所示。第1个视频是通过摆拍后摄制的视频画面，在00:00:00:24到00:00:04:15时间段的画面中有一个事先做好的白色的圆形，方便制作出带白边的圆形分屏效果；第2个视频则是主角放置手机进行摆拍的画面，用来制作画面回放。

第1个视频的画面效果

第2个视频的画面效果

图2-42　预览两个视频的画面效果

第1个视频中的白色圆形是在剪映中将背景颜色设置为白色，然后在画面的合适位置处添加一个圆形蒙版制作出来的，最后将添加蒙版的视频导出备用即可。

STEP 02 ❶将第1个视频添加到视频轨道中；❷将时间指示器拖曳至00:00:00:24的位置处；❸在时间指示器的位置将第2个视频添加到画中画轨道中，如图2-43所示。

STEP 03 在“画面”操作区的“蒙版”选项卡中，❶选择“圆形”蒙版；❷设置“位置”的X参数为0、Y参数为-85；❸设置“大小”的“长”参数为488、“宽”参数为532，使蒙版刚好圈住人物，如图2-44所示。

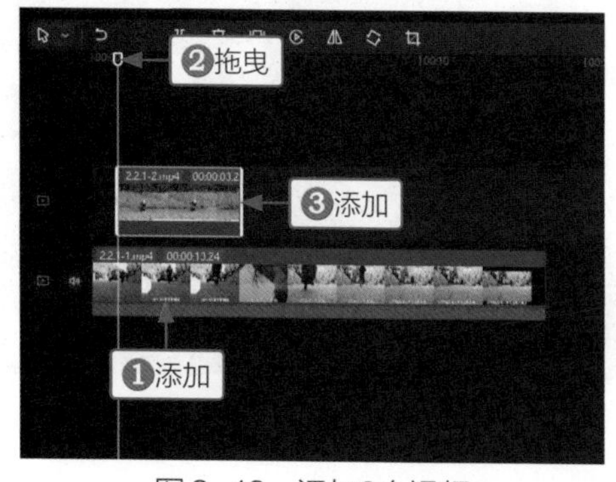

图2-43　添加2个视频

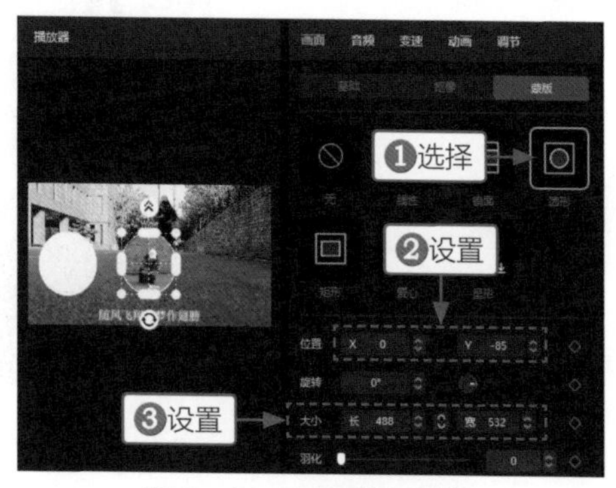

图2-44　设置蒙版参数

STEP 04 ❶切换至"基础"选项卡；❷在"播放器"面板中调整圆形分屏画面的位置，使画面刚好置于白色圆形之中，如图2-45所示。

STEP 05 在"文本"功能区中，单击"默认文本"中的"添加到轨道"按钮⊕，如图2-46所示。

图2-45　调整圆形分屏画面的位置

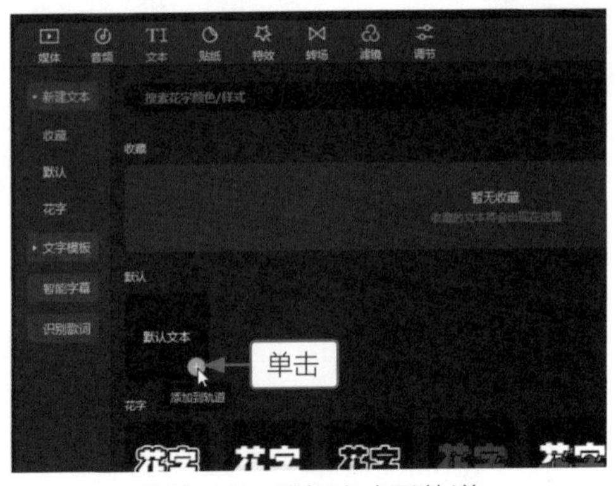

图2-46　添加文本至轨道

STEP 06 执行操作后，即可在时间指示器的位置添加一个默认文本，调整文本的时长与第2个视频的时长一致，如图2-47所示。

STEP 07 在"编辑"操作区的文本框中，输入字幕提示内容，如图2-48所示。

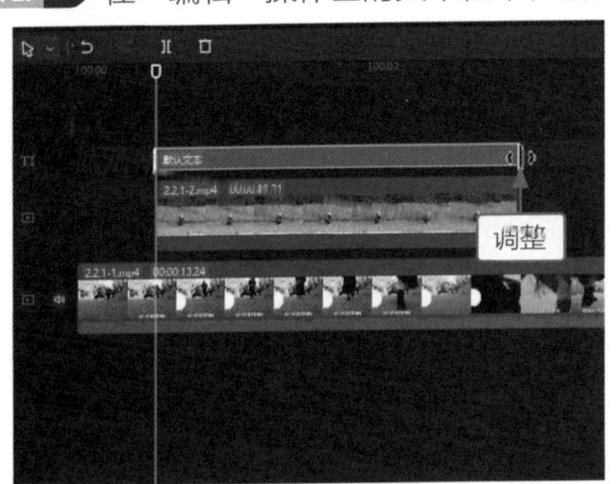

图2-47　调整文本的时长

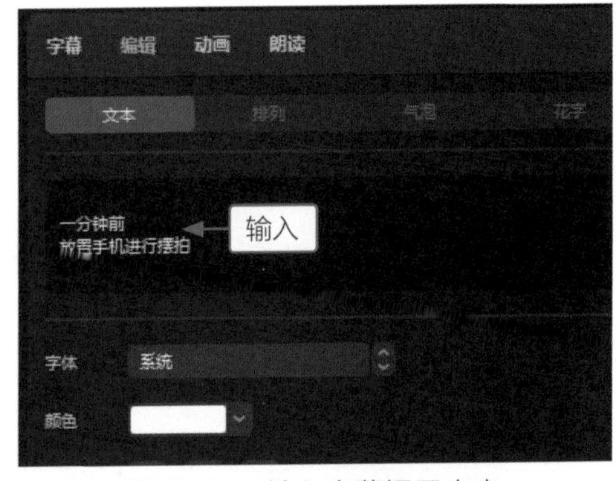

图2-48　输入字幕提示内容

STEP 08 ❶切换至"气泡"选项卡；❷选择一个黄色的云朵气泡；❸在"播放器"面板中调整文本的大小和位置，如图2-49所示。执行操作后，即可完成画面回放圆形分屏效果的制作。

图2-49　添加气泡并调整文本的大小和位置

2.2.2 VS对抗镜面分屏

【效果说明】：在很多比赛场景的视频画面中会用到单屏变双屏效果，在两个人的中间会出现一条缝，然后显示一个很大的VS或PK的英文特效，表示比赛、对抗等含义，给人一种双方即将激战的视觉氛围感。VS对抗镜面分屏效果，如图2-50所示。

案例效果

教学视频

图2-50　VS对抗镜面分屏效果

STEP 01 在剪映中导入一个视频素材，❶将视频添加至视频轨道上；❷拖曳时间指示器至00:00:03:10的位置处；❸单击“分割”按钮，如图2-51所示。

STEP 02 选择分割的后半段视频，在“画面”操作区的“蒙版”选项卡中，❶选择“镜面”蒙版；❷单击“反转”按钮；❸在“播放器”面板中，调整蒙版的位置、大小和旋转角度，如图2-52所示。

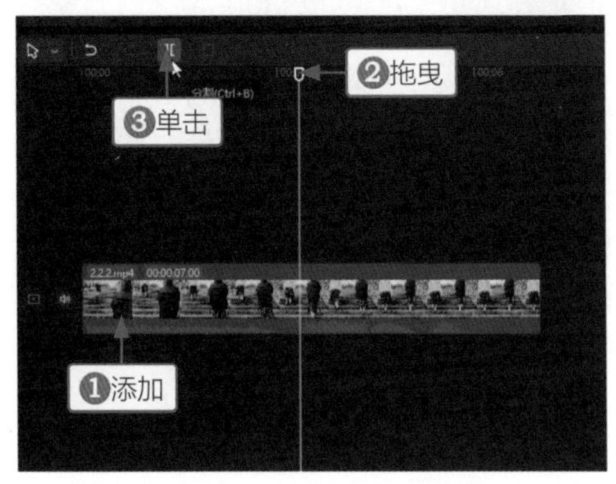

图2-51　添加并分割视频

图2-52　选择和调整蒙版

如果用户不喜欢黑色的缝，可以在“画面”操作区的“背景”选项卡中，为视频设置一个自己喜欢的背景颜色或者样式。如果在“播放器”面板中调不准蒙版的位置和旋转角度，可以在“蒙版”选项卡中进行设置。

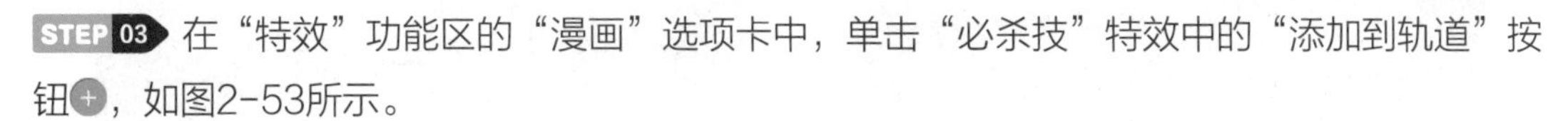

STEP 03 在“特效”功能区的“漫画”选项卡中，单击“必杀技”特效中的“添加到轨道”按钮，如图2-53所示。

STEP 04 执行操作后，即可在时间指示器的位置添加“必杀技”特效，并适当调整特效时长，如图2-54所示。

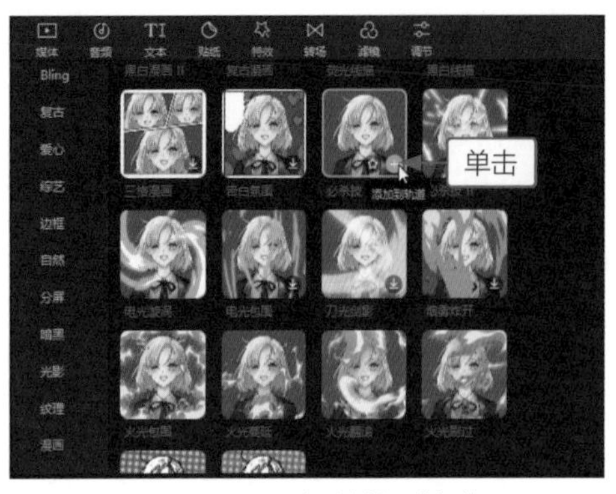

图2-53　添加特效到轨道

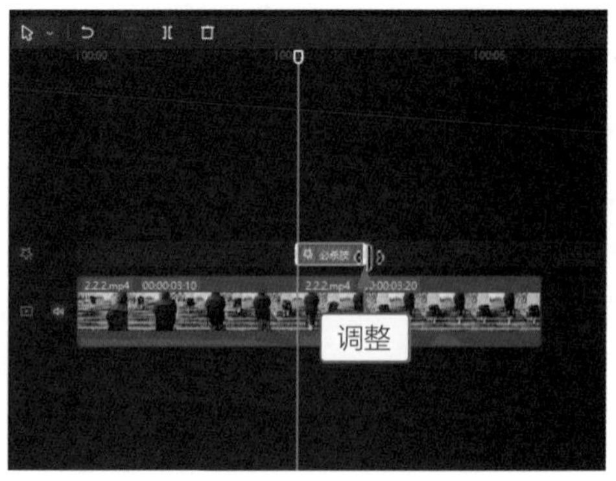

图2-54　调整特效时长

STEP 05 使用同样的方法，在“必杀技”特效的后面添加一个“火光翻滚”特效，并调整特效时长，如图2-55所示。

STEP 06 拖曳时间指示器至00:00:03:14的位置，❶在“贴纸”功能区的搜索框中输入VS；❷在下方搜索出来的贴纸素材中选择一个合适的贴纸；❸单击“添加到轨道”按钮，如图2-56所示。

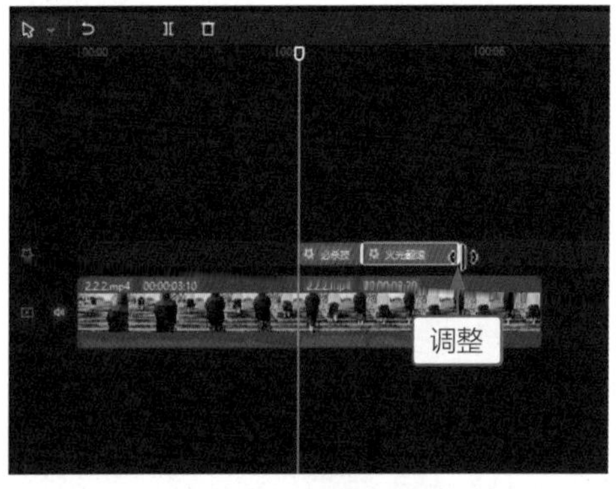

图2-55　添加并调整特效时长

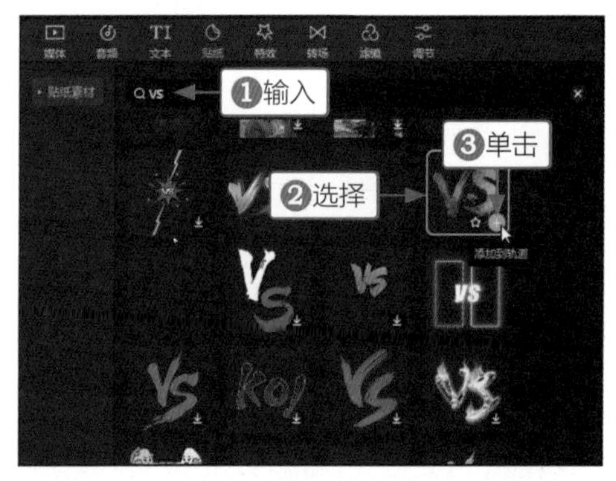

图2-56　搜索和选择特效并添加到轨道

STEP 07 执行操作后，即可在时间指示器的位置添加一个贴纸，调整贴纸的结束位置与视频的结束位置对齐，如图2-57所示。

STEP 08 在“播放器”面板中，调整贴纸位置，完成效果的制作，如图2-58所示。

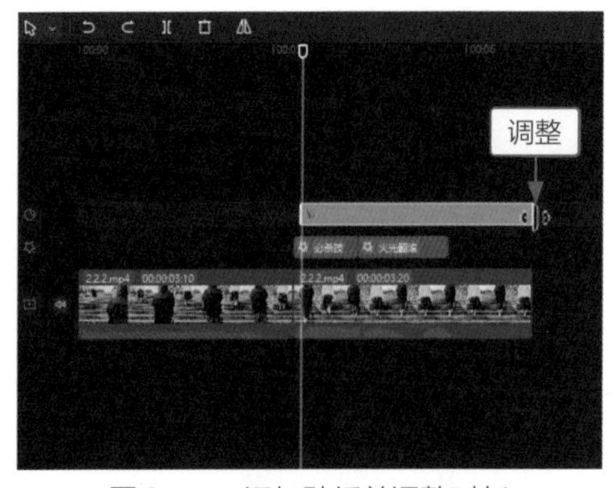

图2-57　添加贴纸并调整时长

图2-58　调整贴纸位置

2.2.3 录制地点矩形分屏

案例效果

教学视频

【效果说明】：在一些真人秀节目中，我们经常可以看到多屏展示节目录制地点的画面。在剪映中，可以运用矩形蒙版来制作录制地点分屏展示的效果，并在空白处添加字幕，使观众可以直观地接收画面信息。录制地点矩形分屏效果，如图2-59所示。

图2-59 录制地点矩形分屏效果

STEP 01 在剪映中导入2个视频素材，分别添加至视频轨道和画中画轨道中，如图2-60所示。

STEP 02 选择画中画轨道中的视频，在“画面”操作区的“基础”选项卡中，❶设置“位置”的X参数为-980、Y参数为540；❷设置“缩放”参数为47%，如图2-61所示。

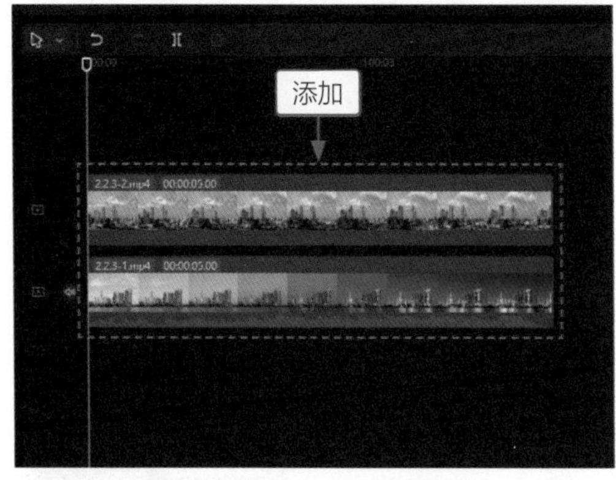

图2-60 添加2个视频素材

图2-61 设置画中画轨道中视频的参数

STEP 03 选择视频轨道中的视频，在“画面”操作区的“基础”选项卡中，设置“位置”的X参数为0、Y参数为-357，如图2-62所示。

STEP 04 切换至“背景”选项卡，在“背景填充”下方的“颜色”选项区中，选择一个颜色色块，如图2-63所示。

图2-62 设置视频轨道中视频的参数

图2-63 选择颜色色块

STEP 05 在“蒙版”选项卡中，❶选择“矩形”蒙版；❷设置“位置”的X参数为0、Y参数为-85；❸设置“大小”的“长”参数为1887、“宽”参数为525，如图2-64所示。

STEP 06 在“文本”功能区的“文字模板”选项卡中，❶选择“综艺”选项区；❷单击“比赛正式开始”文本中的“添加到轨道”按钮⊕，如图2-65所示。

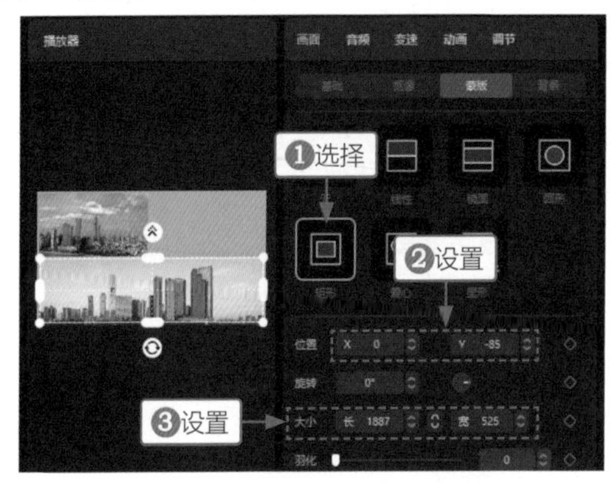

图2-64 选择蒙版并设置参数

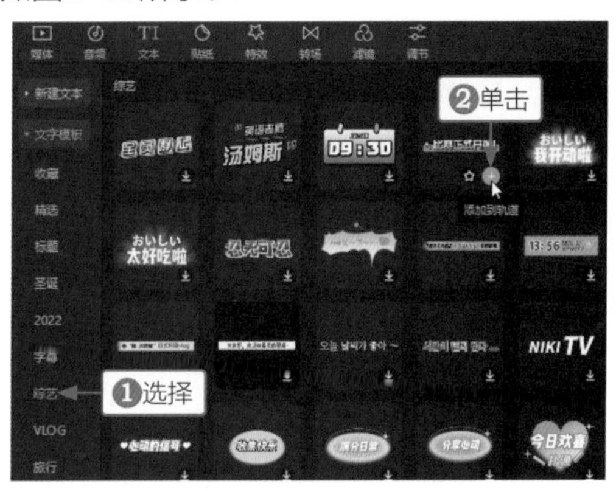

图2-65 添加文本到轨道

STEP 07 执行操作后，即可将文本添加到字幕轨道中，拖曳文本右侧的白色拉杆，调整其时长与视频时长一致，如图2-66所示。

STEP 08 在“编辑”操作区的文本框中，将原来的内容删除，❶重新输入新的内容；❷在“播放器”面板中调整文本的位置和大小，如图2-67所示。

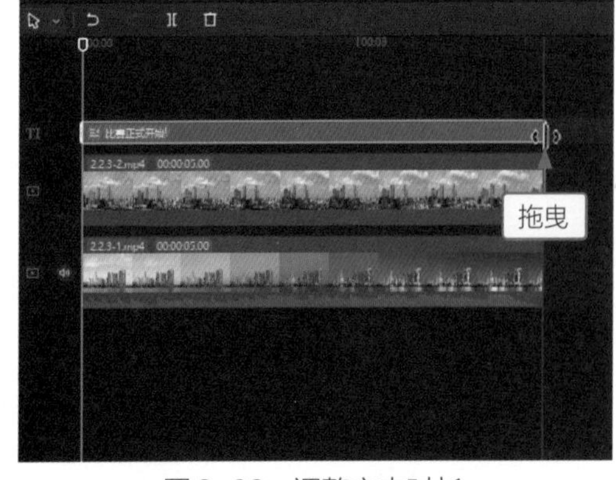

图2-66 调整文本时长

图2-67 输入新文本并调整

STEP 09 拖曳时间指示器至00:00:02:00的位置，在“文本”功能区的“精选”选项区中，单击“今日碎片”文本中的“添加到轨道”按钮⊕，如图2-68所示。

STEP 10 执行操作后，即可将文本添加到第2条字幕轨道中，如图2-69所示。

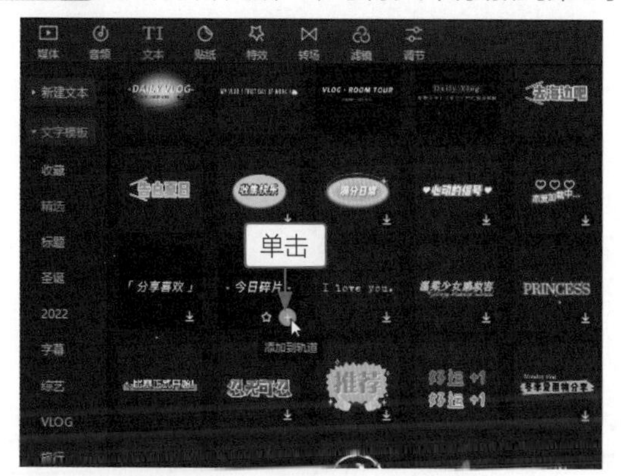

图2-68　再次添加文本到轨道

图2-69　添加文本至第2条字幕轨道

STEP 11 在“编辑”操作区的文本框中，将原来的内容删除，❶重新输入新的内容；❷在“播放器”面板中调整文本的位置和大小，如图2-70所示。

图2-70　输入新文本并调整

知识导读

不论是电影、电视剧，还是综艺节目、商业广告，文本字幕都是其中不可或缺的一部分。字幕解说在后期包装剪辑中是一种重要的艺术手段，能够传达主题信息，帮助观众有效地理解视频的含义。本章主要介绍后期包装文字动画的制作方法，帮助读者制作出更加精美的视频效果。

3 CHAPTER

第3章 后期包装文字动画

本章重点索引

- 文字动画制作方法
- 影视类文字动画
- 艺术感文字动画

效果欣赏

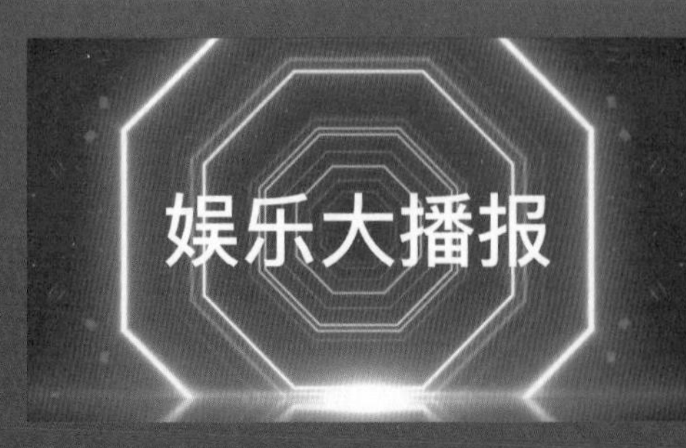

3.1 文字动画制作方法

在剪映中制作文字动画，其重点在于对文字素材添加各种滤镜和效果。本节通过文字消散溶解效果和粒子消散显示文字两个案例，为大家介绍文字动画的制作方法。

3.1.1 文字消散溶解效果

【效果说明】：在剪映中制作文字消散溶解效果，主要分为两个部分，一是为视频添加文本，并为文本设置“溶解”出场动画；二是为粒子视频设置“滤色”混合模式。文字消散溶解效果，如图3-1所示。

案例效果

教学视频

图3-1　文字消散溶解效果

STEP 01 在剪映中导入一个背景视频和一个粒子视频，如图3-2所示。

STEP 02 将背景视频添加到视频轨道中，如图3-3所示。

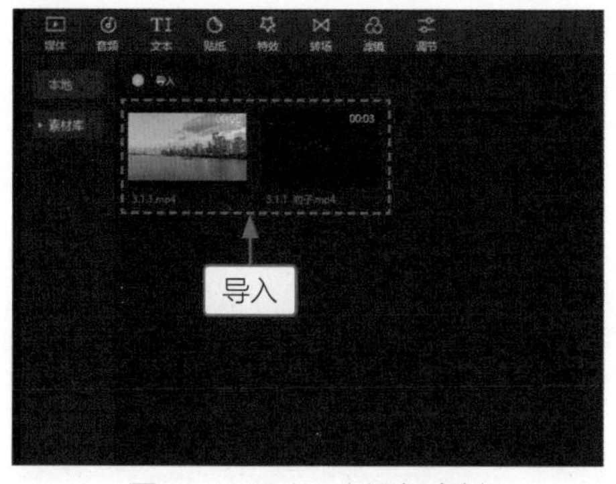

图3-2　导入2个视频素材

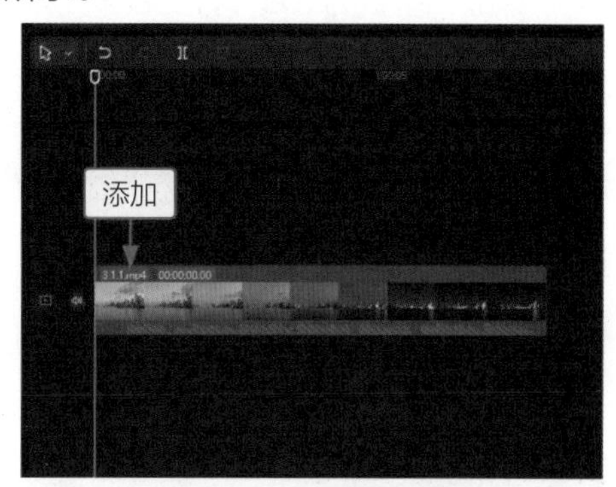

图3-3　添加背景视频

STEP 03 在“文本”功能区中，单击“默认文本”中的“添加到轨道”按钮⊕，如图3-4所示。

STEP 04 执行操作后，即可在字幕轨道上添加一个文本字幕，调整其时长，如图3-5所示。

图3-4　添加文本到轨道

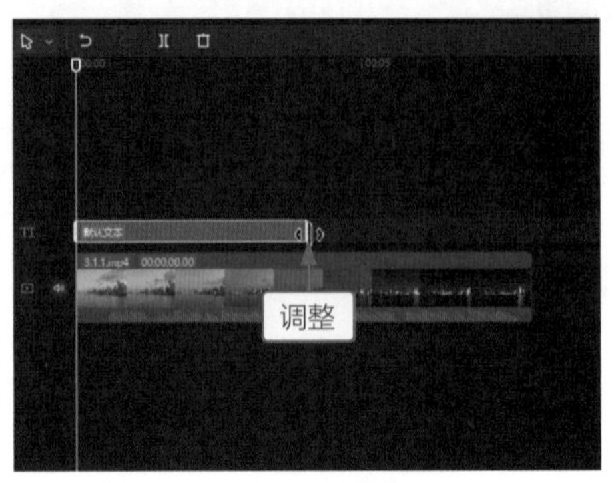

图3-5　调整文本的时长

STEP 05 在“编辑”操作区的文本框中，❶输入字幕内容；❷设置一个合适的字体；❸设置“缩放”参数为130%，如图3-6所示。

STEP 06 ❶切换至“动画”操作区的“出场”选项卡中；❷选择“溶解”动画；❸设置“动画时长”参数为1.5s，如图3-7所示。

图3-6　输入文本并设置字体和参数

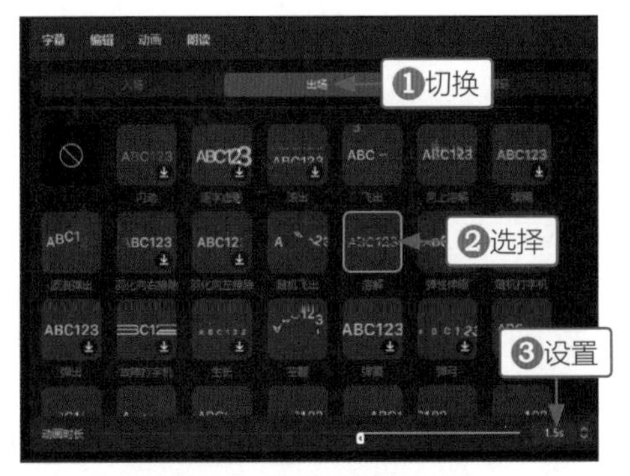

图3-7　选择并设置动画

STEP 07 ❶将时间指示器拖曳至00:00:01:05的位置；❷将粒子视频添加到时间指示器的位置处，如图3-8所示。

STEP 08 在“画面”操作区的“基础”选项卡中，❶设置“混合模式”为“滤色”模式；❷设置“缩放”参数为168%，使粒子刚好遮盖在文字上，完成效果的制作，如图3-9所示。

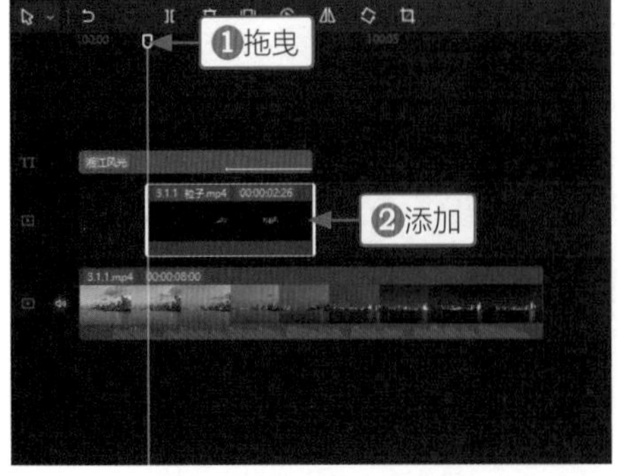

图3-8　添加粒子视频

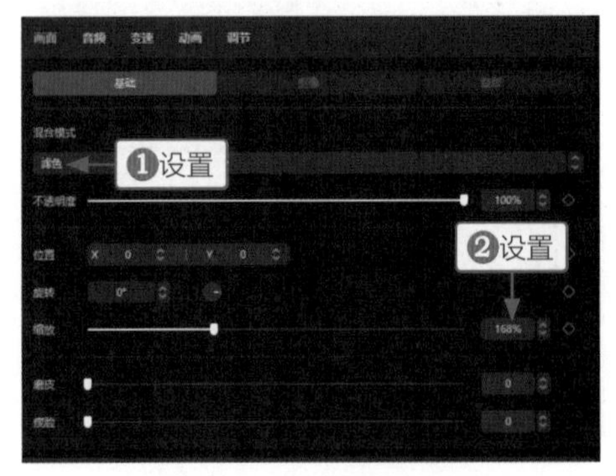

图3-9　设置混合模式

3.1.2 粒子消散显示文字

【效果说明】：粒子消散显示文字是指粒子消散过程中逐渐显示文字，当粒子消失后文字保留在画面中的效果。粒子消散显示文字效果，如图3-10所示。

案例效果

教学视频

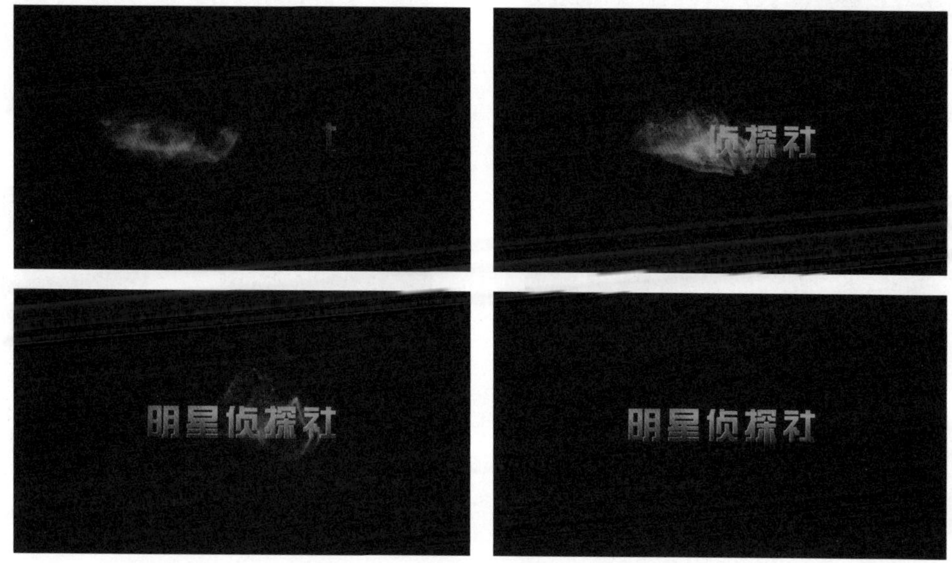

图3-10　粒子消散显示文字效果

STEP 01 在“文本”功能区的“花字”选项卡中，找到具有金属感的花字，单击“添加到轨道”按钮⊕，如图3-11所示。

STEP 02 执行操作后，即可将文本添加到字幕轨道上，并调整文本时长为5秒左右，如图3-12所示。

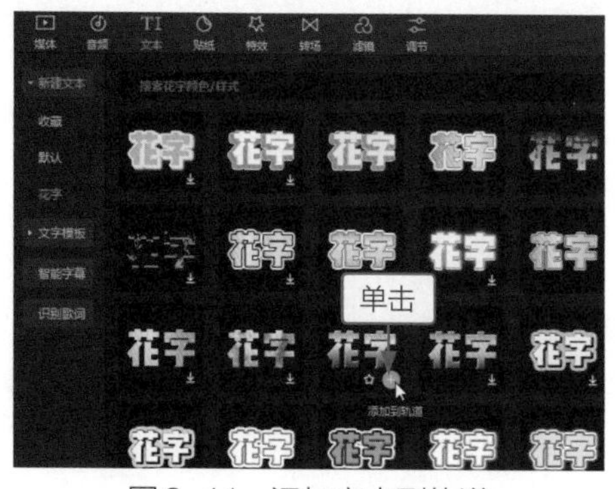

图3-11　添加文本到轨道

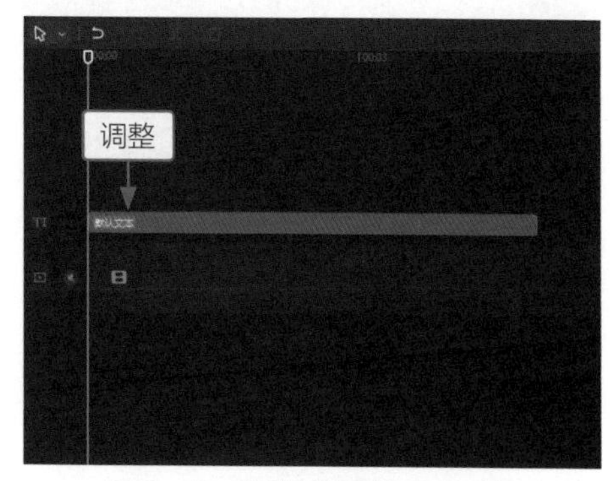

图3-12　添加并调整文本时长

STEP 03 在“编辑”操作区的文本框中，❶输入字幕内容；❷设置一个合适的字体，如图3-13所示。

STEP 04 在“排列”选项卡中，设置“字间距”参数为2，如图3-14所示。

STEP 05 在“动画”操作区的“入场”选项卡中，❶选择“羽化向左擦开”动画；❷设置“动画时长”参数为3.0s，如图3-15所示。

STEP 06 执行上述操作后，单击“导出”按钮，将制作的文字导出为视频，如图3-16所示。

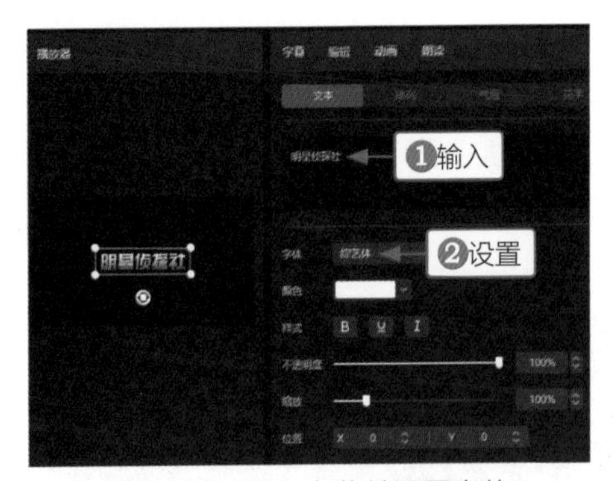

图3-13　输入字幕并设置字体

图3-14　设置字间距

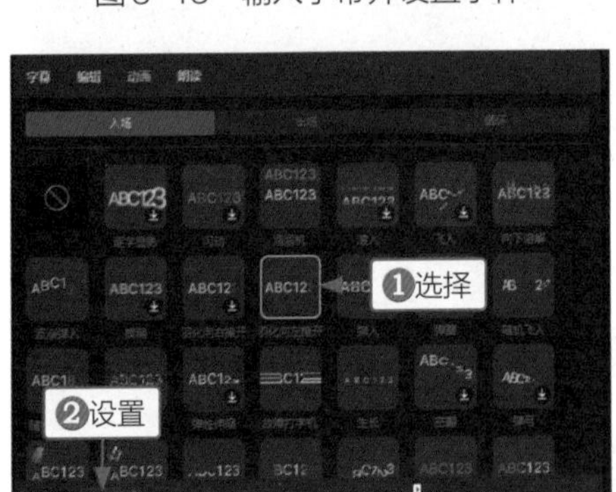

图3-15　选择动画并设置时长

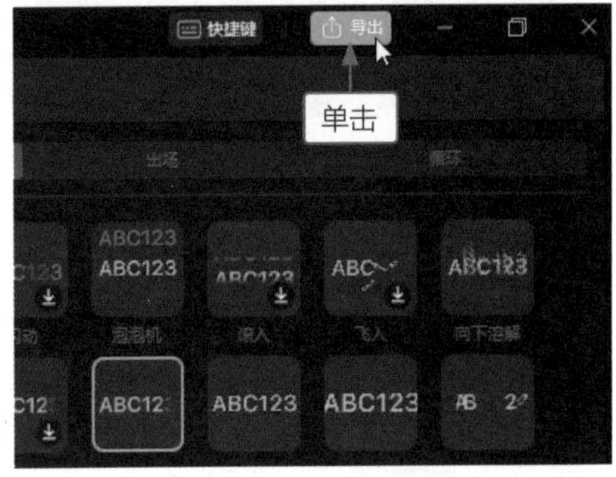

图3-16　导出视频

STEP 07 新建一个草稿箱，将粒子视频、背景图片、背景音乐和前面导出的文字视频导入“媒体”功能区中，如图3-17所示。

STEP 08 将文字视频、粒子视频，以及背景音乐分别添加到视频轨道、画中画轨道和音频轨道中，如图3-18所示。

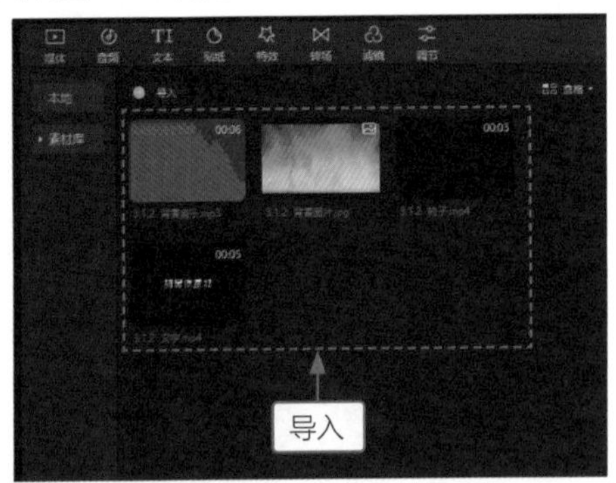

图3-17　导入4个视频素材

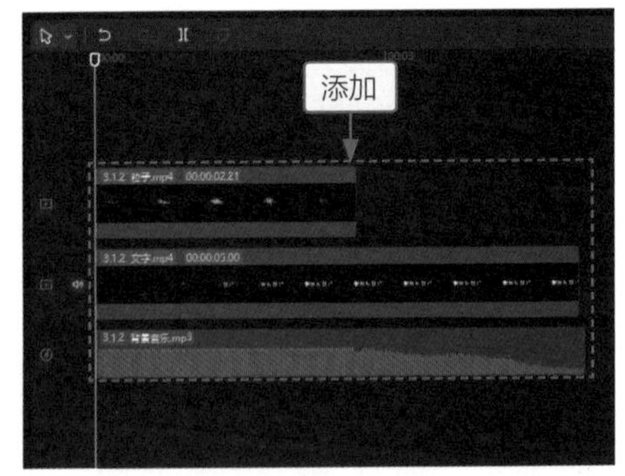

图3-18　添加素材至相应轨道

STEP 09 调整背景音乐的时长，使其与视频时长一致，如图3-19所示。

STEP 10 选择粒子视频，在“画面”操作区的“基础”选项卡中，❶设置“混合模式”为“滤色”模式；❷设置“位置”的X参数为0、Y参数为-180；❸设置“缩放”参数为156%，调整粒子的位置和大小，如图3-20所示。

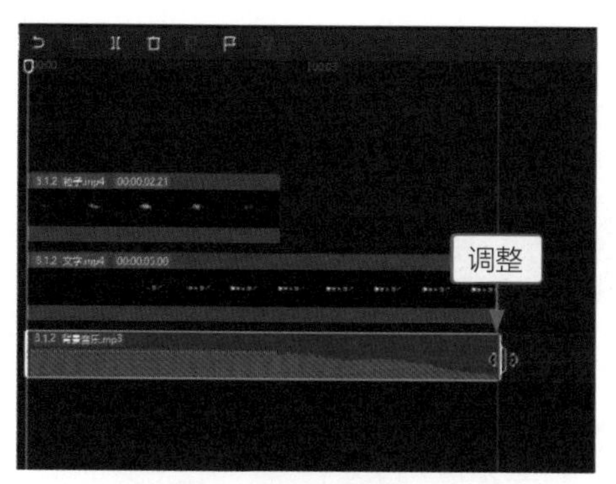

图3-19　调整背景音乐的时长

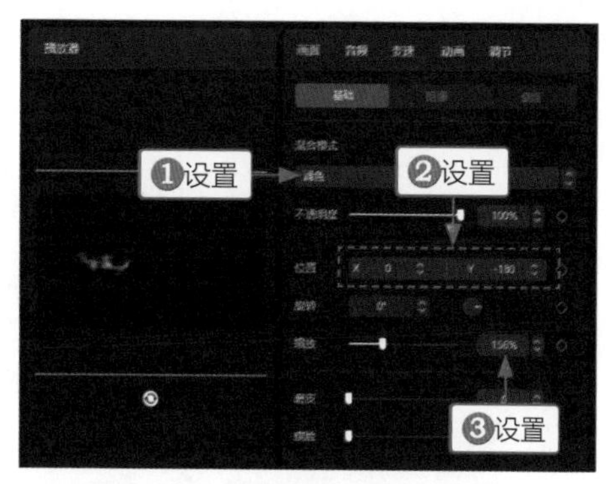

图3-20　设置参数调整粒子画面

STEP 11 将背景图片添加到第2条画中画轨道中并调整时长，使其与视频时长一致，如图3-21所示。

STEP 12 在“画面”操作区的“基础”选项卡中，设置“混合模式”为“正片叠底”模式，为白色的粒子和文字添加颜色，如图3-22所示。执行上述操作后，即可完成效果的制作。

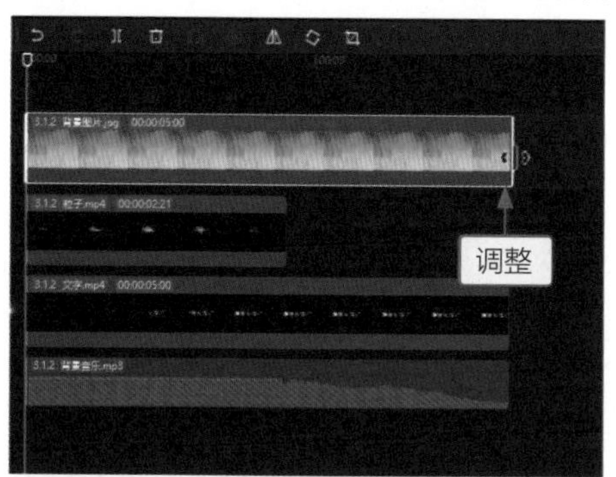

图3-21　调整背景图片的时长

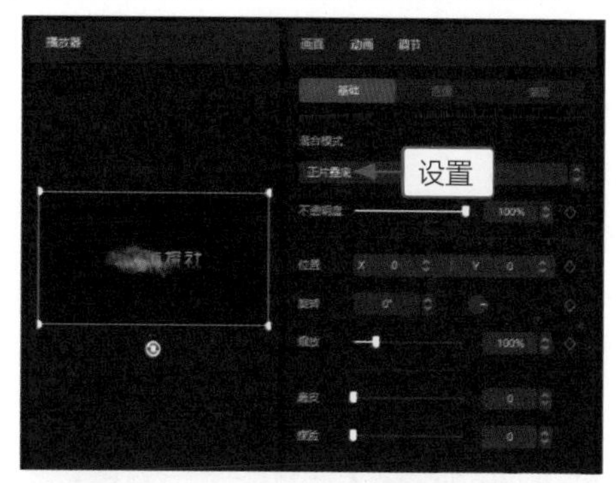

图3-22　设置“正片叠底”模式

在剪映中，为素材设置“正片叠底”模式相当于为视频添加了一个背景。上述案例中的粒子视频是白色的，文字也是灰白色的，在添加了背景图片后，便为粒子和文字都添加了背景图片上的颜色，且背景图片上的颜色越丰富，粒子和文字的颜色也会更加丰富、美观。

3.2 影视类文字动画

本节主要介绍一些影视节目中常用的文字动画效果，包括上滑效果、左滑效果、卷轴效果、快闪效果，以及快速跳转效果等。

3.2.1 文艺片名上滑效果

案例效果

教学视频

【效果说明】：在剪映中制作文艺片名上滑效果，可以分为两部分来操作，一是为视频添加线性蒙版，并设置蒙版关键帧，使视频底部呈现遮盖上滑效果；二是为视频添加文本，并为文本设置“溶解”

入场动画。文艺片名上滑效果，如图3-23所示。

图3-23　文艺片名上滑效果

STEP 01 在剪映中导入一个视频并将其添加到视频轨道上，如图3-24所示。

STEP 02 在“画面”操作区的“基础”选项卡中，设置“缩放”参数为95%，稍微缩小视频画面，如图3-25所示。

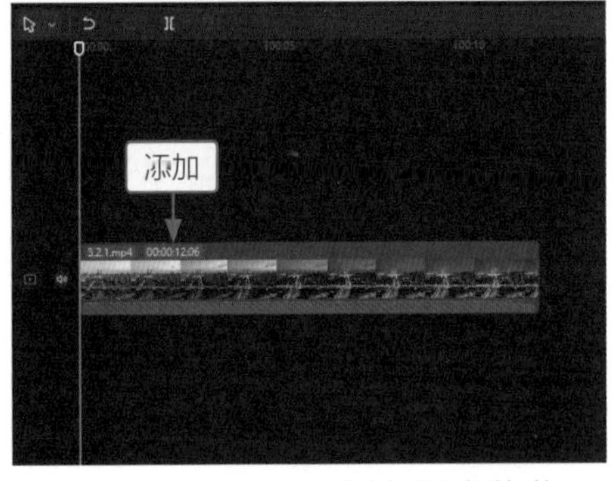

图3-24　添加视频素材到视频轨道

图3-25　设置缩放参数

STEP 03 在“背景”选项卡中，设置背景颜色为白色，如图3-26所示。

STEP 04 将时间指示器拖曳至00:00:00:15的位置，在“蒙版”选项卡中，❶选择“线性”蒙版；❷设置“位置”的X参数为0、Y参数为-540；❸添加“位置”的关键帧，如图3-27所示。

图3-26　设置背景颜色

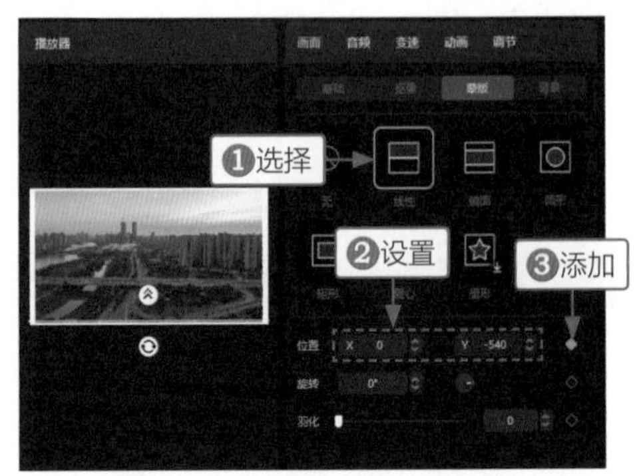

图3-27　设置蒙版和关键帧

STEP 05 将时间指示器拖曳至00:00:02:00的位置，在“蒙版”选项卡中，设置“位置”的X参数为0、Y参数为-190，如图3-28所示。

STEP 06 在“文本”功能区的“花字”选项卡中，找到一个合适的花字，单击“添加到轨道”按钮⊕，如图3-29所示。

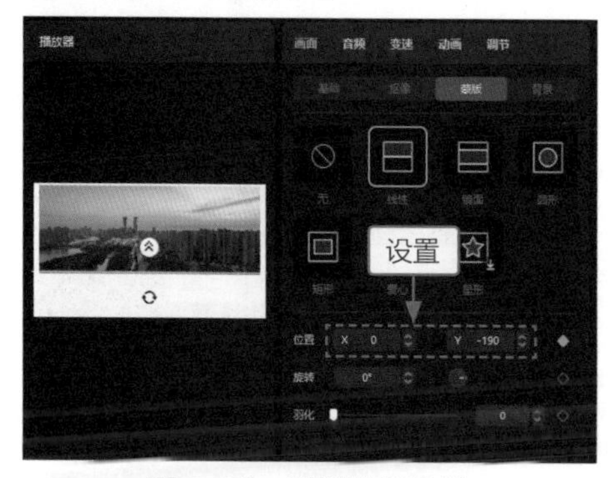

图3-28　设置位置参数

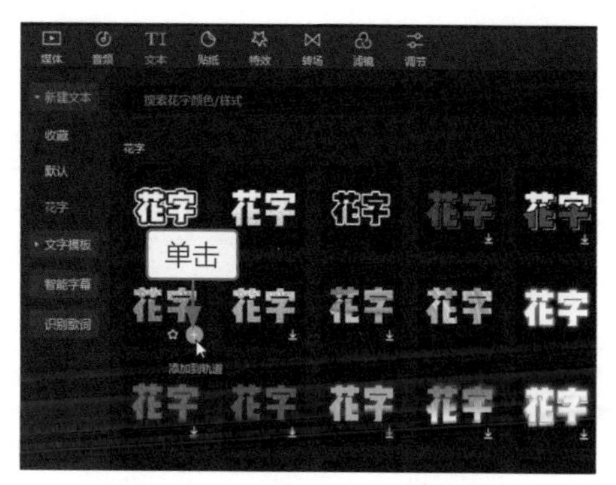

图3-29　添加花字到字幕轨道

STEP 07 执行操作后，即可将花字文本添加到字幕轨道中并调整其时长，如图3-30所示。

STEP 08 在“编辑”操作区的文本框中，❶输入片名；❷设置一个合适的字体；❸设置“缩放”参数为71%；❹设置“位置”的X参数为0、Y参数为-720，如图3-31所示。

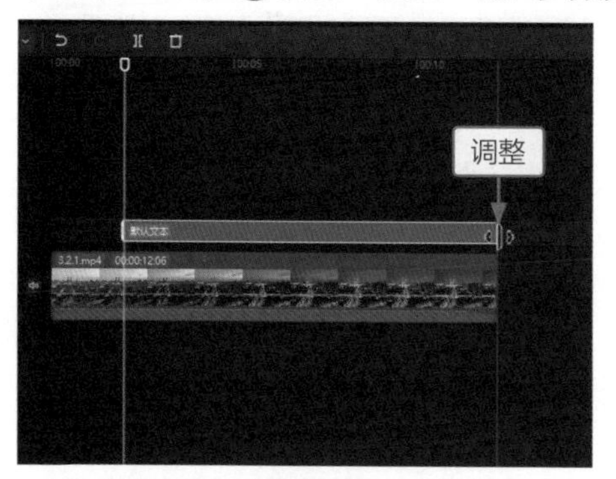

图3-30　调整花字文本时长

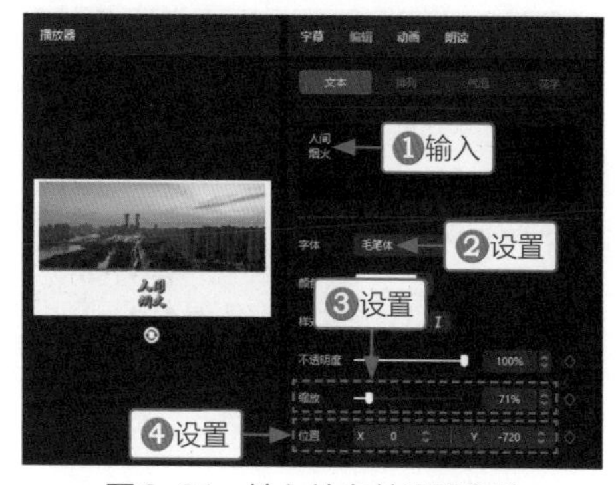

图3-31　输入片名并设置参数

STEP 09 在“排列”选项卡中，设置“字间距”和“行间距”参数均为10，如图3-32所示。

STEP 10 在“动画”操作区的“入场”选项卡中，❶选择“溶解”动画；❷设置“动画时长”参数为1.5s，如图3-33所示。

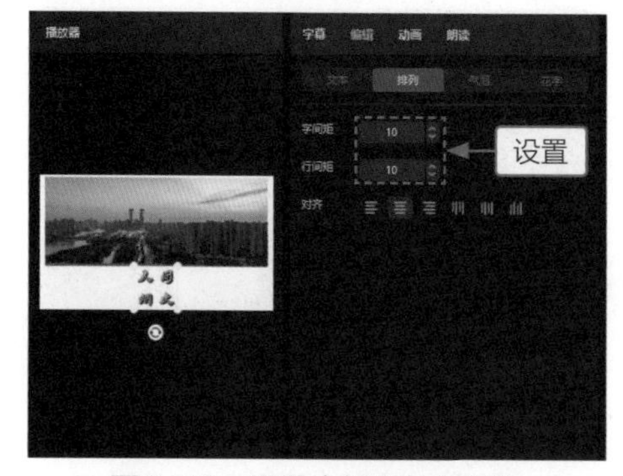

图3-32　设置字间距与行间距

图3-33　选择动画并设置时长

STEP 11 复制制作的片名文本，将其粘贴至第2条字幕轨道中，如图3-34所示。

STEP 12 在“编辑”操作区的“文本”选项卡中，❶修改片名内容为英文；❷设置一个合适的字体；❸设置“缩放”参数为22%；❹设置“位置”的X参数为0、Y参数为-717，使英文字幕刚好嵌入中文文字的中间位置，如图3-35所示。

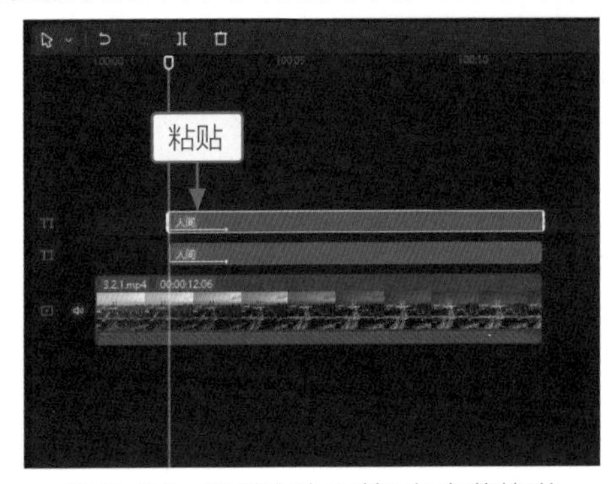

图3-34 粘贴文本至第2条字幕轨道

图3-35 修改片名并设置参数

STEP 13 在“排列”选项卡中，设置“字间距”和“行间距”参数均为0，缩短英文字幕，如图3-36所示。

STEP 14 复制制作的片名文本，将其粘贴至第3条字幕轨道中并调整时长，如图3-37所示。

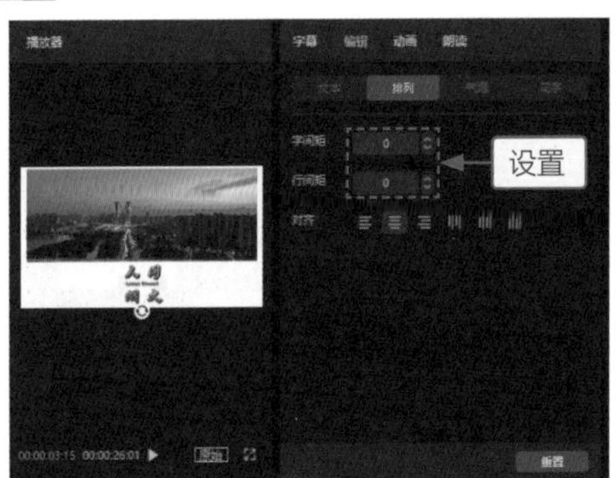

图3-36 设置英文字间距与行间距

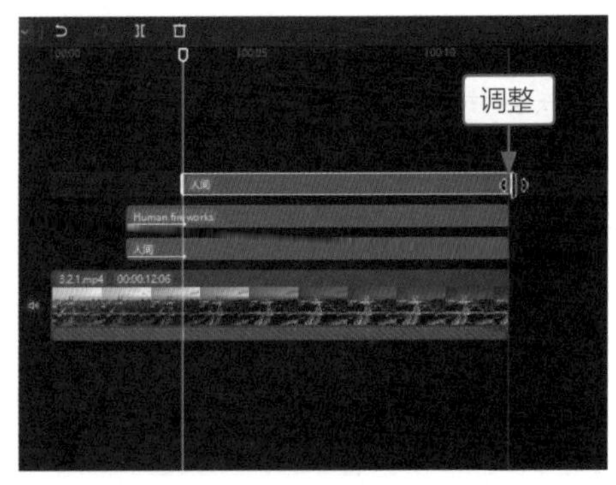

图3-37 粘贴文本至第3条字幕轨道

STEP 15 在“编辑”操作区的“文本”选项卡中，❶修改文本内容；❷设置“缩放”参数为42%；❸设置“位置”的X参数为-1304、Y参数为-717，如图3-38所示。

STEP 16 复制制作的片名文本，将其粘贴至第4条字幕轨道中并调整时长，如图3-39所示。

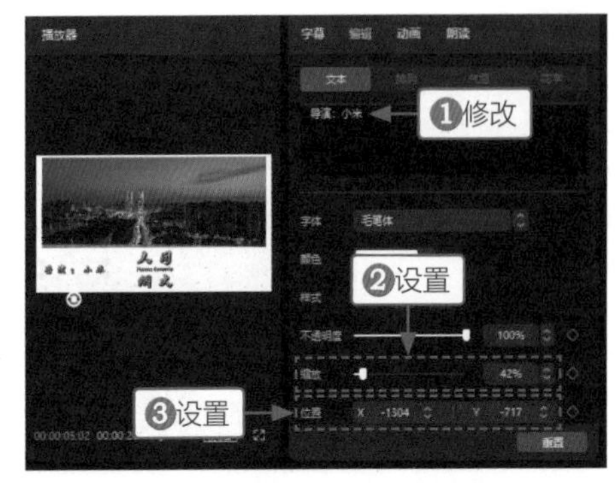

图3-38 修改文本并调整参数

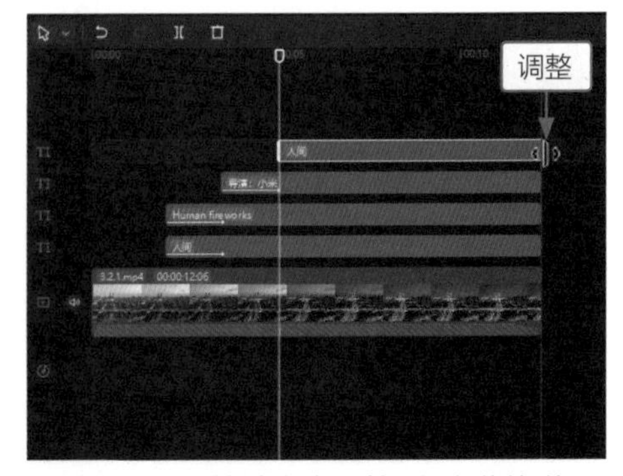

图3-39 粘贴文本至第4条字幕轨道

STEP 17 在“编辑”操作区的“文本”选项卡中，❶修改文本内容；❷设置“缩放”参数为42%；❸设置“位置”的X参数为1304、Y参数为-717，如图3-40所示。

STEP 18 将时间指示器拖曳至开始位置，在“音频”功能区中，❶选择“音效素材”中的“机械”选项卡；❷在“胶卷过卷声”音效上单击“添加到轨道”按钮⊕，如图3-41所示。

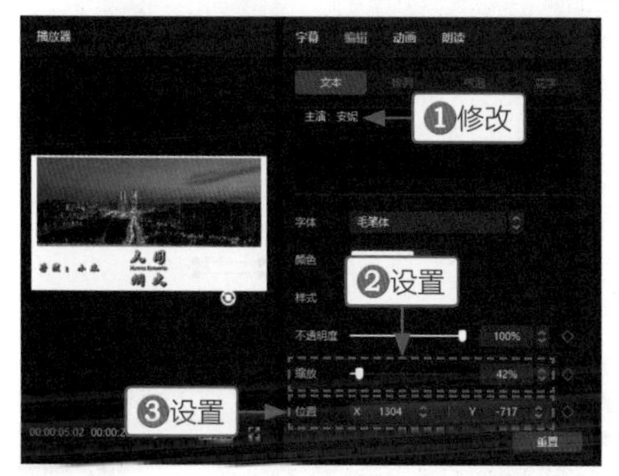

图3-40　修改文本并设置参数

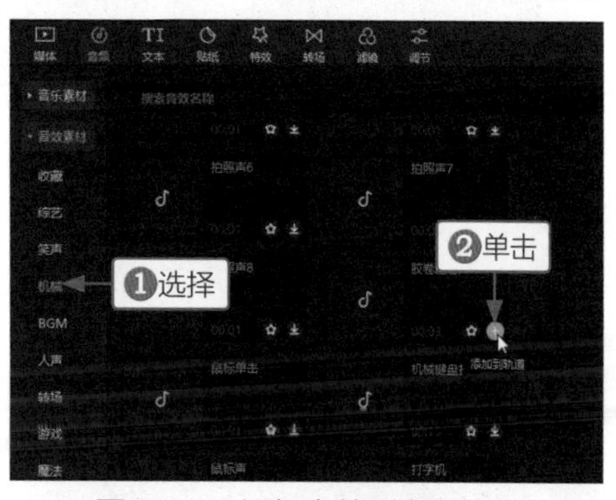

图3-41　添加音效到音频轨道

STEP 19 执行操作后，即可在音频轨道上添加一个音效，如图3-42所示。执行上述操作后，即可完成文艺片名上滑效果的制作。

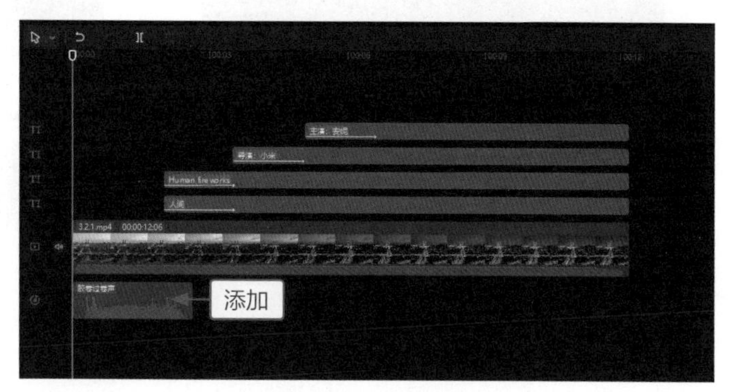

图3-42　添加音效

3.2.2 纪录片文字左滑效果

【效果说明】：在剪映中制作纪录片文字左滑效果，其实就是制作镂空文字向左滑动的效果。实际操作时，只需先制作一个纪录片中的文本向左滑动的视频，然后设置文本视频的混合模式，再为视频添加一个特效即可。纪录片文字左滑效果，如图3-43所示。

案例效果

教学视频

图3-43　纪录片文字左滑效果

图3-43 纪录片文字左滑效果(续)

STEP 01 在"文本"功能区中，单击"默认文本"中的"添加到轨道"按钮，如图3-44所示。

STEP 02 执行操作后，即可将文本添加到字幕轨道上，调整文本时长为5秒左右，如图3-45所示。

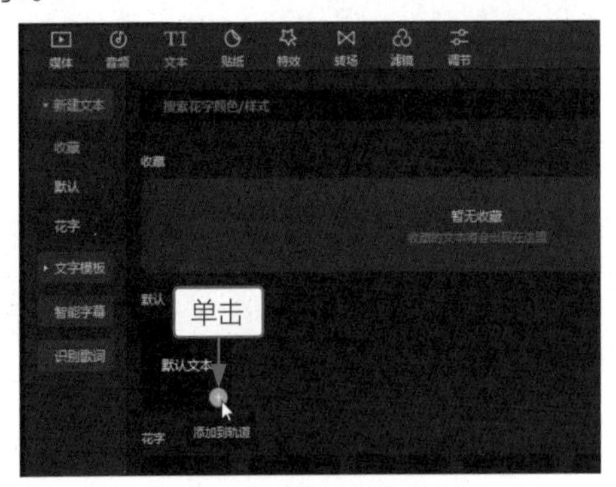

图3-44 添加文本到轨道

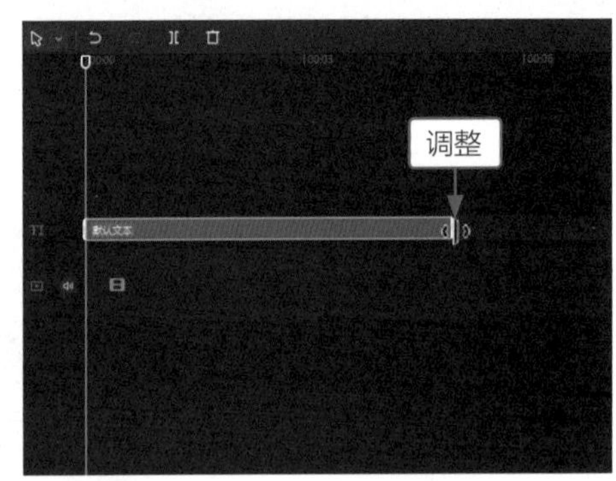

图3-45 添加并调整文本时长

STEP 03 在"编辑"操作区的文本框中，❶输入字幕内容；❷设置"缩放"参数为500%；❸设置"位置"的X参数为3540、Y参数为0；❹添加"位置"关键帧，在开始位置显示第1个字，如图3-46所示。

STEP 04 将时间指示器拖曳至结束位置处，在"编辑"操作区的"基础"选项卡中，设置"位置"的X参数为-3540、Y参数为0，在结束位置显示最后一个字，如图3-47所示。执行操作后，将制作的左滑文字导出为视频备用。

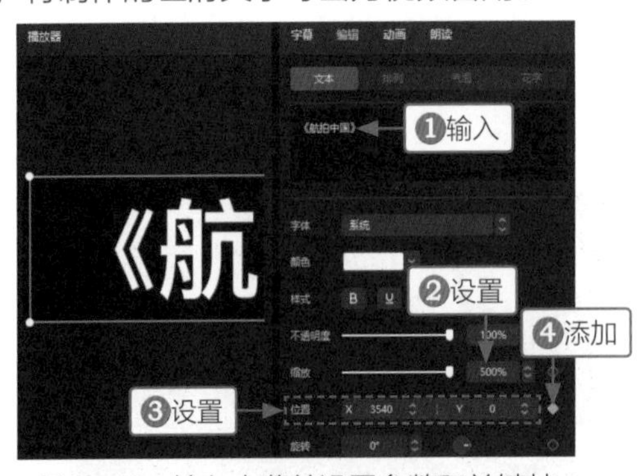

图3-46 输入字幕并设置参数和关键帧

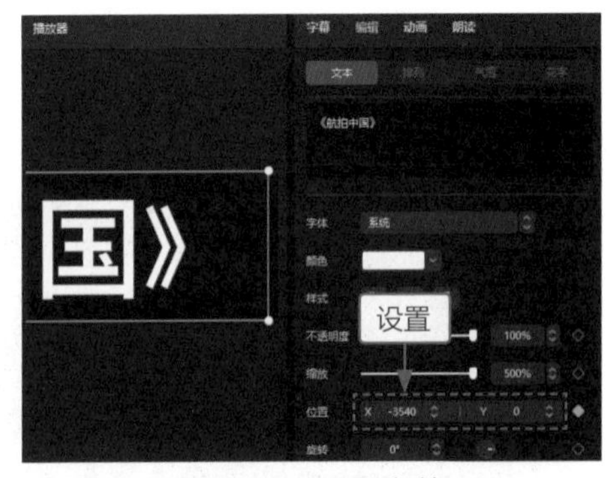

图3-47 设置参数

STEP 05 新建一个草稿箱，将背景视频和前面导出的文字视频导入"媒体"功能区中，如图3-48所示。

STEP 06 ❶将背景视频和文字视频分别添加到视频轨道和画中画轨道中；❷选择背景视频；❸拖曳时间指示器至00:00:08:18的位置；❹单击"分割"按钮，如图3-49所示。

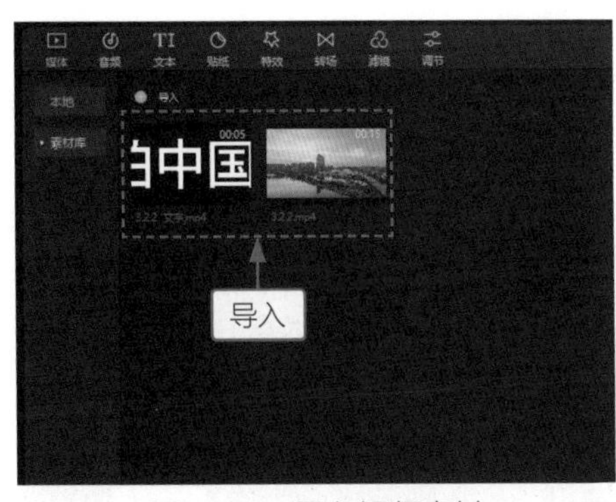

图3-48　导入视频素材

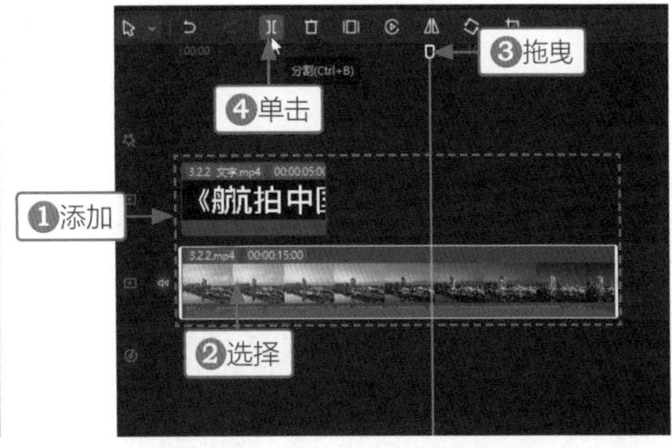

图3-49　添加和分割视频

STEP 07 将分割的后半段视频删除，选择画中画轨道中的文字视频，在“画面”操作区的“基础”选项卡中，设置“混合模式”为“正片叠底”模式，如图3-50所示。

STEP 08 拖曳时间指示器至00:00:03:24的位置，在“特效”功能区的“动感”选项卡中，单击“横纹故障”特效中的“添加到轨道”按钮，如图3-51所示。

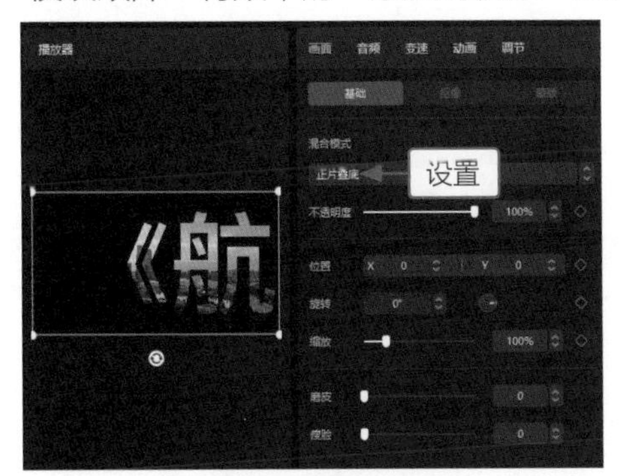

图3-50　设置混合模式

图3-51　添加特效到轨道

STEP 09 执行操作后，即可添加“横纹故障”特效，调整特效结束位置与文字视频的结束位置对齐，如图3-52所示。

STEP 10 在“音频”功能区的“音效素材”选项卡中，❶搜索“电流攻击”；❷在下方单击第1个“电流攻击”音效中的“添加到轨道”按钮⊕，如图3-53所示。

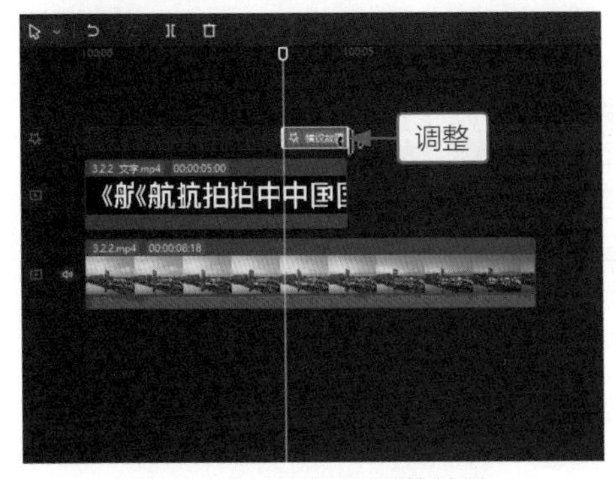

图3-52　添加和调整特效

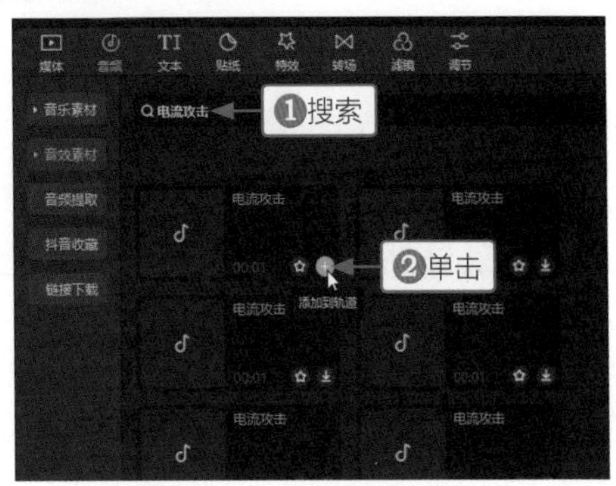

图3-53　添加音效到轨道

STEP 11 执行操作后，即可在时间指示器的位置，添加“电流攻击”背景音效，如图3-54所示。

STEP 12 选择视频轨道中的视频，在“音频”操作区中，设置“淡出时长”参数为0.6s，使结束位置处的声音减弱，如图3-55所示。执行上述操作后，即可完成纪录片文字左滑效果的制作。

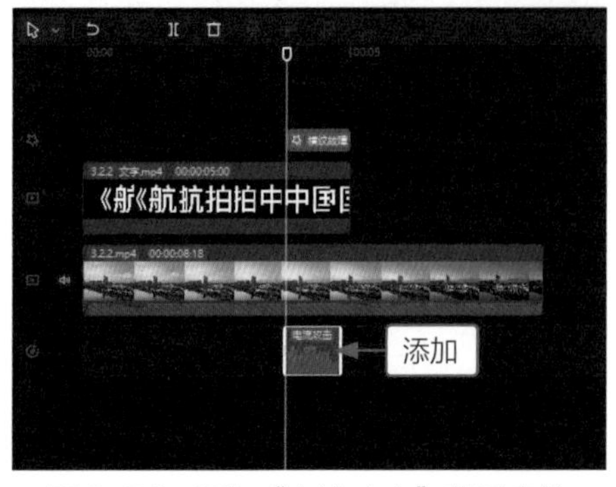

图3-54　添加“电流攻击”背景音效

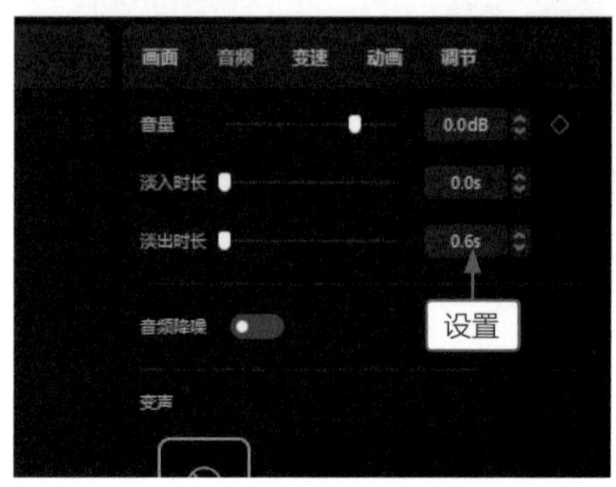

图3-55　设置淡出时长

3.2.3 节目开场文字卷轴效果

【效果说明】：在剪映中制作节目开场文字卷轴效果，需要用到卷轴绿幕素材，通过抠图功能制作卷轴开场的画面，然后为视频添加一个合适的文字模板，将模板中的文字内容修改成节目名称，即可完成效果的制作。节目开场文字卷轴效果，如图3-56所示。

案例效果

教学视频

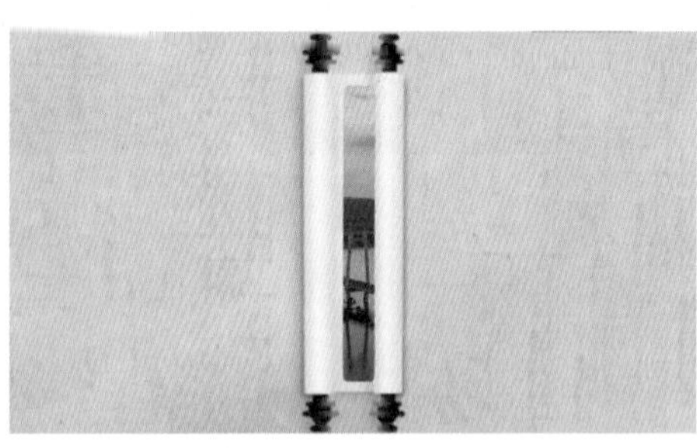

图3-56　节目开场文字卷轴效果

STEP 01 在剪映中导入一个背景视频素材和一个绿幕视频素材，如图3-57所示。

STEP 02 将2个视频分别添加到视频轨道和画中画轨道中，如图3-58所示。

STEP 03 选择绿幕素材，在“画面”操作区的“抠像”选项卡中，❶选中“色度抠图”复选框；❷单击“取色器”按钮，如图3-59所示。

STEP 04 在“播放器”面板中，使用取色器选取画面中的绿色，如图3-60所示。

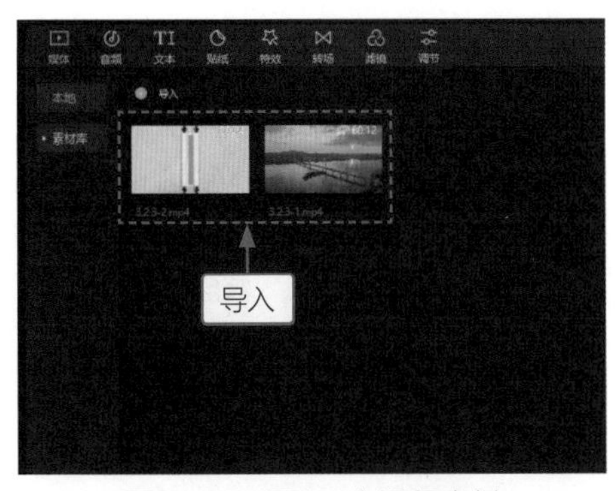

图3-57　导入2个视频素材

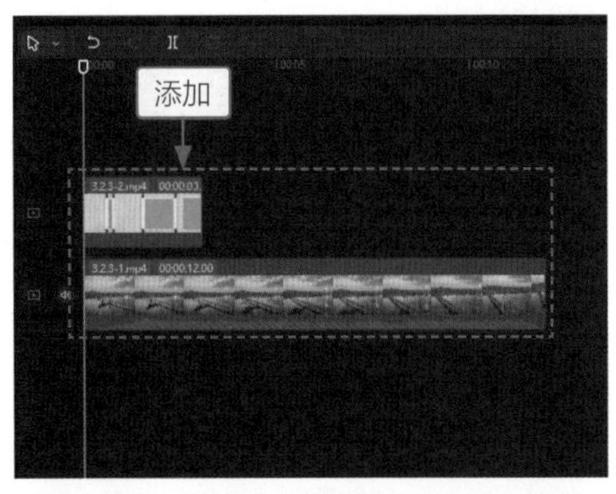

图3-58　添加2个视频素材至相应轨道

图3-59　单击“取色器”按钮

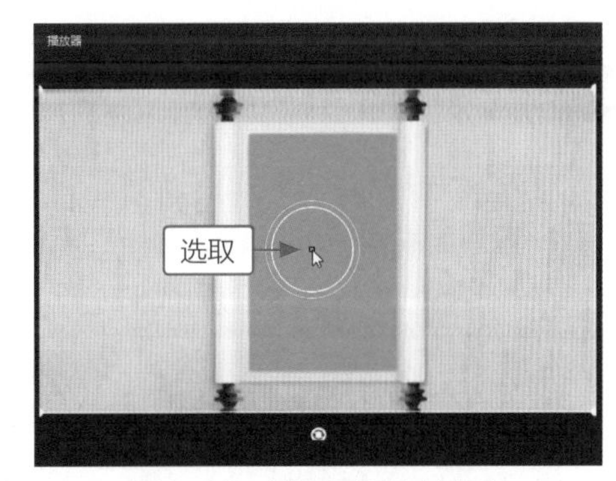

图3-60　选取画面中的绿色

STEP 05 选取颜色后，在“画面”操作区的“抠像”选项卡中，❶设置“强度”参数为90；❷设置“阴影”参数为100，如图3-61所示。抠取画面中的绿色，显示背景视频画面。

STEP 06 拖曳时间指示器至00:00:01:00的位置，在“文本”功能区中，❶选择“文字模板”中的“旅行”选项卡；❷单击“人间烟火”模板的“添加到轨道”按钮⊕，如图3-62所示。

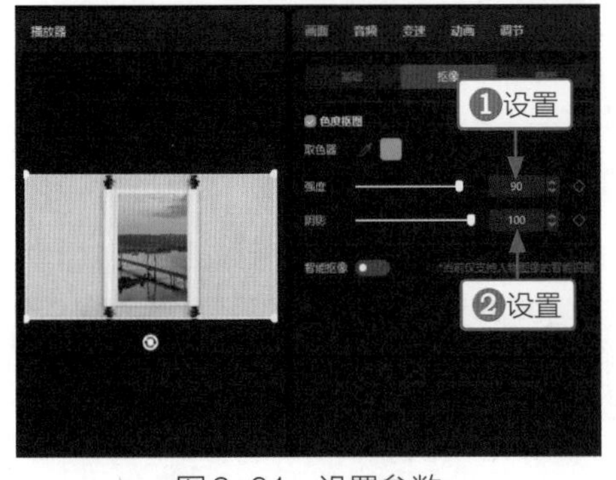

图3-61　设置参数

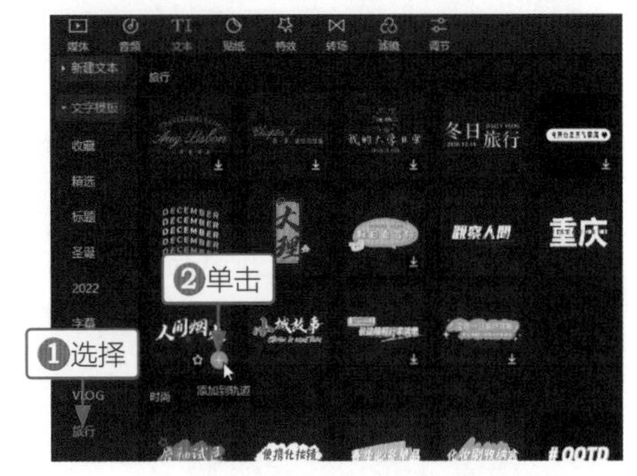

图3-62　添加文本到字幕轨道

STEP 07 执行操作后，即可将文字模板添加到字幕轨道中，如图3-63所示。

STEP 08 在“编辑”操作区中，修改第3段文本和第4段文本的内容，如图3-64所示。执行上述操作后，即可完成节目开场文字卷轴效果的制作。

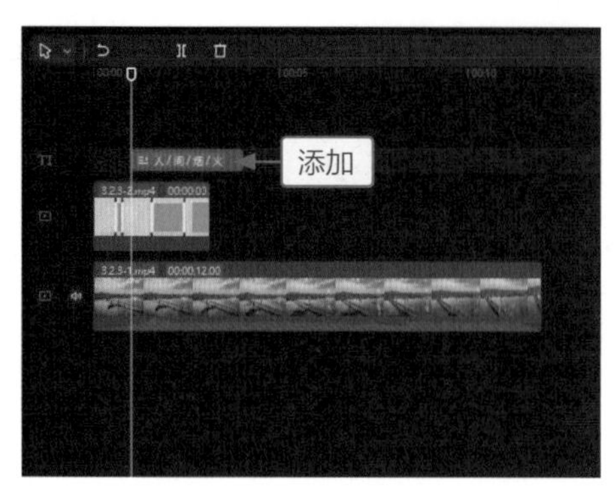

图3-63 添加文字模板

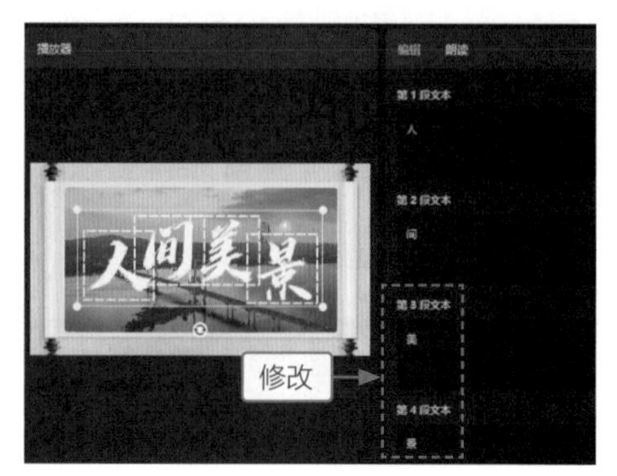

图3-64 修改文本内容

3.2.4 娱乐节目文字快闪效果

【效果说明】：本节介绍娱乐节目中文字闪现效果的制作方法，即根据视频中背景音乐的节奏，制作文字快闪效果，每过一个鼓点，文字的字体就会发生变化。娱乐节目文字快闪效果，如图3-65所示。

案例效果

教学视频

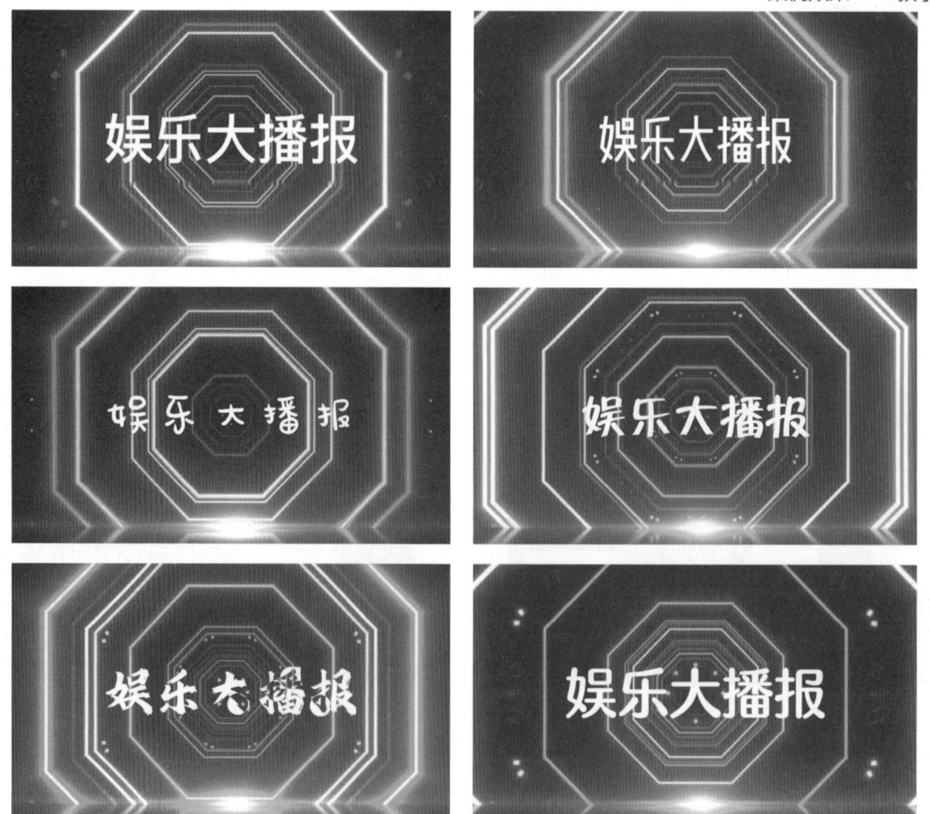

图3-65 娱乐节目文字快闪效果

STEP 01 在剪映中导入一个视频素材，并将其添加到视频轨道中，如图3-66所示。

STEP 02 在“文本”功能区中，单击“默认文本”中的“添加到轨道”按钮，在字幕轨道上添加一个默认文本，调整文本时长与视频一致，如图3-67所示。

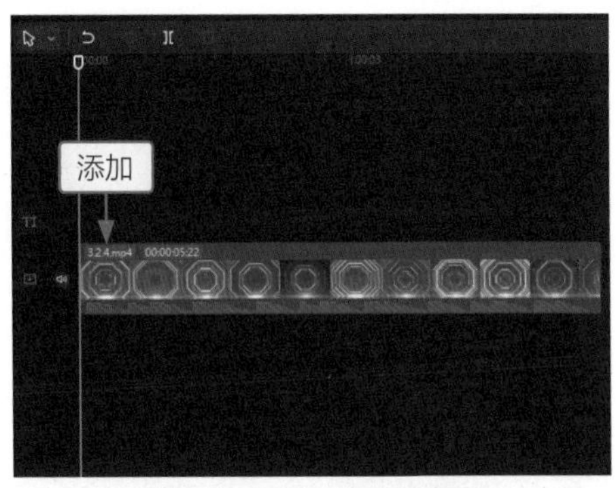

图3-66　添加视频素材

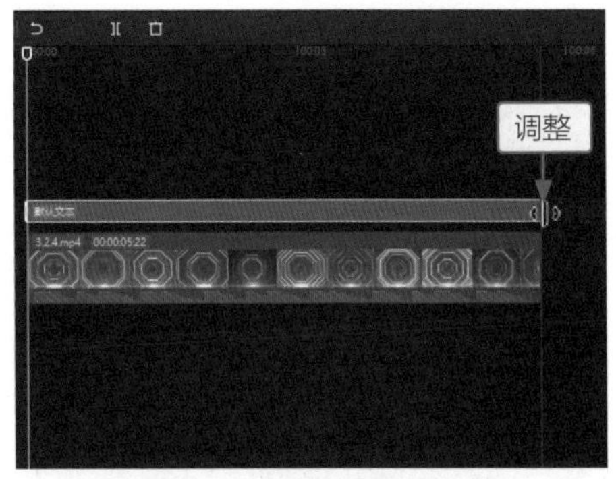

图3-67　添加并调整文本时长

STEP 03 在“画面”操作区的“文本”选项卡中，❶输入文本内容“娱乐大播报”；❷设置“缩放”参数为135%，如图3-68所示。

STEP 04 在时间线面板的右上角，向右拖曳滑块，即可放大视频素材的预览长度，如图3-69所示。

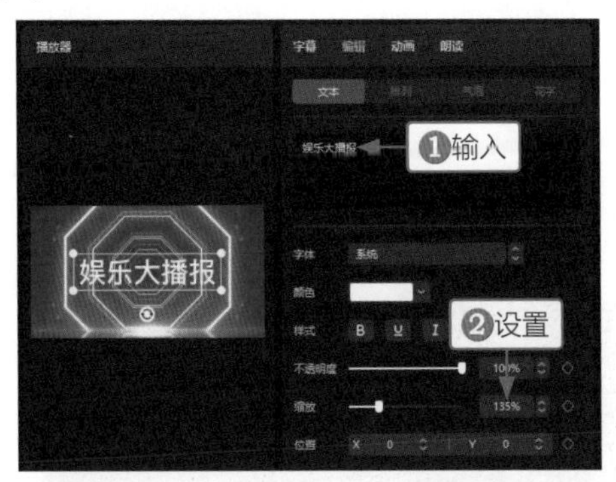

图3-68　输入文本并设置参数

图3-69　向右拖曳滑块

STEP 05 在视频缩略图上，显示了背景音乐的音波，将时间指示器拖曳至背景音乐第2个鼓点的位置，如图3-70所示。

STEP 06 单击“分割”按钮，即可将文本分割为两段，如图3-71所示。

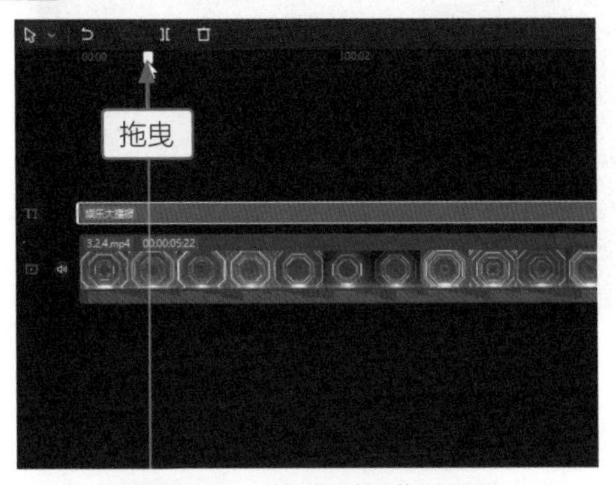

图3-70　拖曳时间指示器

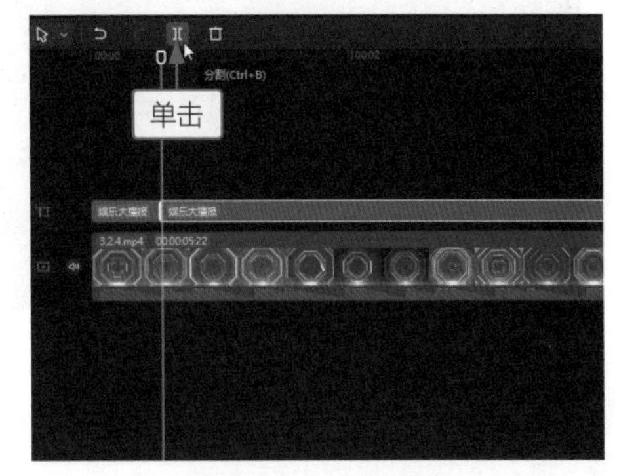

图3-71　分割文本

STEP 07 选择分割的后半段文本，在“编辑”操作区的“文本”选项卡中，修改文本的字体，如图3-72所示。

STEP 08 用上述同样的方法，在背景音乐其他鼓点的位置对文本进行分割，并修改为不同的字体，如图3-73所示。执行上述操作后，即可完成娱乐节目文字快闪效果的制作。

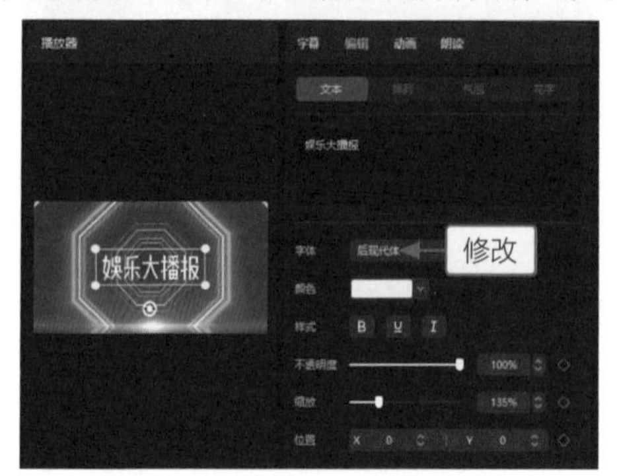

图3-72　修改文本字体

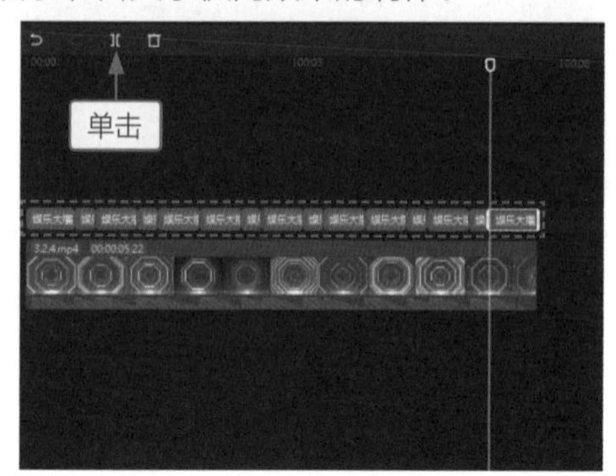

图3-73　分割多段文本并修改字体

3.2.5 文字快速跳转效果

案例效果

教学视频

【效果说明】：我们经常能在荧幕上看到时间快速跳转的画面，时间或往前飞速流逝，或往后快速倒退，有从年份开始跳转的，也有从月份开始跳转的。在剪映中，应用滚动特效可以制作出文字快速滚动跳转的效果。将视频与文字相结合，便可以制作出文字快速跳转效果，如图3-74所示。

图3-74　文字快速跳转效果

STEP 01 在剪映中导入一个视频素材，❶将其添加到视频轨道中；❷单击“关闭原声”按钮，将视频中的背景声音关闭，如图3-75所示。

STEP 02 在“特效”功能区的“复古”选项卡中，单击“胶片IV”特效中的“添加到轨道”按钮，如图3-76所示。

STEP 03 执行操作后，即可将“胶片IV”特效添加到特效轨道中，并调整特效时长与视频时长一致，如图3-77所示。

STEP 04 在“特效”功能区的“复古”选项卡中，单击“放映滚动”特效中的“添加到轨道”按钮，如图3-78所示。

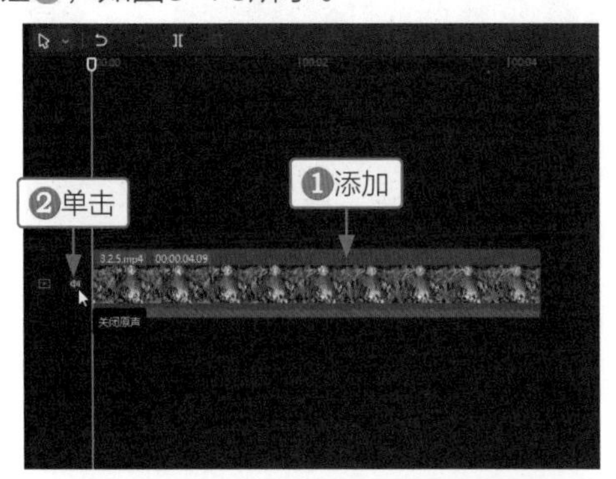

图3-75　添加视频素材并关闭原声

图3-76　添加“胶片IV”特效

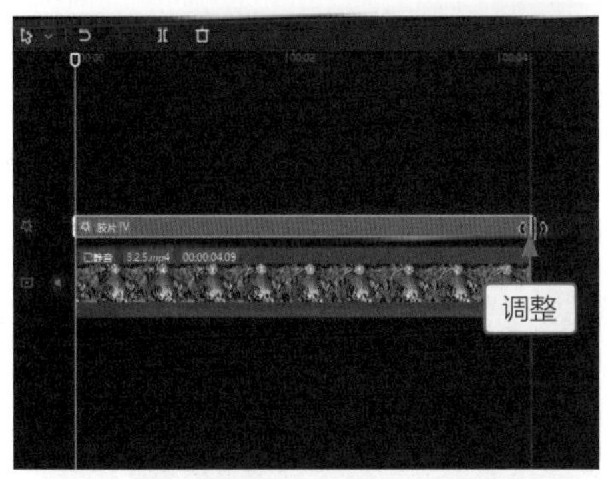

图3-77　调整“胶片IV”特效的时长

图3-78　添加“放映滚动”特效

STEP 05 执行操作后，即可将“放映滚动”特效添加到第2条特效轨道中，如图3-79所示。

STEP 06 在“文本”功能区中，单击“默认文本”中的“添加到轨道”按钮，在字幕轨道上添加一个默认文本，调整文本时长为4秒左右，如图3-80所示。

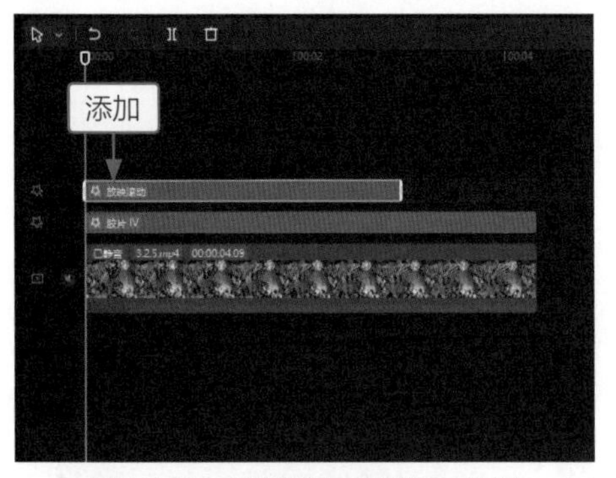

图3-79　添加特效到第2条轨道

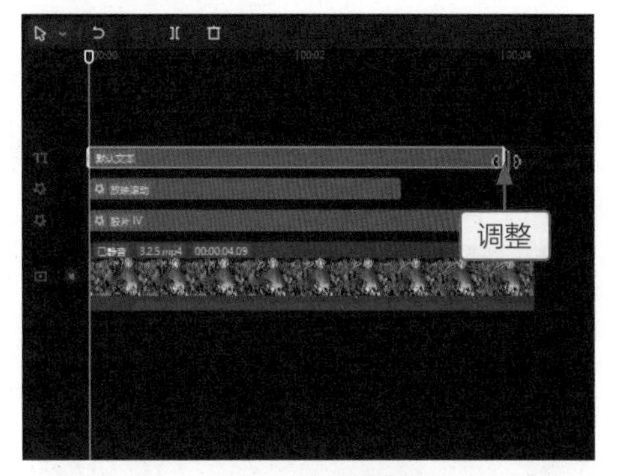

图3-80　添加并调整文本

STEP 07 在“编辑”操作区的“文本”选项卡中，❶输入文本内容“20　年6月”；❷设置一个合适的字体；❸设置“颜色”为橙色，如图3-81所示。

STEP 08 在“排列”选项卡中，设置“字间距”参数为1，将字与字之间的距离稍微拉开一点，如图3-82所示。

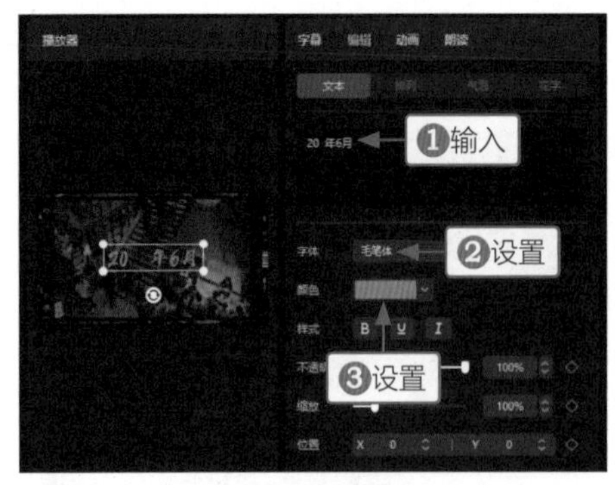

图3-81　设置文本

图3-82　设置字间距

STEP 09 在“动画”操作区的“入场”选项卡中，❶选择“放大”动画；❷设置“动画时长”参数为0.2s，如图3-83所示。

STEP 10 在“出场”选项卡中，❶选择“放大”动画；❷设置“动画时长”参数为0.5s，如图3-84所示。

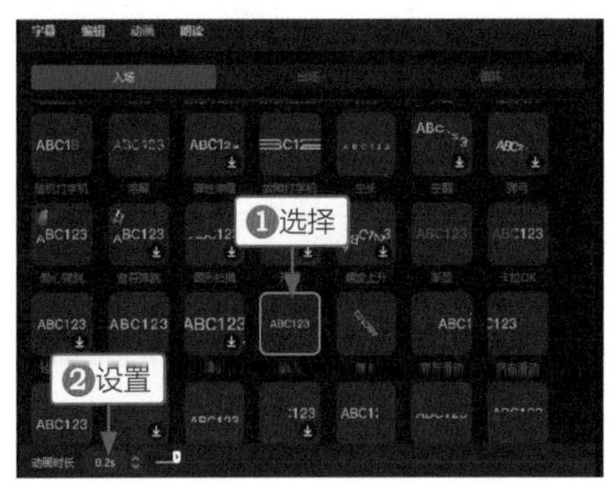

图3-83　设置入场动画和时长

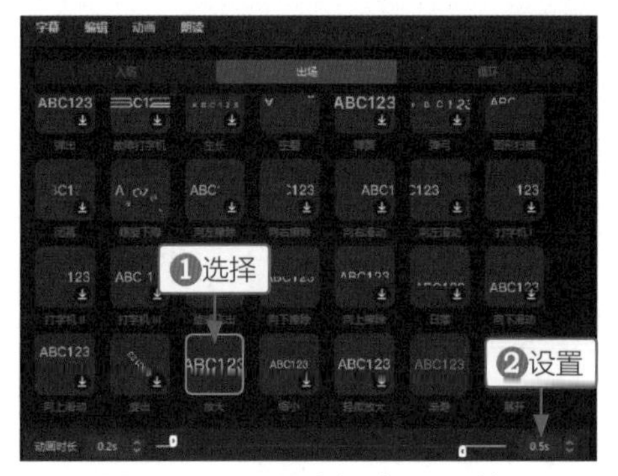

图3-84　设置出场动画和时长

STEP 11 复制制作的文本，将其粘贴至第2条字幕轨道中，如图3-85所示。

STEP 12 放大时间预览长度，使时间线面板中的时间标尺可以显示3f，❶拖曳时间指示器至入场动画的结束位置处(即00:00:00:06的位置，也就是时间标尺上显示了6f的位置)；❷单击“分割”按钮，将文本分割为两段；❸选择分割后的前一段文本；❹单击“删除”按钮，将选择的文本删除，如图3-86所示。

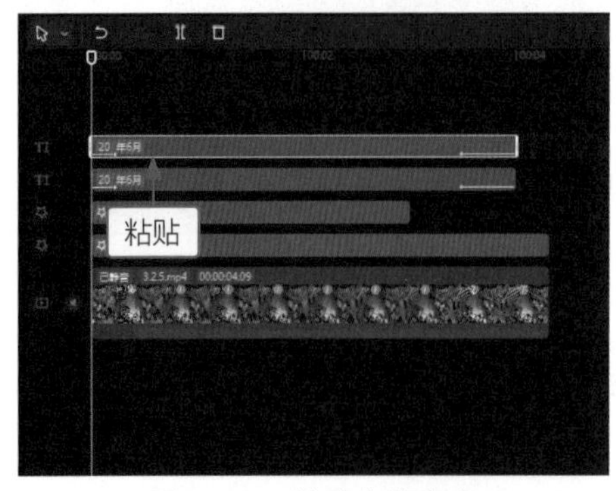

图3-85　粘贴字幕文本

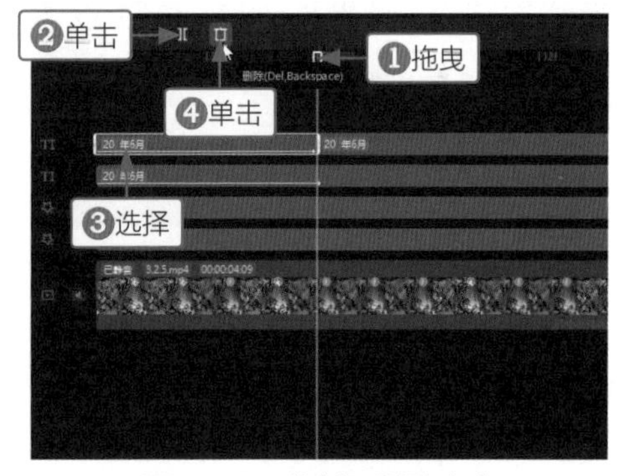

图3-86　分割和删除文本

STEP 13 选择剩下的文本，在“编辑”操作区的“文本”选项卡中，❶修改文本内容为22；

❷修改“颜色”为白色；❸设置“位置”的X参数为-240、Y参数为0，如图3-87所示。设置后白色文本置于橙色文本中的空白位置，连起来读便是“2022年6月”。

STEP 14 ❶将时间指示器拖曳至00:00:00:15的位置，也就是时间标尺上显示了15f的位置；❷单击“分割”按钮，将文本再次分割，如图3-88所示。

图3-87　修改和设置文本

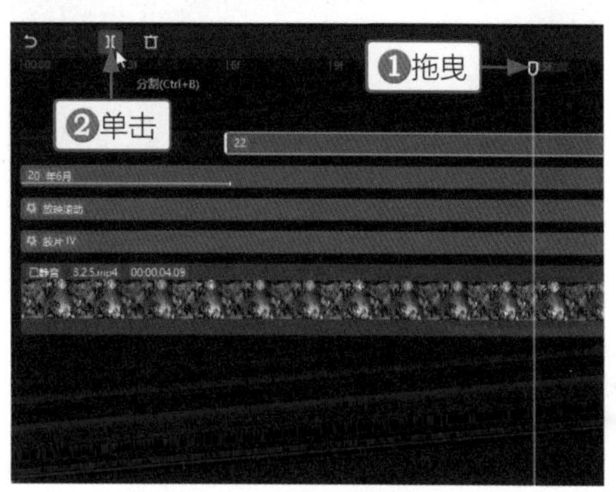

图3-88　再次分割文本

STEP 15 选择分割后的第2段文本，在“编辑”操作区的“文本”选项卡中，修改文本内容为21，如图3-89所示。此时画面中的字幕连起来读便是“2021年6月”，即时间向后倒退了一年。

STEP 16 用上述同样的方法，❶将时间指示器拖曳至00:00:00:27的位置处，也就是时间标尺上显示了27f的位置，再次分割文本；❷修改文本内容为20，如图3-90所示。

图3-89　修改文本内容

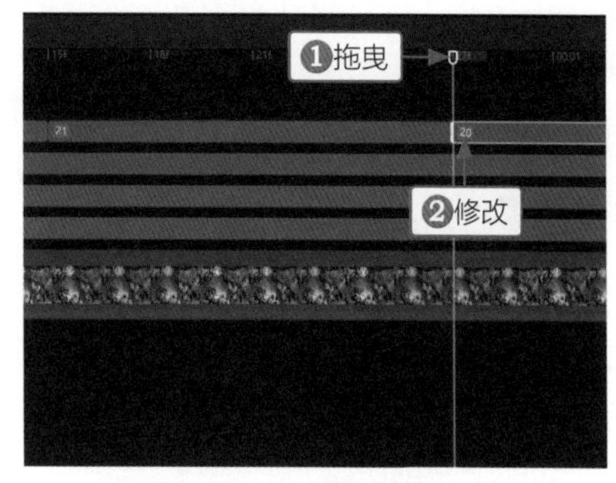

图3-90　分割并修改文本

在剪映中，00:00:01:00表示1秒；00:00:00:03和3f均表示3帧；1秒由30帧组成。

STEP 17 用同样的操作方法，每隔12帧(12f)将文本分割一次，并分别修改文本为19、18、17、16，如图3-91所示。效果是将时间从2022年6月一直倒退到2016年6月。

STEP 18 选择数字为22的文本，在“动画”操作区的“入场”选项卡中，❶选择“滚入”动画；❷设置“动画时长”参数为0.3s，为文本添加滚动翻转的入场动画效果，如图3-92

所示。

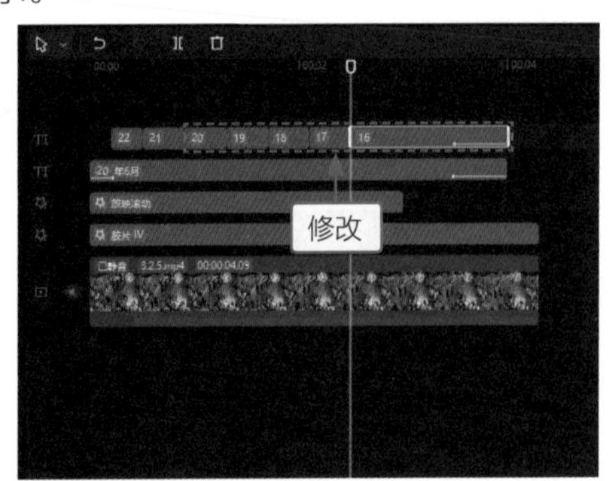

图3-91　多次分割文本并修改内容

图3-92　选择动画并设置时长

STEP 19 用同样的方法，❶分别为后面数字21、20、19、18、17、16的文本添加“滚入”入场动画；❷设置“动画时长”参数为0.4s，如图3-93所示。执行上述操作后，即可制作时间快速跳转的文字动画效果。

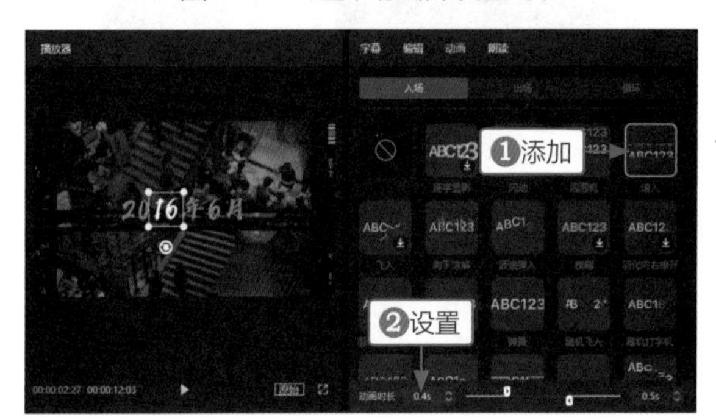

图3-93　为其他文本选择动画并设置时长

专家指点

由于在第1步时便将视频中的背景音乐关闭了，因此在视频制作完成后，可以在“音频”功能区中为视频添加背景音乐或背景音效，使视频更加完整。

STEP 20 将时间指示器拖曳至开始位置，在“音频”功能区的“音效素材”选项卡中，❶搜索音效“投影仪放映声音音效”；❷在“投影仪放映声音音效”音效上单击“添加到轨道”按钮⊕，如图3-94所示。

STEP 21 执行操作后，即可在音频轨道上添加一段音效，如图3-95所示。至此，完成效果的制作。

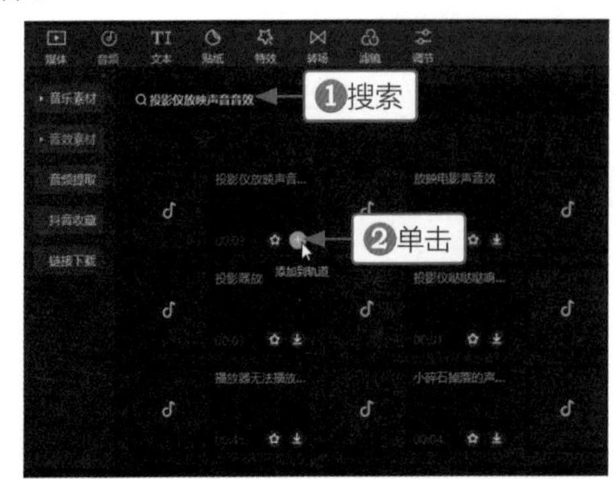

图3-94　搜索音效并添加到轨道

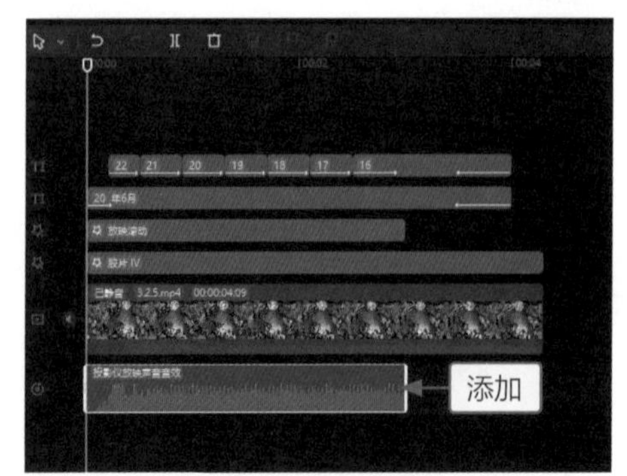

图3-95　添加音效

3.3 艺术感文字动画

本节主要介绍艺术感文字动画效果，包括文字分割插入效果、专属标识动画效果、文字旋转分割效果、人物行走擦除文字，以及人物穿越文字效果等。学会这些，可以让大家在制作文字动画效果时更加得心应手。

3.3.1 文字分割插入效果

案例效果

教学视频

【效果说明】：在剪映中制作文字分割插入效果，需要先制作一个黑底白色的文字视频，然后为文字视频添加矩形蒙版和关键帧，将文字中间的部分遮盖住，再在中间部分添加字幕，即可完成视频的制作。文字分割插入效果，如图3-96所示。

图3-96　文字分割插入效果

STEP 01 在剪映的字幕轨道上添加一个默认文本，并调整文本时长为4秒，如图3-97所示。

STEP 02 在“画面”操作区的“基础”选项卡中，输入文本内容“青春环游”，如图3-98所示。执行操作后，将文本导出视频备用。

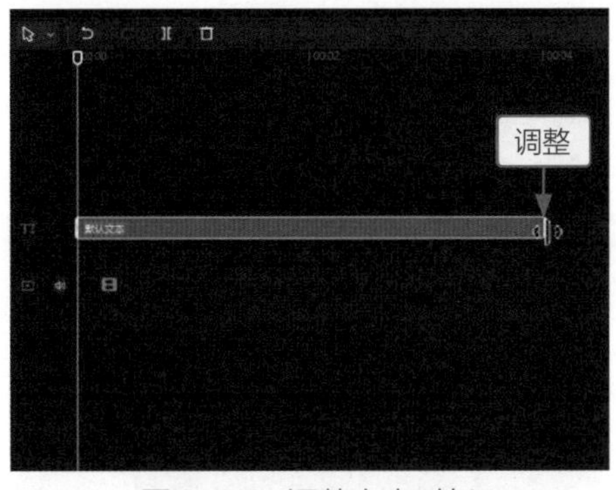

图3-97　调整文本时长

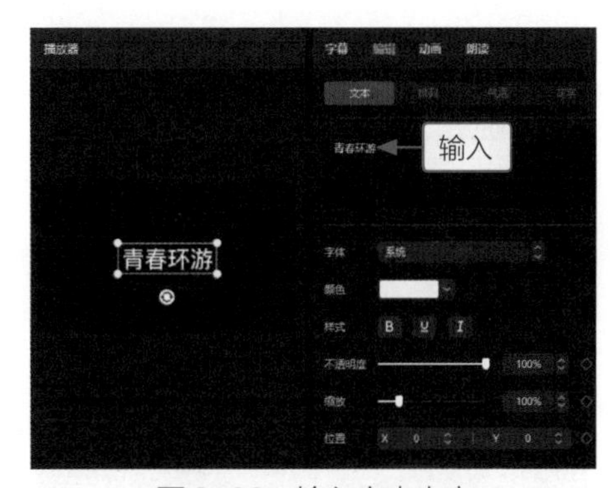

图3-98　输入文本内容

STEP 03 新建一个草稿箱，将文字视频和背景视频导入“媒体”功能区，如图3-99所示。

STEP 04 ❶将背景视频添加到视频轨道上；❷将文字视频添加到画中画轨道上，如图3-100所示。

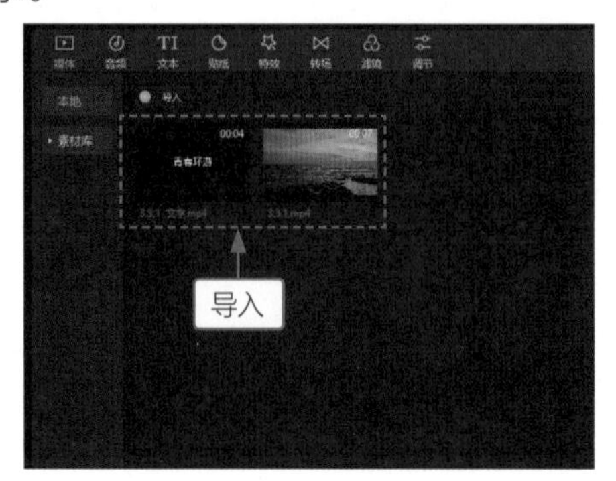

图3-99 导入2段视频

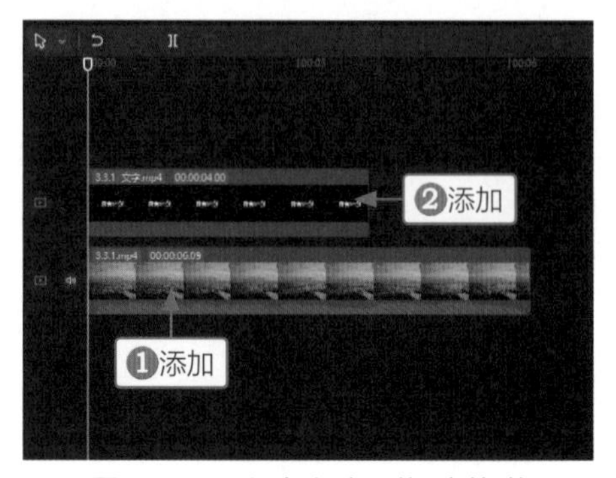

图3-100 添加视频到相应轨道

STEP 05 选择文字视频，在“画面”操作区的“基础”选项卡中，❶设置“混合模式”为“滤色”模式；❷设置“缩放”参数为125%，如图3-101所示。

STEP 06 在“蒙版”选项卡中，❶选择“矩形”蒙版；❷设置“大小”的“长”参数为1667、“宽”参数为50；❸单击“反转”按钮，调整蒙版的大小及遮罩区域，如图3-102所示。

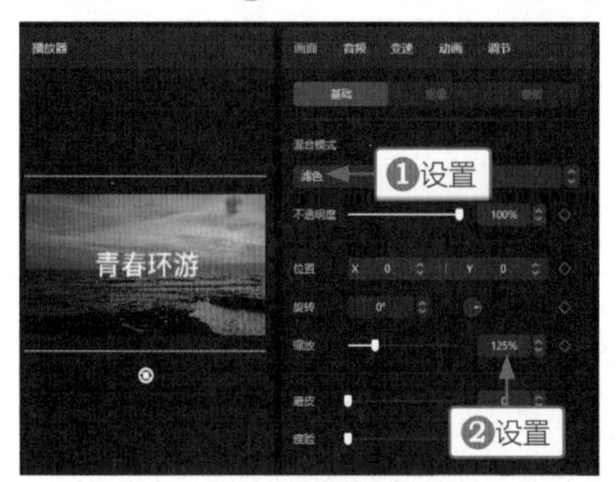

图3-101 设置混合模式参数

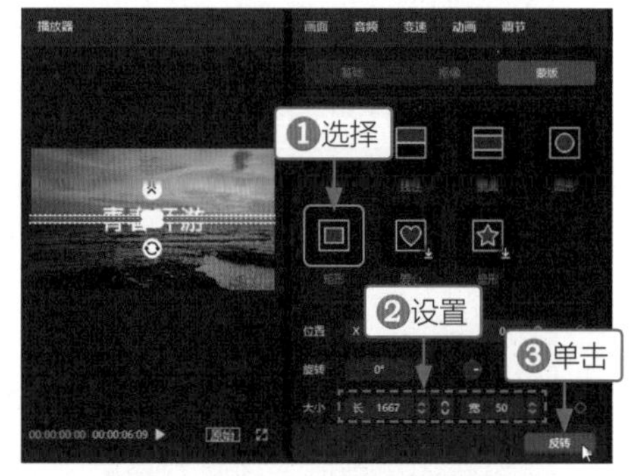

图3-102 选择并设置蒙版

STEP 07 ❶拖曳时间指示器至00:00:00:20的位置；❷添加一个默认文本并调整文本的结束位置与文字视频的结束位置对齐，如图3-103所示。

STEP 08 在“编辑”操作区的“文本”选项卡中，❶输入文本内容；❷设置“缩放”参数为35%，使第2段字幕刚好置于第1段字幕被遮盖的中间位置，如图3-104所示。

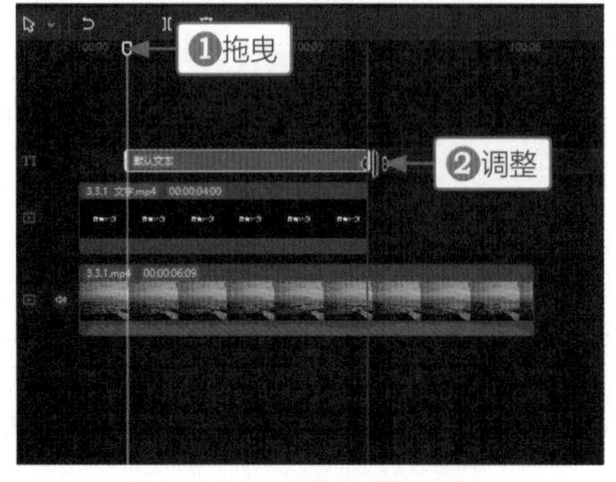

图3-103 添加并调整文本

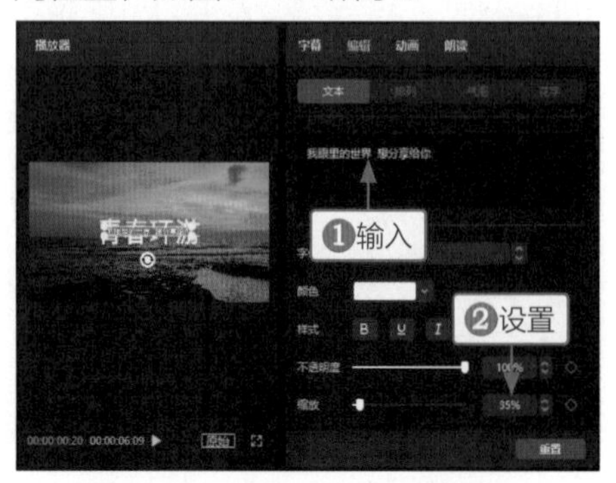

图3-104 输入文本并设置参数

STEP 09 在"排列"选项卡中，设置"字间距"参数为3，使第2段字幕在画面中显示的宽度再拉开一些，如图3-105所示。

STEP 10 在"动画"操作区的"入场"选项卡中，❶选择"打字机Ⅱ"动画；❷设置"动画时长"参数为1.5s，使文本逐字显示，如图3-106所示。

图3-105 设置字间距

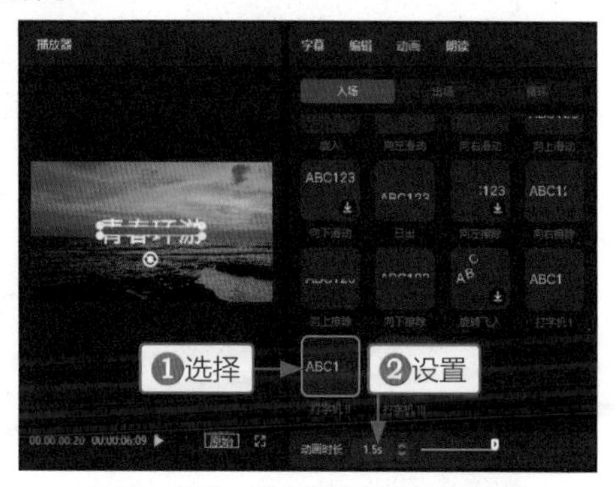

图3-106 选择动画并设置时长

STEP 11 选择画中画轨道中的文字视频，将时间指示器拖曳至00:00:01:15的位置，在"画面"操作区的"蒙版"选项卡中，添加"大小"右侧的关键帧◆，如图3-107所示。

STEP 12 将时间指示器拖曳至开始位置，在"画面"操作区的"蒙版"选项卡中，设置"大小"的"长"参数为1667、"宽"参数为200，将第1段字幕内容完全遮盖住，如图3-108所示。此时在开始位置会自动添加一个蒙版关键帧，生成一个文字滑动展示动画。执行上述操作后，即可完成文字分割插入效果的制作。

图3-107 添加关键帧

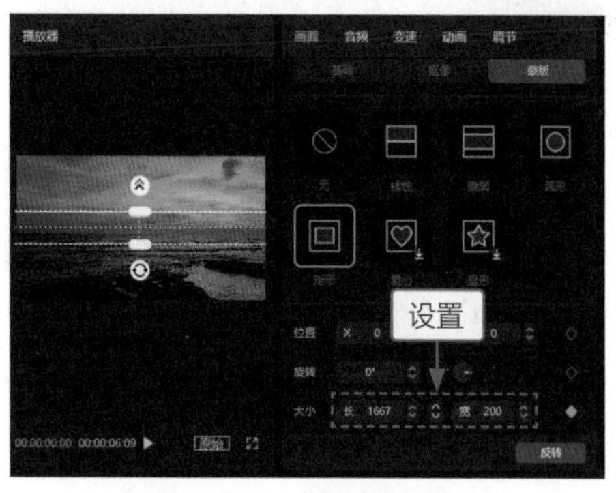

图3-108 设置蒙版参数

如果用户觉得系统默认的字体不好看，可以在"画面"操作区的"基础"选项卡中设置自己喜欢的字体，也可以通过添加关键帧调整文字视频的位置、大小和不透明度等，制作文字视频的运动效果。

3.3.2 专属标识动画效果

【效果说明】：很多综艺节目都有自己专属的标识。在剪映中可以通过贴纸和文字制作专属标识，然后为标识添加动画效果即可。专

案例效果

教学视频

属标识动画效果，如图3-109所示。

图3-109　专属标识动画效果

STEP 01 在“媒体”功能区的“素材库”选项卡中，单击透明素材中的“添加到轨道”按钮⊕，如图3-110所示。

STEP 02 执行操作后，即可将透明素材添加到视频轨道中，如图3-111所示。

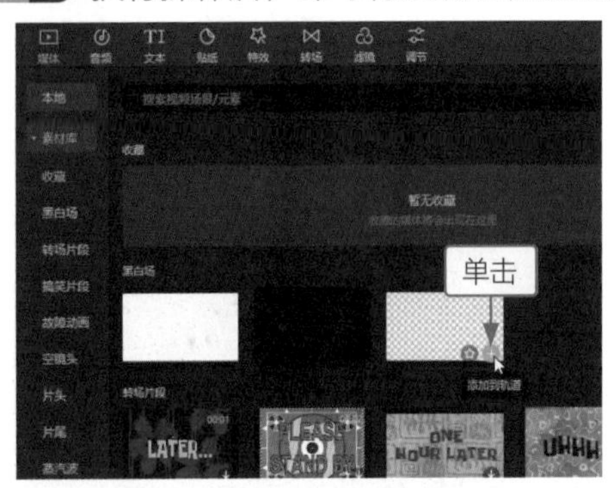

图3-110　添加素材到轨道

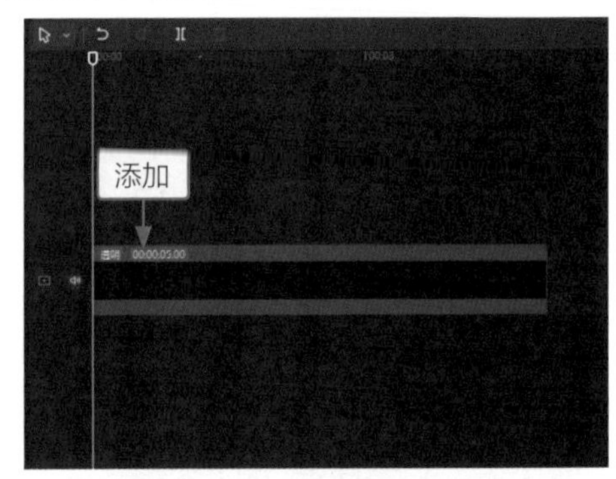

图3-111　添加透明素材

STEP 03 在“画面”操作区的“背景”选项卡中，设置视频的颜色，如图3-112所示。

STEP 04 在“贴纸”功能区的“收藏”选项卡中，单击方框中的“添加到轨道”按钮⊕，如图3-113所示。

图3-112　设置视频的颜色

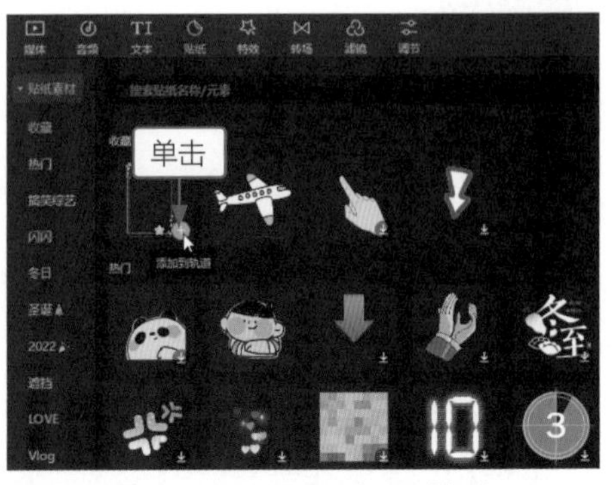

图3-113　添加贴纸到轨道

STEP 05 执行操作后，即可将贴纸添加到轨道上，调整贴纸的时长与透明素材一致，如图3-114所示。

STEP 06 在“编辑”操作区中，设置“缩放”参数为75%，适当调整贴纸的大小，如图3-115所示。

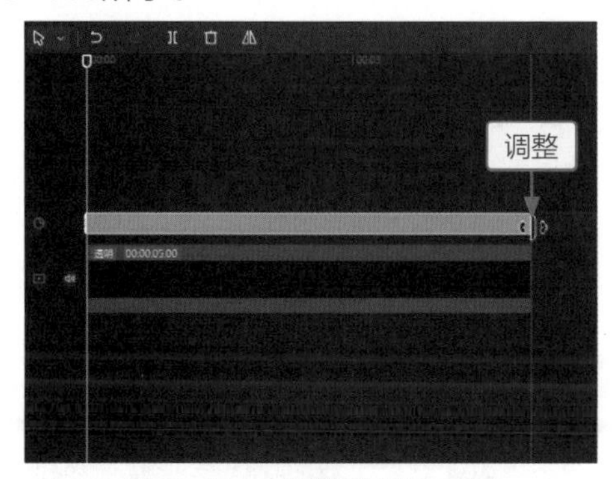

图3-114　调整贴纸的时长

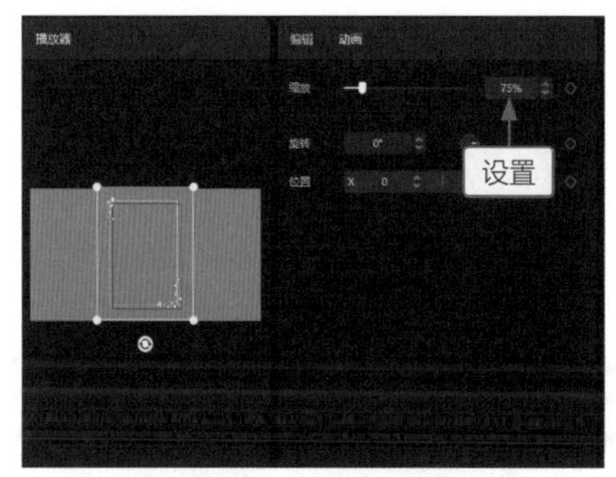

图3-115　调整贴纸的大小

STEP 07 执行操作后，在字幕轨道上添加一个默认文本，调整文本时长，如图3-116所示。

STEP 08 在“编辑”操作区的“排列”选项卡中，❶设置“字间距”参数为5；❷单击“对齐”右侧的第4个按钮，设置文本竖向置顶对齐，如图3-117所示。

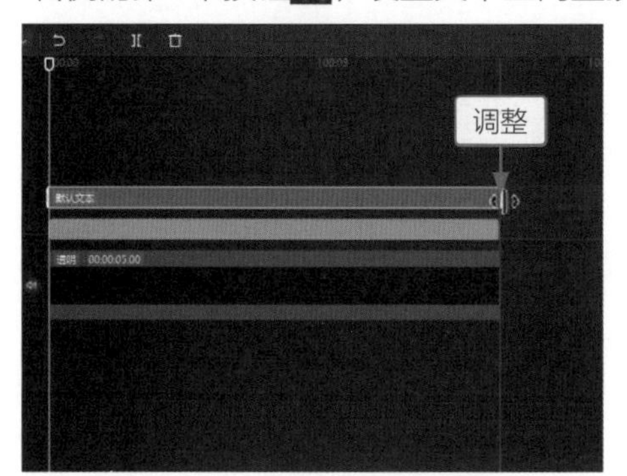

图3-116　添加文本并调整时长

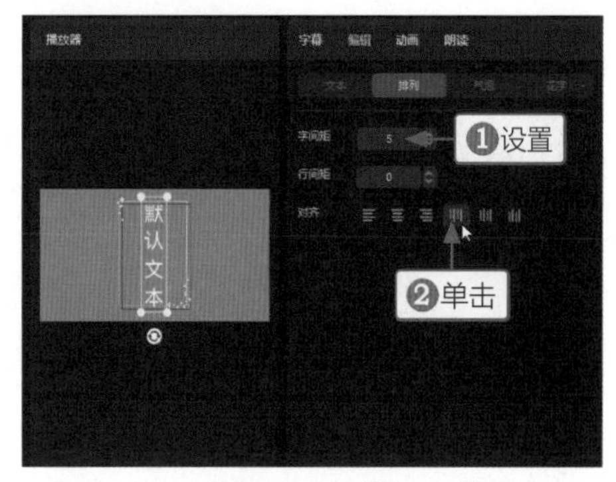

图3-117　设置文本字间距和排列方式

STEP 09 在“文本”选项卡中，❶输入文本内容“曲艺”；❷设置一个合适的字体；❸设置“缩放”参数为187%；❹设置“位置”的X参数为-217、Y参数为0，如图3-118所示。

STEP 10 复制制作的“曲艺”文本，将其粘贴至第2条字幕轨道中，如图3-119所示。

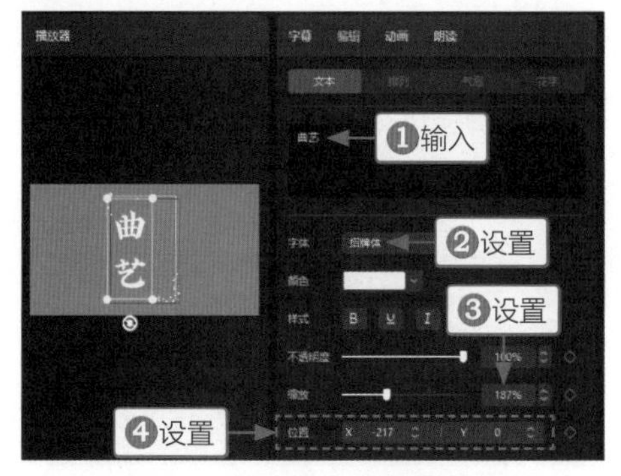

图3-118　输入并设置文本

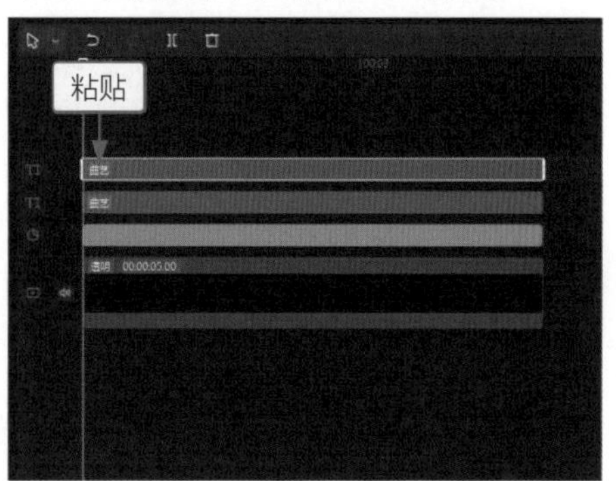

图3-119　粘贴文本至第2条字幕轨道

STEP 11 在“编辑”操作区的“排列”选项卡中，❶设置“字间距”参数为0；❷设置“行间距”参数为5；❸单击“对齐”右侧的第2个按钮▥，设置文本横向居中对齐，如图3-120所示。

STEP 12 在“文本”选项卡中，❶修改文本内容为“国风”；❷设置“缩放”参数为40%；❸设置“位置”的X参数为302、Y参数为382，如图3-121所示。

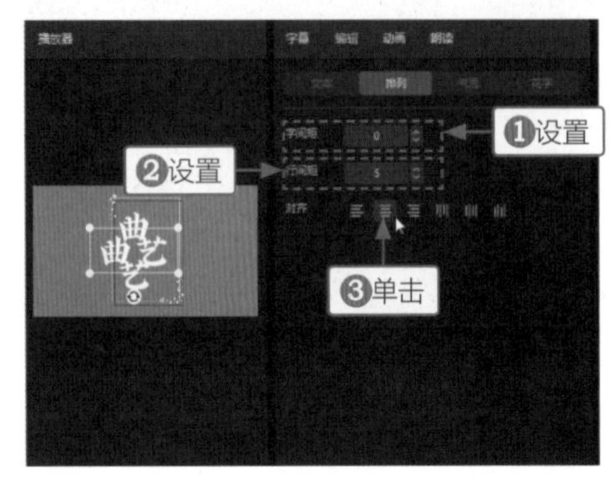

图3-120　设置文本字间距和排列方式

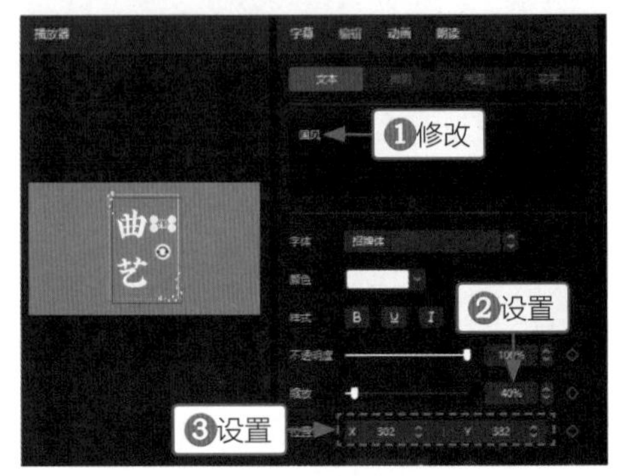

图3-121　修改并设置文本

STEP 13 在“气泡”选项卡中，选择一个红底白字气泡，如图3-122所示。

STEP 14 复制制作的“曲艺”文本，将其粘贴至第3条字幕轨道中，如图3-123所示。

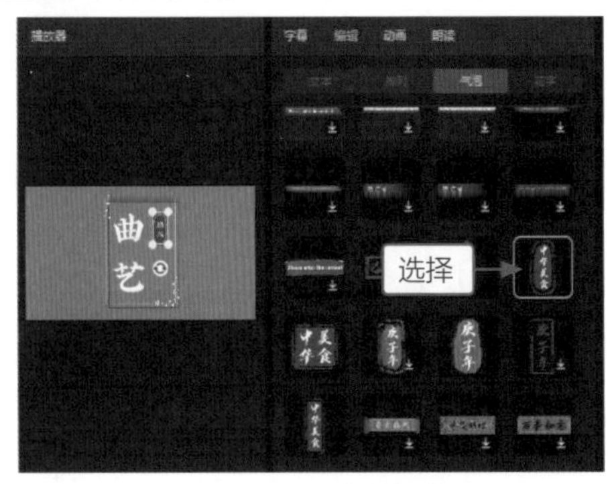

图3-122　选择气泡

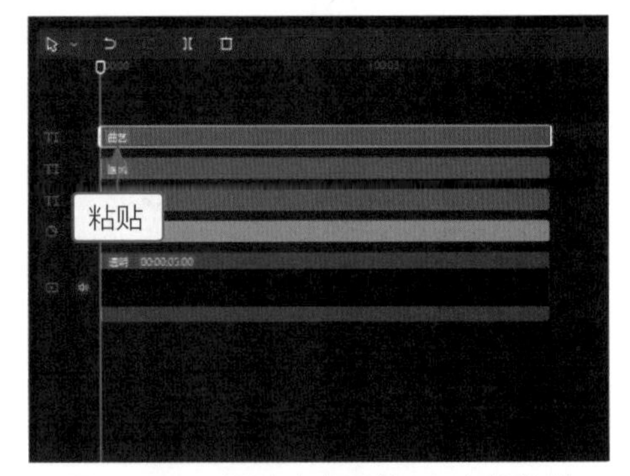

图3-123　粘贴文本至第3条字幕轨道

STEP 15 在“排列”选项卡中，设置“字间距”参数为0，如图3-124所示。

STEP 16 在“文本”选项卡中，❶修改文本内容为“弘扬传统文化”；❷设置“缩放”参数为32%；❸设置“位置”的X参数为330、Y参数为-304，如图3-125所示。

图3-124　设置字间距

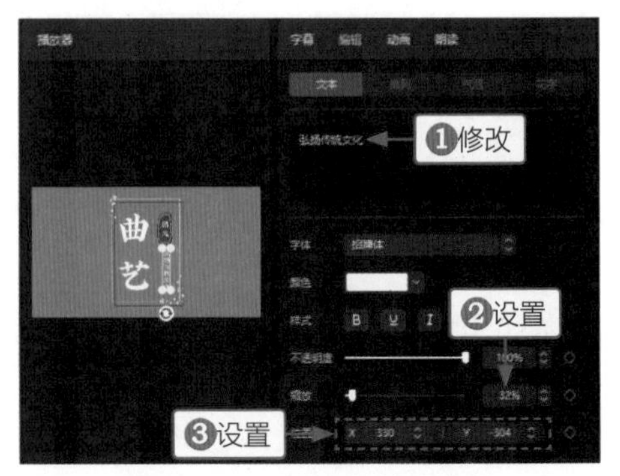

图3-125　修改并设置文本

STEP 17 复制“弘扬传统文化”文本，将其粘贴至第4条字幕轨道中，如图3-126所示。

STEP 18 在“文本”选项卡中，❶修改文本内容为chuan tong wen hua(即“传统文化”的拼音)；❷设置“缩放”参数为22%；❸设置“位置”的X参数为223、Y参数为-284，如图3-127所示。执行上述操作后，将文字导出为视频备用。

图3-126　粘贴文本至第4条字幕轨道

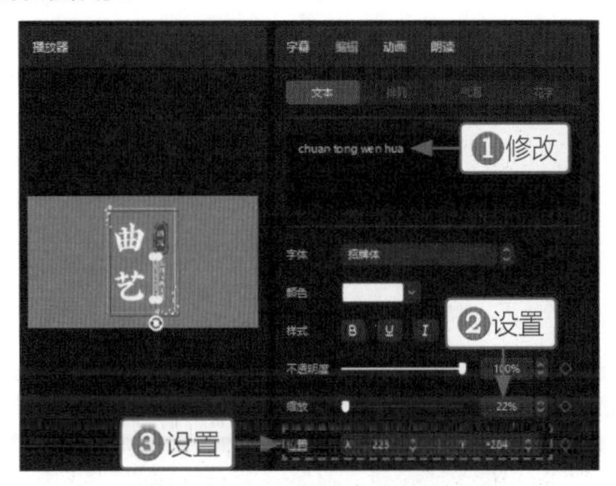

图3-127　修改文本并设置

STEP 19 新建一个草稿文件，将文字视频和背景视频导入“媒体”功能区，如图3-128所示。

STEP 20 将2段视频分别添加到视频轨道和画中画轨道上，如图3-129所示。

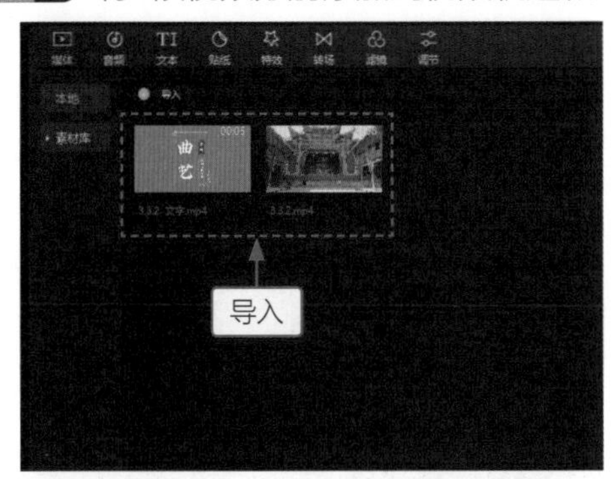

图3-128　导入文字视频和背景视频

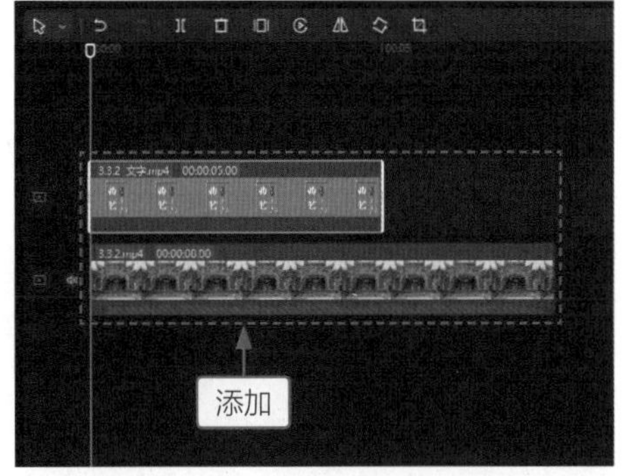

图3-129　添加视频到相应轨道

STEP 21 选择画中画轨道中的文字视频，在“画面”操作区的“抠像”选项卡中，❶选中“色度抠图”复选框；❷单击“取色器”按钮；❸在“播放器”面板中选取背景颜色，如图3-130所示。

STEP 22 选取背景颜色后，在“抠像”选项卡中，设置“强度”参数为10，如图3-131所示，抠取背景颜色。

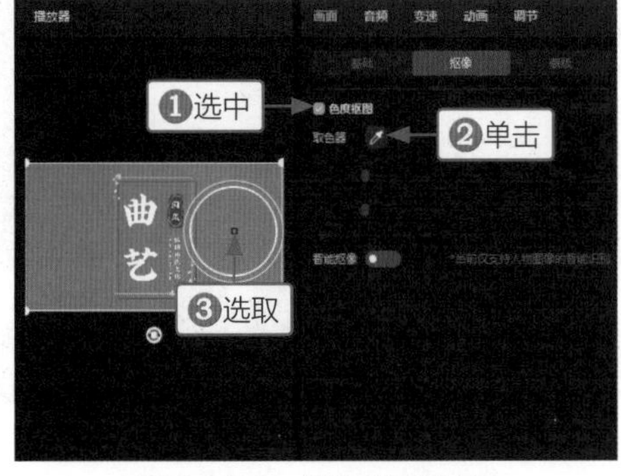

图3-130　选取背景颜色

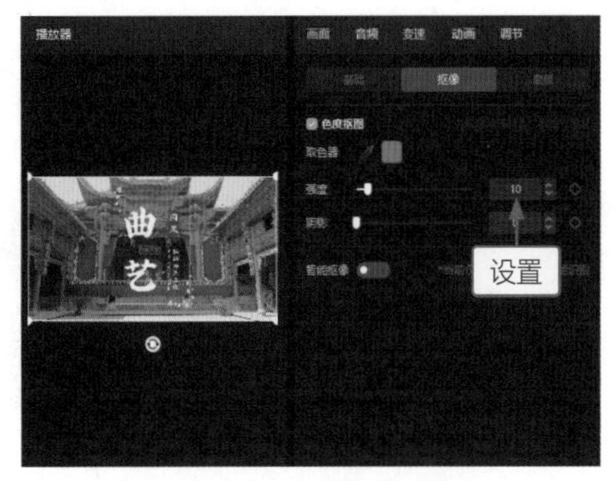

图3-131　设置抠像强度

STEP 23 拖曳时间指示器至00:00:02:00的位置，在“画面”操作区的“基础”选项卡中，添加“位置”和“缩放”的关键帧◆，如图3-132所示。

STEP 24 拖曳时间指示器至00:00:03:00的位置，在“画面”操作区的“基础”选项卡中，❶设置“位置”的X参数为1217、Y参数为-592；❷设置“缩放”参数为45%，将专属标识缩小并移至画面右下角，如图3-133所示。

图3-132 添加关键帧

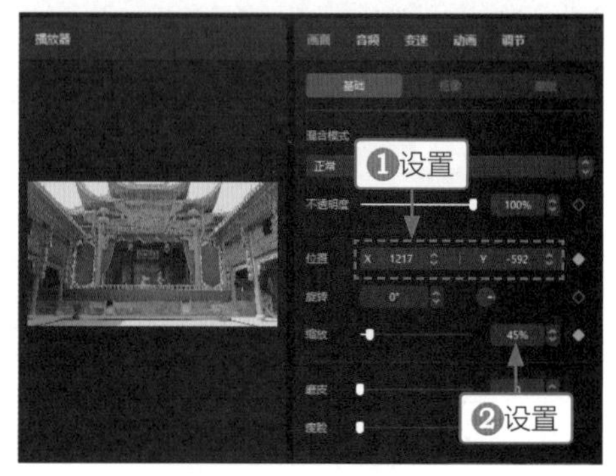

图3-133 设置参数

STEP 25 在00:00:01:00和00:00:03:00的位置处，❶单击“分割”按钮⌶；❷将画中画轨道中的文字视频分割为3段，如图3-134所示。

STEP 26 选择分割的第1段文字视频，在“动画”操作区的“入场”选项卡中，❶选择“缩小”动画；❷设置“动画时长”参数为1.0s，如图3-135所示。

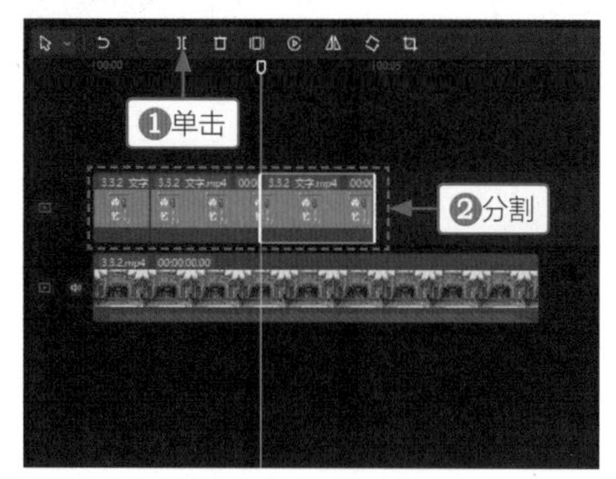

图3-134 分割文字视频

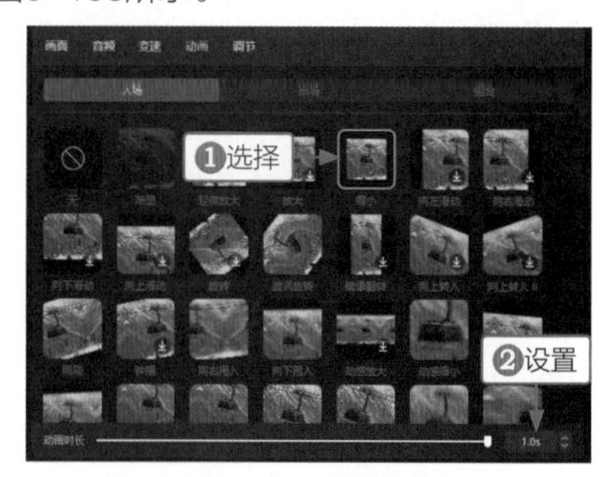

图3-135 选择动画并设置时长

STEP 27 选择分割的第3段文字视频，在“动画”操作区的“组合”选项卡中，❶选择“方片转动Ⅱ”动画；❷设置“动画时长”参数为2.0s，如图3-136所示。执行操作后，即可完成专属标识动画效果的制作。

图3-136 为其他视频选择动画并设置时长

3.3.3 文字旋转分割效果

案例效果

教学视频

【效果说明】：在剪映中制作文字旋转分割效果，需要先制作3个文字视频，并应用混合模式、蒙版和关键帧等功能，制作文字动画效果。文字旋转分割效果，如图3-137所示。

图3-137　文字旋转分割效果

STEP 01 在剪映的字幕轨道上添加一个默认文本，并调整文本时长为5秒，如图3-138所示。

STEP 02 在“画面”操作区的“基础”选项卡中，❶输入文本内容“《发现新天地》”；❷设置“缩放”参数为500%；❸设置“位置”的X参数为4250、Y参数为0；❹添加“位置”右侧的关键帧◆，在开始位置显示第1个字，如图3-139所示。

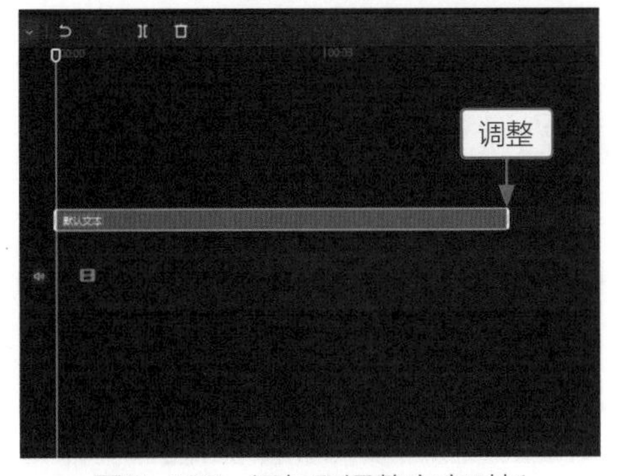

图3-138　添加和调整文本时长

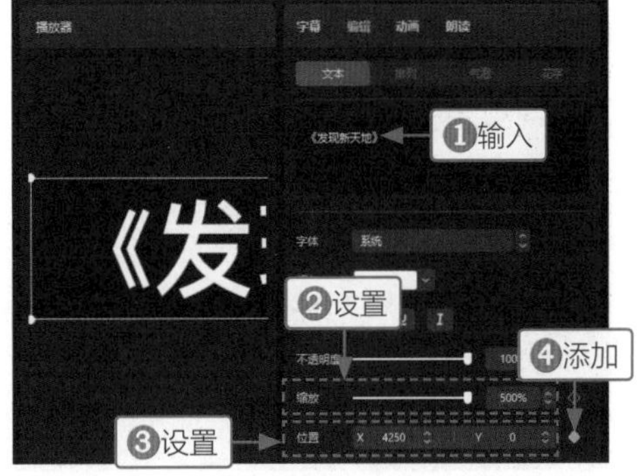

图3-139　输入和设置文本并添加关键帧

STEP 03 将时间指示器拖曳至结束位置，在“画面”操作区的“基础”选项卡中，设置“位置”的X参数为-4250、Y参数为0，在结束位置显示最后一个字，如图3-140所示。执行操作后，将文本导出为视频备用。

STEP 04 在“画面”操作区的“基础”选项卡中，❶单击“颜色”下拉按钮；❷在弹出的颜色面板中选择第3排第4个色块，设置字体颜色为粉色，如图3-141所示。

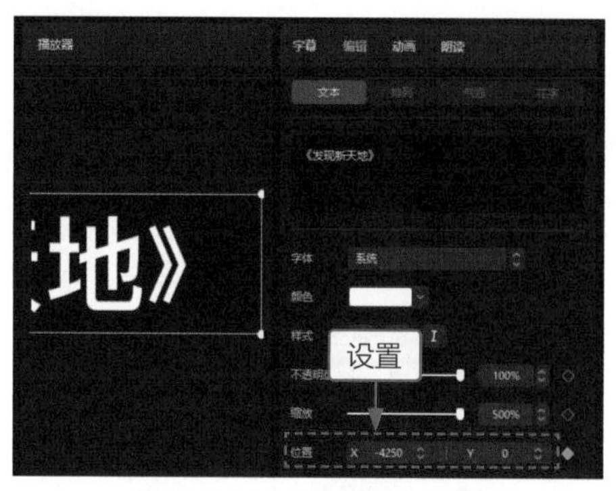

图3-140　设置文本位置

图3-141　设置字体颜色

STEP 05 在视频轨道中，添加一个背景视频，如图3-142所示。

STEP 06 在“播放器”面板中，可以查看画面效果，如图3-143所示。执行操作后，将添加了背景视频的文本导出为视频备用。

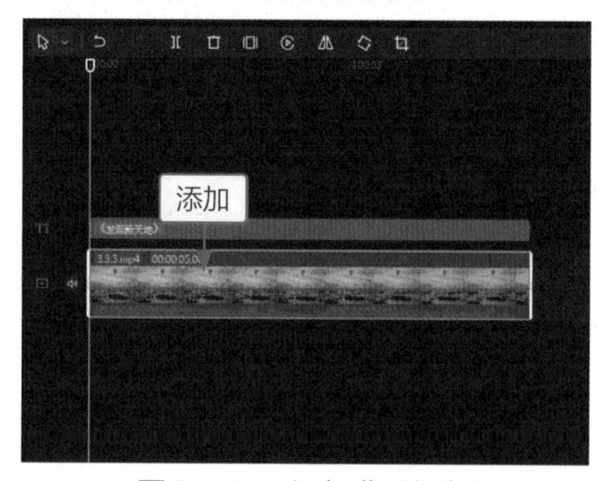

图3-142　添加背景视频

图3-143　查看画面效果

STEP 07 在字幕轨道中，将文本删除，留下背景视频备用，如图3-144所示。

STEP 08 在“媒体”功能区中，导入前面导出的黑底白字视频，如图3-145所示。

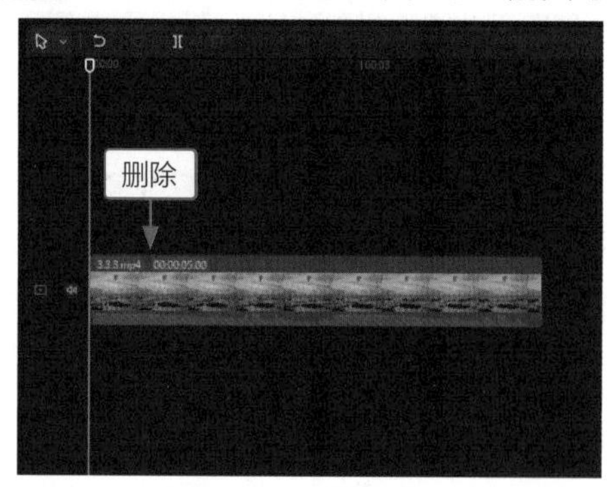

图3-144　删除文本

图3-145　导入黑底白字视频

STEP 09 将文字视频添加到画中画轨道中，如图3-146所示。

STEP 10 在“画面”操作区的“基础”选项卡中，设置“混合模式”为“正片叠底”模式，制作镂空文字，如图3-147所示。执行上述操作后，将镂空文字导出为视频备用。

STEP 11 新建一个草稿箱，将粉色文字视频和镂空文字视频导入“媒体”功能区中，如图3-148所示。

STEP 12 ❶将粉色文字视频添加到视频轨道中；❷将镂空文字视频添加到画中画轨道中，如图3-149所示。

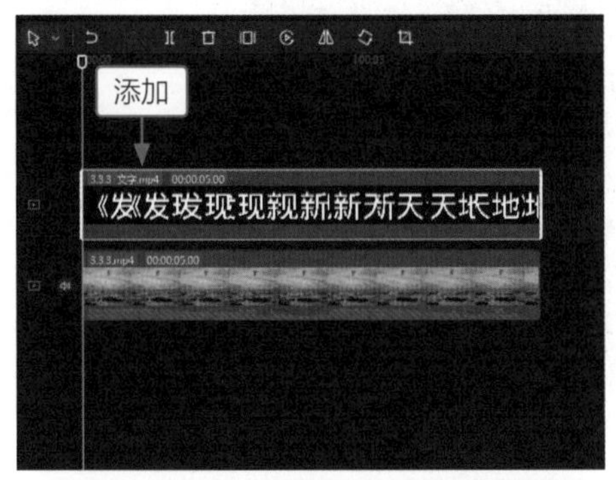

图3-146 添加视频到画中画轨道

图3-147 设置“正片叠底”模式

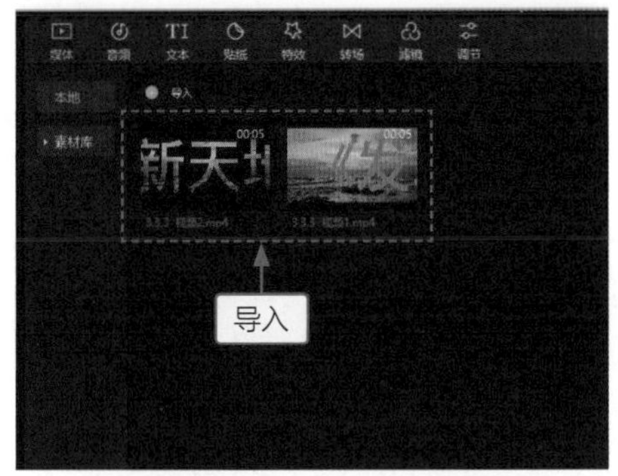

图3-148 导入2个视频

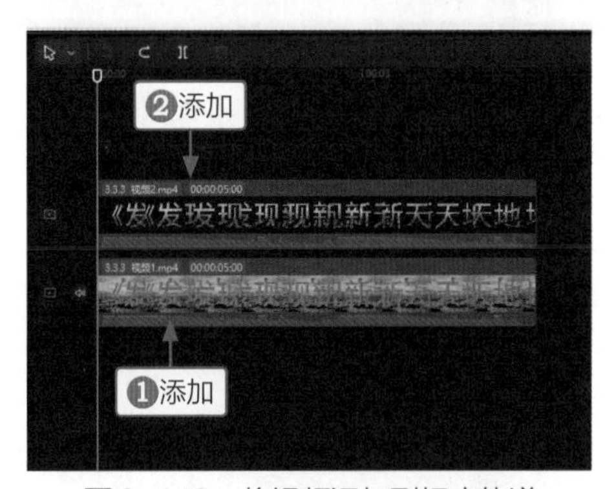

图3-149 将视频添加到相应轨道

STEP 13 选择画中画轨道中的镂空文字视频，在“蒙版”选项卡中，❶选择“矩形”蒙版；❷设置“旋转”参数为-15°；❸设置“大小”的“长”参数为2300、“宽”参数为355；❹添加“旋转”和“大小”右侧的关键帧◆，在开始位置设置蒙版的旋转角度和大小，如图3-150所示。

STEP 14 拖曳时间指示器至00:00:02:00的位置，在“蒙版”选项卡中，❶设置“旋转”参数为180°；❷设置“大小”的“长”参数为2300、“宽”参数为335，如图3-151所示。

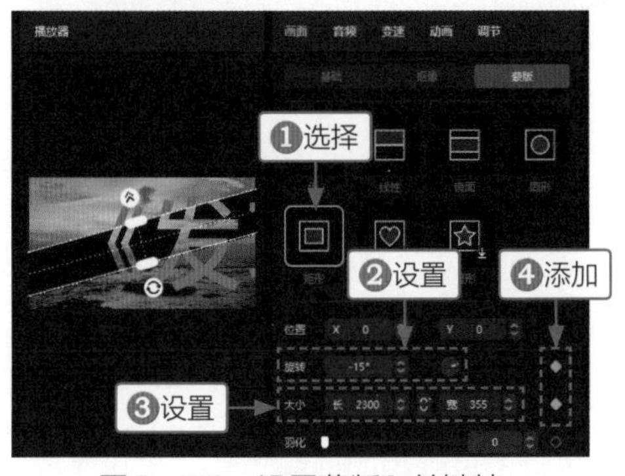

图3-150 设置蒙版和关键帧

图3-151 设置蒙版位置参数

STEP 15 拖曳时间指示器至00:00:04:00的位置，在“蒙版”选项卡中，设置“大小”的“长”参数为2300、“宽”参数为1080，如图3-152所示。

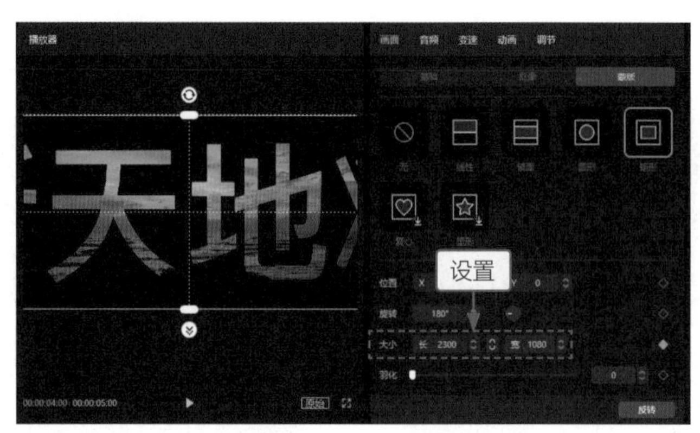

图3-152 设置蒙版大小参数

3.3.4 人物行走擦除文字效果

【效果说明】：人物行走擦除文字效果是指人物走过文字的位置，文字随人物行走的动作被擦除消失。人物行走擦除文字效果，如图3-153所示。

案例效果

教学视频

图3-153 人物行走擦除文字效果

STEP 01 在剪映的字幕轨道上添加一个默认文本，并调整文本时长为6秒，如图3-154所示。

STEP 02 在“画面”操作区的“基础”选项卡中，❶输入文本内容；❷设置一个合适的字体；❸设置“缩放”参数为98%；❹设置“位置”的X参数为0、Y参数为-628，如图3-155所示。执行操作后，将制作的文本导出为视频备用。

专家指点

注意文字的位置需要放置在人物行走过程中的必经之处，这样才方便添加蒙版关键帧，制作出人物行走擦除文字的效果。文字的位置可以在制作文字视频前就调整好位置，也可以在进行“滤色”混合时调整文字视频的位置和大小。

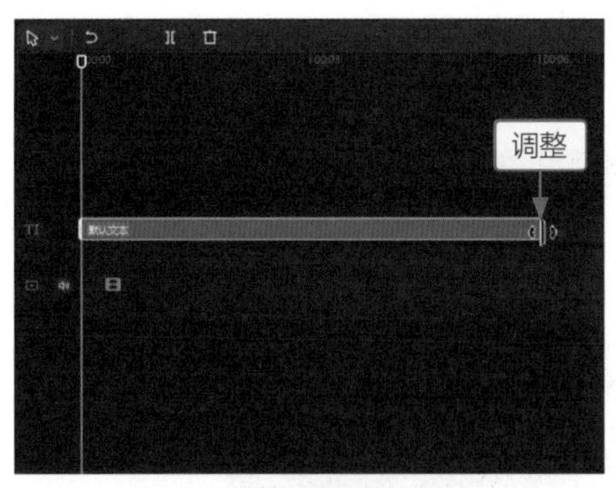

图3-154　调整文本时长

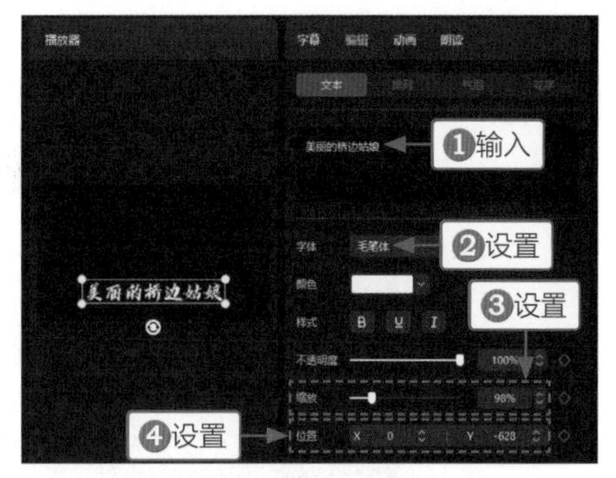

图3-155　输入并设置文本

STEP 03 新建一个草稿箱，在“媒体”功能区中，导入文字视频和人物视频，如图3-156所示。

STEP 04 将2个视频分别添加到视频轨道和画中画轨道中，如图3-157所示。

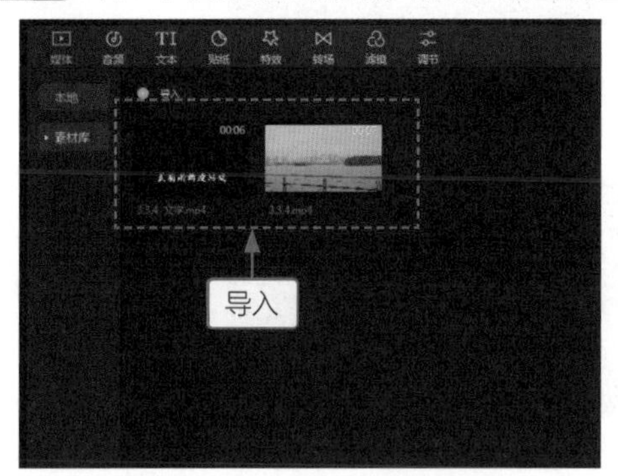

图3-156　导入2个视频

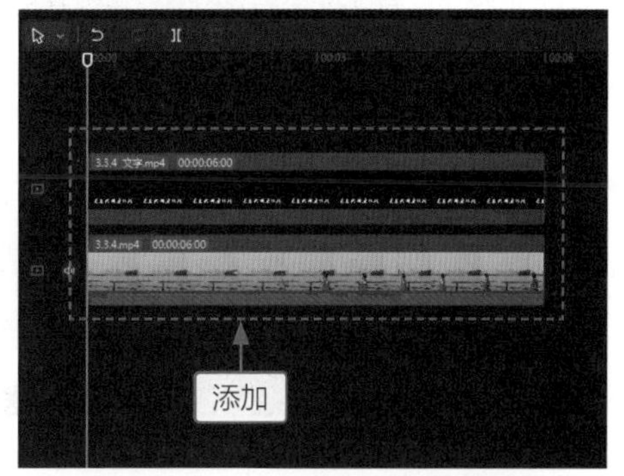

图3-157　添加视频至相应轨道

STEP 05 在“画面”操作区的“基础”选项卡中，设置“混合模式”为“滤色”模式，如图3-158所示。

STEP 06 拖曳时间指示器至00:00:01:25的位置，此时视频中的人物与文字的位置基本相交，如图3-159所示。

图3-158　设置“滤色”混合模式

图3-159　人物与文字的位置相交

STEP 07 在“画面”操作区的“蒙版”选项卡中，❶选择“线性”蒙版；❷在“播放器”面板中调整蒙版的位置和旋转角度；❸在“蒙版”选项卡中，添加“位置”关键帧◆，在人物与文字相交处打上第1个蒙版关键帧，如图3-160所示。

STEP 08 将时间指示器向后拖曳5帧至00:00:02:00的位置，在"播放器"面板中，根据人物的行走速度和位置，调整蒙版的位置，如图3-161所示。

图3-160　选择蒙版并添加关键帧

图3-161　调整蒙版的位置

STEP 09 用上述同样的方法，每隔5帧，❶根据人物位置调整蒙版的位置；❷为视频添加多个蒙版关键帧，直至文字被人物完全擦除，如图3-162所示。

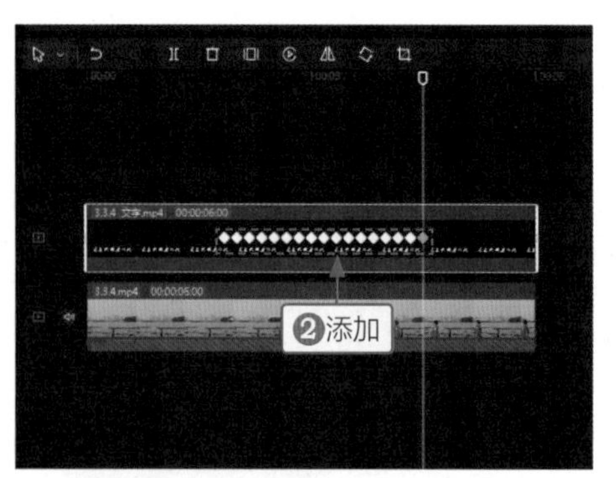

图3-162　每隔5帧调整蒙版的位置并添加关键帧

3.3.5 人物穿越文字效果

【效果说明】：在剪映中制作人物穿越文字效果，需要先制作一个有人物向前行走的文字动画视频，并应用抠像功能将背景视频中的人物抠出来。人物穿越文字效果，如图3-163所示。

案例效果

教学视频

图3-163 人物穿越文字效果

STEP 01 在剪映中，将人物视频添加到视频轨道上，如图3-164所示。

STEP 02 在字幕轨道上添加一个默认文本，并调整文本的时长与视频时长一致，如图3-165所示。

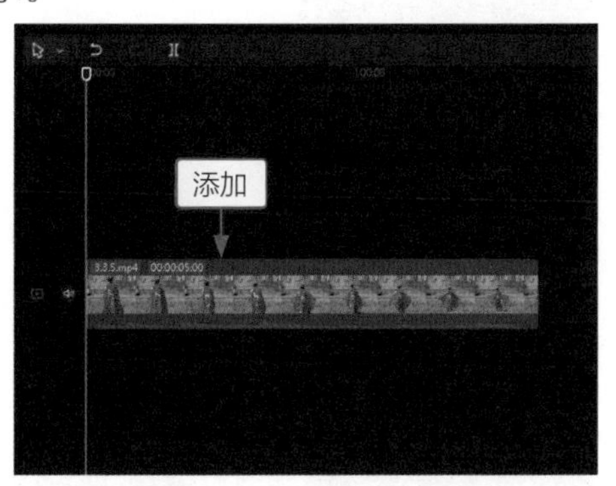

图3-164 添加人物视频

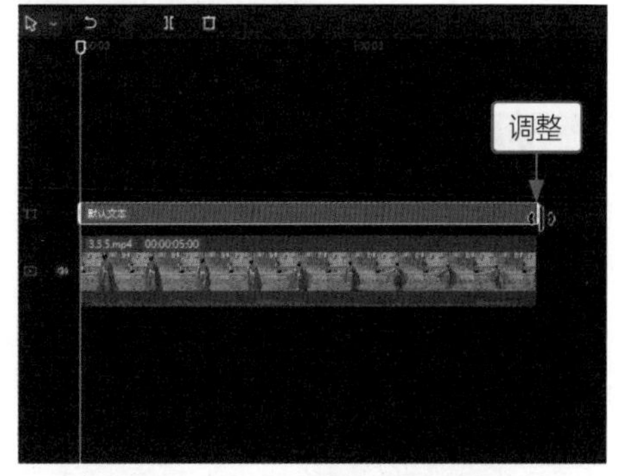

图3-165 添加文本并调整时长

STEP 03 在“编辑”操作区的“文本”选项卡中，❶输入文本内容；❷设置一个合适的字体；❸设置“颜色”为黄色；❹设置“位置”的X参数为0、Y参数为-56，将文本位置稍微往下移一些，如图3-166所示。

STEP 04 在“动画”操作区的“入场”选项卡中，❶选择“向右滑动”动画；❷设置“动画时长”参数为2.0s，如图3-167所示。

STEP 05 在第2条字幕轨道中，再次添加一个默认文本，调整其时长与视频时长一致，如图3-168所示。

STEP 06 在“编辑”操作区的“文本”选项卡中，❶输入文本内容；❷设置一个合适的字体；❸设置“颜色”为黄色；❹设置“缩放”参数为59%；❺设置“位置”的X参数为0、Y参数为-377，将文本位置移至第1段文本的下方，如图3-169所示。

STEP 07 在“动画”操作区的“入场”选项卡中，❶选择“向左滑动”动画；❷设置“动画时长”参数为2.0s，如图3-170所示。执行操作后，将制作的文字视频导出备用。

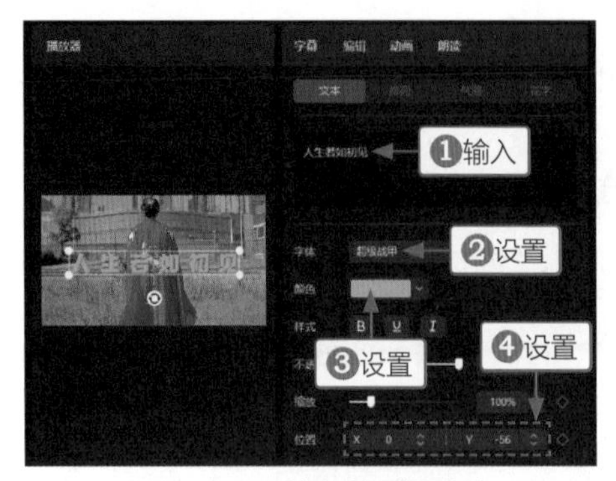

图3-166 输入并设置文本

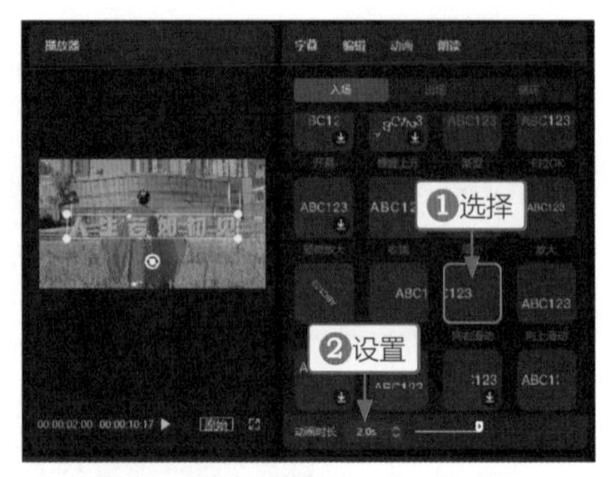

图3-167 选择动画并设置时长

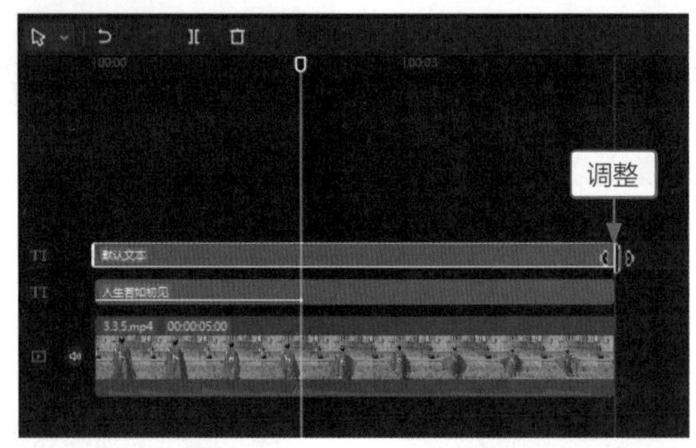

图3-168 调整文本的时长

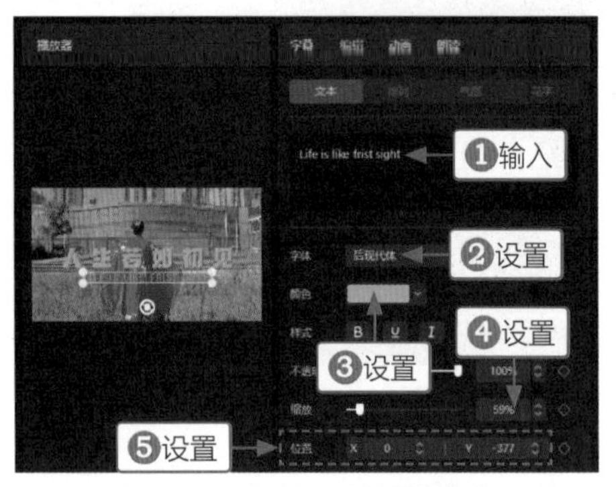

图3-169 输入并调整文本

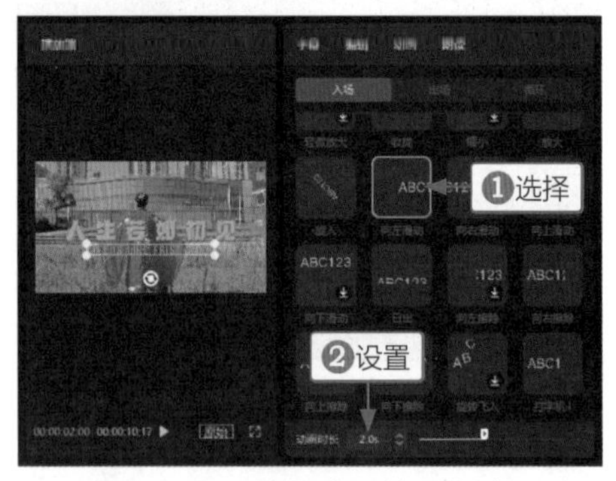

图3-170 选择动画并设置时长

STEP 08 新建一个草稿箱，导入文字视频和人物视频，将文字视频和人物视频分别添加至视频轨道和画中画轨道中，如图3-171所示。

STEP 09 调整人物视频的结束部分至00:00:02:00的位置(即文字入场动画结束的位置)，如图3-172所示。

STEP 10 在“画面”操作区的“抠像”选项卡中，单击“智能抠像”按钮，对画面中的人物进行抠像，如图3-173所示。

STEP 11 拖曳时间指示器至00:00:01:22的位置(即人物即将穿越文字的位置)，如图3-174所示。

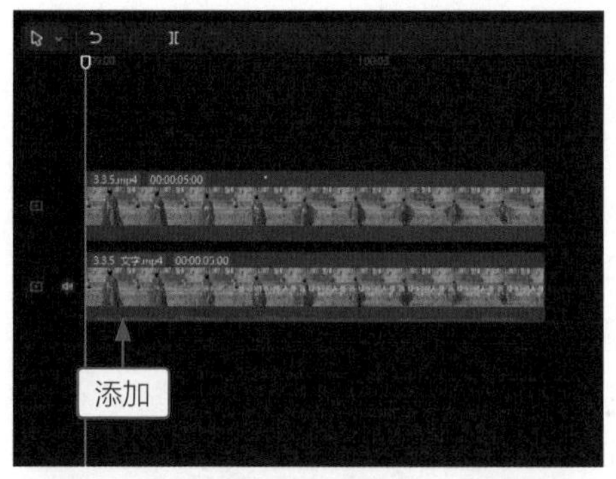

图3-171　添加文字视频和人物视频

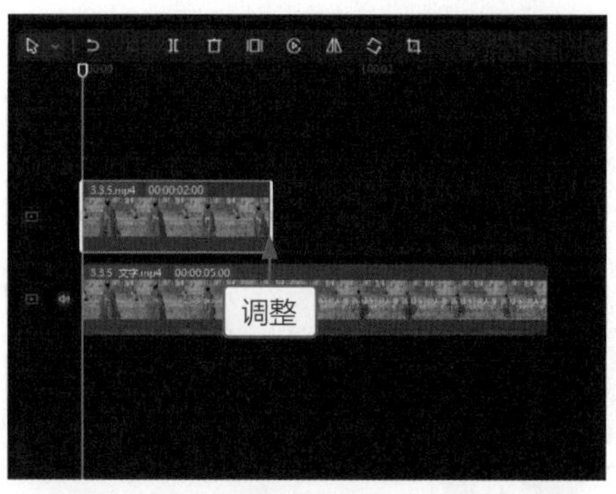

图3-172　调整人物视频的结束位置

图3-173　单击“智能抠像”按钮

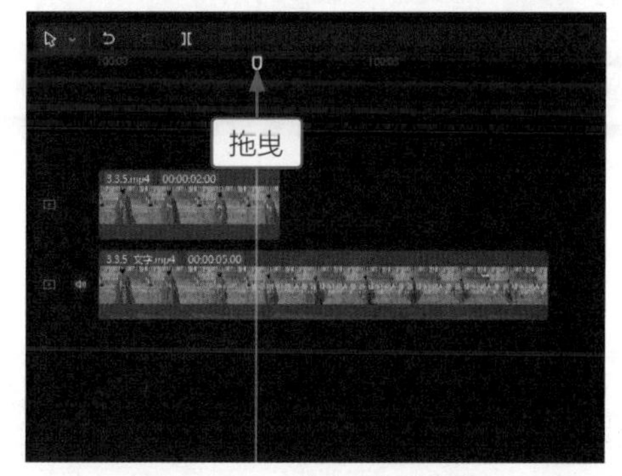

图3-174　拖曳时间指示器

STEP 12 在“音频”功能区的“音效素材”选项卡中，❶搜索“啾嗖快速穿过”；❷在下方选择需要的音效并单击“添加到轨道”按钮⊕，如图3-175所示。

STEP 13 执行操作后，即可在音频轨道中添加一段音效，完成人物穿越文字效果的制作，如图3-176所示。

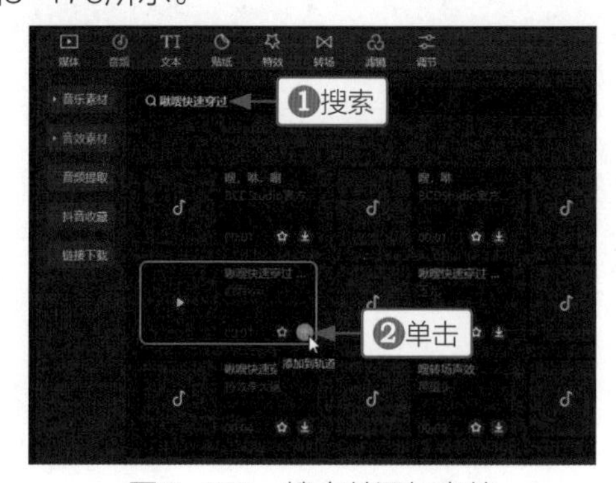

图3-175　搜索并添加音效

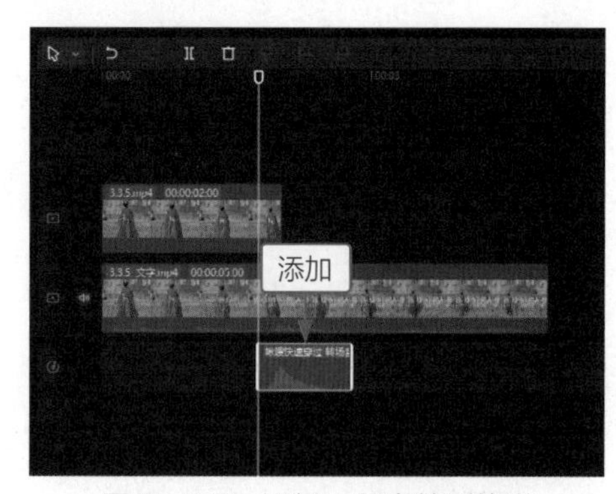

图3-176　添加一段音效到轨道

4 CHAPTER

第4章 影视栏目片头制作

知识导读

片头是视频主题内容的表达，也是艺术手法的呈现，主要用来引起观众对后面情节的兴趣，吸引观众。不仅电影、电视剧需要片头，电视栏目、商业广告、宣传预告片等也都需要用到片头。本章主要介绍影视栏目片头的制作方法。

本章重点索引

- 影视片头
- 节目片头
- 创意片头

效果欣赏

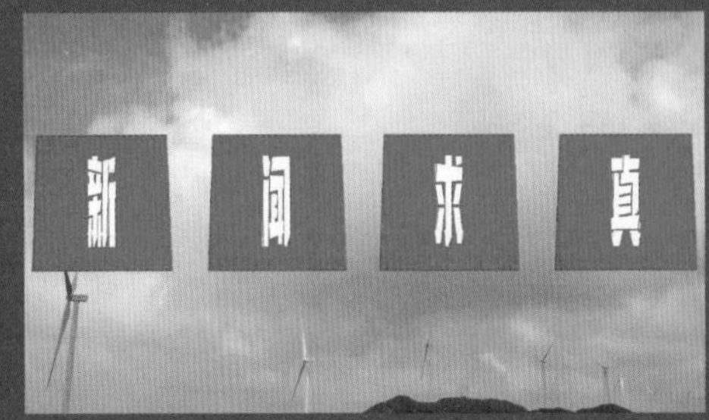

《风云际会Ⅱ》

4.1 影视片头

随着电影、电视剧的发展，其片头的展示形式越来越多样化，本节主要介绍几个比较经典和常用的影视片头的制作方法。

4.1.1 电影错屏开幕效果

【效果说明】：电影错屏开幕效果是指画面在黑屏时，左上和右下两端往反方向滑动，错屏展示影片内容，然后在交错时逐渐显示影片片名的开幕形式。电影错屏开幕效果，如图4-1所示。

案例效果

教学视频

图4-1　电影错屏开幕效果

STEP 01 在剪映中导入一个背景视频和一个错屏开幕视频，如图4-2所示。

STEP 02 将2个视频分别添加到视频轨道和画中画轨道中，如图4-3所示。

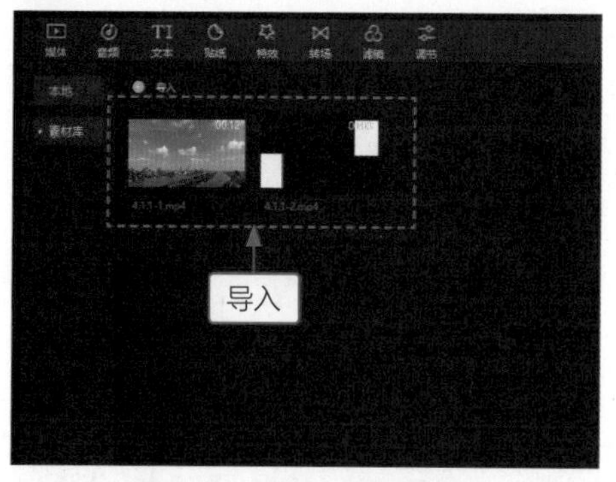

图4-2　导入2个视频素材

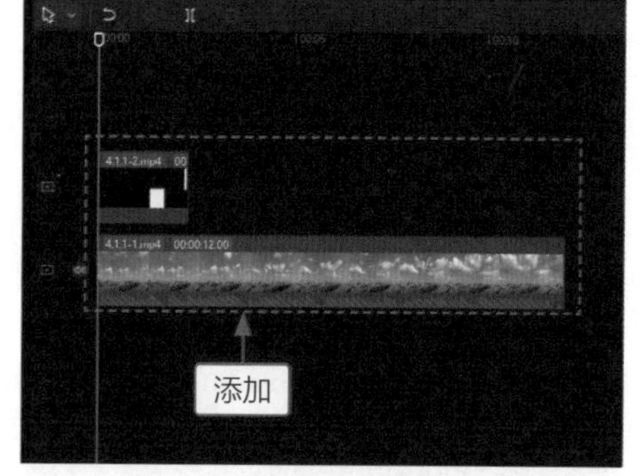

图4-3　添加视频到相应轨道

STEP 03 选择画中画轨道中的错屏开幕视频，在“画面”操作区的“基础”选项卡中，设置“混合模式”为“正片叠底”模式，去除视频中的白色，显示背景视频，如图4-4所示。

STEP 04 ❶切换至“特效”功能区的“基础”选项卡；❷单击“电影画幅”特效中的“添加

到轨道”按钮⊕，如图4-5所示。

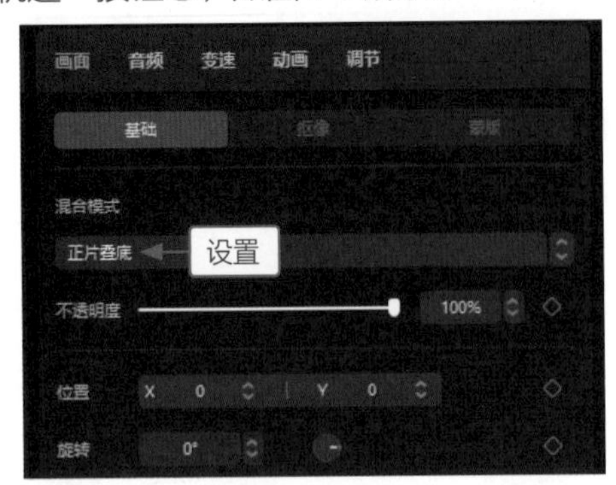

图4-4　设置“正片叠底”混合模式

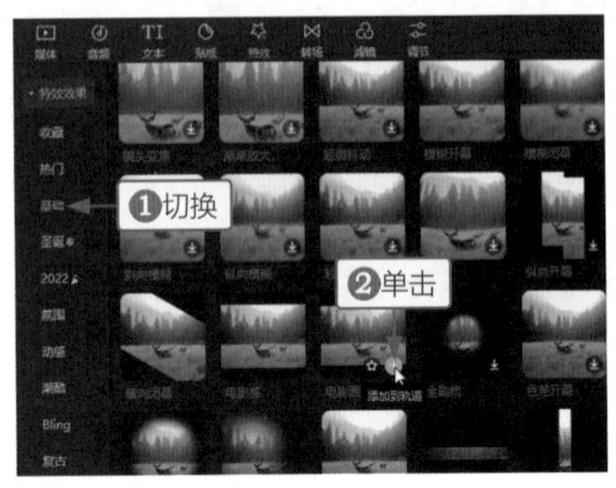

图4-5　添加特效到轨道

STEP 05 执行操作后，即可添加“电影画幅”特效，调整特效时长与视频时长一致，如图4-6所示。

STEP 06 ❶拖曳时间指示器至00:00:01:10的位置；❷在字幕轨道中添加一个默认文本，适当调整文本的时长，如图4-7所示。

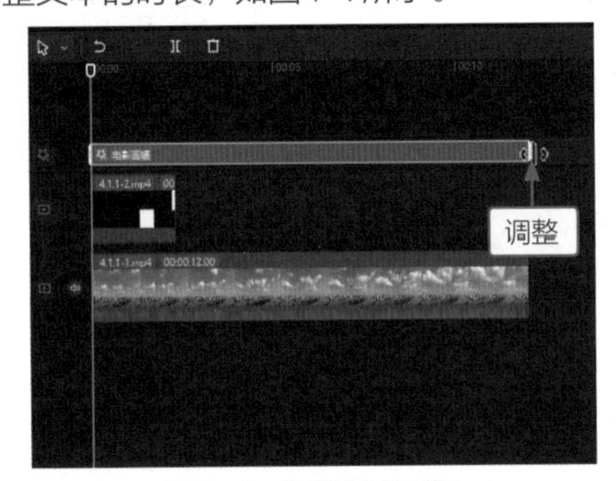

图4-6　调整特效时长

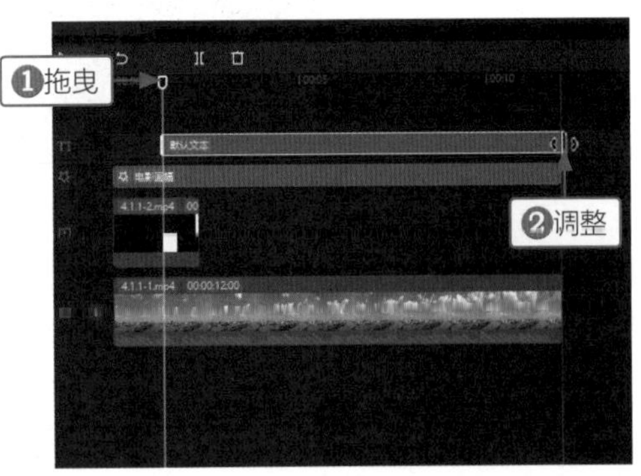

图4-7　添加文本并调整时长

STEP 07 在“编辑”操作区的“文本”选项卡中，❶输入片名内容；❷设置一个合适的字体；❸设置“缩放”参数为116%，适当调整片名大小，如图4-8所示。

STEP 08 下滑面板，❶选中“描边”复选框；❷设置“颜色”为天蓝色；❸设置“粗细”参数为15，调整文字描边宽度，如图4-9所示。

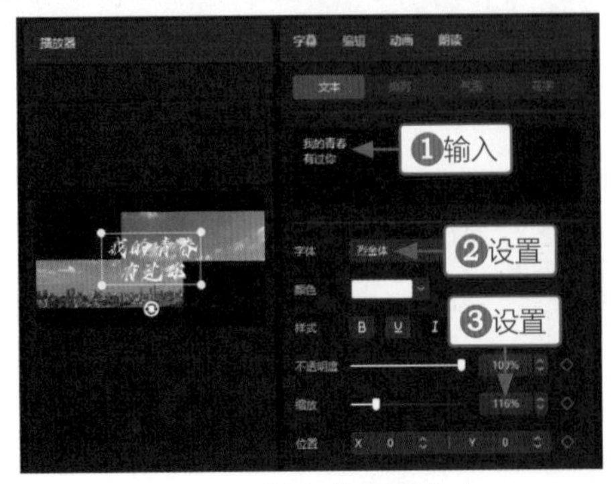

图4-8　输入并设置文本

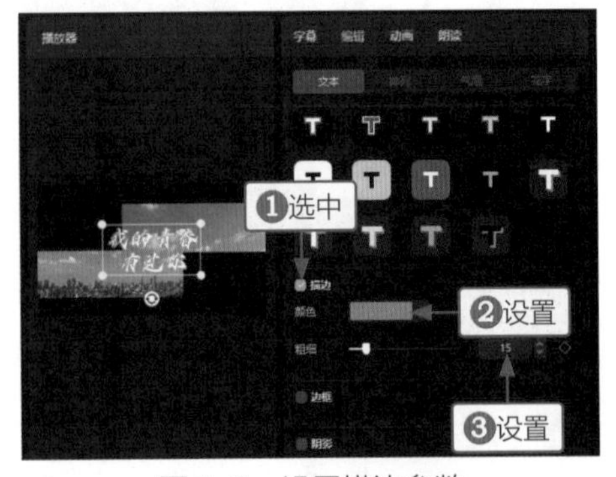

图4-9　设置描边参数

STEP 09 在“排列”选项卡中，设置“行间距”参数为4，调宽行间距，如图4-10所示。

STEP 10 ❶拖曳时间指示器至00:00:04:10的位置；❷在第2条字幕轨道中添加一个默认文本，适当调整文本的时长，如图4-11所示。

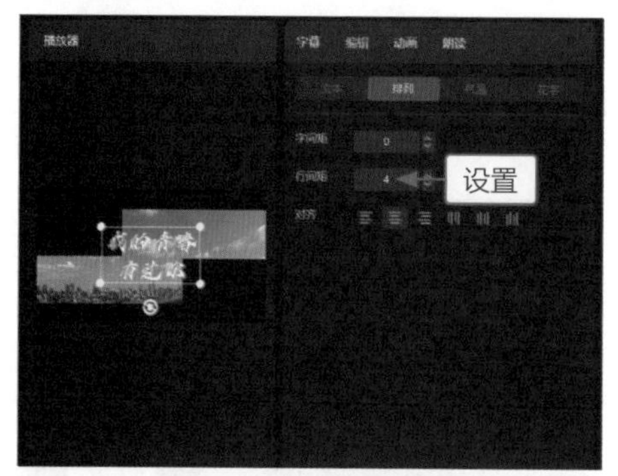

图4-10　设置行间距

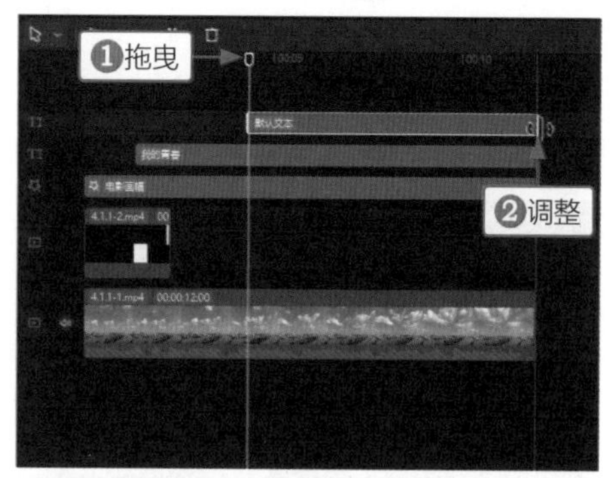

图4-11　添加第2个文本并调整时长

STEP 11 在“编辑”操作区的“文本”选项卡中，❶输入片名英文内容；❷设置一个合适的字体；❸设置“颜色”为蓝色；❹设置“缩放”参数为38%；❺设置“位置”的X参数为0、Y参数为-17，使英文刚好置于两行中文文字的中间，如图4-12所示。

STEP 12 选择第1个文本，在“动画”操作区的“入场”选项卡中，❶添加“生长”动画；❷设置“动画时长”参数为3.0s，如图4-13所示。

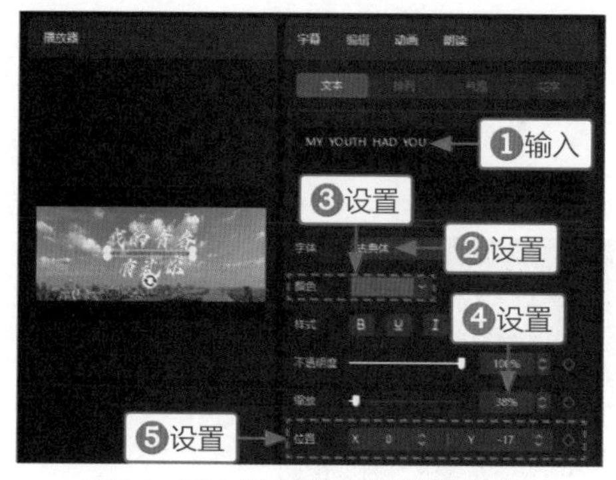

图4-12　输入英文并设置参数

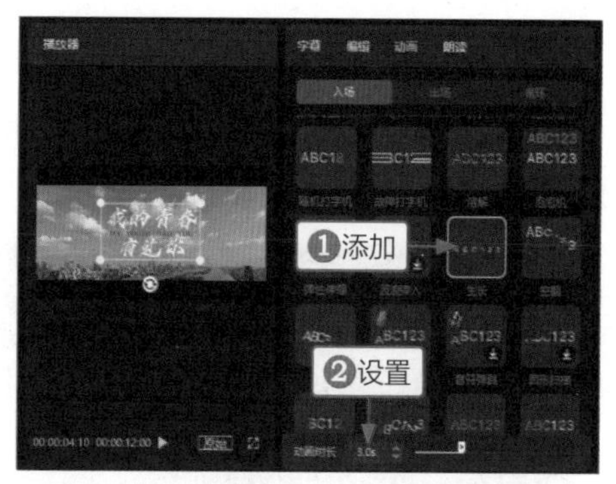

图4-13　添加“生长”动画并设置时长

STEP 13 选择第2个文本，在“动画”操作区的“入场”选项卡中，❶添加“收拢”动画；❷设置“动画时长”参数为2.5s，如图4-14所示。

STEP 14 ❶复制制作的第2个文本；❷将其粘贴到第3条字幕轨道中；❸拖曳时间指示器至00:00:07:00的位置，如图4-15所示。

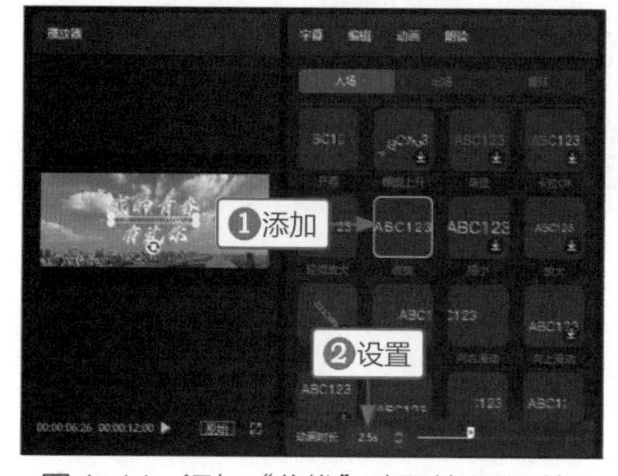

图4-14　添加“收拢”动画并设置时长

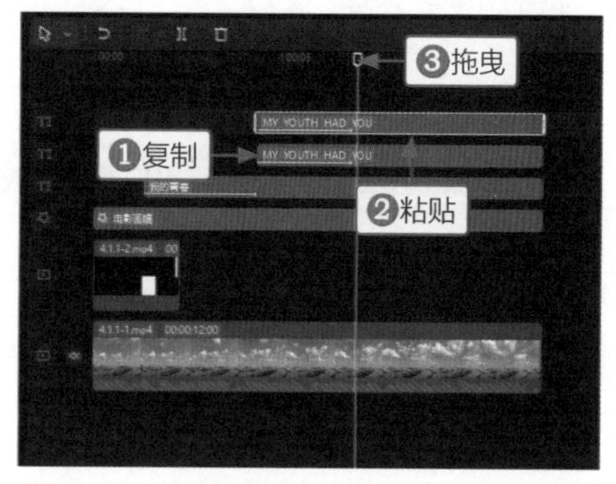

图4-15　复制粘贴文本并拖曳时间指示器

STEP 15 在“编辑”操作区的“文本”选项卡中，❶设置“颜色”为白色；❷添加“不透明度”右侧的关键帧◆，如图4-16所示。

STEP 16 拖曳时间指示器至00:00:10:00的位置，在“编辑”操作区的“文本”选项卡中，设置“不透明度”参数为0%，为英文文字制作颜色渐变效果，如图4-17所示。执行上述操作后，即可完成电影错屏开幕效果的制作。

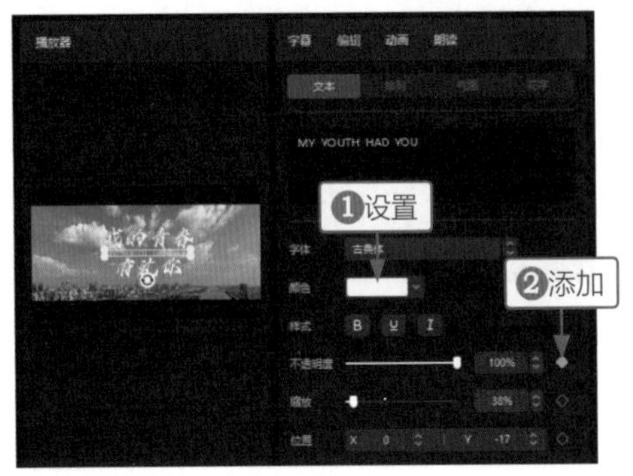

图4-16 设置文本颜色和关键帧

图4-17 设置不透明度

4.1.2 电影上下屏开幕效果

案例效果 教学视频

【效果说明】：电影上下屏开幕是指画面在黑屏时，从中间往上下两端滑动，开幕后展示影片内容和影片片名的效果。电影上下屏开幕效果，如图4-18所示。

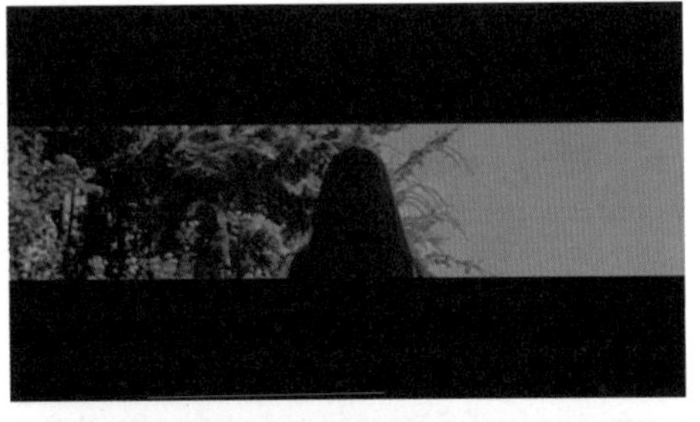

图4-18 电影上下屏开幕效果

STEP 01 在剪映中导入一个背景视频，并添加到视频轨道中，如图4-19所示。

STEP 02 在“滤镜”功能区的“影视级”选项卡中，单击“敦刻尔克”滤镜中的“添加到轨道”按钮⊕，如图4-20所示。

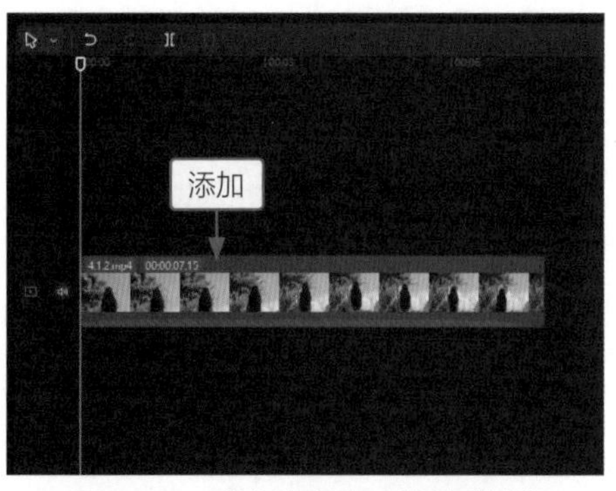

图4-19　将视频添加到视频轨道

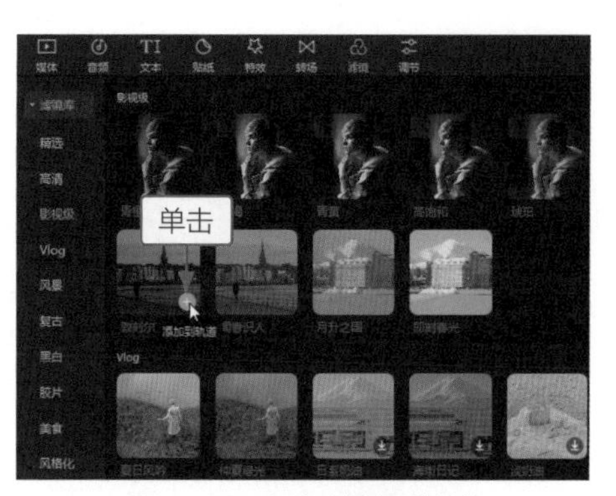

图4-20　添加滤镜到轨道

STEP 03 执行操作后，即可添加“敦刻尔克”滤镜，调整滤镜时长与视频时长一致，如图4-21所示。

STEP 04 在“滤镜”操作区中，添加“滤镜强度”右侧的关键帧◆，如图4-22所示。

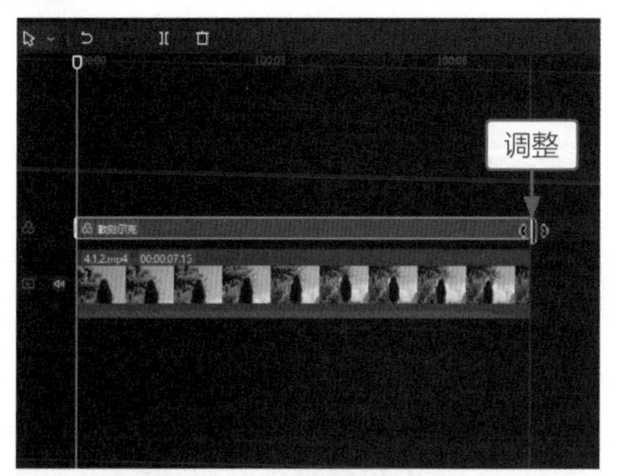

图4-21　调整滤镜时长

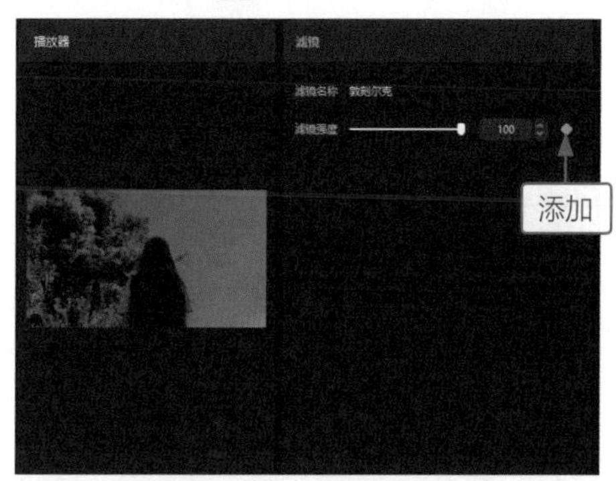

图4-22　添加关键帧

STEP 05 拖曳时间指示器至00:00:03:00的位置，在“滤镜”操作区中，设置“滤镜强度”参数为0，使画面色调由暗变亮，如图4-23所示。

STEP 06 将时间指示器拖曳至开始位置，在“特效”功能区的“基础”选项卡中，单击“电影画幅”特效中的“添加到轨道”按钮⊕，如图4-24所示。

图4-23　设置滤镜强度

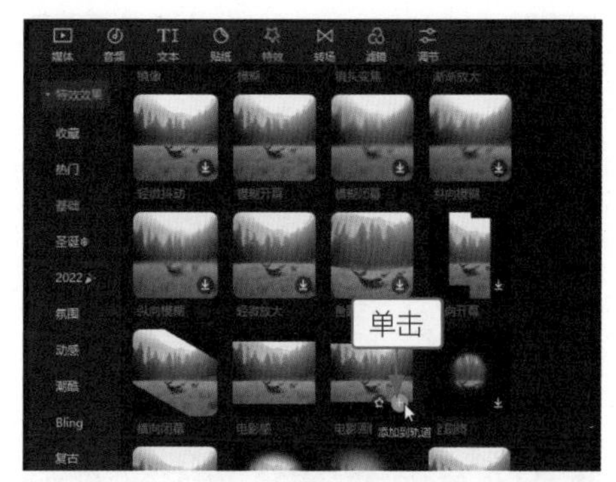

图4-24　添加“电影画幅”特效到轨道

STEP 07 执行操作后，即可添加一个“电影画幅”特效，调整特效时长与视频时长一致，如图4-25所示。

STEP 08 在“特效”功能区的“基础”选项卡中，单击“开幕”特效中的“添加到轨道”按钮⊕，如图4-26所示。

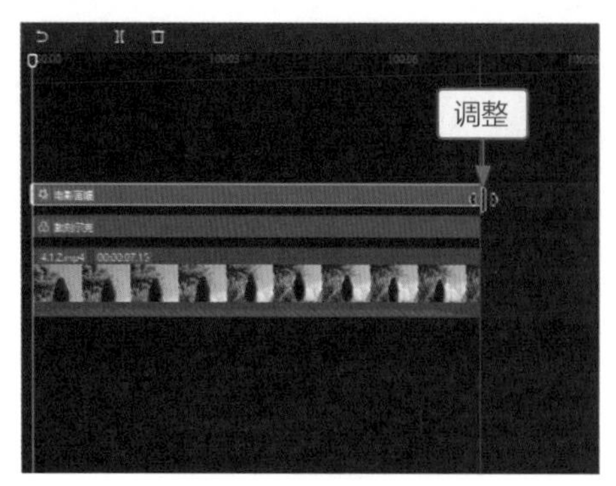

图4-25　调整特效时长

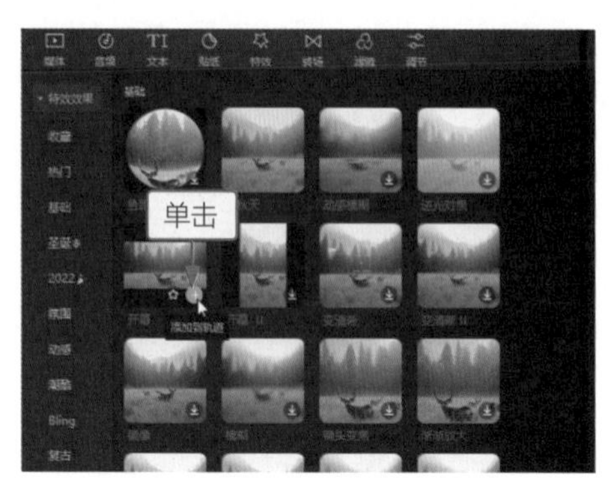

图4-26　添加“开幕”特效到轨道

STEP 09 执行操作后，❶添加一个“开幕”特效；❷拖曳时间指示器至00:00:01:00的位置；❸在字幕轨道中添加一个默认文本，调整文本的结束时间至00:00:06:00的位置，如图4-27所示。

STEP 10 在“编辑”操作区的“文本”选项卡中，❶输入片名的第1个字；❷设置一个合适的字体；❸在“播放器”面板中调整文字的大小和位置，如图4-28所示。

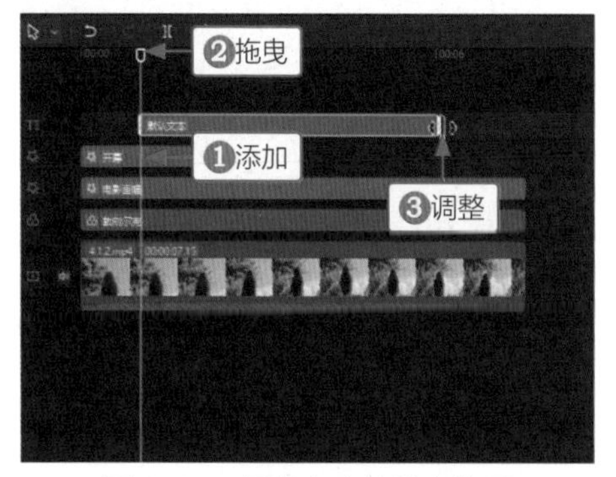

图4-27　调整文本的结束位置

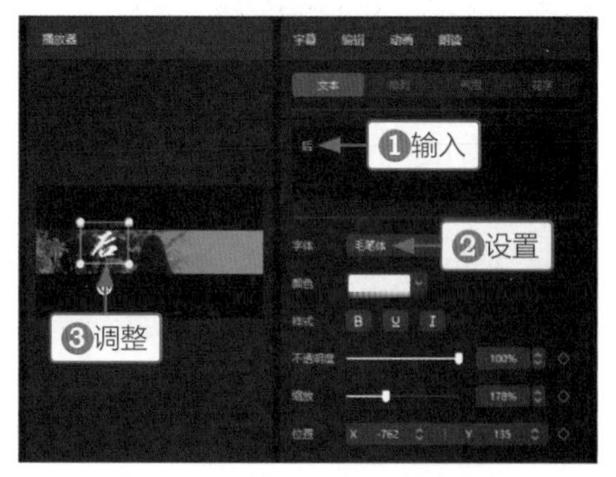

图4-28　输入和设置第1个字

STEP 11 在“动画”操作区的“入场”选项卡中，❶选择“溶解”动画；❷设置“动画时长”参数为2.0s，如图4-29所示。

STEP 12 在“出场”选项卡中，❶选择“渐隐”动画；❷设置“动画时长”参数为1.0s，如图4-30所示。

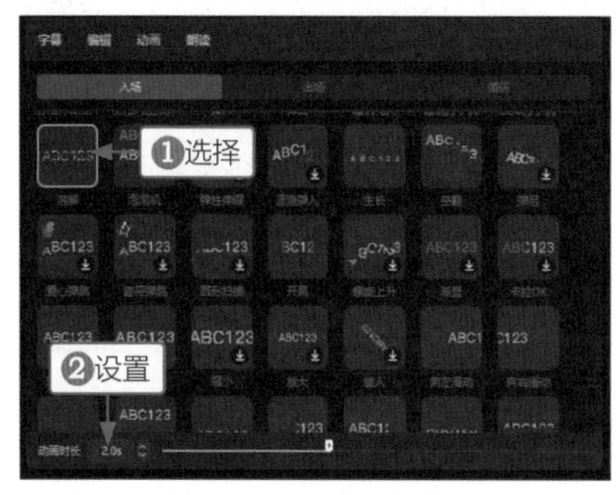

图4-29　设置入场动画

图4-30　设置出场动画

STEP 13 复制制作的第1个文本，将其粘贴在第2条字幕轨道中，如图4-31所示。

STEP 14 在“编辑”操作区的“文本”选项卡中，❶输入片名的第2个字；❷在“播放器”面板中调整文字的位置，如图4-32所示。

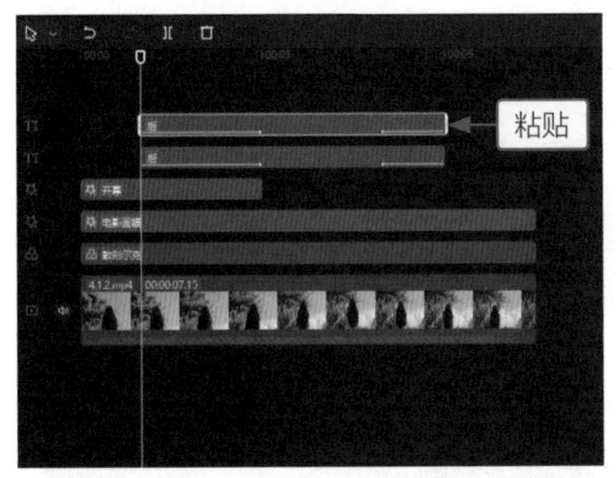

图4-31　将文本粘贴在第2条字幕轨道

图4-32　输入并调整文字的位置

调整文字位置时，可以在“文本”选项卡中，单击参数后面的按钮进行微调。

STEP 15 用上述同样的方法，制作片名的第3个和第4个字，如图4-33所示。执行操作后，即可完成电影上下屏开幕效果的制作。

图4-33　制作片名的第3个和第4个字

4.1.3 片名缩小开场效果

【效果说明】：在剪映中制作片名缩小开场效果，首先需要制作一个黑底白字的文字视频，然后将文字视频放大并与背景视频混合，使某一个字的局部区域完全遮盖住整个屏幕，最后通过设置关键帧，制作文字缩小动画即可。片名缩小开场效果，如图4-34所示。

案例效果

教学视频

STEP 01 在字幕轨道中添加一个默认文本，调整文本的时长为12秒左右，如图4-35所示。

STEP 02 拖曳时间指示器至00:00:04:00的位置，在“编辑”操作区的“文本”选项卡中，❶输入片名内容；❷设置一个合适的字体；❸设置“缩放”参数为110%；❹添加“缩放”关键帧◆，在时间指示器的位置添加第1个关键帧，如图4-36所示。

图4-34　片名缩小开场效果

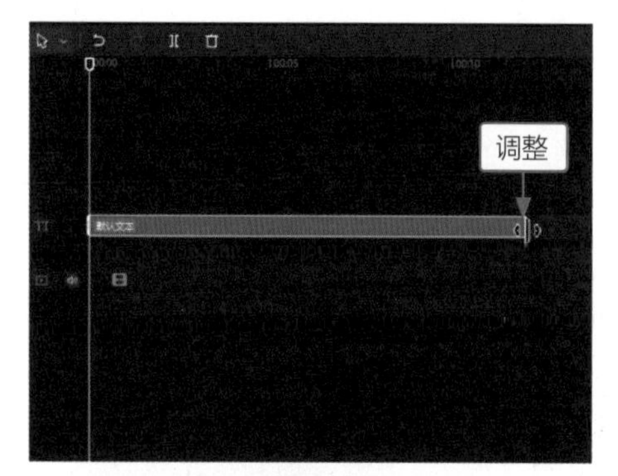

图4-35　添加文本并调整时长

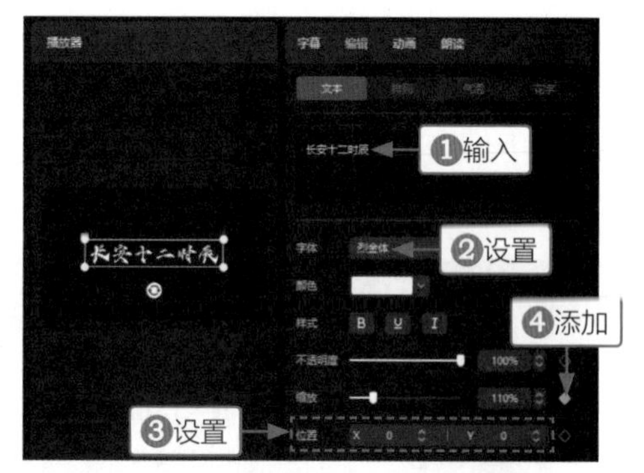

图4-36　输入和设置文本并添加关键帧

STEP 03 拖曳时间指示器至开始位置，在“编辑”操作区的“文本”选项卡中，设置“缩放”参数为最大值500%，将文字放大，如图4-37所示。

STEP 04 在“动画”操作区的“出场”选项卡中，❶选择“溶解”动画；❷设置“动画时长”参数为2.0s，如图4-38所示。

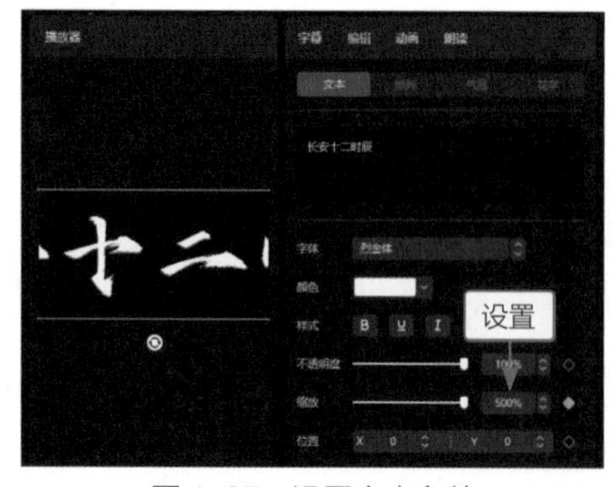

图4-37　设置文本参数

图4-38　添加动画并设置时长

STEP 05 ❶拖曳时间指示器至00:00:04:00的位置；❷在第2条字幕轨道中添加一个默认文本

并调整时长，如图4-39所示。

STEP 06 在“编辑”操作区的“文本”选项卡中，❶输入片名拼音；❷设置一个合适的字体；❸在“播放器”面板中调整文本的大小和位置，如图4-40所示。

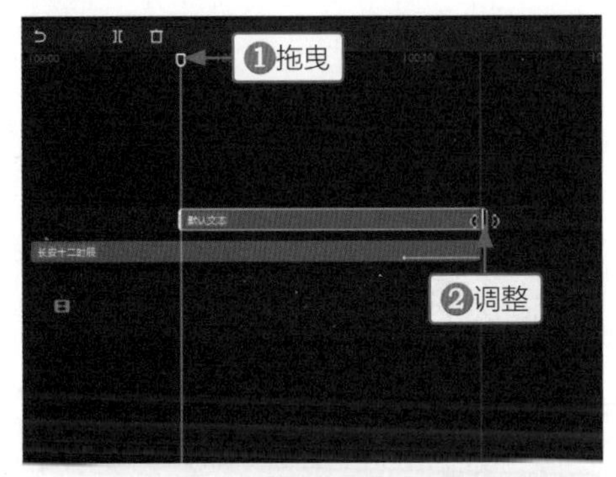

图4-39　添加文本并调整时长

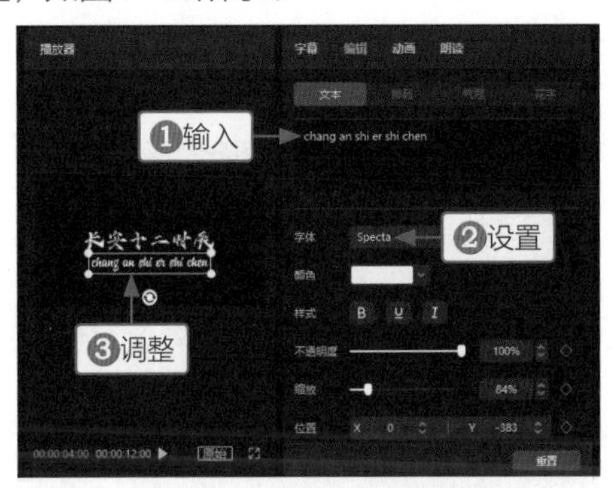

图4-40　输入和调整文本

STEP 07 在“动画”操作区的“入场”选项卡中，❶选择“逐字显影”动画；❷设置“动画时长”参数为2.5s，如图4-41所示。

STEP 08 在“动画”操作区的“出场”选项卡中，❶选择“溶解”动画；❷设置“动画时长”参数为2.0s，如图4-42所示。执行操作后，将制作的片名动画导出为视频备用。

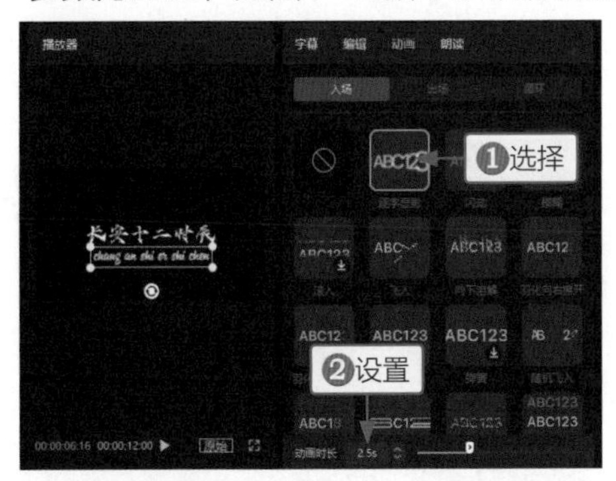

图4-41　设置入场动画

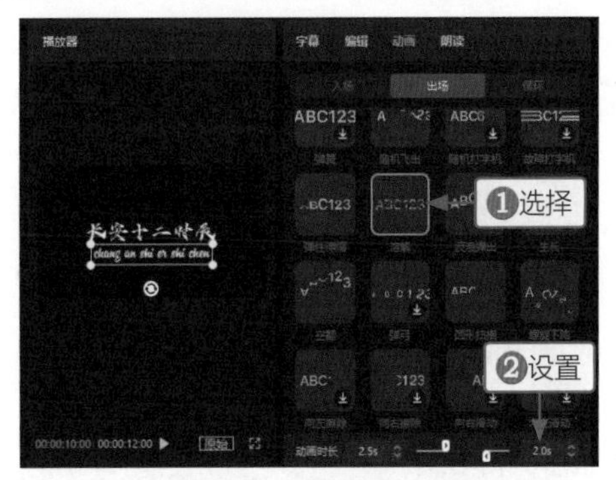

图4-42　设置出场动画

STEP 09 新建一个草稿箱，将前面导出的片名视频添加到视频轨道上，如图4-43所示。

STEP 10 在“画面”操作区的“基础”选项卡中，添加“位置”和“缩放”右侧的关键帧◆，如图4-44所示。

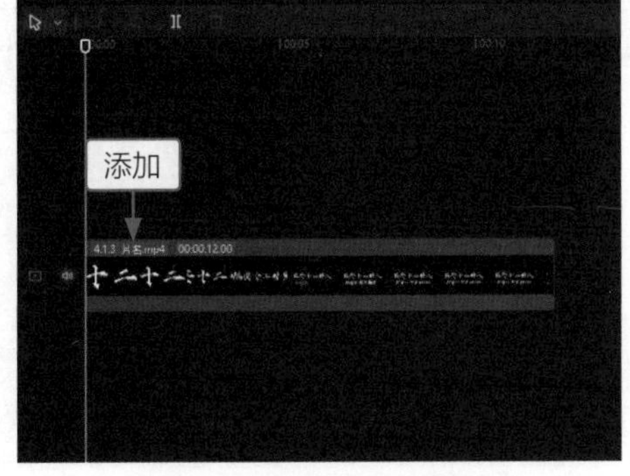

图4-43　添加片名视频

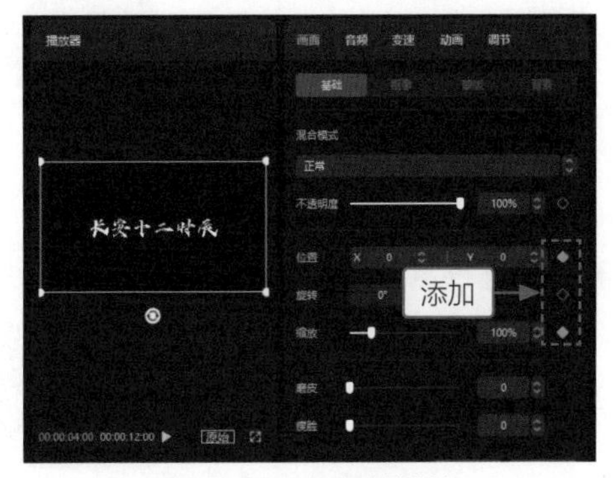

图4-44　添加关键帧

STEP 11 将时间指示器拖曳至开始位置，在“画面”操作区的“基础”选项卡中，❶设置“位置”的X参数为-5644、Y参数为363；❷设置“缩放”参数为最大值500%，再次将文字放大，如图4-45所示。执行操作后，将放大后的片名导出备用。

STEP 12 再次新建一个草稿箱，将前面导出的片名放大视频和背景视频导入“媒体”功能区中，如图4-46所示。

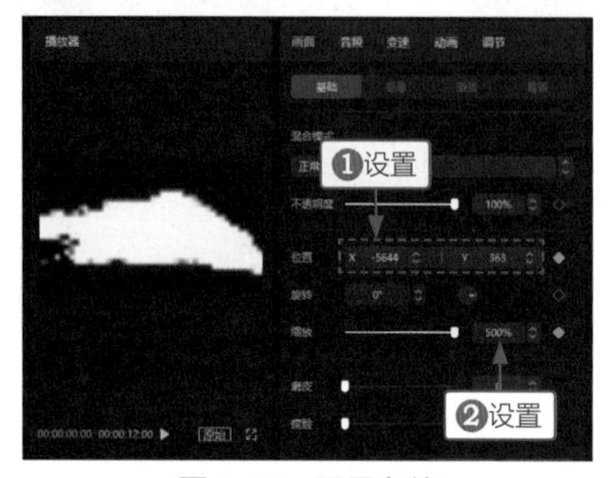

图4-45 设置参数

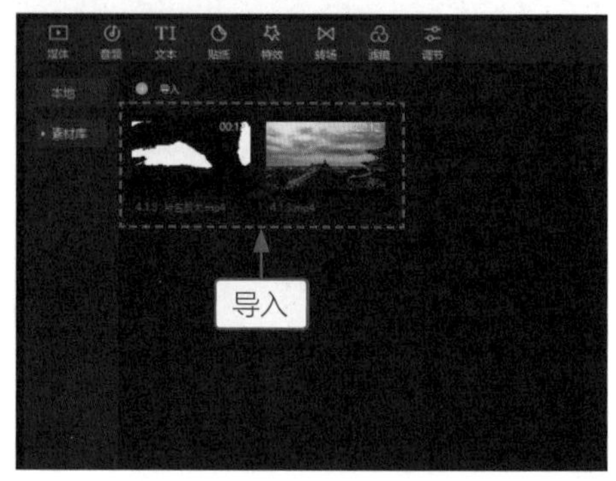

图4-46 导入2个视频

STEP 13 将2个视频分别添加到视频轨道和画中画轨道中，如图4-47所示。

STEP 14 将时间指示器拖曳至00:00:04:00的位置，选中画中画轨道中的视频，在“画面”操作区的“基础”选项卡中，❶设置“混合模式”为“滤色”模式；❷添加“缩放”关键帧◆，去除片名视频中的黑底，并在时间指示器的位置添加一个关键帧，如图4-48所示。

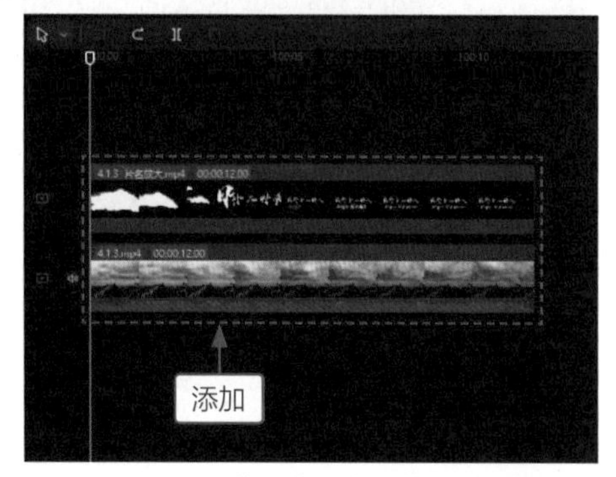

图4-47 将视频添加到相应轨道

图4-48 设置混合模式和关键帧

STEP 15 将时间指示器拖曳至开始位置，在“画面”操作区的“基础”选项卡中，设置“缩放”参数为最大值500%，使文字的局部区域完全覆盖屏幕，如图4-49所示。执行操作后，即可完成片名缩小开场效果的制作。

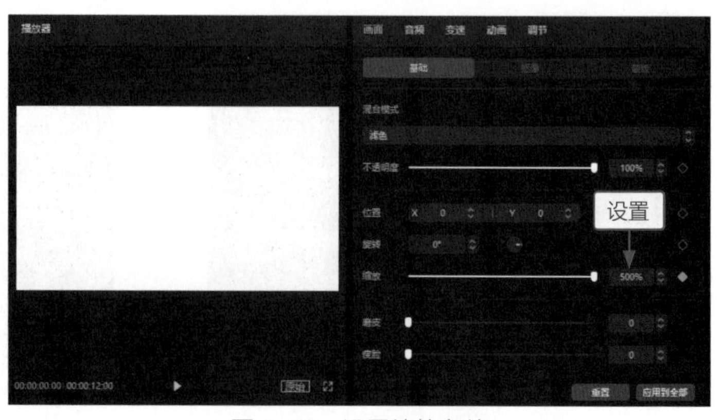

图4-49 设置缩放参数

4.2 节目片头

节目片头是一档电视节目的性质、主题和内容的呈现。本节主要介绍使用剪映制作的几个有趣的节目开场效果，包括节目倒计时开场效果、节目立方体开场效果，以及飞机拉泡泡开场效果等的制作方法。

4.2.1 节目倒计时开场效果

案例效果

教学视频

【效果说明】：节目倒计时开场效果是很多室内综艺、大型晚会、颁奖典礼等节目常用的片头。在剪映中制作节目倒计时开场效果，需要用到倒计时的片头视频，并在倒计时结束位置添加节目名称。节目倒计时开场效果，如图4-50所示。

图4-50　节目倒计时开场效果

STEP 01 在剪映中导入一个倒计时视频，将其添加到视频轨道中，如图4-51所示。

STEP 02 ❶拖曳时间指示器至00:00:03:03的位置(即倒计时结束位置)；❷添加一个金色的花字文本，调整文本的结束位置与视频的结束位置对齐，如图4-52所示。

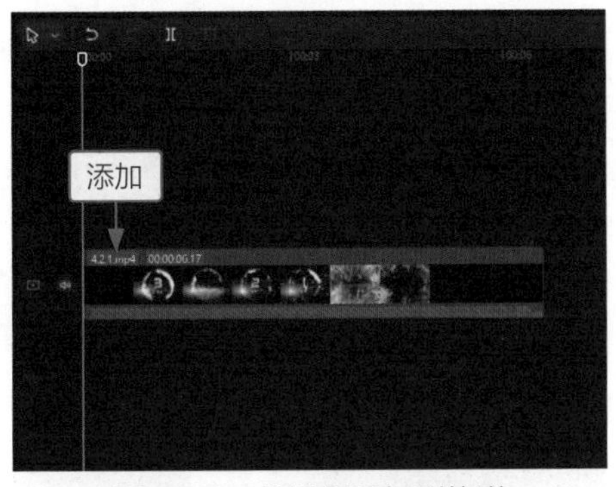

图4-51　将视频添加到轨道

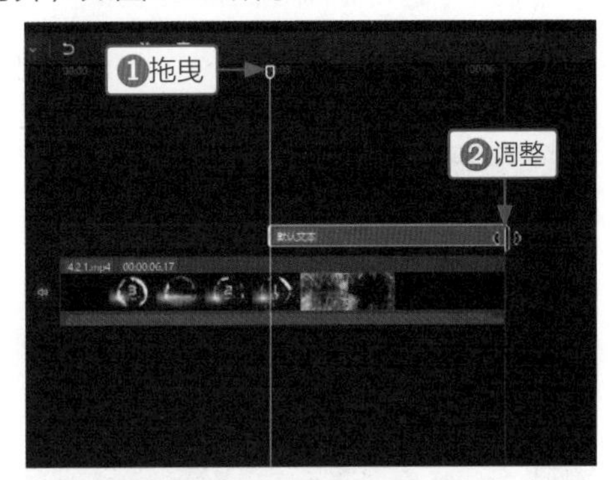

图4-52　添加文本并调整时长

STEP 03 在“编辑”操作区的“文本”选项卡中，❶输入节目名称；❷设置一个合适的字体；❸在“播放器”面板中调整文字的位置和大小，如图4-53所示。

STEP 04 在“动画”操作区的“入场”选项卡中，❶选择“闪动”动画；❷设置“动画时长”参数为1.5s，使文字呈现若隐若现的闪动效果，如图4-54所示。

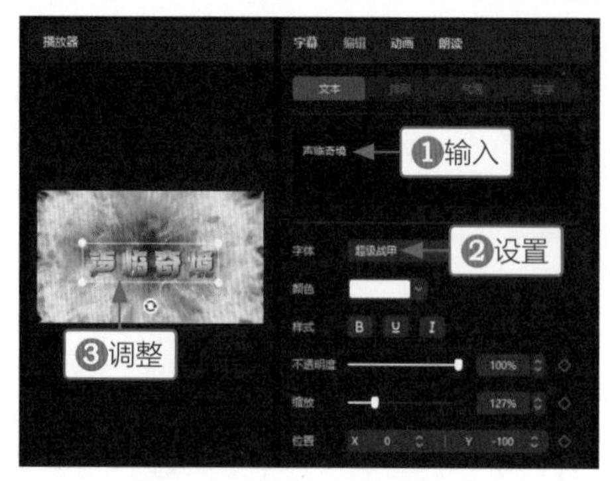

图4-53 输入和设置文字

图4-54 选择动画并调整时长

STEP 05 拖曳时间指示器至00:00:04:00的位置，在“贴纸”功能区中，❶搜索“金话筒”，在下方搜索出来的贴纸中找到一个合适的贴纸；❷单击“添加到轨道”按钮，如图4-55所示。

STEP 06 执行操作后，即可添加贴纸，调整其结束位置与视频的结束位置对齐，如图4-56所示。

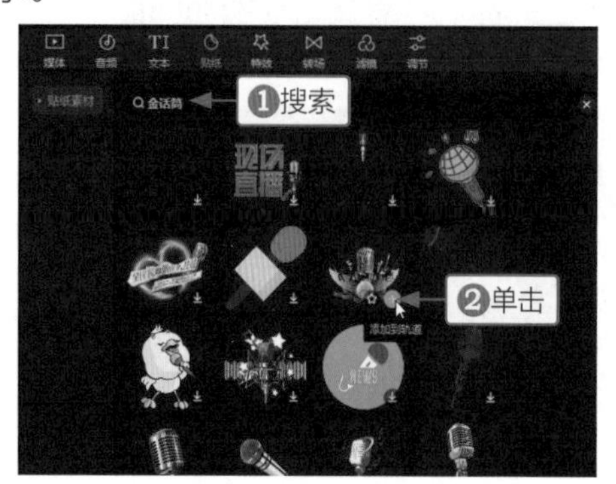

图4-55 搜索贴纸并添加到轨道

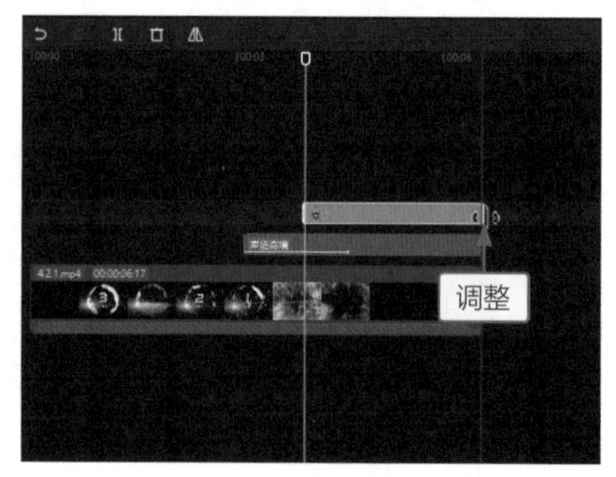

图4-56 调整贴纸的时长

STEP 07 在“编辑”操作区中，❶设置“缩放”参数为76%；❷设置“位置”的X参数为0、Y参数为180；❸调整贴纸的位置和大小，如图4-57所示。

STEP 08 在“动画”操作区的“入场”选项卡中，❶选择“渐显”动画；❷设置“动画时长”参数为2.6s，如图4-58所示。

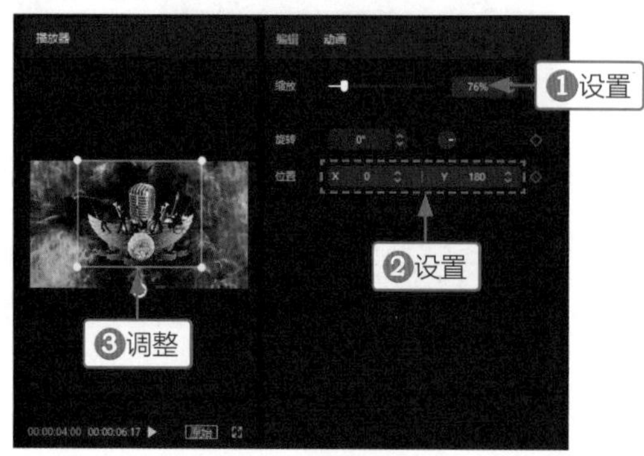

图4-57 调整贴纸

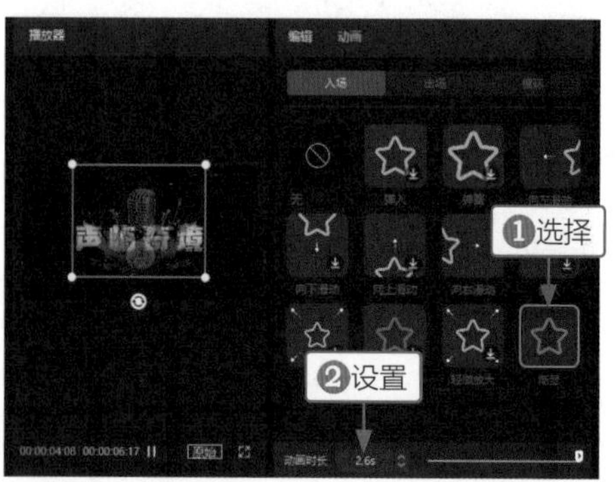

图4-58 设置入场动画

STEP 09 在轨道中，❶移动贴纸至文本的下方；❷选择文本，如图4-59所示。

STEP 10 执行操作后，即可使文字显示在贴纸的上方，如图4-60所示。至此，完成节目倒计时开场效果的制作。

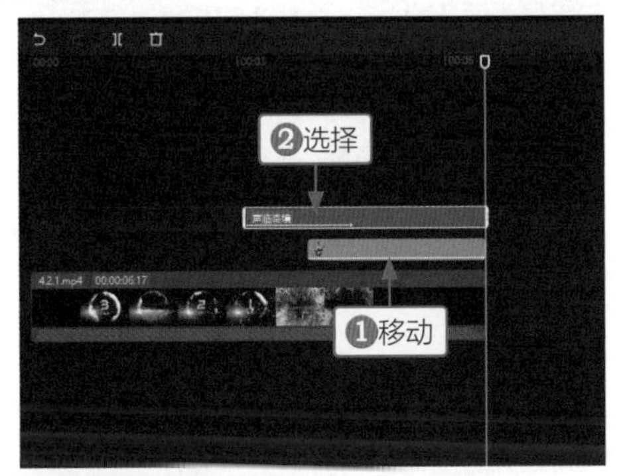

图4-59　移动贴纸并选择文本

图4-60　文字显示在贴纸的上方

4.2.2 节目立方体开场效果

【效果说明】：节目立方体开场效果适用于新闻报道类节目。在剪映中制作节目立方体开场效果，需要将节目名称逐字制作成文字视频，并为文字视频添加动画。节目立方体开场效果，如图4-61所示。

案例效果

教学视频

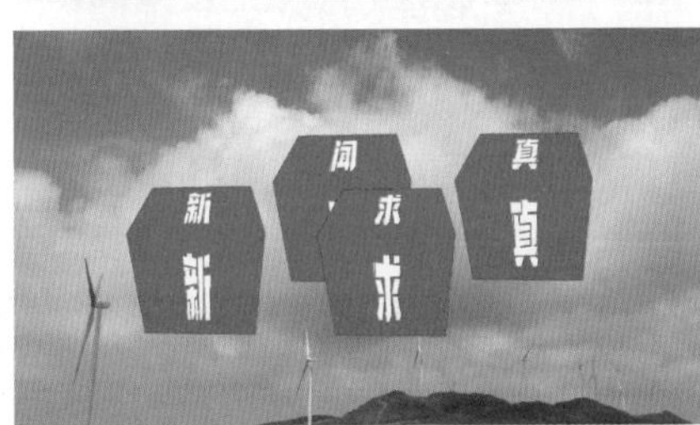

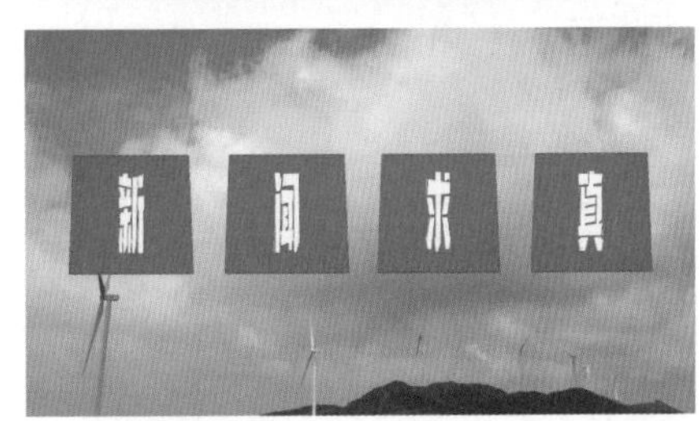

图4-61　节目立方体开场效果

STEP 01 ❶在剪映视频轨道中添加一个透明素材；❷在字幕轨道中添加一个默认文本并调整其时长与透明素材一致，如图4-62所示。

STEP 02 选择透明素材，在“背景”选项卡中，设置视频背景的“颜色”为红色，如图4-63所示。

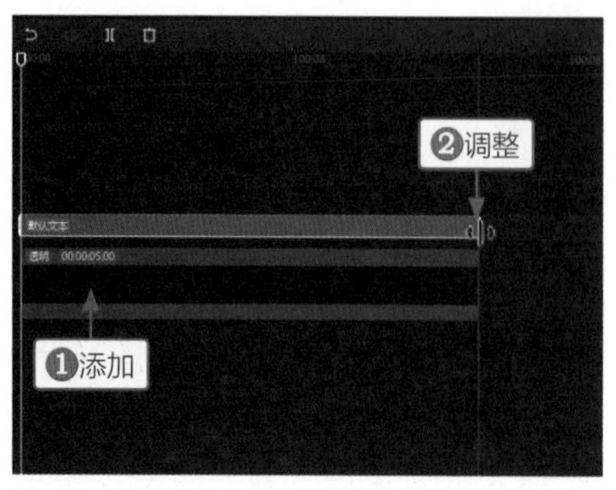

图4-62　将视频添加到轨道

图4-63　设置视频背景颜色

STEP 03 选择文本，在“编辑”操作区的“文本”选项卡中，❶输入节目名称的第1个字；❷设置一个合适的字体；❸设置“缩放”参数为250%，调整文字的大小，如图4-64所示。执行操作后，将制作的第1个文字导出为视频备用。

STEP 04 在“编辑”操作区的“文本”选项卡中，修改文本内容为节目名称的第2个字，如图4-65所示。执行操作后，将制作的第2个文字导出为视频备用，然后用同样的操作方法，制作节目名称的第3个字“求”和第4个字“真”，并将文字导出为视频备用。

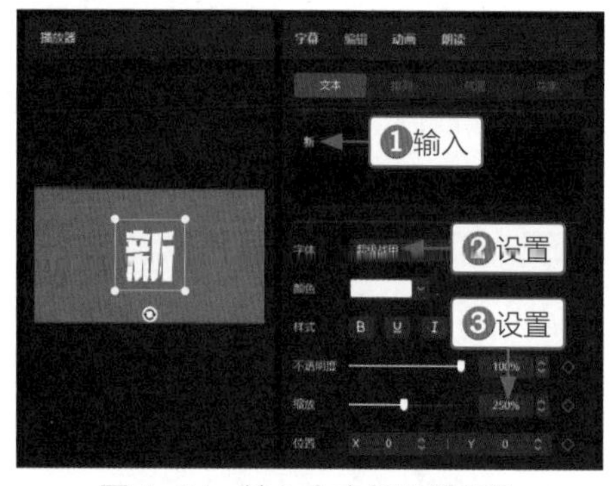

图4-64　输入文本并设置参数

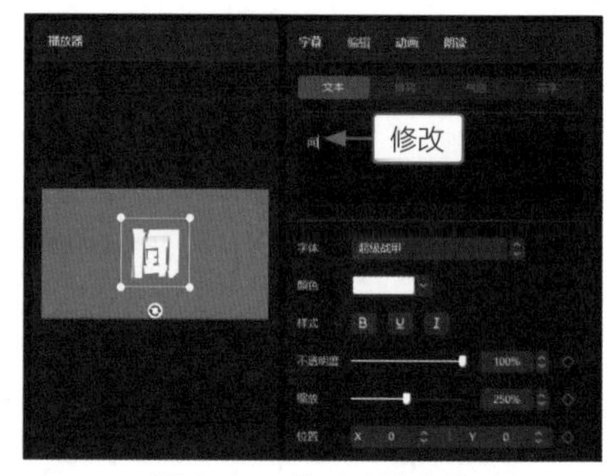

图4-65　修改文本内容

STEP 05 新建一个草稿箱，在“媒体”功能区中导入前面制作的4个文字视频，如图4-66所示。

STEP 06 将第1个文字视频添加到视频轨道中，并将文字视频的结束时间调整至00:00:03:00的位置，如图4-67所示。

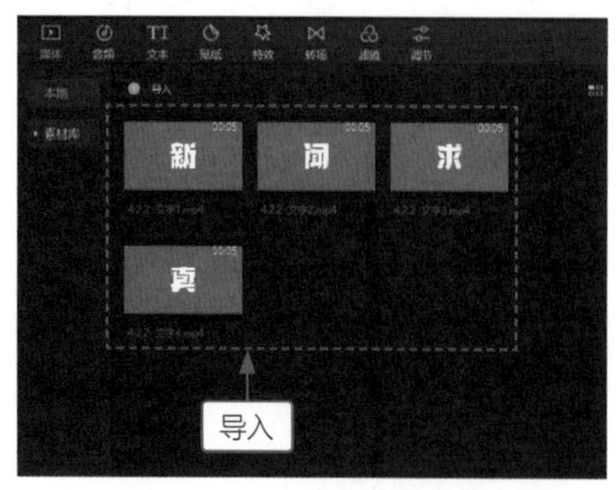

图4-66　导入4个文字视频

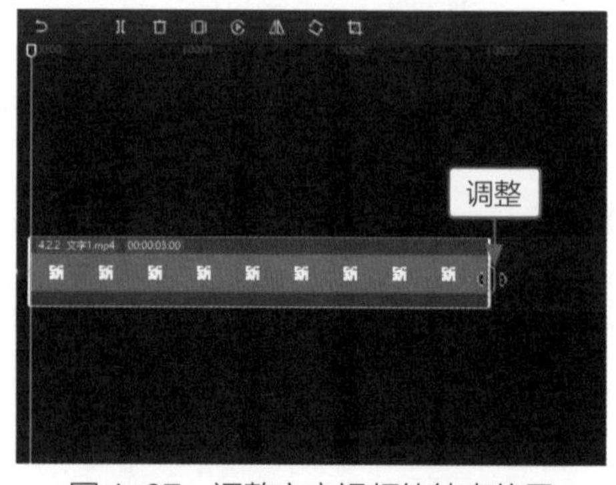

图4-67　调整文字视频的结束位置

STEP 07 在“动画”操作区的“组合”选项卡中，❶选择“立方体Ⅳ”动画；❷设置“动画时长”参数为3.0s，如图4-68所示。

STEP 08 在“画面”操作区的“背景”选项卡中，设置视频背景的“颜色”为深绿色，如图4-69所示。执行操作后，将制作的第1个文字动画视频导出备用。

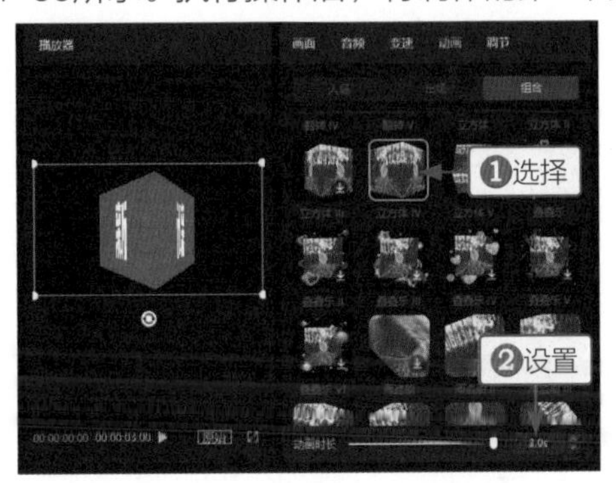

图4-68 添加动画并设置时长

图4-69 设置视频背景颜色

STEP 09 在“媒体”功能区中，选择第2个文字视频，如图4-70所示。

STEP 10 将第2个文字视频拖曳至视频轨道的第1个文字视频上，如图4-71所示。

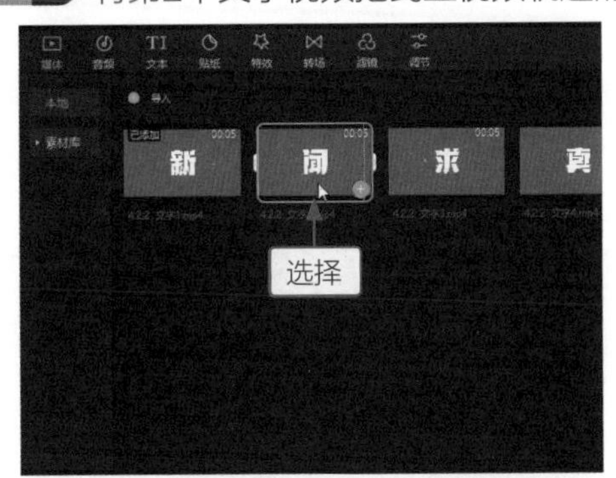

图4-70 选择第2个文字视频

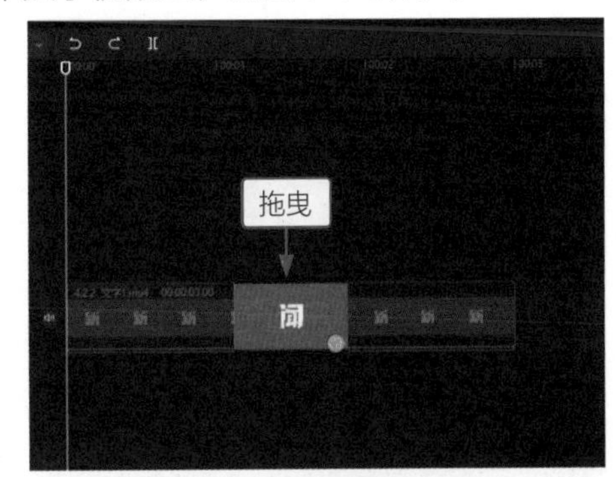

图4-71 拖曳第2个视频

STEP 11 释放鼠标左键，弹出“替换”对话框，单击“替换片段”按钮，如图4-72所示。

STEP 12 执行操作后，即可将视频轨道中的第1个文字视频替换成第2个文字视频，如图4-73所示。执行操作后，将第2个文字动画视频导出备用，使用上面同样的操作方法，制作第3个和第4个文字动画视频并导出备用。

图4-72 单击“替换片段”按钮

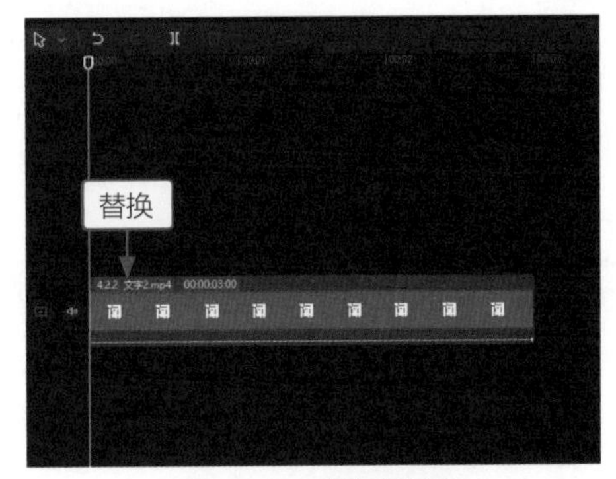

图4-73 替换视频

STEP 13 再次新建一个草稿箱，将背景视频和4个文字动画视频导入“媒体”功能区中，如图4-74所示。

STEP 14 将背景视频和第1个文字动画视频分别添加到视频轨道和画中画轨道中，如图4-75所示。

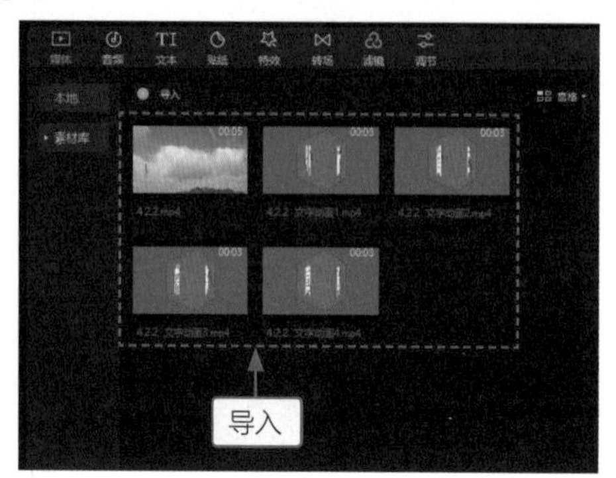

图4-74 导入5个视频

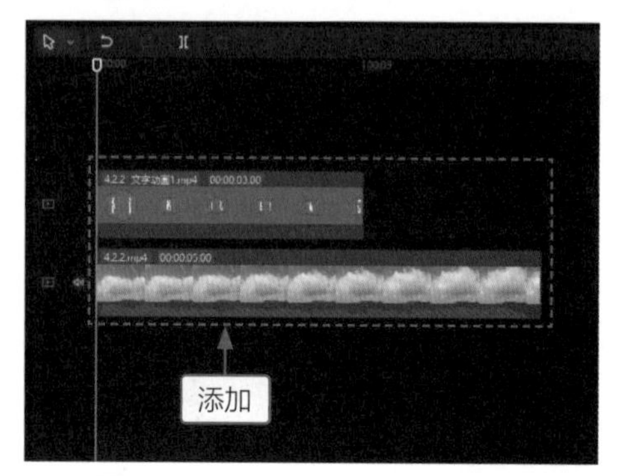

图4-75 将视频添加到相应轨道

STEP 15 在“画面”操作区的“抠像”选项卡中，❶选中“色度抠图”复选框；❷单击“取色器”按钮；❸在“播放器”面板中选取需要抠取的颜色，如图4-76所示。

STEP 16 在“抠像”选项卡中，设置“强度”参数为20，抠取背景颜色，如图4-77所示。

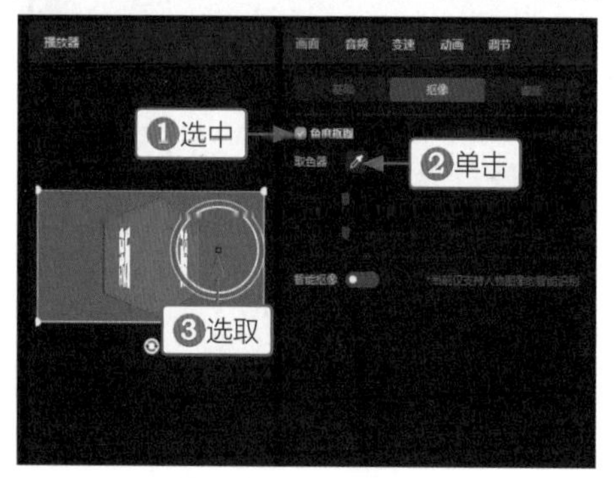

图4-76 选取颜色

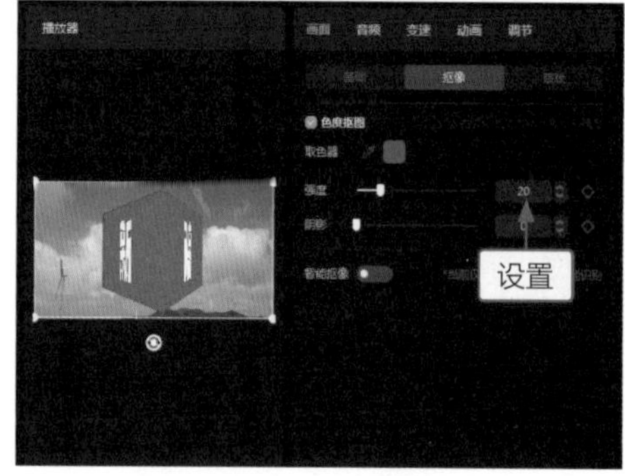

图4-77 抠取背景颜色

STEP 17 在“播放器”面板中，❶调整第1个文字的位置至画面右下角；❷在“基础”选项卡中，添加“位置”和“缩放”关键帧，在开始位置添加第1组关键帧，如图4-78所示。

STEP 18 拖曳时间指示器至00:00:02:29的位置，在“播放器”面板中，❶再次调整第1个文字的位置和大小；❷此时在“基础”选项卡中会自动添加“位置”和“缩放”关键帧，如图4-79所示。

STEP 19 ❶将时间指示器拖曳至00:00:03:00的位置；❷单击“定格”按钮，如图4-80所示。

STEP 20 执行操作后，即可生成定格片段，调整定格片段的时长，如图4-81所示。

图4-78　调整文字并添加关键帧

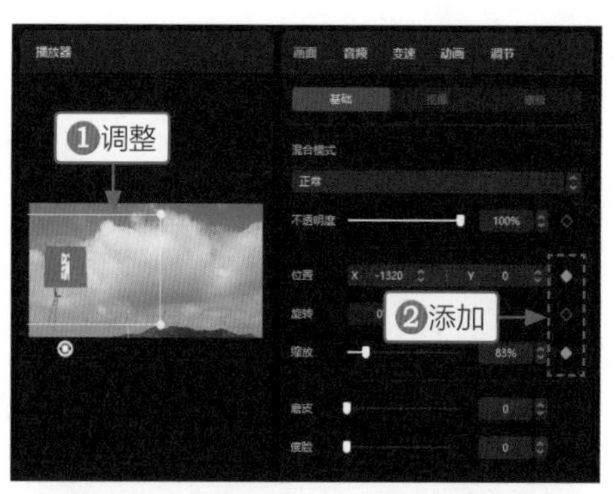

图4-79　再次调整文字并添加关键帧

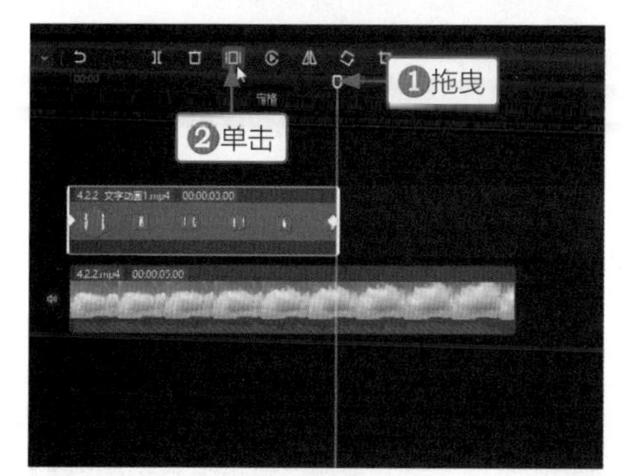

图4-80　定格视频

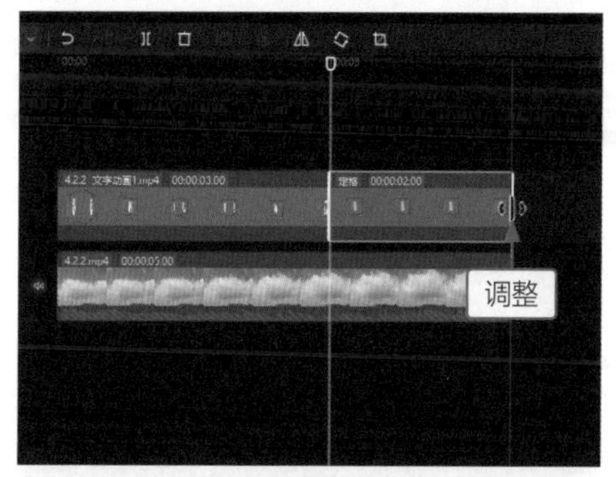

图4-81　调整定格片段的时长

STEP 21 使用上述同样的操作方法，制作其他文字的效果，如图4-82所示。

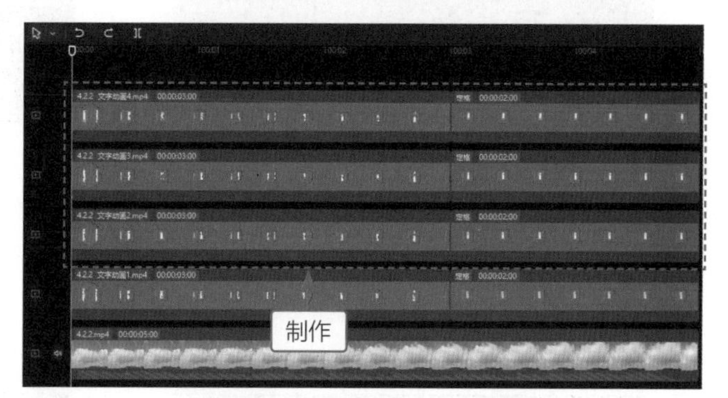

图4-82　制作其他文字的效果

4.2.3 飞机拉泡泡开场效果

【效果说明】：飞机拉泡泡开场效果适用于户外真人秀等综艺类节目。在剪映中制作飞机拉泡泡开场效果，需要准备一个飞机飞行拉泡泡的视频素材，设置混合模式使其与背景视频合成，在泡泡即将消失的位置添加节目名称。飞机拉泡泡开场效果，如图4-83所示。

案例效果

教学视频

STEP 01 ❶在剪映视频轨道中添加一个背景视频；❷在画中画轨道中添加一个飞机拉泡泡视频，如图4-84所示。

STEP 02 选择画中画轨道中的视频，在“画面”操作区的“基础”选项卡中，❶设置“混合模式”为“滤色”模式；❷设置“缩放”参数为105%，将飞机拉泡泡视频适当放大，如图4-85所示。

图4-83　飞机拉泡泡开场效果

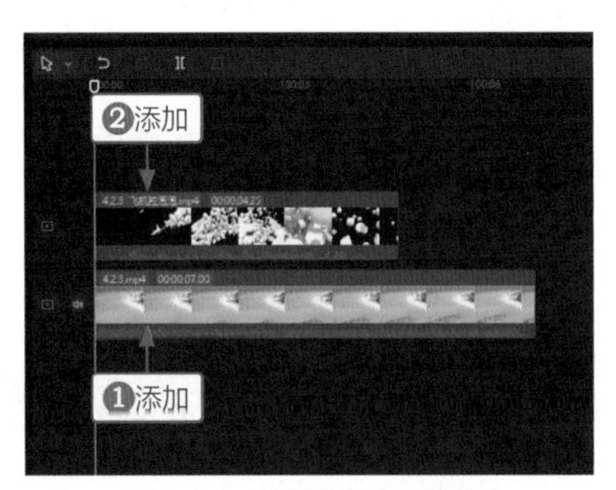

图4-84　将视频添加到轨道

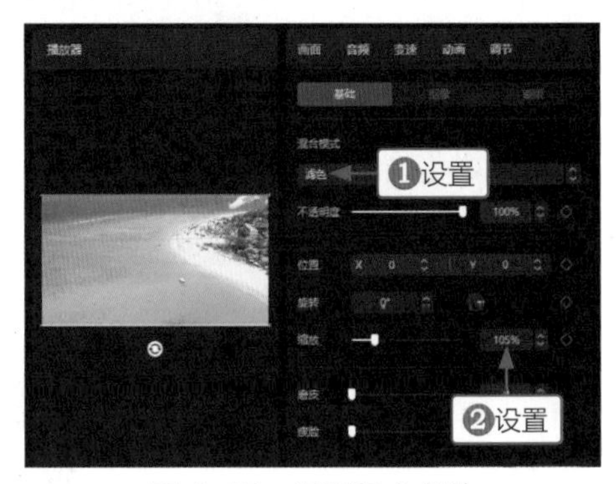

图4-85　设置混合参数

STEP 03 ❶将时间指示器拖曳至00:00:03:00的位置；❷在字幕轨道中添加一个默认文本并调整文本的结束位置与视频的结束位置一致，如图4-86所示。

STEP 04 在“编辑”操作区的“文本”选项卡中，❶输入节目名称；❷设置一个合适的字体；❸设置“颜色”为青蓝色，如图4-87所示。

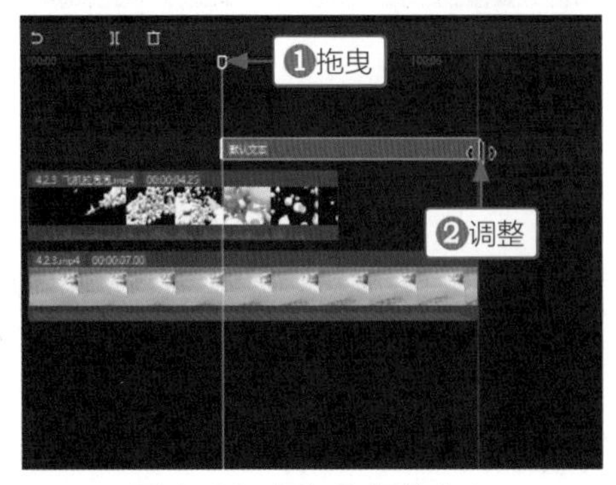

图4-86　添加和调整文本

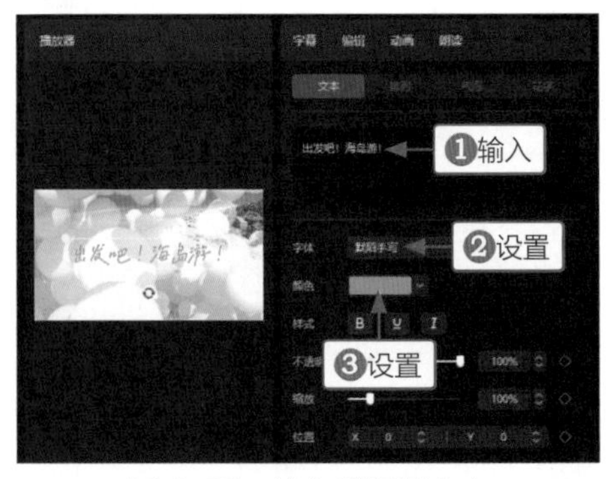

图4-87　输入并设置文本

STEP 05 下滑面板，❶选中“描边”复选框；❷设置“颜色”为白色；❸设置“粗细”参数为40，如图4-88所示。

STEP 06 在“动画”操作区的“入场”选项卡中，❶选择“溶解”动画；❷设置“动画时长”参数为0.6s，如图4-89所示。执行上述操作后，即可完成飞机拉泡泡开场效果的制作。

图4-88　设置描边参数

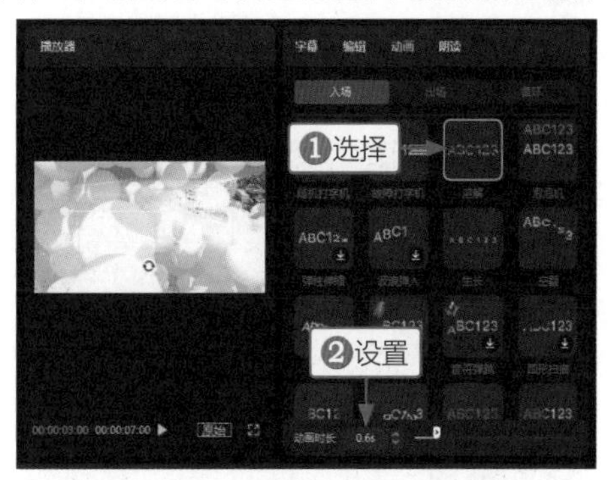

图4-89　选择动画并设置时长

4.3 创意片头

除了前面介绍的影视片头和节目片头外，用户还可以运用所学，在剪映中制作更多有创意的片头效果。

4.3.1 栅栏开场效果

案例效果

教学视频

【效果说明】：栅栏开场效果与电影上下屏开幕效果类似，都是从中间往上下两端滑动开幕以展示影片或节目名。不同的是栅栏开场效果不是一整块黑幕，而是一条一条的栅栏形状。栅栏开场效果，如图4-90所示。

图4-90　栅栏开场效果

STEP 01 ❶在剪映视频轨道中添加一个背景视频；❷在画中画轨道中添加一个栅栏视频，如图4-91所示。

STEP 02 选择画中画轨道中的视频，在“画面”操作区的“抠像”选项卡中，❶选中“色度抠图”复选框；❷单击“取色器”按钮；❸在“播放器”面板中选取需要抠出的颜色，如图4-92所示。

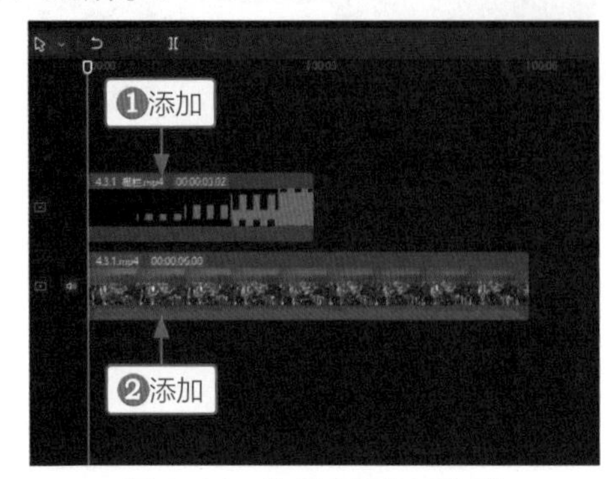

图4-91　将视频添加到轨道

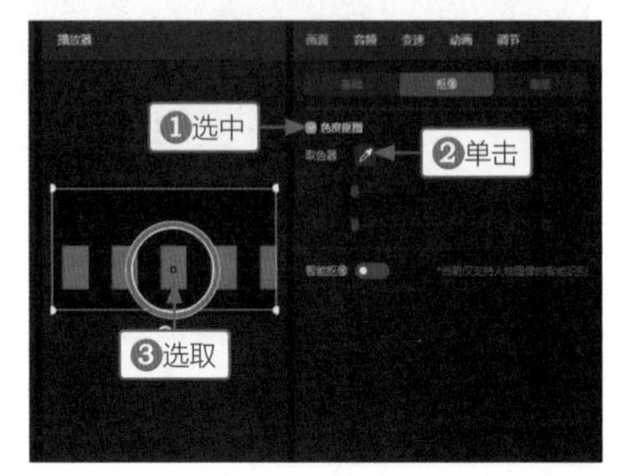

图4-92　选取要抠出的颜色

STEP 03 在“抠像”选项卡中，设置“强度”参数为100，抠取背景颜色，如图4-93所示。

STEP 04 ❶将时间指示器拖曳至00:00:01:15的位置(即栅栏打开的位置)；❷在字幕轨道中添加一个默认文本，调整文本的结束位置与视频的结束位置对齐，如图4-94所示。

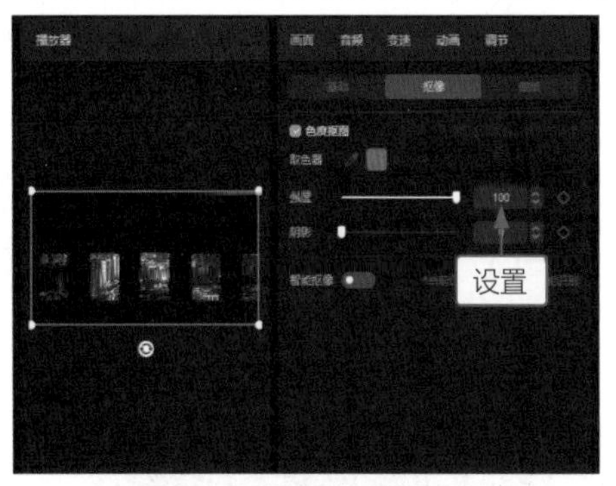

图4-93　设置强度参数

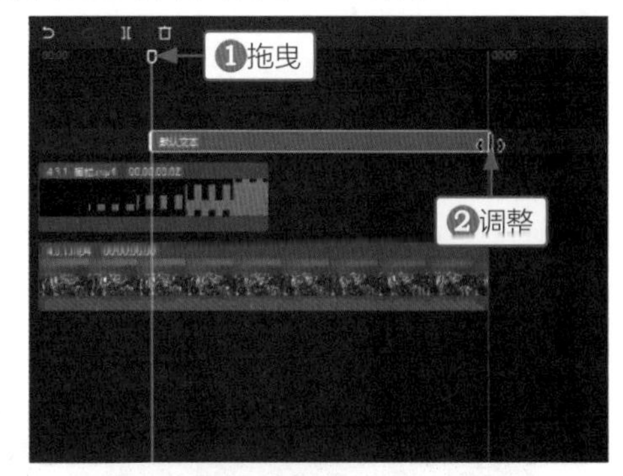

图4-94　调整文本的结束位置

STEP 05 将时间指示器拖曳至00:00:01:25的位置，在“编辑”操作区的“文本”选项卡中，❶输入节目名称；❷设置一个合适的字体；❸在“播放器”面板中调整文本的位置和大小；❹添加“缩放”和“位置”关键帧，添加第1组关键帧，如图4-95所示。

STEP 06 在“预设样式”选项区中，选择倒数第2个样式，即可设置字体的颜色和阴影，如图4-96所示。

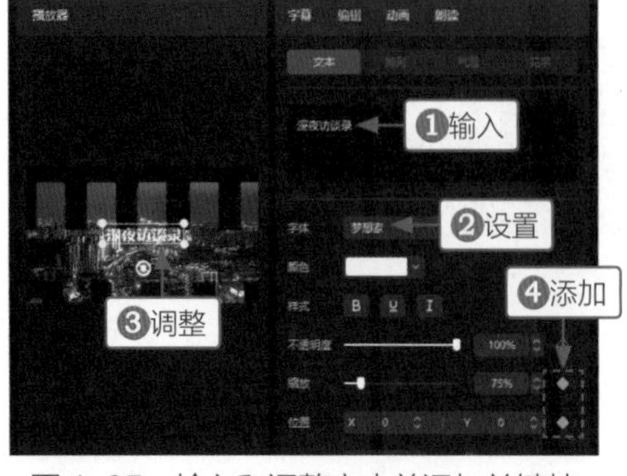

图4-95　输入和调整文本并添加关键帧

图4-96　选择字体样式

STEP 07 在"排列"选项卡中，设置"字间距"参数为5，调整文字间距，如图4-97所示。

STEP 08 将时间指示器拖曳至结束位置，在"播放器"面板中，❶调整文本的位置和大小；❷在"文本"选项卡中会自动添加"缩放"和"位置"关键帧◆，为文字添加第2组关键帧，制作文字放大并上移的运动效果，如图4-98所示。

图4-97　设置字间距

图4-98　调整文本并添加关键帧

STEP 09 在"动画"操作区的"入场"选项卡中，❶选择"溶解"动画；❷设置"动画时长"参数为1.0s，为文字添加"溶解"入场动画，如图4-99所示。

STEP 10 ❶复制制作的文本；❷将其粘贴至第2条字幕轨道中；❸拖曳时间指示器至第1组关键帧的位置，如图4-100所示。

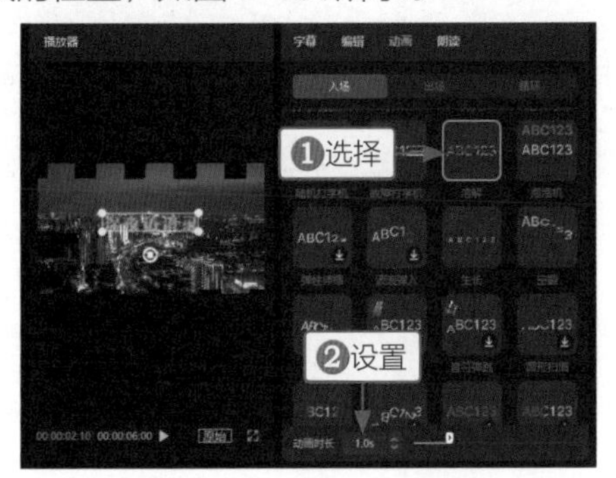

图4-99　设置入场动画

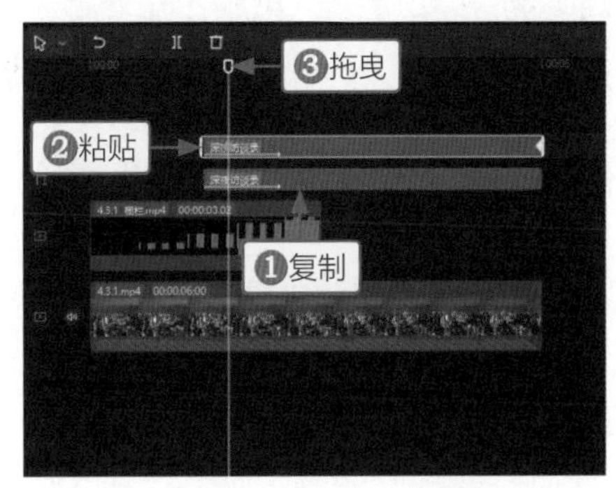

图4-100　复制粘贴文本并拖曳时间指示器

STEP 11 在"编辑"操作区的"文本"选项卡中，❶输入节目名称的拼音；❷在"播放器"面板中调整文本的位置和大小，如图4-101所示。

STEP 12 拖曳时间指示器至第2组关键帧的位置，在"播放器"面板中，再次调整文本的位置和大小，如图4-102所示。执行操作后，即可完成栅栏开场效果的制作。

图4-101　输入和调整文本

图4-102　再次调整文本

4.3.2 箭头开场效果

案例效果

教学视频

【效果说明】：箭头开场效果是指画面黑屏时，箭头从左向右移出画面，显示背景视频和节目片名。在剪映中制作箭头开场效果，需要准备一个箭头开场素材，并应用混合模式来制作。箭头开场效果，如图4-103所示。

图4-103　箭头开场效果

STEP 01 ❶在剪映视频轨道中添加一个背景视频；❷在画中画轨道中添加一个箭头视频，如图4-104所示。

STEP 02 选择画中画轨道中的视频，在“画面”操作区的“基础”选项卡中，设置“混合模式”为“正片叠底”模式，如图4-105所示。

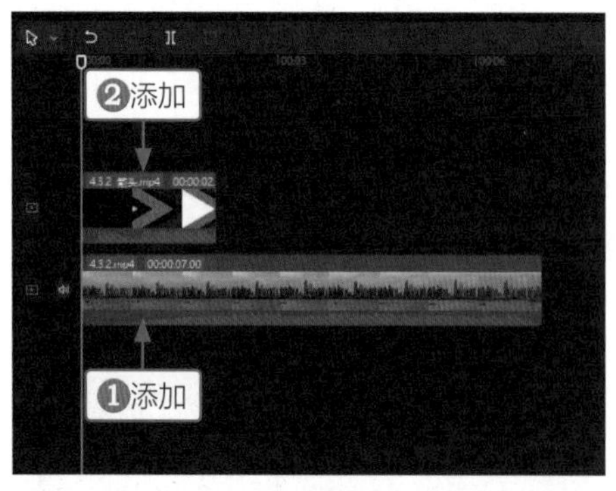

图4-104　将视频添加到轨道

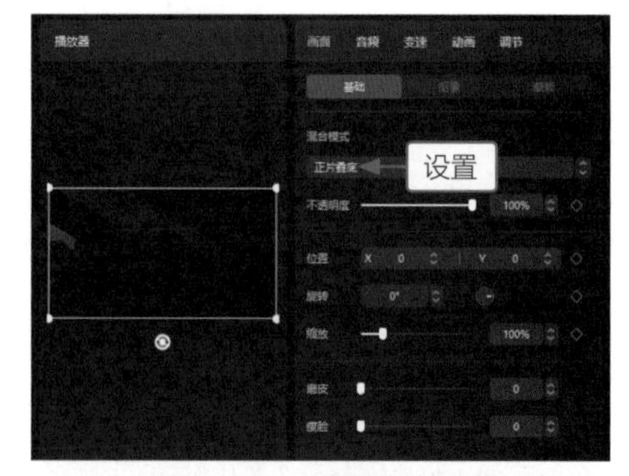

图4-105　设置混合模式

STEP 03 ❶将时间指示器拖曳至00:00:01:12的位置(即箭头尾端出现在画面中的位置)；❷在字幕轨道中添加一个默认文本，调整文本的结束位置与视频的结束位置对齐，如图4-106所示。

STEP 04 在“编辑”操作区的“文本”选项卡中，❶输入节目名称；❷设置一个合适的字体，如图4-107所示。

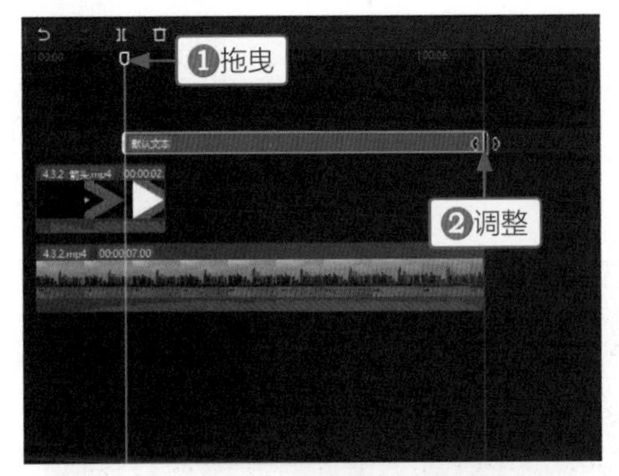

图4-106 调整文本位置

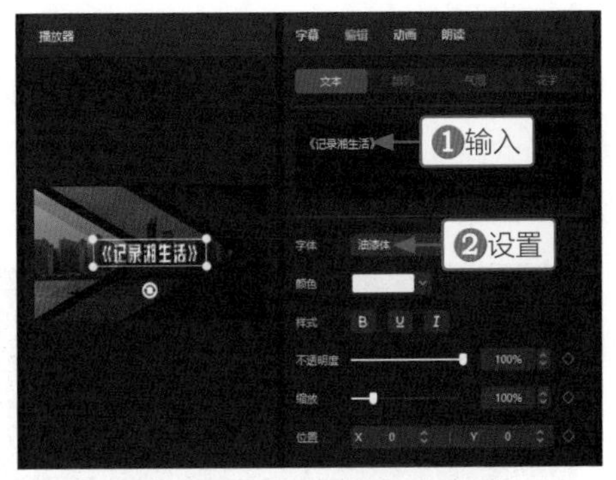

图4-107 输入并设置文本

STEP 05 在“排列”选项卡中，设置“字间距”参数为3，调整文字间距，如图4-108所示。

STEP 06 在“动画”操作区的“入场”选项卡中，❶选择“向右擦除”动画；❷设置“动画时长”参数为0.5s，为文字添加“向右擦除”入场动画，如图4-109所示。

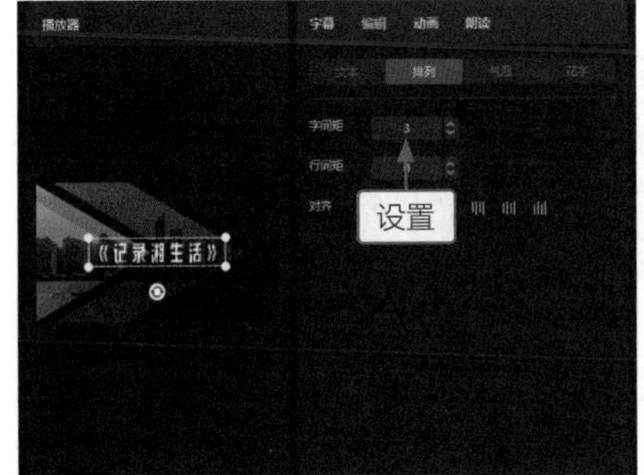

图4-108 设置字间距

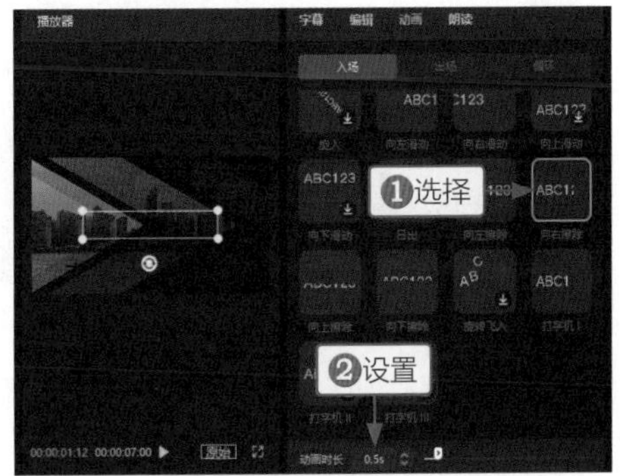

图4-109 设置入场动画

STEP 07 在“动画”操作区的“出场”选项卡中，❶选择“闭幕”动画；❷设置“动画时长”参数为1.1s，为文字添加“闭幕”出场动画，如图4-110所示。执行上述操作后，即可完成箭头开场效果的制作。

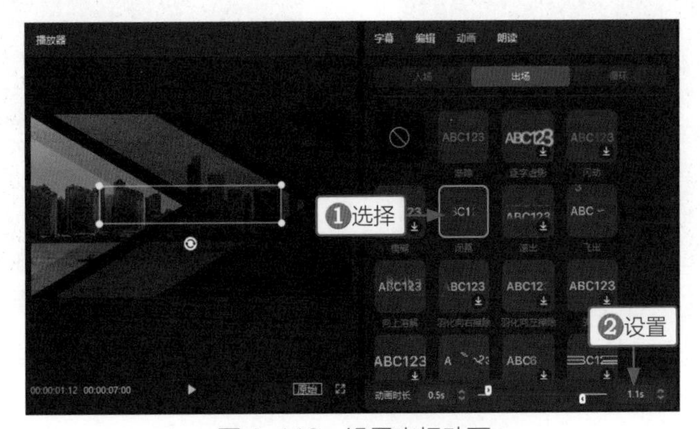

图4-110 设置出场动画

4.3.3 方块开场效果

案例效果

教学视频

【效果说明】：方块开场效果是指画面黑屏时，屏幕上出现多个方块，当中间的方块放大后即可显示背景视频和片名。在剪映中制作方块开场效果，需要准备方块素材，并应用混合模式来制作。方块开场效果，如图4-111所示。

图4-111　方块开场效果

STEP 01 ❶在剪映视频轨道中添加一个背景视频；❷在画中画轨道中添加一个方块视频，如图4-112所示。

STEP 02 选择画中画轨道中的视频，在“画面”操作区的“基础”选项卡中，设置“混合模式”为“正片叠底”模式，如图4-113所示。

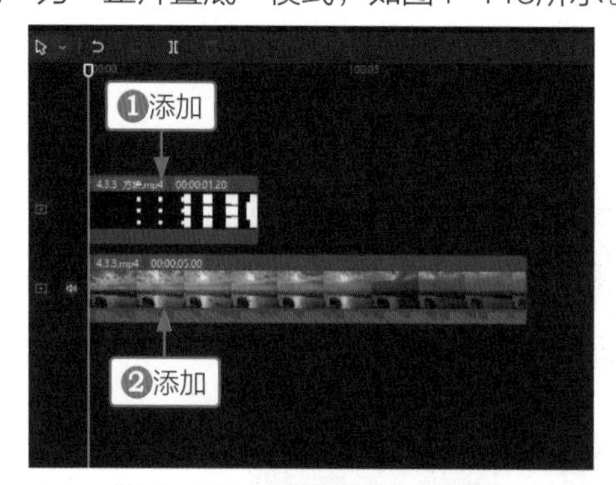

图4-112　将视频添加到轨道

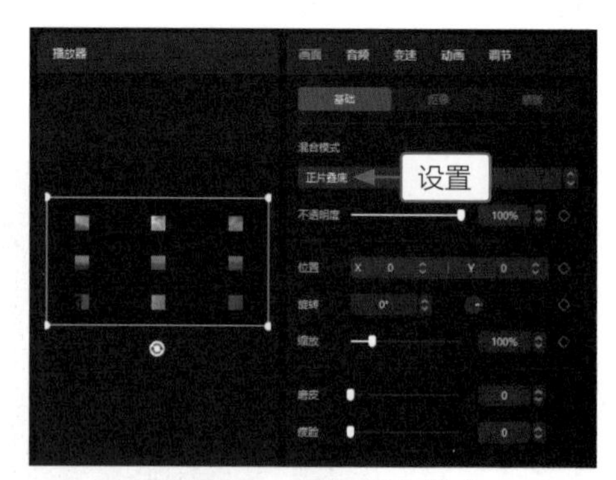

图4-113　设置混合模式

STEP 03 ❶将时间指示器拖曳至00:00:01:28的位置(即方块视频的结束位置)；❷在字幕轨道中添加一个默认文本，调整文本的结束位置与视频的结束位置对齐，如图4-114所示。

STEP 04 在“编辑”操作区的“文本”选项卡中，❶输入文本内容“《风云际会》”(注意“会”字后面留一个空位，方便后面添加第2个文本)；❷设置一个合适的字体，如图4-115

所示。

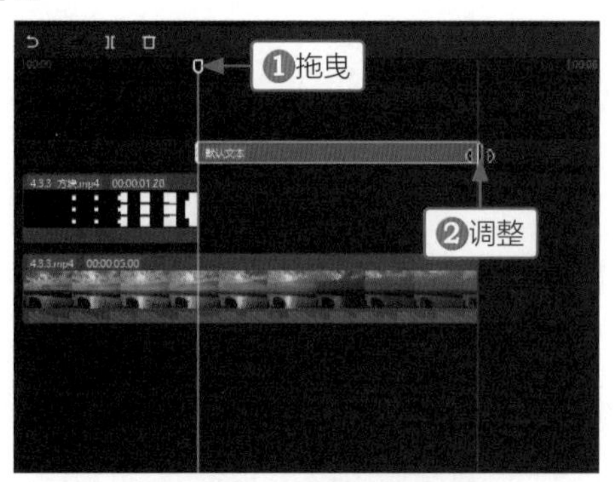

图4-114　调整文本位置

图4-115　输入和设置文本

STEP 05 在"排列"选项卡中，设置"字间距"参数为5，调整文字间距，如图4-116所示。

STEP 06 在"动画"操作区的"入场"选项卡中，❶选择"故障打字机"动画；❷设置"动画时长"参数为1.1s，为文字添加"故障打字机"入场动画，如图4-117所示。

图4-116　设置字间距

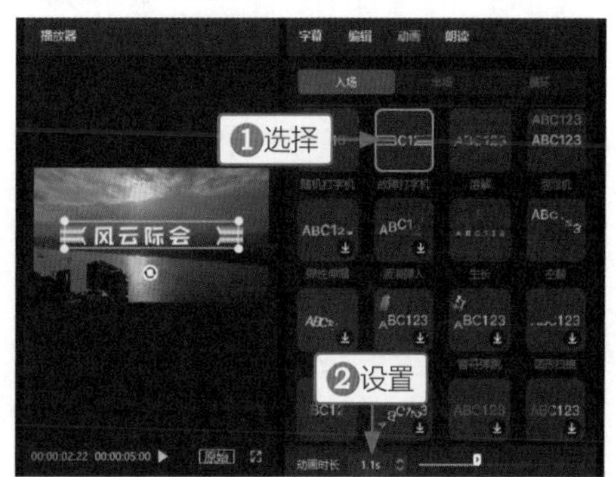

图4-117　设置入场动画

STEP 07 ❶复制制作的第1个文本；❷将其粘贴至第2条字幕轨道中，如图4-118所示。

STEP 08 在"编辑"操作区的"文本"选项卡中，❶修改文本内容(将内容修改为符号Ⅱ，并在符号的前后添加空格，移动位置至"会"字后面的空白位置)；❷设置一个合适的字体，完成方块开场效果的制作，如图4-119所示。

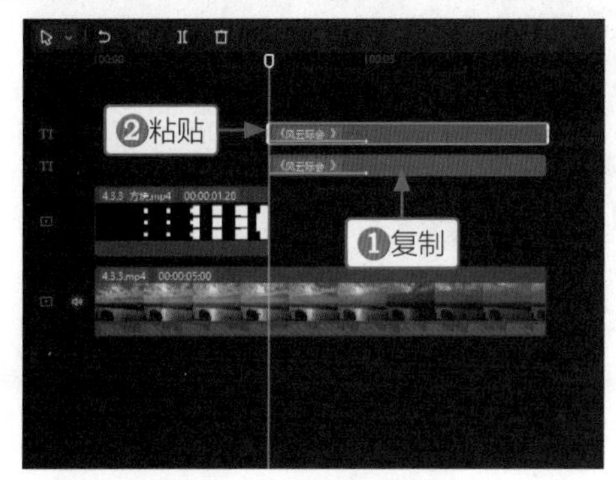

图4-118　复制粘贴文本

图4-119　修改和设置文本

5 CHAPTER 第5章

影视栏目片尾制作

知识导读

片尾意味着影片的结束，一部好的影片、一档好的节目，其制作凝聚了所有工作人员大量的心血和汗水，当影片播放到结尾时，才会在荧幕上出现他们的名字。因此，片尾的工作人员名单，其实是在向所有为影片付出努力的人表示致敬和感谢！本章主要介绍影视栏目片尾的制作方法。

本章重点索引

- 影视片尾
- 节目片尾

效果欣赏

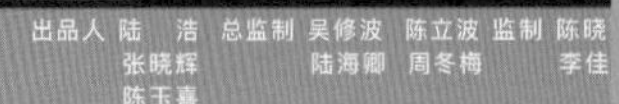

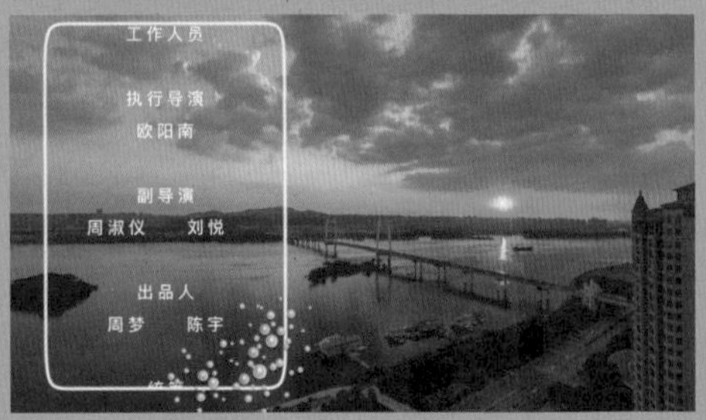

5.1 影视片尾

随着影视行业的发展，影视片尾的展示形式也逐渐多样化，不过很多片尾的制作原理是相通的，我们需要将片尾制作的基础打牢靠，以便制作出更多精彩的影视片尾。本节为大家介绍几种常见的影视片尾效果，包括画面上滑黑屏滚动效果、片尾字幕向右滚动效果，以及画面双屏字幕淡入淡出等片尾的制作方法。

5.1.1 画面上滑黑屏滚动效果

【效果说明】：画面上滑黑屏滚动效果是指在电影结尾时，影片画面向上滑动，使屏幕呈现黑屏状态，与此同时工作人员或演职人员的名单也会随着影片画面上滑滚动。画面上滑黑屏滚动效果，如图5-1所示。

案例效果

教学视频

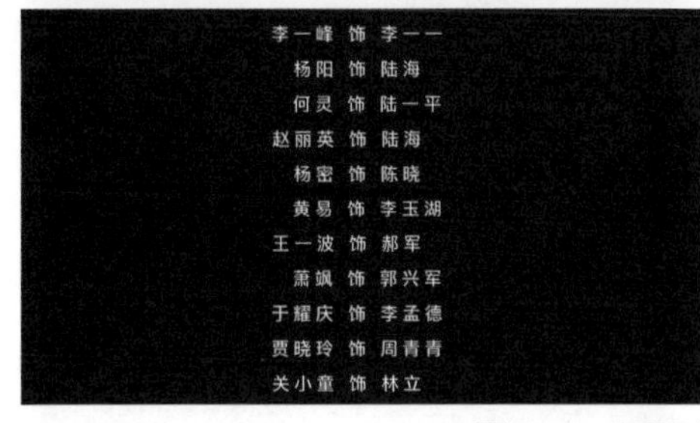

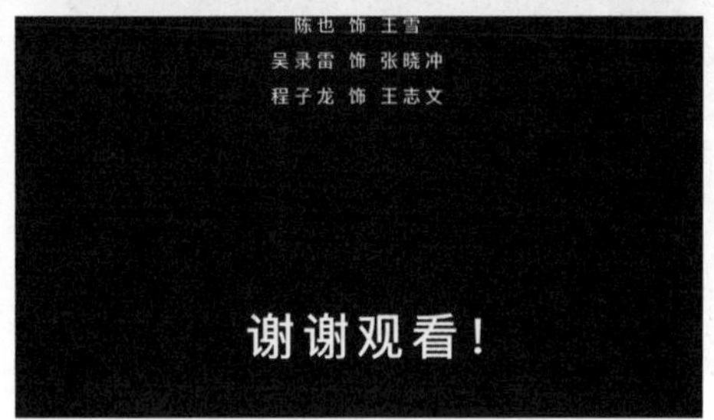

图5-1　画面上滑黑屏滚动效果

STEP 01 在剪映中导入一个视频和一段片尾曲，如图5-2所示。

STEP 02 ❶将视频添加到视频轨道上；❷将片尾曲添加到音频轨道上，如图5-3所示。

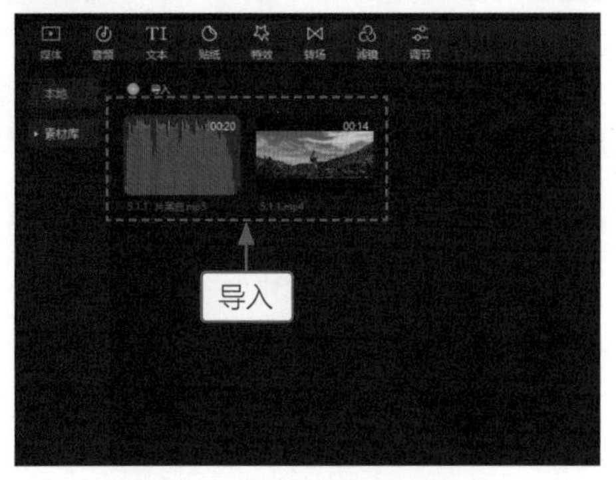

图5-2　导入视频和片尾曲

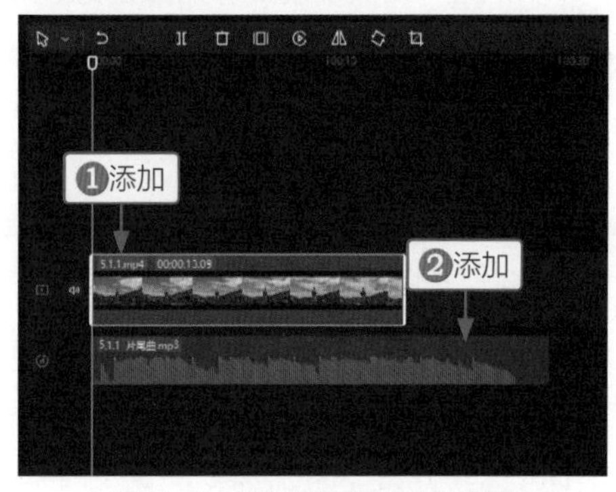

图5-3　添加素材至相应轨道

STEP 03 拖曳时间指示器至00:00:03:00的位置，在“画面”操作区的“基础”选项卡中，添加“位置”关键帧◆，为视频添加第1个关键帧，如图5-4所示。

STEP 04 拖曳时间指示器至00:00:08:00的位置，❶在“播放器”面板中将视频向上垂直移出画面；❷为视频添加第2个“位置”关键帧◆，制作视频上滑黑屏的效果，如图5-5所示。

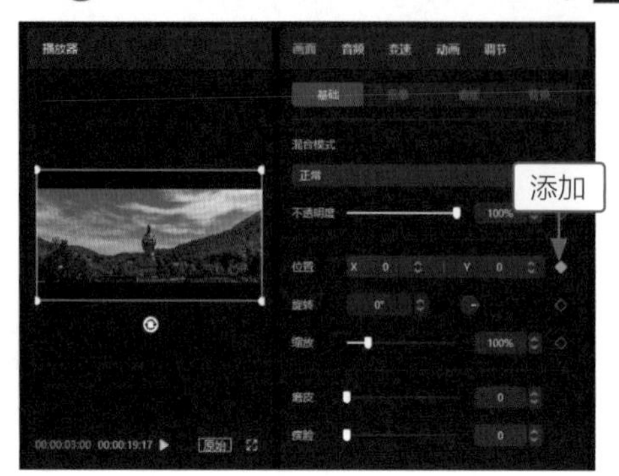

图5-4　添加第1个关键帧

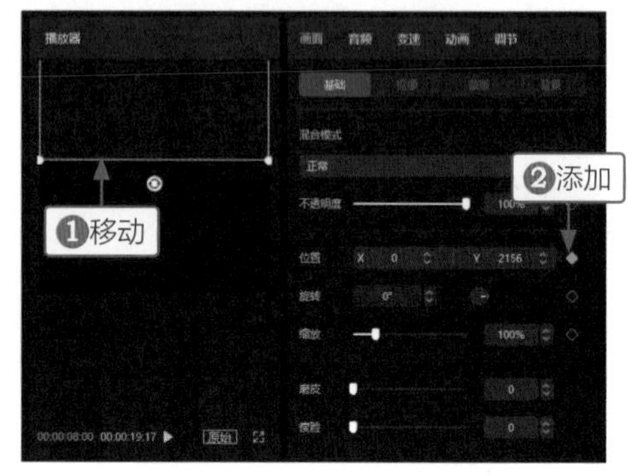

图5-5　添加第2个关键帧

STEP 05 ❶拖曳时间指示器至00:00:03:00的位置；❷在字幕轨道上添加一个默认文本，调整文本的结束位置与片尾曲的结束位置对齐，如图5-6所示。

STEP 06 打开一个事先编辑好的演职人员记事本，按Ctrl＋A组合键全选记事本中的内容，按Ctrl＋C组合键复制，如图5-7所示。

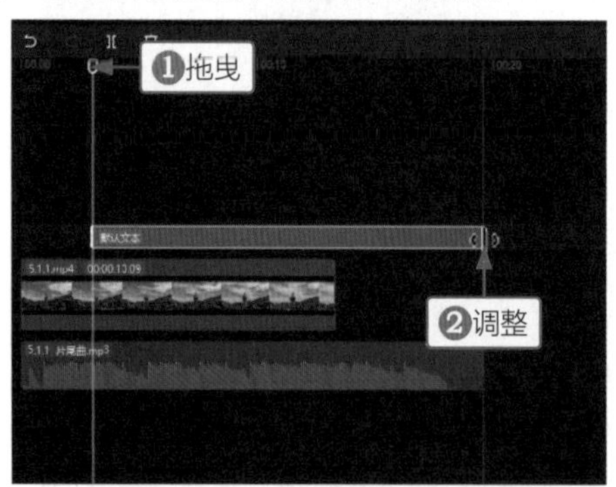

图5-6　添加并调整文本

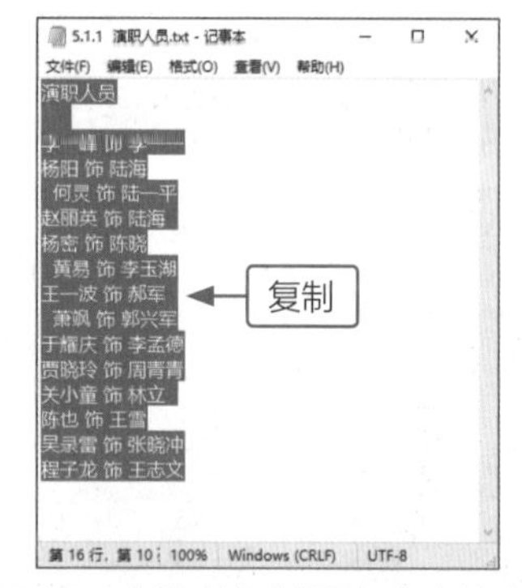

图5-7　全选并复制记事本中的内容

如果大家觉得在记事本中编辑演职人员太耗时间，也可以在剪映的“文本”选项卡中直接输入演职人员名单，可以一边输入内容，一边通过按空格键来调整文字的位置。

STEP 07 在“编辑”操作区的“文本”选项卡中，❶按Ctrl＋V组合键粘贴记事本中的内容(如果粘贴后排列不整齐，可以按空格键调整排列位置)；❷设置“缩放”参数为30%，如图5-8所示。设置后演职人员名单能够完整地呈现在画面中，方便调整排列形式或检查错误。

STEP 08 在“排列”选项卡中，❶设置“字间距”参数为5；❷设置“行间距”参数为18，调整字与字、行与行之间的距离，如图5-9所示。

图5-8　粘贴并设置文本

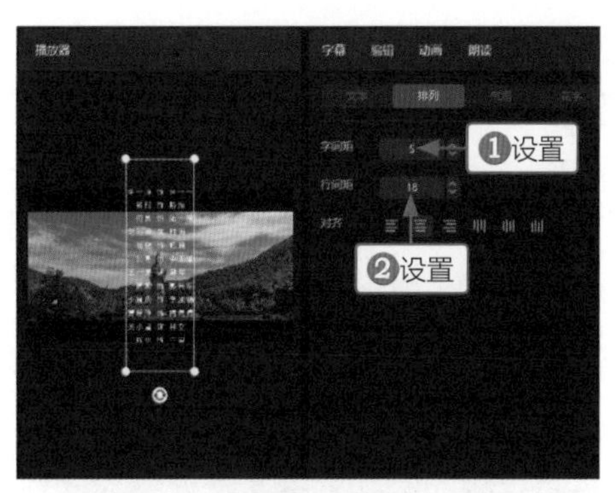

图5-9　设置字间距和行间距

STEP 09 拖曳时间指示器至00:00:03:15的位置(此时视频顶部即将移出画面)，在“播放器”面板中，❶将文本垂直向下移出画面；❷在“编辑”操作区的“文本”选项卡中，添加“位置”关键帧◆，为文本添加第1个关键帧，如图5-10所示。

STEP 10 拖曳时间指示器至00:00:18:15的位置，在“播放器”面板中，❶将文本垂直向上移出画面；❷为文本添加第2个关键帧◆，使文本随视频向上滚动，如图5-11所示。

图5-10　为文本添加第1个关键帧

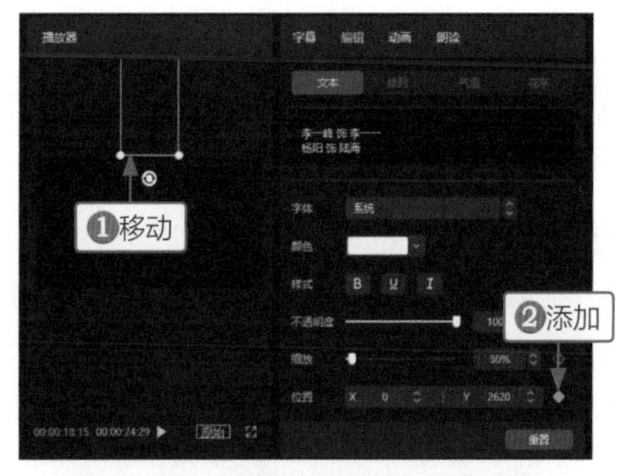

图5-11　为文本添加第2个关键帧

STEP 11 拖曳时间指示器至00:00:15:15的位置，在第2条字幕轨道中添加第2个文本，调整文本的结束位置与片尾曲的结束位置对齐，如图5-12所示。

STEP 12 在“编辑”操作区的“排列”选项卡中，设置“字间距”参数为3，先将文字之间的间距调整好，如图5-13所示。

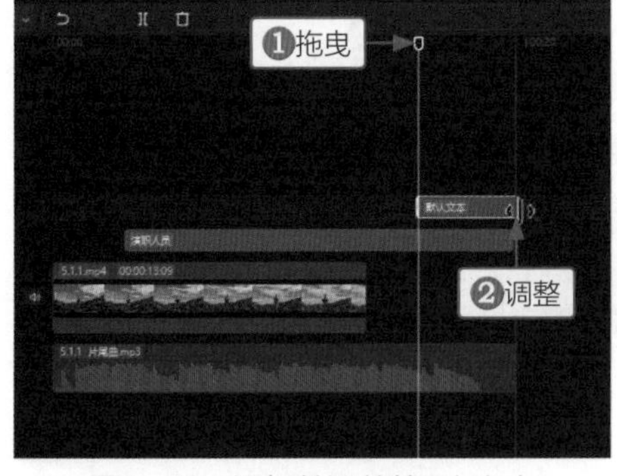

图5-12　添加并调整第2个文本

图5-13　设置字间距

STEP 13 拖曳时间指示器至00:00:18:15的位置(即第1个文本的第2个关键帧的位置)，在“编辑”操作区的“文本”选项卡中，❶输入文本内容；❷设置“缩放”参数为80%；❸添加

“位置”关键帧◆，为第2个文本添加关键帧，如图5-14所示。

STEP 14 拖曳时间指示器至00:00:15:15的位置(即第2个文本的开始位置)，❶在“播放器”面板中将第2个文本垂直向下移出画面；❷在第2个文本的开始位置添加一个关键帧◆，使第2个文本跟随第1个文本向上滚动，并停在画面的中间位置，如图5-15所示。执行上述操作后，即可完成画面上滑黑屏滚动效果的制作。

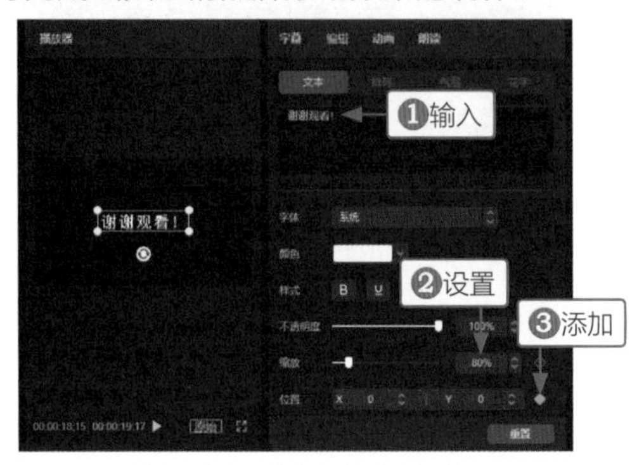

图5-14　输入并设置文本

图5-15　再次添加关键帧

5.1.2 片尾字幕向右滚动效果

【效果说明】：片尾字幕向右滚动效果是指在电影结尾时，影片画面占据屏幕上面的三分之二，屏幕下面的三分之一呈现黑屏状态，工作人员或演职人员的名单在黑屏的位置从左向右滚动。片尾字幕向右滚动效果，如图5-16所示。

案例效果　　教学视频

图5-16　片尾字幕向右滚动效果

STEP 01 ❶在剪映中导入一个视频并将视频添加到视频轨道上；❷单击“裁剪”按钮，如图5-17所示。

STEP 02 弹出“裁剪”对话框，在预览窗口中拖曳控制柄，调整裁剪区域，如图5-18所示。

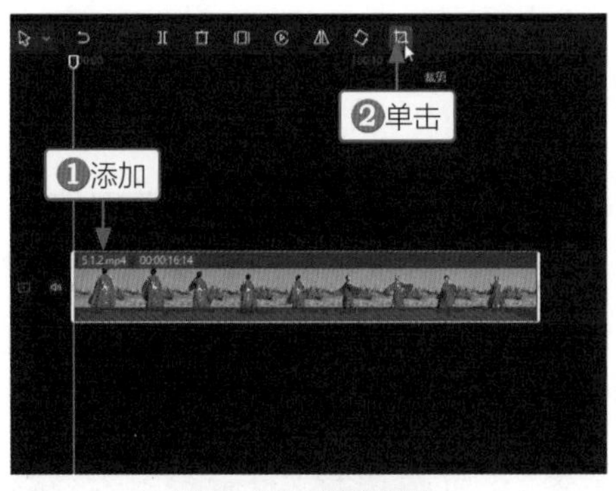

图5-17　裁剪视频

图5-18　调整裁剪区域

STEP 03 单击“确定”按钮返回，在“播放器”面板中，调整视频画面的位置，如图5-19所示。

STEP 04 在字幕轨道中，添加一个默认文本，调整文本的结束时间至00:00:16:20的位置，如图5-20所示。

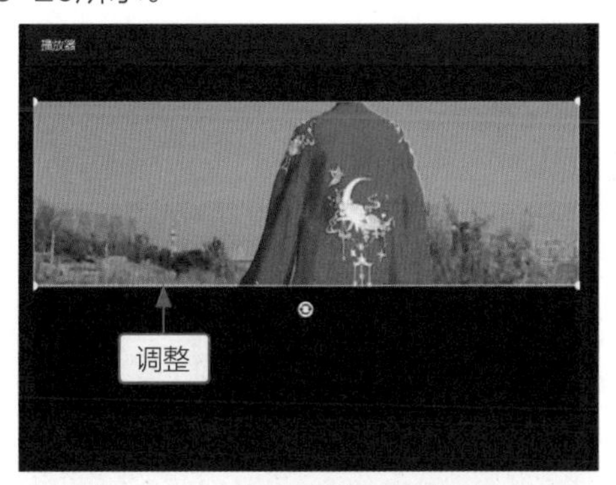

图5-19　调整视频画面的位置

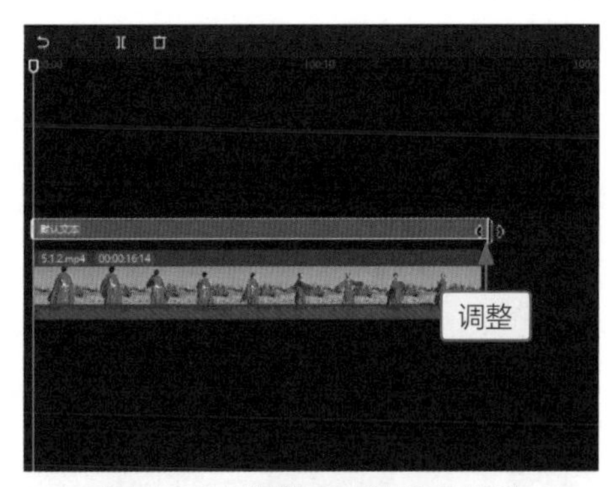

图5-20　调整文本的结束位置

STEP 05 打开一个事先编辑好的片尾字幕记事本，按Ctrl＋A组合键全选记事本中的内容，按Ctrl＋C组合键复制，如图5-21所示。

STEP 06 在“编辑”操作区的“文本”选项卡中，❶按Ctrl＋V组合键粘贴记事本中的内容；❷设置一个合适的字体；❸设置“缩放”参数为25%，使片尾字幕内容能够完整地呈现在画面中，方便调整排列形式或检查错误，如图5-22所示。

图5-21　全选并复制记事本中的内容

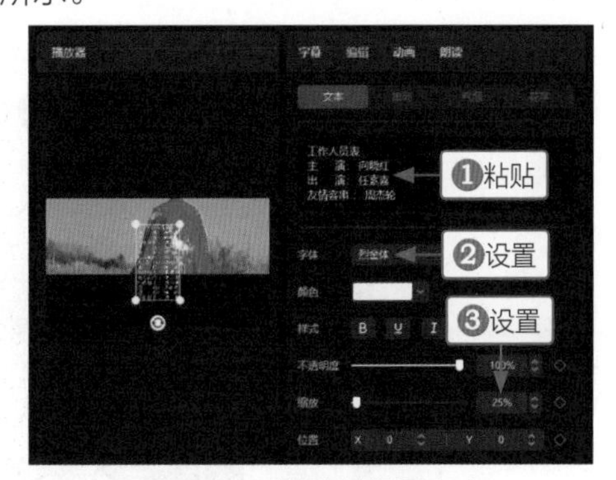

图5-22　粘贴并设置文本

STEP 07 在“排列”选项卡中，❶设置“字间距”参数为2、“行间距”参数为40；❷单击“对齐”右侧的第4个按钮，设置文本竖向置顶对齐，如图5-23所示。

STEP 08 在“播放器”面板中，❶调整文本的位置并将其向左移出画面；❷在“编辑”操作区的“文本”选项卡中添加“位置”关键帧◆，在文本的开始位置添加一个关键帧，如图5-24所示。

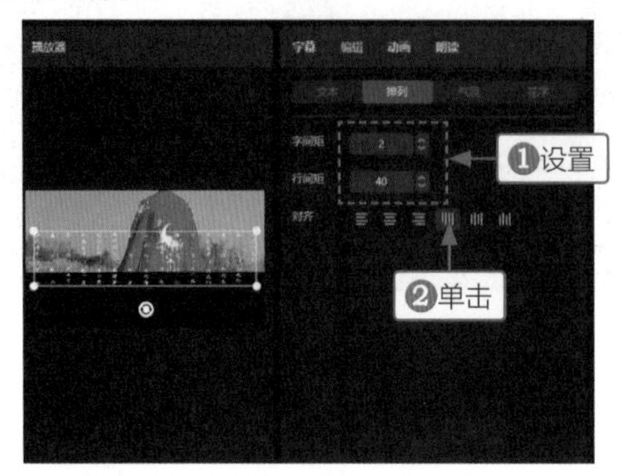

图5-23　设置文本间距和排列方式

图5-24　移动文本并添加关键帧

STEP 09 拖曳时间指示器至00:00:16:14的位置(即视频的结束位置)，❶将文本水平移出画面右侧；❷添加第2个关键帧◆，制作文本从左向右滚动效果，如图5-25所示。

STEP 10 拖曳时间指示器至00:00:16:00的位置，选择视频轨道中的视频，在“画面”操作区的“基础”选项卡中，添加“不透明度”关键帧◆，如图5-26所示。

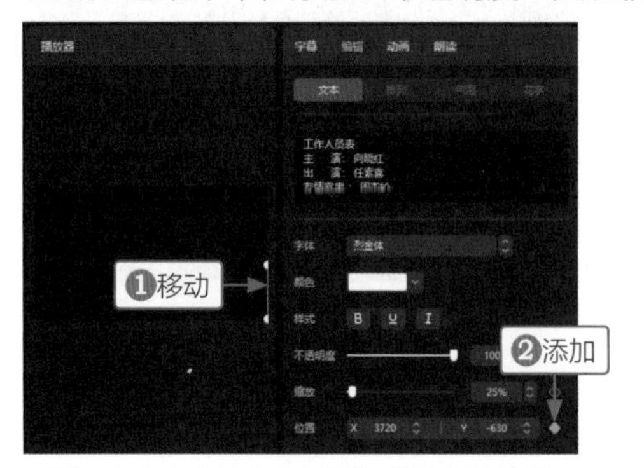

图5-25　移动文本并添加第2个关键帧

图5-26　添加关键帧

STEP 11 拖曳时间指示器至00:00:16:14的位置，在“画面”操作区的“基础”选项卡中，❶设置“不透明度”参数为0%；❷使视频呈现渐隐为黑屏的效果，如图5-27所示。执行上述操作后，即可完成片尾字幕向右滚动效果的制作。

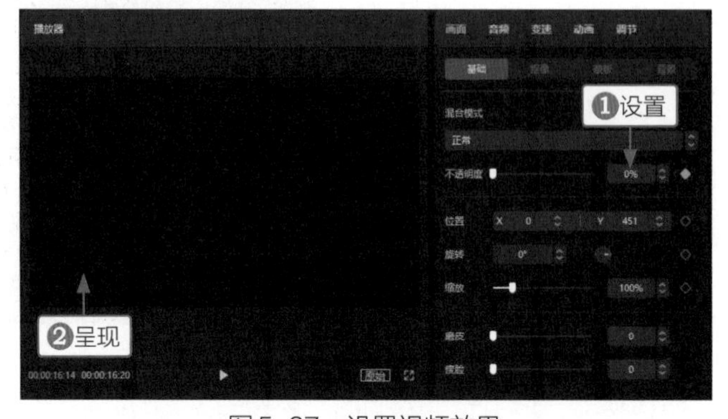

图5-27　设置视频效果

5.1.3 画面双屏字幕淡入淡出

案例效果

教学视频

【效果说明】：画面双屏字幕淡入淡出效果是指在电影结尾时，影片画面从全屏状态慢慢缩小，占据屏幕一半左右的位置，屏幕的另一半则呈现黑屏状态，在影片画面定格的时候，黑屏的位置则会淡入淡出显示多组工作人员或演职人员的名单。画面双屏字幕淡入淡出效果，如图5-28所示。

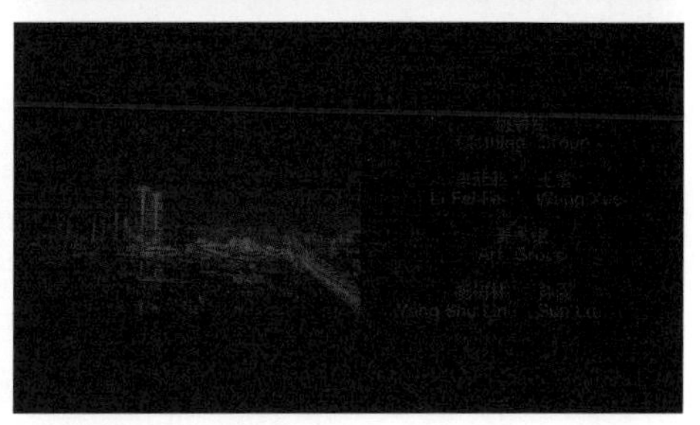

图5-28　画面双屏字幕淡入淡出效果

STEP 01 在剪映中导入一个视频并将视频添加到视频轨道上，如图5-29所示。

STEP 02 在“画面”操作区的“基础”选项卡中，添加“位置”和“缩放”关键帧◆，如图5-30所示。

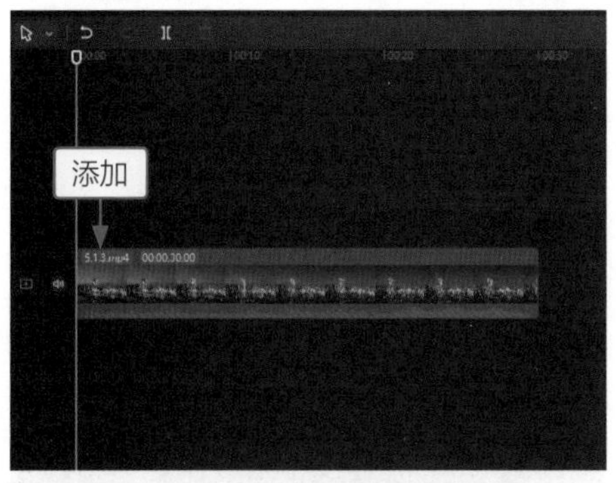

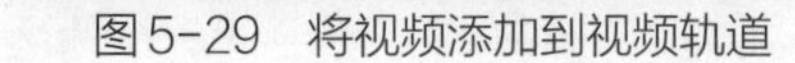
图5-29　将视频添加到视频轨道

图5-30　添加关键帧

STEP 03 拖曳时间指示器至00:00:03:00的位置，在“画面”操作区的“基础”选项卡中，❶设置“缩放”参数为50%；❷在“播放器”面板中调整视频的位置，如图5-31所示。

STEP 04 在字幕轨道中，添加一个默认文本，并调整其结束时间为00:00:08:00的位置，如图5-32所示。

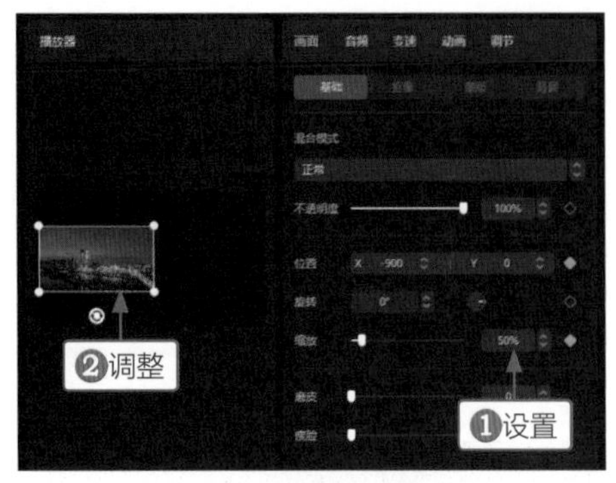

图5-31　调整视频的位置

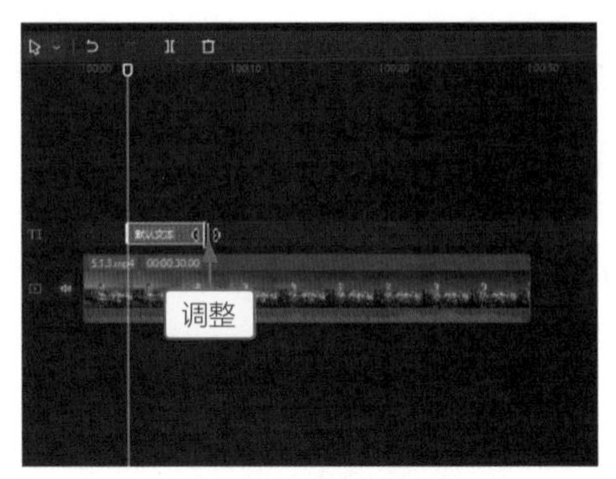

图5-32　调整文本的结束位置

STEP 05 打开事先编辑好的第1个记事本(本案例共有5个记事本，每个记事本中都有一组名单字幕)，全选并复制记事本中的内容，如图5-33所示。

STEP 06 在“编辑”操作区的“文本”选项卡中，❶按Ctrl＋V组合键粘贴记事本中的内容；❷在“播放器”面板中调整文本的位置和大小，使字幕内容能够完整地呈现在画面黑屏的位置，如图5-34所示。

图5-33　全选并复制第1个记事本中的内容

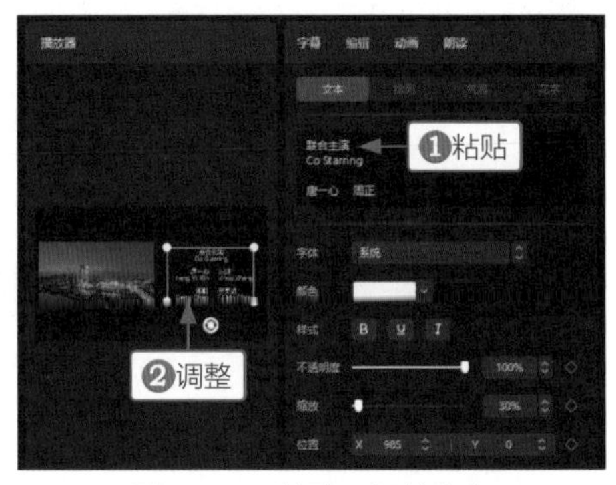

图5-34　粘贴和调整文本

STEP 07 在“动画”操作区的“入场”选项卡中，❶选择“渐显”动画；❷设置“动画时长”参数为2.0s，设置字幕淡入效果，如图5-35所示。

STEP 08 在“动画”操作区的“出场”选项卡中，❶选择“渐隐”动画；❷设置“动画时长”参数为2.0s，设置字幕淡出效果，如图5-36所示。

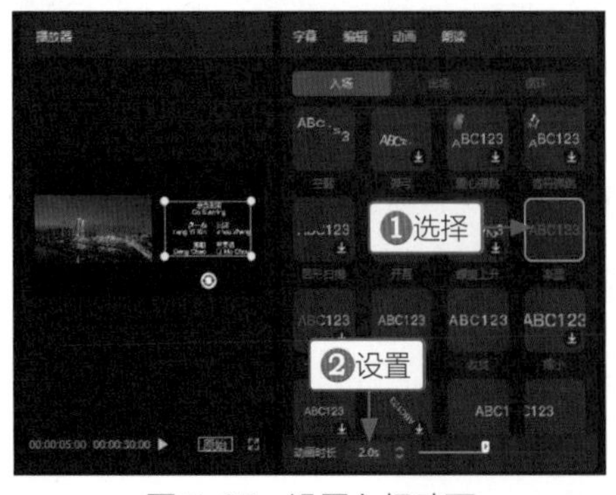

图5-35　设置入场动画

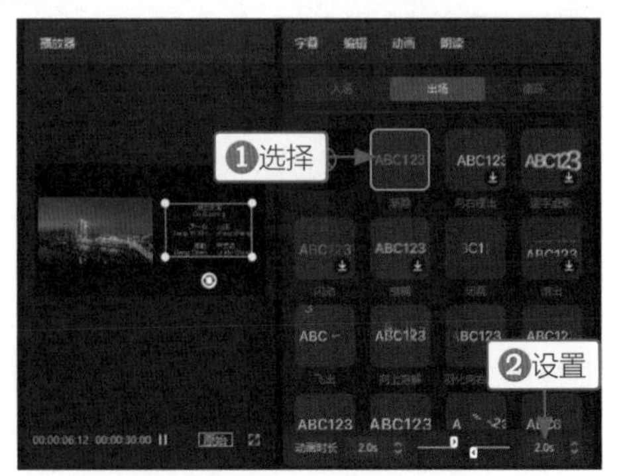

图5-36　设置出场动画

STEP 09 ❶拖曳时间指示器至第1个文本的结束位置；❷将制作的第1个文本复制粘贴到时间

指示器的位置，如图5-37所示。

STEP 10 打开事先编辑好的第2个记事本，按Ctrl+A组合键全选记事本中的内容，按Ctrl+C组合键复制，如图5-38所示。

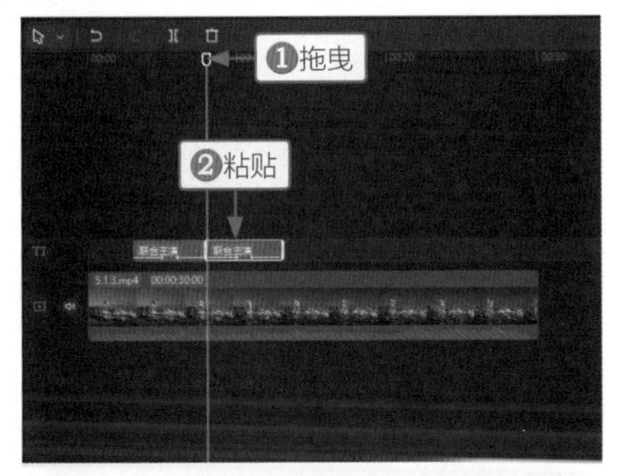

图5-37　复制并粘贴制作的第1个文本

图5-38　复制第2个记事本中的内容

STEP 11 在“编辑”操作区的“文本”选项卡中，按Ctrl+V组合键粘贴第2个记事本中的内容，如图5-39所示。

STEP 12 使用与上面同样的方法，在字幕轨道中制作其他3个文本，如图5-40所示。

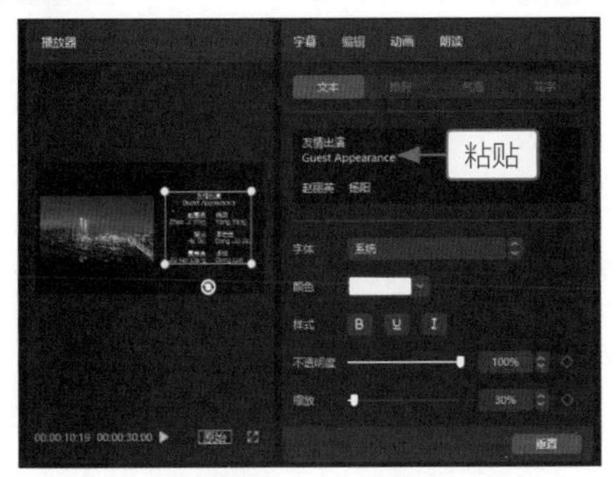

图5-39　粘贴第2个记事本中的内容

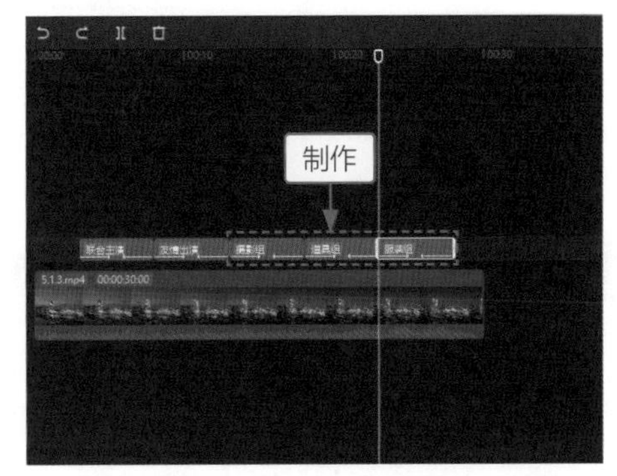

图5-40　制作其他文本

STEP 13 ❶拖曳时间指示器至00:00:26:00的位置(即最后一个文本出场动画开始的位置)；❷选择视频轨道中的视频，如图5-41所示。

STEP 14 在“画面”操作区的“基础”选项卡中，添加“不透明度”关键帧◆，如图5-42所示。

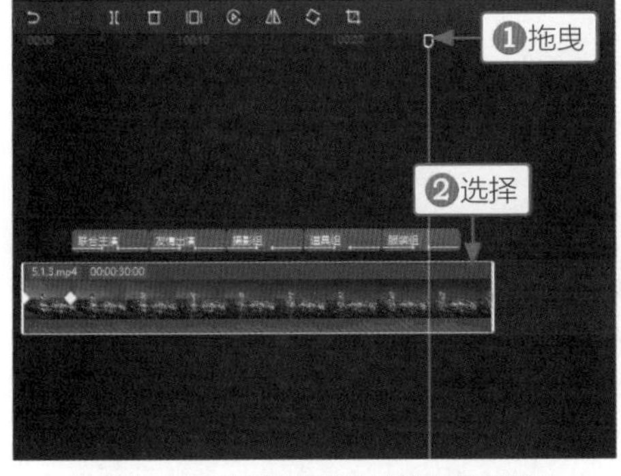

图5-41　选择视频轨道中的视频

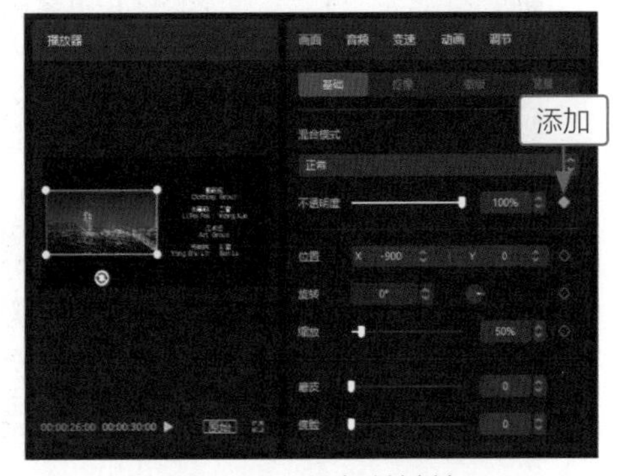

图5-42　添加关键帧

STEP 15 拖曳时间指示器至00:00:28:00的位置(即文本的结束位置)，如图5-43所示。

STEP 16 在“画面”操作区的“基础”选项卡中，设置“不透明度”参数为0%，设置视频与最后一个文本同时淡出的效果，如图5-44所示。至此，完成画面双屏字幕淡入淡出的制作。

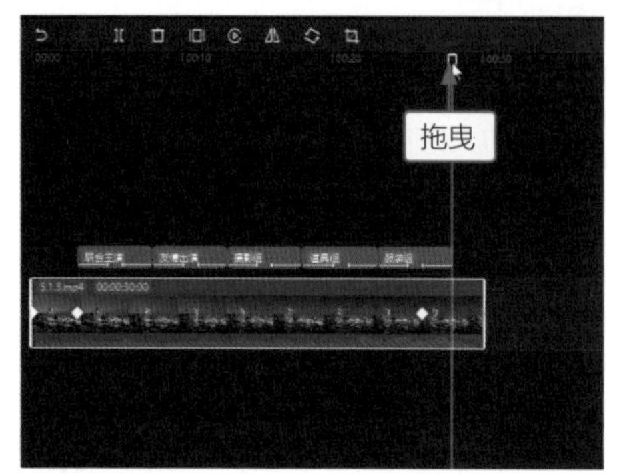

图5-43　拖曳时间指示器

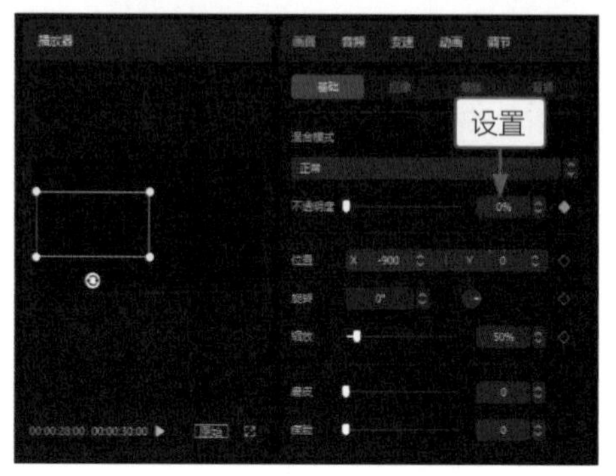

图5-44　设置参数

5.2 节目片尾

节目片尾起着烘托和升华主题的作用，一个好看的片尾更能展示节目的艺术效果。本节将为大家介绍综艺片尾底部向左滚动、节目线条边框滚动片尾，以及综艺方框悬挂片尾效果等节目片尾的制作方法。

5.2.1 综艺片尾底部向左滚动

【效果说明】：综艺片尾底部向左滚动效果是指在节目结尾时，片尾字幕会在画面底部从右向左滚动。画面底部可添加贴纸或文字模板进行修饰，以免字幕太过单调。综艺片尾底部向左滚动效果，如图5-45所示。

案例效果　教学视频

图5-45　综艺片尾底部向左滚动效果

STEP 01 在剪映中导入一个视频并添加到视频轨道中，如图5-46所示。

STEP 02 在"文本"功能区"文字模板"的"综艺"选项卡中，单击"比赛正式开始！"中的"添加到轨道"按钮⊕，如图5-47所示。

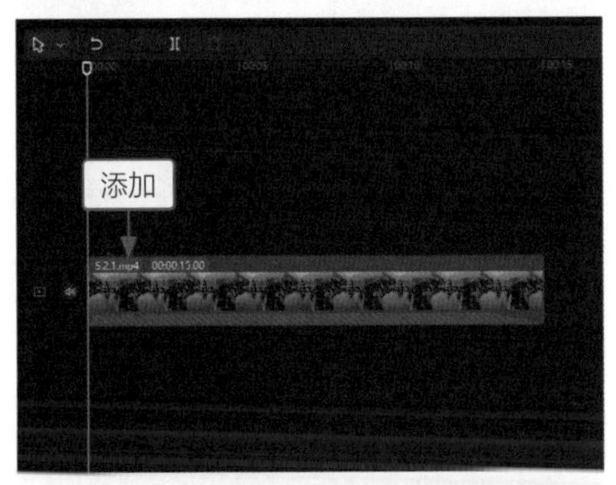

图5-46　将视频添加到视频轨道

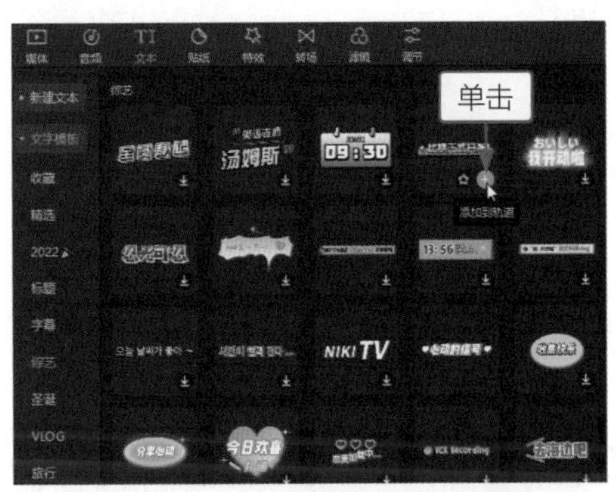

图5-47　添加文字模板到轨道

STEP 03 执行操作后，即可将文字模板添加到轨道中，调整文字模板的时长与视频时长一致，如图5-48所示。

STEP 04 在"编辑"操作区中，将文字模板中原有的文本内容删除，留下向右滑动的底纹框，如图5-49所示。

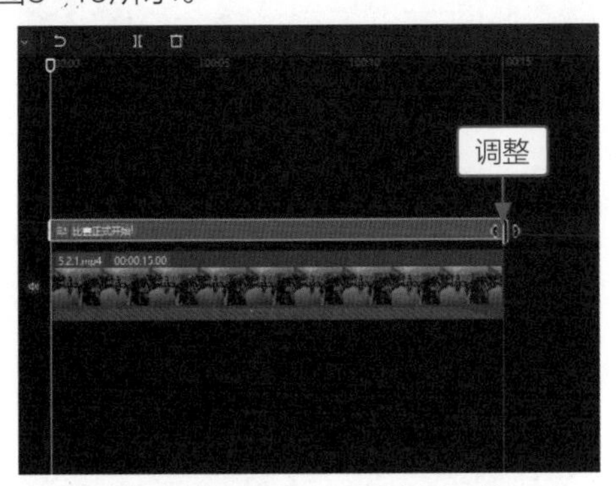

图5-48　调整文字模板的时长

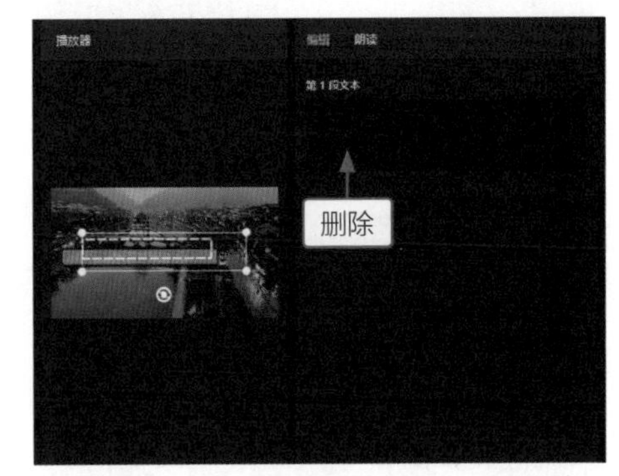

图5-49　删除原有的文本内容

STEP 05 在"播放器"面板中，调整底纹框的大小并翻转180°，使底纹框由向右滑动变成向左滑动，如图5-50所示。

STEP 06 将时间指示器拖曳至00:00:20:00的位置(即底纹框左滑停住的位置)，在"文本"功能区"文字模板"的"综艺"选项卡中，单击"大家好，欢迎收看我的视频～"中的"添加到轨道"按钮⊕，如图5-51所示。

STEP 07 执行操作后，即可在轨道中添加第2个文字模板，调整其结束位置与视频的结束位置对齐，如图5-52所示。

STEP 08 在"编辑"操作区中，❶输入文本内容；❷在"播放器"面板中调整文字模板的位置和大小，如图5-53所示。

STEP 09 在"贴纸"功能区的搜索栏中，❶输入"果汁"，在下方搜索出的贴纸中，找到橙子贴纸；❷单击"添加到轨道"按钮⊕，如图5-54所示。

STEP 10 执行操作后，即可将橙子贴纸添加到轨道中，调整橙子贴纸的结束位置与视频的结束位置对齐，如图5-55所示。

图5-50　调整底纹框

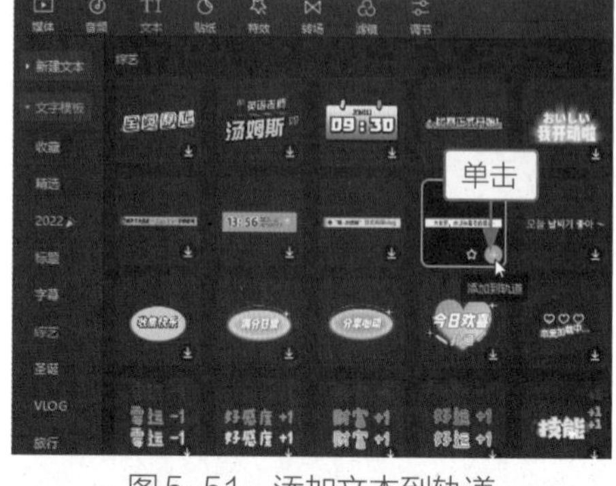

图5-51　添加文本到轨道

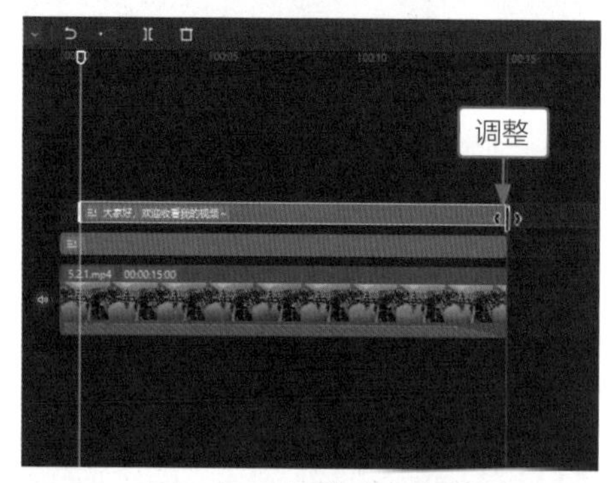

图5-52　调整文字模板

图5-53　输入并调整文本

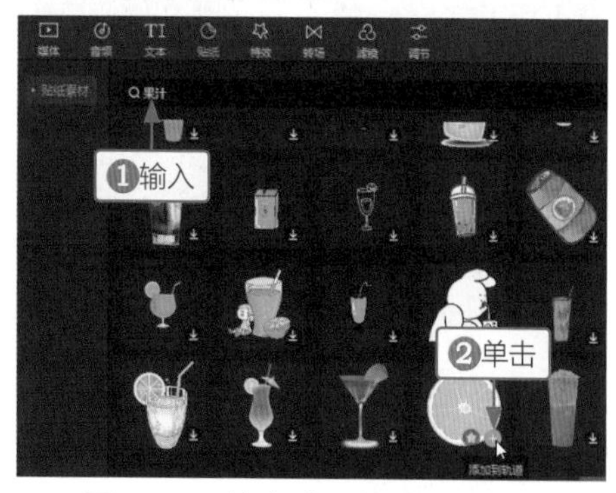

图5-54　搜索贴纸并添加到轨道

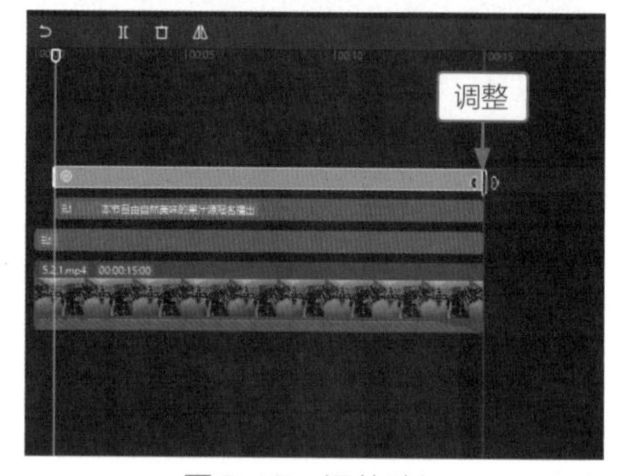

图5-55　调整贴纸

STEP 11 在“编辑”操作区中，❶设置“缩放”参数为20%；❷在“播放器”面板中调整橙子贴纸的位置，使其刚好处于文字前面的空白位置，如图5-56所示。

STEP 12 在第3条字幕轨道上，添加一个默认文本，调整其结束时间至00:00:15:20的位置，如图5-57所示。

STEP 13 在“编辑”操作区的“排列”选项卡中，❶设置“字间距”参数为2、“行间距”参数为7；❷单击“对齐”右侧的第1个按钮，设置文字左对齐，如图5-58所示。

STEP 14 打开事先编辑好的片尾字幕记事本，按Ctrl＋A组合键全选记事本中的内容，按Ctrl＋C组合键复制，如图5-59所示。

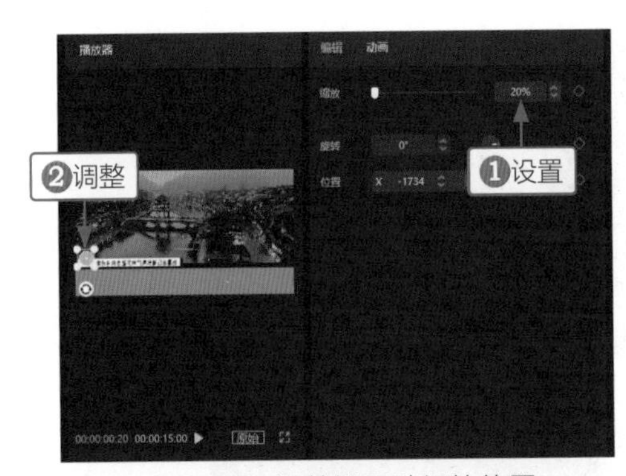

图5-56 调整橙子贴纸的位置

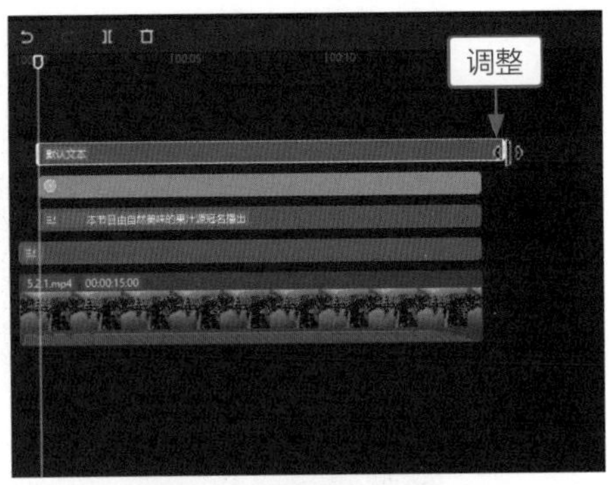

图5-57 添加并调整文本

图5-58 设置文字间距和排列方式

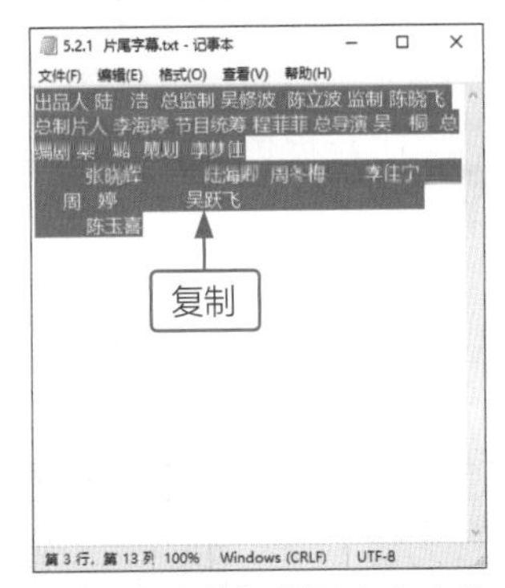

图5-59 全选并复制记事本中的内容

STEP 15 在“编辑”操作区的“文本”选项卡中，❶按Ctrl＋V组合键粘贴记事本中的内容；❷设置“缩放”参数为30%；❸添加“位置”右侧的关键帧◆；❹在“播放器”面板中调整文本的位置，使文本的左侧位于屏幕右下角的画面之外，如图5-60所示。

图5-60 粘贴并设置文本

STEP 16 拖曳时间指示器至00:00:15:00的位置(即视频的结束位置)，在“播放器”面板中，❶水平向左调整文本的位置，使文本向左移出画面；❷为文本添加第2个“位置”关键帧◆，如图5-61所示。

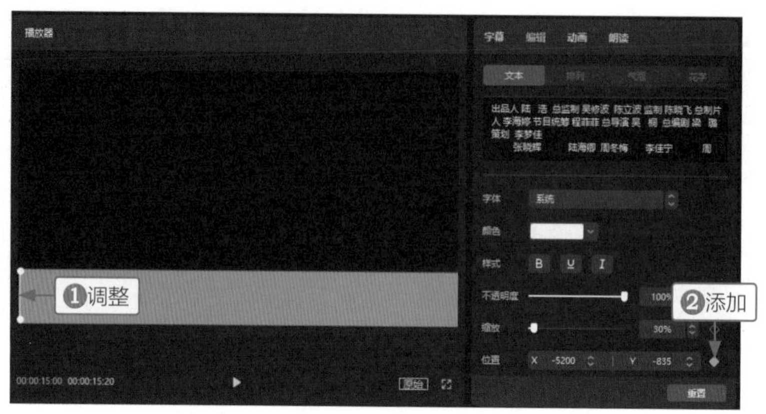

图5-61　调整文本并添加第2个关键帧

STEP 17 拖曳时间指示器至开始位置，在“贴纸”功能区的搜索栏中，❶输入“果汁”，在下方搜索出来的贴纸中，选择一个适合的饮料贴纸；❷单击“添加到轨道”按钮，如图5-62所示。

STEP 18 执行操作后，即可将饮料贴纸添加到轨道中，调整贴纸时长与视频一致，如图5-63所示。

图5-62　搜索贴纸并添加到轨道

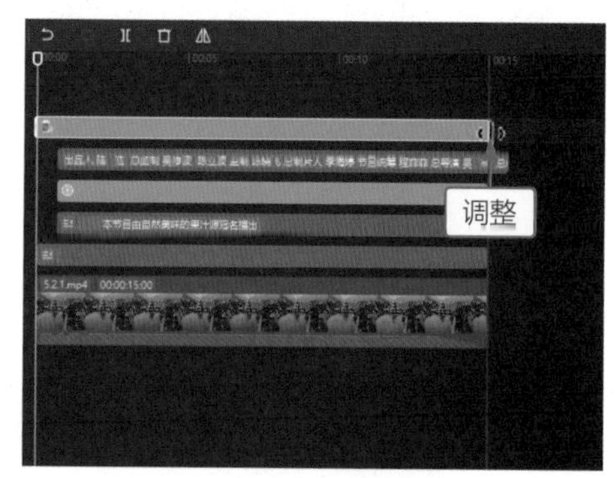

图5-63　调整贴纸

STEP 19 在“播放器”面板中，❶调整饮料贴纸的大小和位置；❷在“编辑”操作区中添加“位置”的关键帧，如图5-64所示。

STEP 20 拖曳时间指示器至00:00:00:20的位置，❶在“播放器”面板中水平向左调整饮料贴纸至画面左侧；❷为贴纸添加第2个“位置”关键帧，如5-65图所示。

图5-64　调整贴纸并添加关键帧

图5-65　调整贴纸并添加第2个关键帧

STEP 21 在“动画”操作区的“入场”选项卡中，❶选择“渐显”动画；❷设置“动画时长”参数为0.7s，使饮料贴纸跟随底纹框向左淡入滑动，如图5-66所示。至此，完成综艺片尾底部向左滚动效果的制作。

图5-66　设置入场动画

5.2.2 节目线条边框滚动片尾

【效果说明】：节目线条边框滚动片尾效果是指在节目结尾时，画面缩小位于屏幕中间，画面的外面有一个白色的线条边框，片尾字幕会在屏幕底部从下往上滚动。节目线条边框滚动片尾效果，如图5-67所示。

案例效果

教学视频

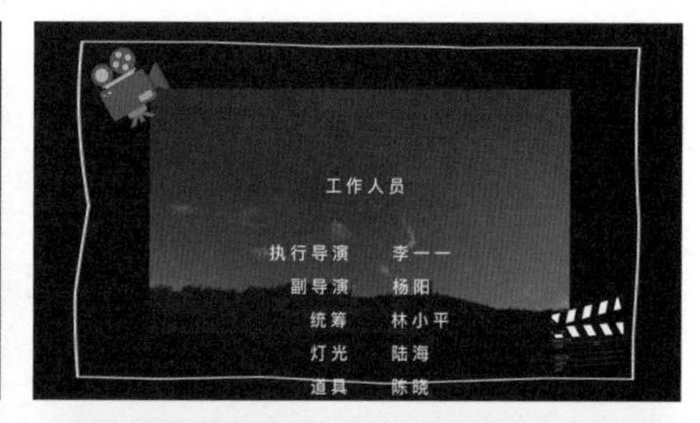

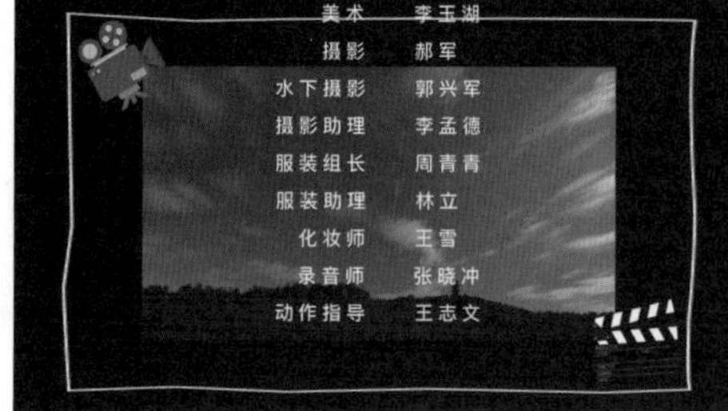

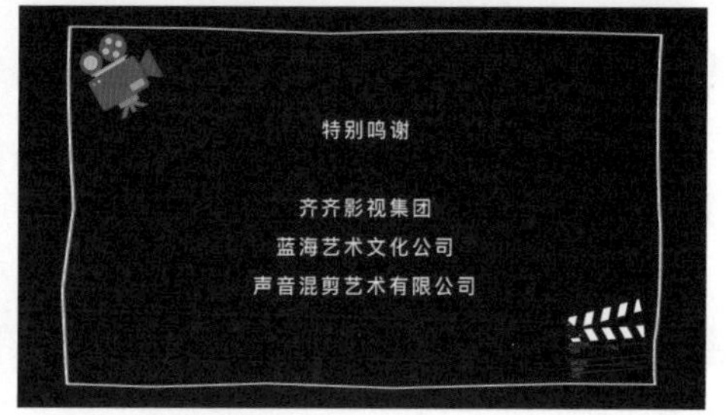

图5-67　节目线条边框滚动片尾效果

STEP 01 在剪映中导入一个视频并添加到视频轨道中，如图5-68所示。

STEP 02 在“编辑”操作区的“基础”选项卡中，设置“缩放”参数为65%，缩小视频画面，如图5-69所示。

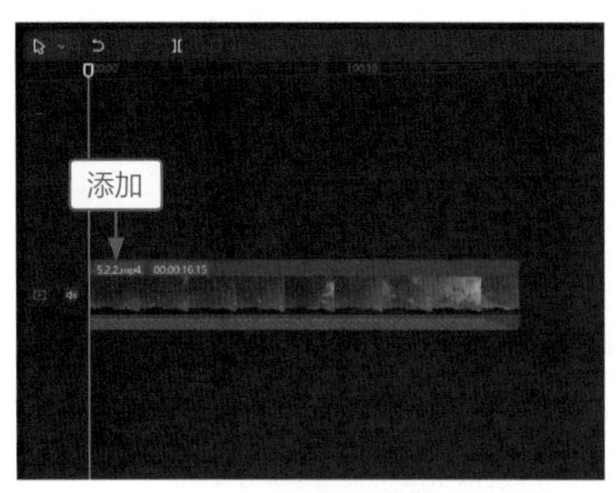

图5-68　将视频添加到视频轨道

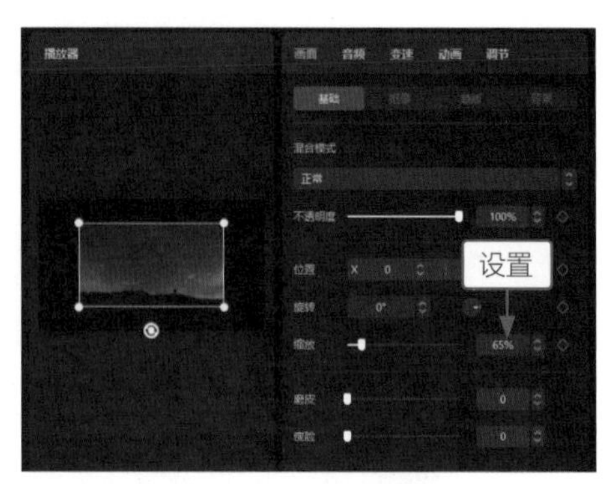

图5-69　设置参数

STEP 03 在“特效”功能区的“边框”选项卡中，单击“白色线框”特效中的“添加到轨道”按钮⊕，如图5-70所示。

STEP 04 执行操作后，即可在轨道中添加“白色线框”特效，调整特效的结束时间至00:00:17:10的位置，使特效时长比视频长，如图5-71所示。

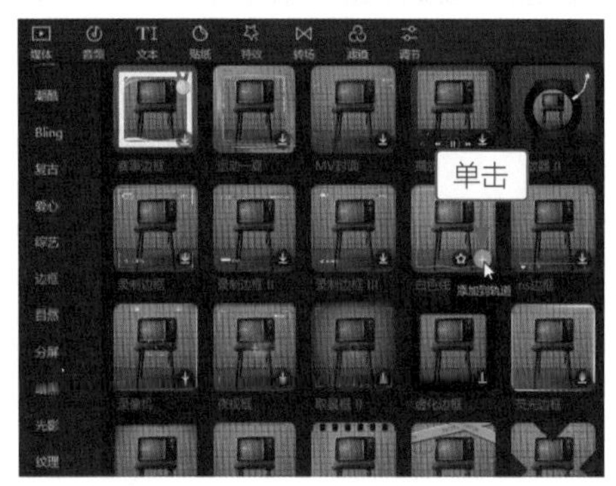

图5-70　添加特效到轨道

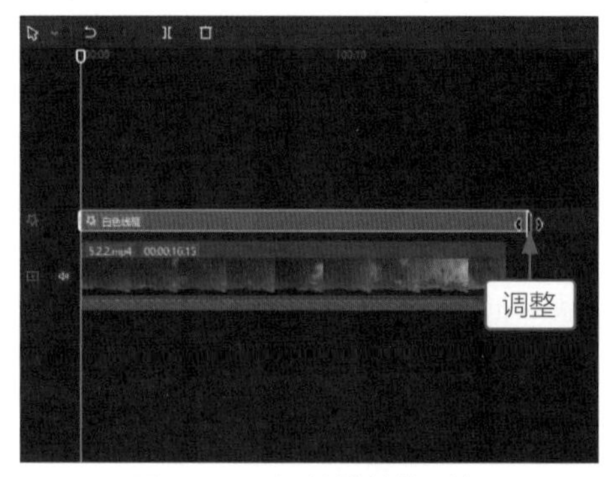

图5-71　调整特效的时长

本书案例中，设置的时长和参数并不是固定值，用户在制作视频时，可以根据需要自行调整。案例中的贴纸，用户也可以自行搜索关键词，找到合适的素材。

STEP 05 在“贴纸”功能区的“收藏”选项卡中，单击打板器贴纸中的“添加到轨道”按钮⊕，如图5-72所示。

STEP 06 执行操作后，即可在轨道中添加第1个贴纸，并调整贴纸的时长与特效时长一致，如图5-73所示。

STEP 07 在“播放器”面板中，调整贴纸的大小、位置和旋转角度，如图5-74所示。

STEP 08 用同样的方法，在“贴纸”功能区的“收藏”选项卡中，将摄像机贴纸添加到第2条贴纸轨道中，并调整贴纸的时长与特效时长一致，如图5-75所示。

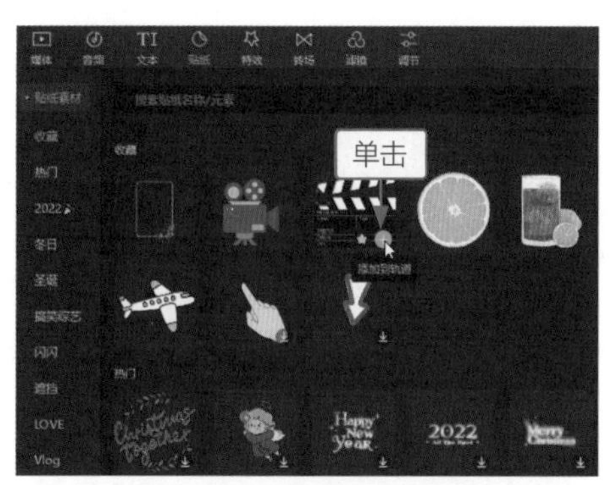

图5-72 添加贴纸到轨道

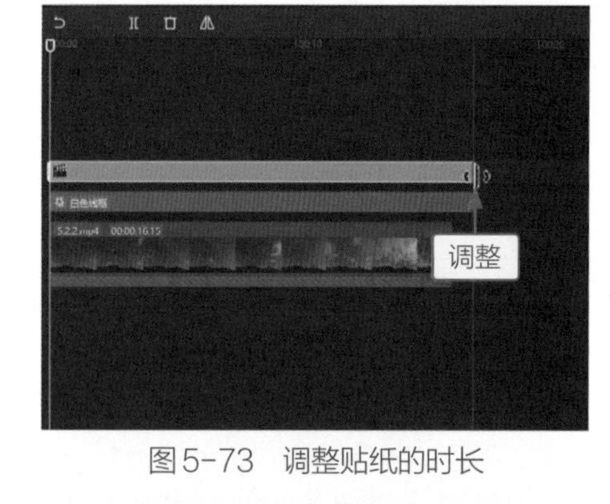

图5-73 调整贴纸的时长

图5-74 调整贴纸的样式

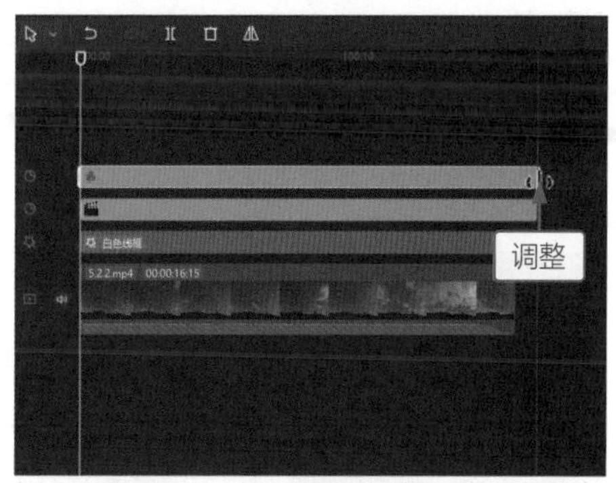

图5-75 添加并调整第2个贴纸

STEP 09 在“播放器”面板中，调整第2个贴纸的大小、位置和旋转角度，如图5-76所示。

STEP 10 在字幕轨道中，添加一个默认文本，调整文本的时长与视频时长一致，如图5-77所示。

图5-76 调整第2个贴纸的样式

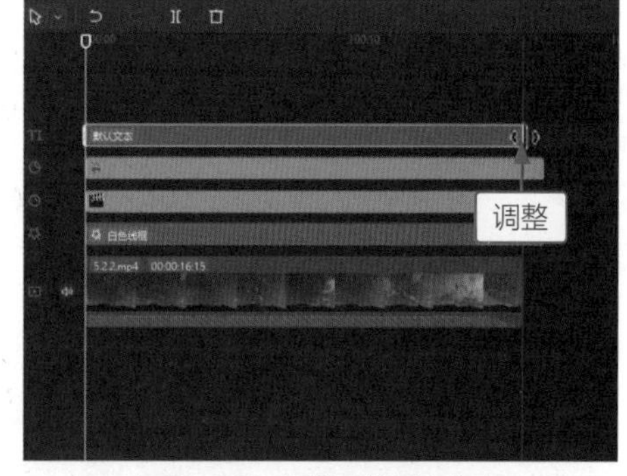

图5-77 添加并调整文本

STEP 11 打开事先编辑好的片尾字幕记事本，按Ctrl＋A组合键全选记事本中的内容，按Ctrl＋C组合键复制，如图5-78所示。

STEP 12 在“编辑”操作区的“文本”选项卡中，❶按Ctrl＋V组合键粘贴记事本中的内容；❷设置“缩放”参数为30%，如图5-79所示。

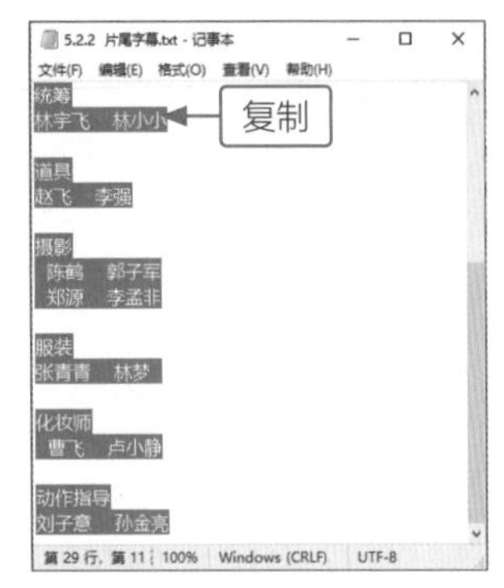

图5-78　全选并复制记事本中的内容

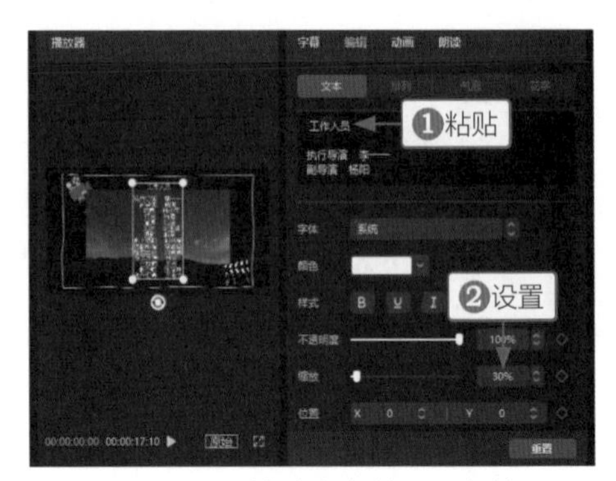

图5-79　粘贴文本并设置参数

STEP 13 在“排列”选项卡中，❶设置“字间距”参数为5；❷设置“行间距”参数为18，如图5-80所示。

STEP 14 拖曳时间指示器至00:00:00:15的位置，在“文本”选项卡中，❶添加“位置”关键帧◆；❷在“播放器”面板中将文本垂直向下移出画面，如图5-81所示。

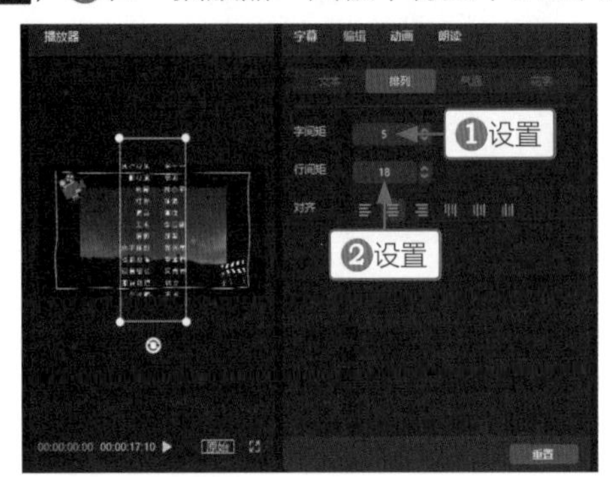

图5-80　设置文本间距

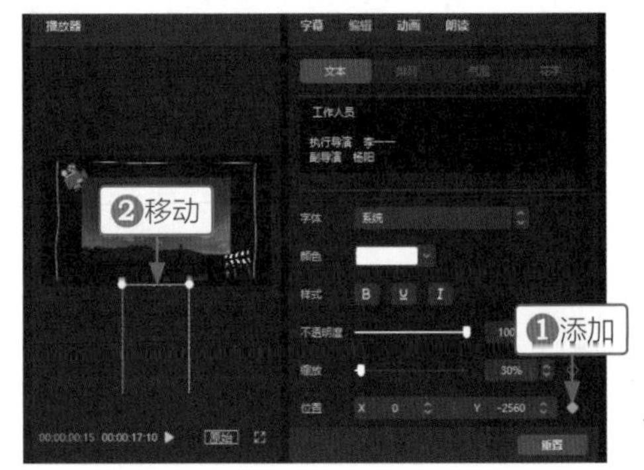

图5-81　添加关键帧并移动文本

STEP 15 拖曳时间指示器至00:00:15:15的位置，❶在“播放器”面板中将文本垂直向上移出画面；❷添加第2个“位置”关键帧◆，制作字幕从下往上滚动效果，如图5-82所示。

STEP 16 拖曳时间指示器至00:00:12:20的位置，在第2条字幕轨道中，添加一个默认文本，调整文本的结束时间至00:00:17:14的位置，使文本结束位置比贴纸和特效的结束位置略长一点，如图5-83所示。

图5-82　移动文本并添加第2个关键帧

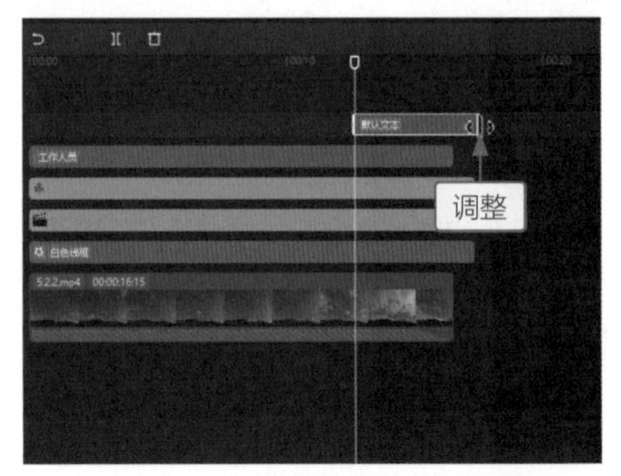

图5-83　调整文本的结束位置

STEP 17 在“编辑”操作区的“文本”选项卡中，❶输入“特别鸣谢”相关的文本内容；

❷设置“缩放”参数为33%，适当缩小文本大小，如图5-84所示。

STEP 18 在“排列”选项卡中，❶设置“字间距”参数为3；❷设置“行间距”参数为18，如图5-85所示。

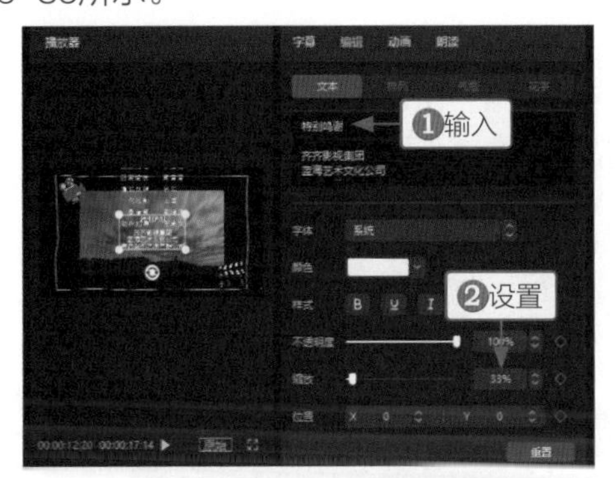

图5-84　输入文本并设置参数

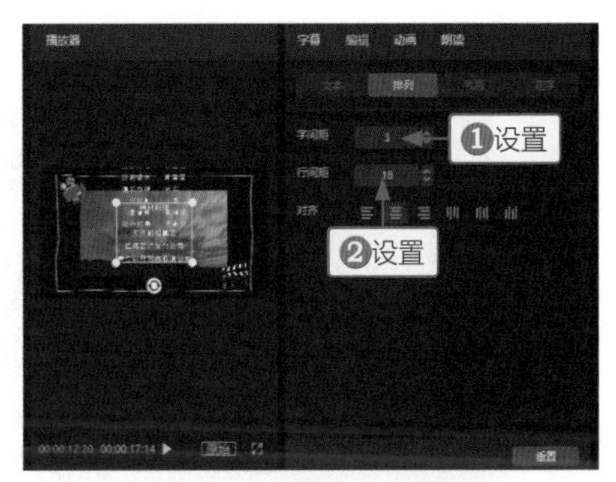

图5-85　设置文本间距

STEP 19 在“文本”选项卡中，❶添加“位置”关键帧◆；❷在“播放器”面板中将第2个文本垂直向下移出画面，如图5-86所示。

STEP 20 拖曳时间指示器至00:00:16:15的位置，❶在“播放器”面板中将文本垂直向上移至画面中间；❷添加第2个“位置”关键帧◆，如图5-87所示。

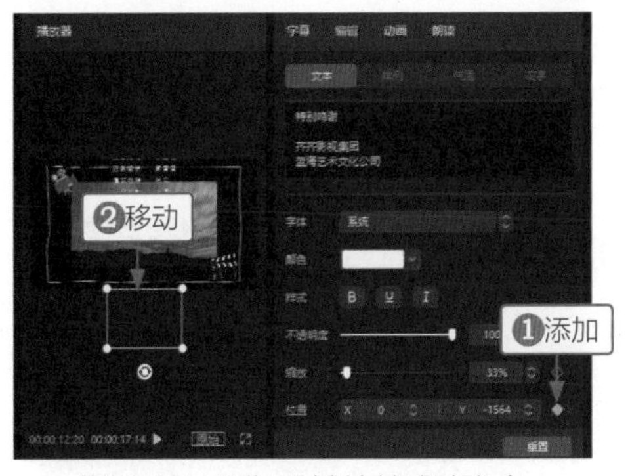

图5-86　添加关键帧并移动文本

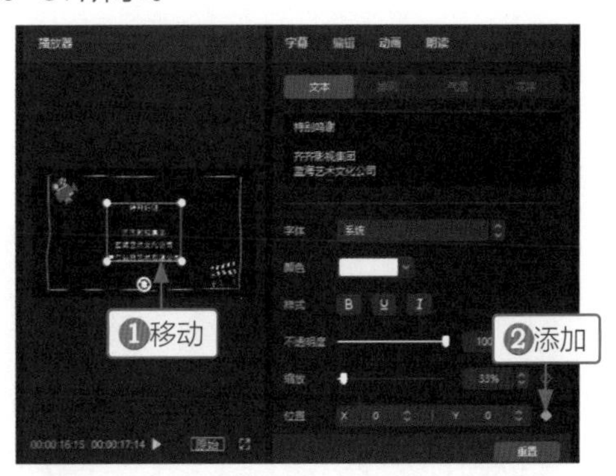

图5-87　移动文本并添加第2个关键帧

STEP 21 在“动画”操作区的“出场”选项卡中，❶选择“渐隐”动画；❷设置“动画时长”参数为0.7s，使文本向上滚动至中间停住后渐渐淡出，如图5-88所示。

STEP 22 拖曳时间指示器至00:00:16:00的位置，选择视频，在“画面”操作区的“基础”选项卡中，添加“不透明度”关键帧◆，如图5-89所示。

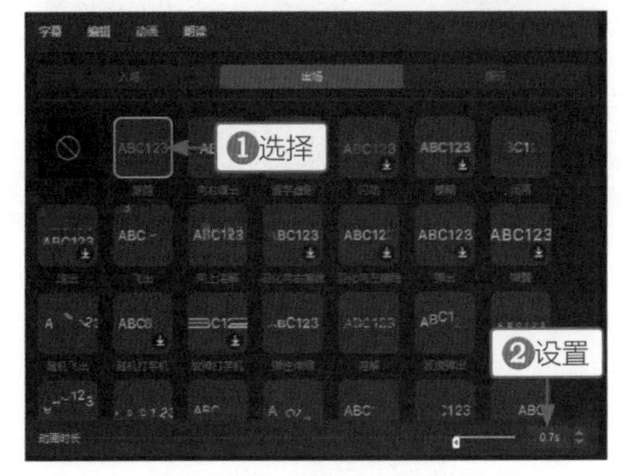

图5-88　设置出场动画

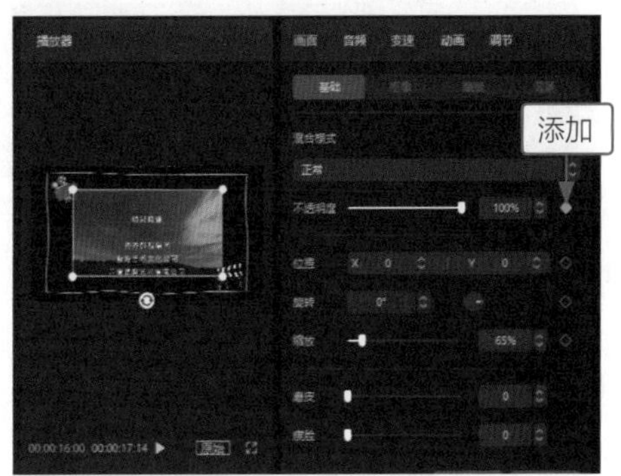

图5-89　添加关键帧

STEP 23 拖曳时间指示器至00:00:16:15的位置(即视频的结束位置)，在“画面”操作区的“基础”选项卡中，设置“不透明度”参数为0%，制作视频淡出效果，如图5-90所示。至此，完成节目线条边框滚动片尾效果的制作。

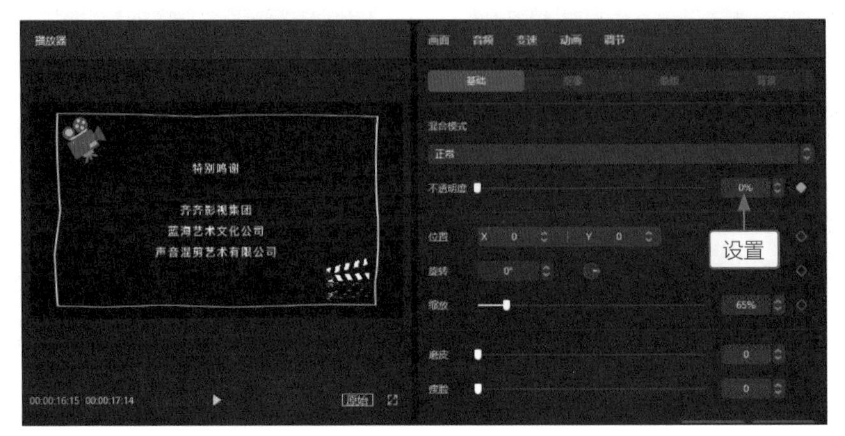

图5-90　设置参数

5.2.3 综艺方框悬挂片尾效果

【效果说明】：综艺方框悬挂片尾效果是指在节目结尾时，画面左侧或画面右侧悬挂一个方框，片尾字幕会在悬挂的方框中从下往上滚动。综艺方框悬挂片尾效果，如图5-91所示。

案例效果

教学视频

图5-91　综艺方框悬挂片尾效果

STEP 01 在剪映的字幕轨道中，添加一个默认文本，调整文本的结束时间至00:00:16:15的位置，如图5-92所示。

STEP 02 打开事先编辑好的片尾字幕记事本，按Ctrl＋A组合键全选记事本中的内容，按Ctrl＋C组合键复制，如图5-93所示。

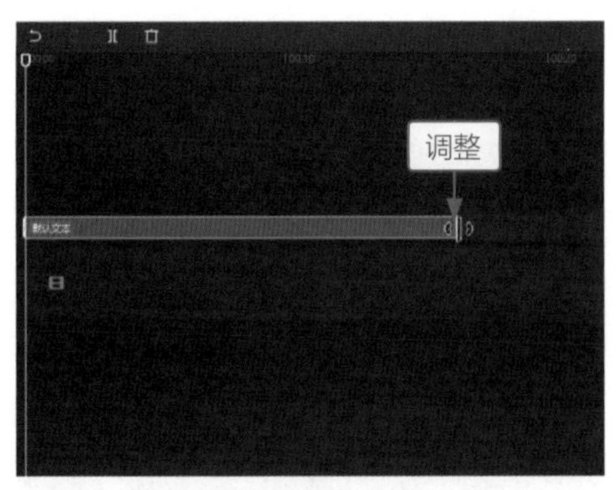

图5-92　调整文本的位置

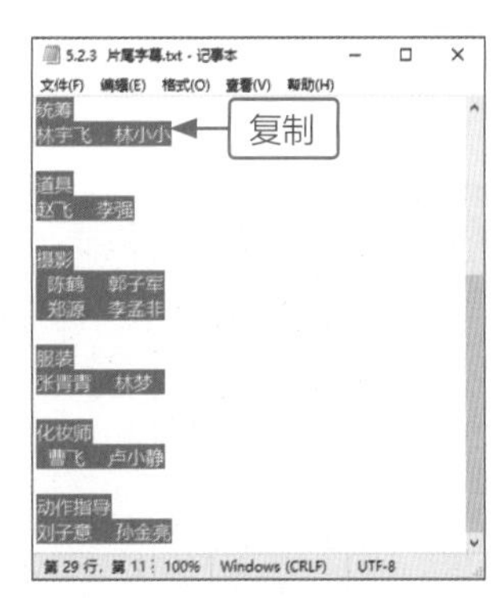

图5-93　全选并复制记事本中的内容

STEP 03 在“编辑”操作区的“文本”选项卡中，❶按Ctrl + V组合键粘贴记事本中的内容；❷设置“缩放”参数为30%，如图5-94所示。

STEP 04 在“排列”选项卡中，❶设置“字间距”参数为5；❷设置“行间距”参数为18，如图5-95所示。

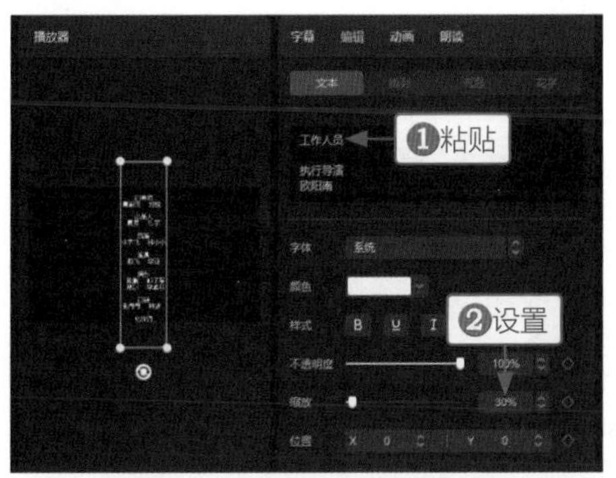

图5-94　粘贴文本并设置参数

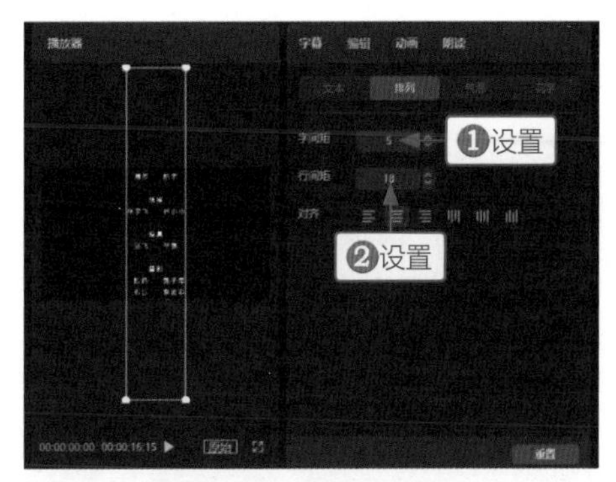

图5-95　设置文本间距

STEP 05 拖曳时间指示器至00:00:00:15的位置，在“文本”选项卡中，❶添加“位置”关键帧◆；❷在“播放器”面板中将文本垂直向下移出画面，如图5-96所示。

STEP 06 拖曳时间指示器至00:00:15:15的位置，❶在“播放器”面板中将文本垂直向上移出画面；❷添加第2个“位置”关键帧◆，制作字幕从下往上滚动效果，如图5-97所示。

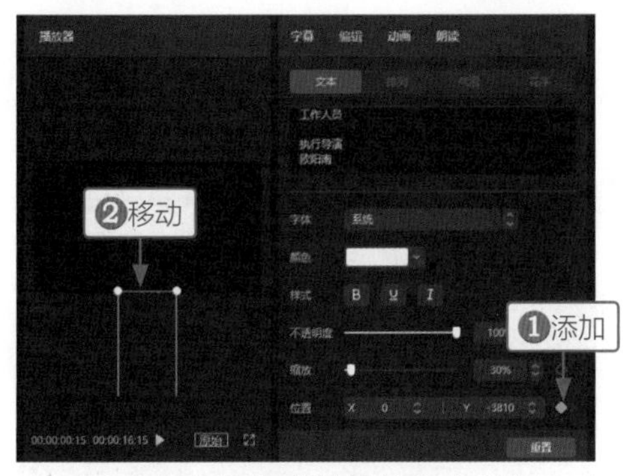

图5-96　添加关键帧并移动文本

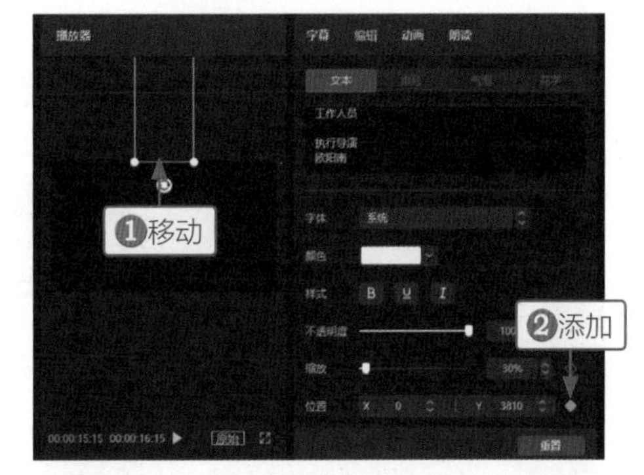

图5-97　移动文本并添加第2个关键帧

STEP 07 拖曳时间指示器至00:00:13:15的位置，在第2条字幕轨道中，添加一个默认文本，调整文本的结束时间至00:00:17:15的位置，如图5-98所示。

STEP 08 在“编辑”操作区的“文本”选项卡中，❶输入“特别鸣谢”相关的文本内容；❷设置“缩放”参数为33%，适当缩小文本大小，如图5-99所示。

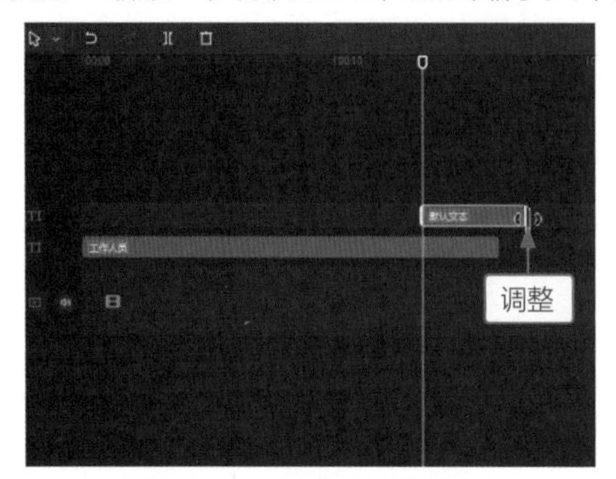

图5-98 调整文本的位置

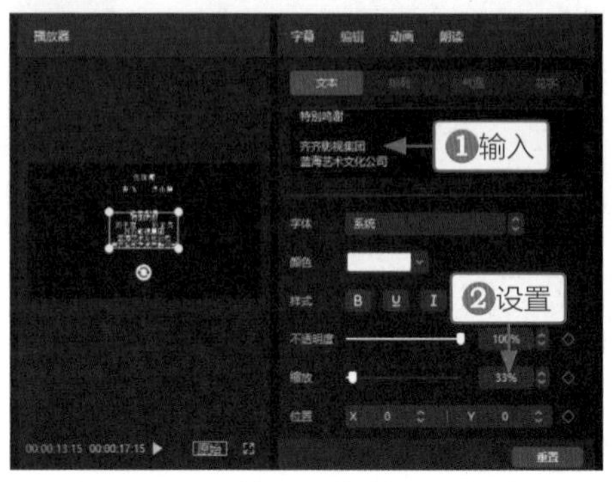

图5-99 输入文本并设置参数

STEP 09 在“排列”选项卡中，❶设置“字间距”参数为3；❷设置“行间距”参数为18，如图5-100所示。

STEP 10 在“文本”选项卡中，❶添加“位置”关键帧◆；❷在“播放器”面板中将第2个文本垂直向下移出画面，如图5-101所示。

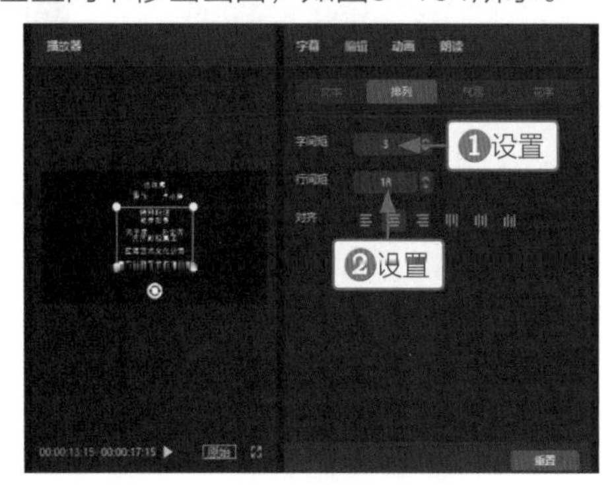

图5-100 设置文本间距

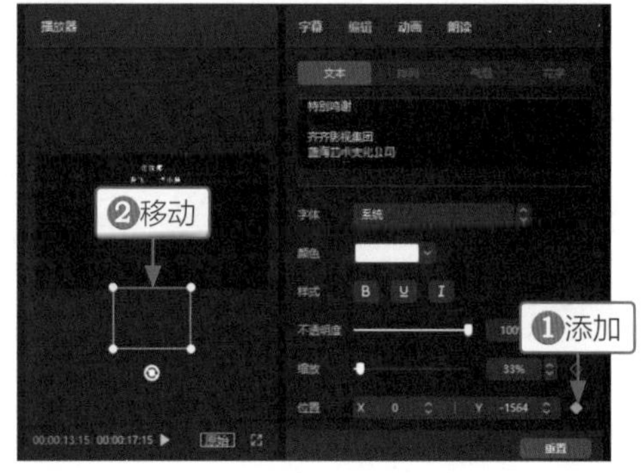

图5-101 添加关键帧并移动第2个文本

STEP 11 拖曳时间指示器至00:00:16:15的位置，❶在“播放器”面板中将文本垂直向上移至画面中间；❷添加第2个“位置”关键帧◆，如图5-102所示。

STEP 12 在“动画”操作区的“出场”选项卡中，❶选择“渐隐”动画；❷设置“动画时长”参数为0.7s，使文本向上滚动至中间停住后渐渐淡出，如图5-103所示。执行上述操作后，将制作的片尾字幕导出为视频备用。

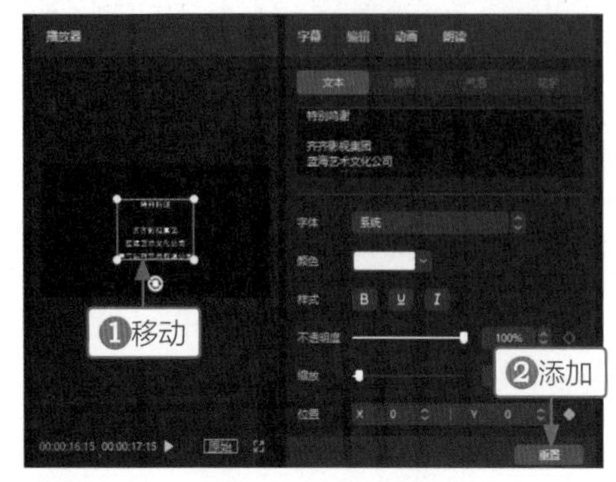

图5-102 移动文本并添加第2个关键帧

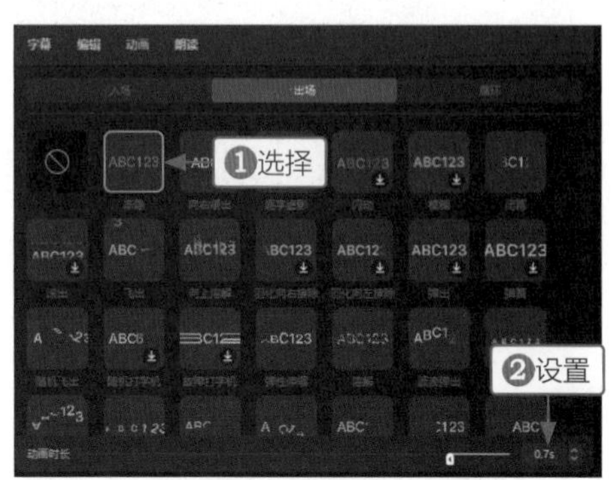

图5-103 设置出场动画

STEP 13 新建一个草稿箱，导入制作的片尾字幕视频和一个背景视频，如图5-104所示。

STEP 14 将背景视频添加到视频轨道中，如图5-105所示。

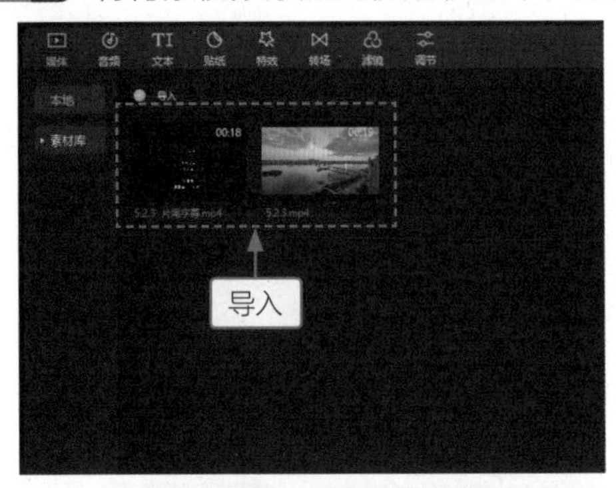

图5-104　导入2个视频

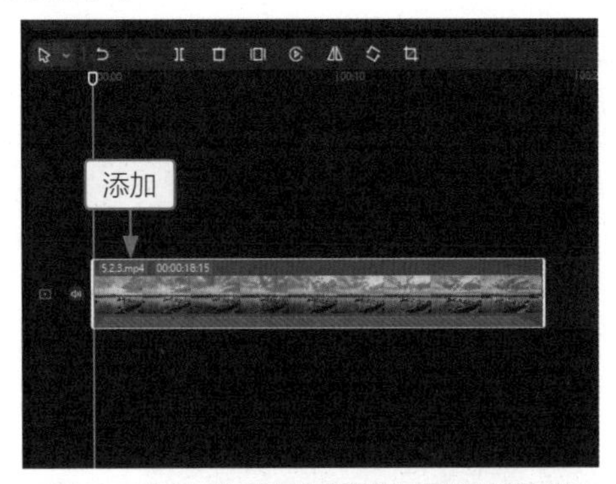

图5-105　将背景视频添加到视频轨道

STEP 15 在“贴纸”功能区中，❶搜索“矩形框”；❷在下方选择一个带有气泡的矩形方框贴纸并单击“添加到轨道”按钮⊕，如图5-106所示。

STEP 16 执行操作后，即可将方框贴纸添加到轨道中，调整贴纸时长与视频时长一致，如图5-107所示。

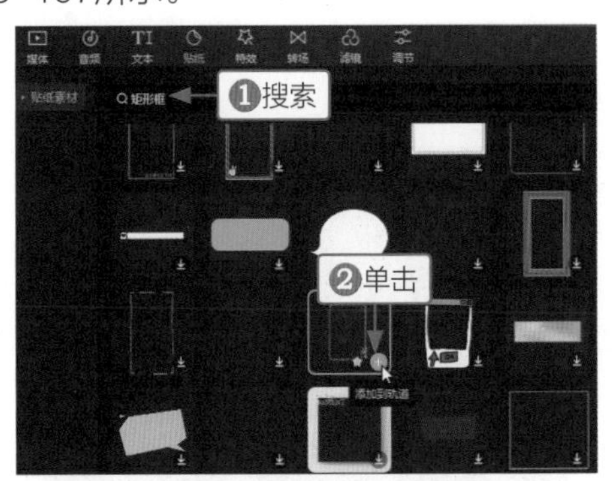

图5-106　搜索贴纸并添加到轨道

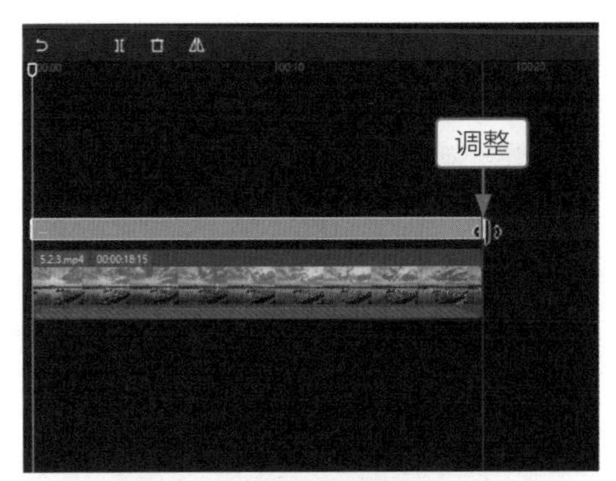

图5-107　调整贴纸的时长

STEP 17 在“编辑”操作区中，❶设置“缩放”参数为108%；❷在“播放器”面板中调整贴纸的位置，使其悬挂在画面左侧，如图5-108所示。

STEP 18 在“动画”操作区的“入场”选项卡中，❶选择“渐显”动画；❷设置“动画时长”参数为0.5s，制作贴纸淡入效果，如图5-109所示。

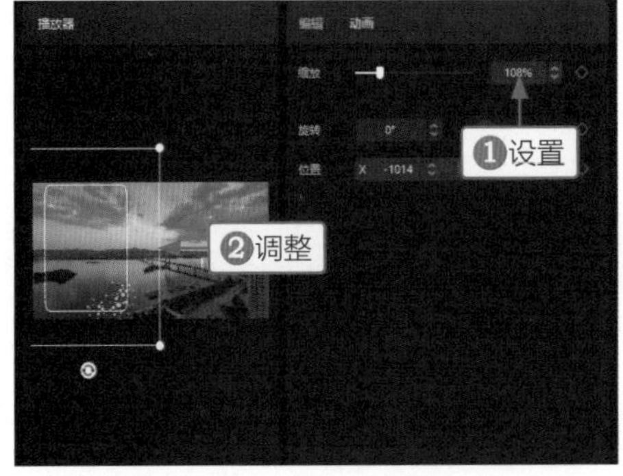

图5-108　调整贴纸的位置

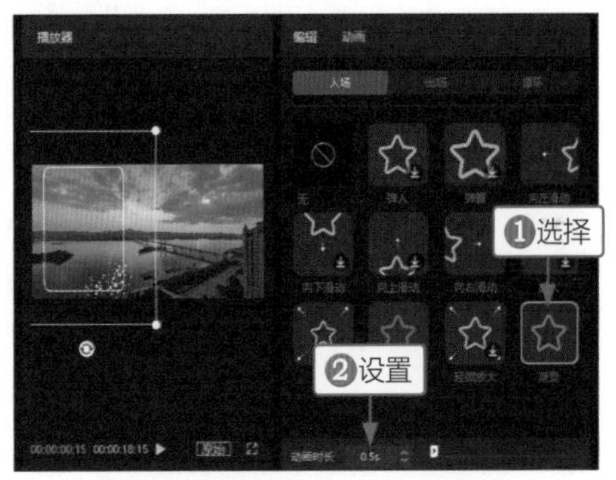

图5-109　制作贴纸淡入效果

STEP 19 在“动画”操作区的“出场”选项卡中，❶选择“渐隐”动画；❷设置“动画时长”参数为1.0s，制作贴纸淡出效果，如图5-110所示。

STEP 20 选择视频，在“动画”操作区的“出场”选项卡中，❶选择“渐隐”动画；❷设置“动画时长”参数为1.0s，制作视频淡出效果，如图5-111所示。

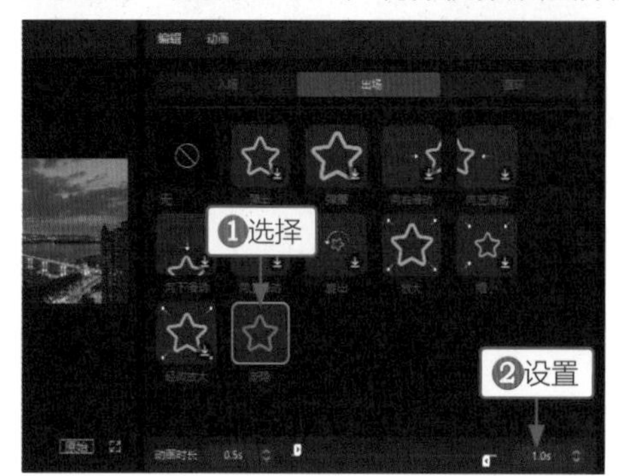

图5-110 制作贴纸淡出效果

图5-111 制作视频淡出效果

STEP 21 将片尾字幕添加到画中画轨道中，如图5-112所示。

STEP 22 选择片尾字幕视频，在“画面”操作区的“基础”选项卡中，❶设置“混合模式”为“滤色”模式；❷在“播放器”面板中调整大小和位置，使片尾字幕刚好在方框中显示，如图5-113所示。至此，完成综艺方框悬挂片尾效果的制作。

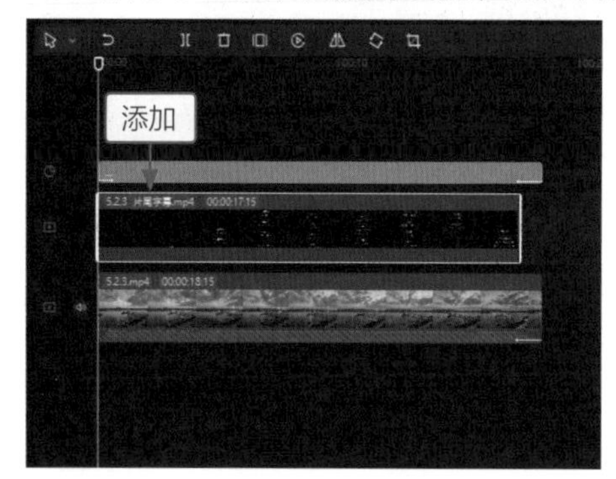

图5-112 添加片尾字幕到画中画轨道

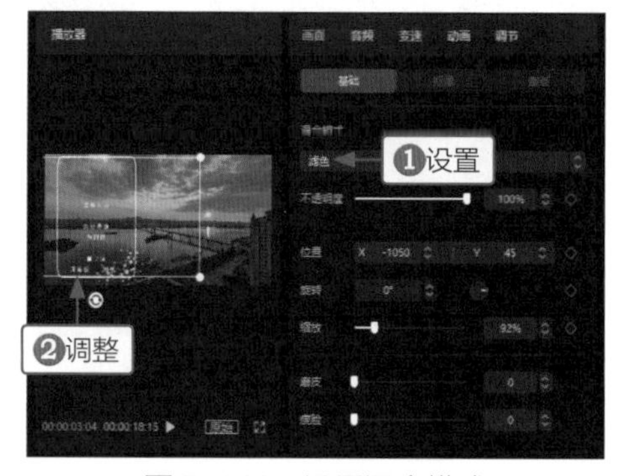

图5-113 设置混合模式

知识导读

在综艺栏目中，虽主要依靠嘉宾的表演、情节互动来构成内容，但也要用到大量的艺术特效，来丰富画面内容、调节气氛，增加节目的可观赏性，向观众传达更加准确的信息。本章主要介绍综艺栏目特效的制作方法。

6 CHAPTER

第6章 综艺栏目特效制作

本章重点索引

- 人物出场特效
- 综艺常用特效
- 综艺弹幕贴纸

效果欣赏

6.1 人物出场特效

在综艺栏目中，人物出场时都会对其进行特别的介绍，随着后期特效技术的发展，人物出场时的介绍方式越来越个性化、多样化，观赏度也更高了。本节主要内容为介绍人物出场特效的制作方法。

6.1.1 人物出场定格

案例效果

教学视频

【效果说明】：在剪映中制作人物出场定格特效，需要在人物看向镜头时，将画面定格，再通过“智能抠像”功能对定格画面中的人物进行抠像，最后添加人物介绍说明文字和音效即可。人物出场定格效果，如图6-1所示。

图6-1 人物出场定格效果

STEP 01 在剪映中导入人物视频和背景音乐，如图6-2所示。

STEP 02 将人物视频和背景音乐分别添加到视频轨道和音频轨道中，如图6-3所示。

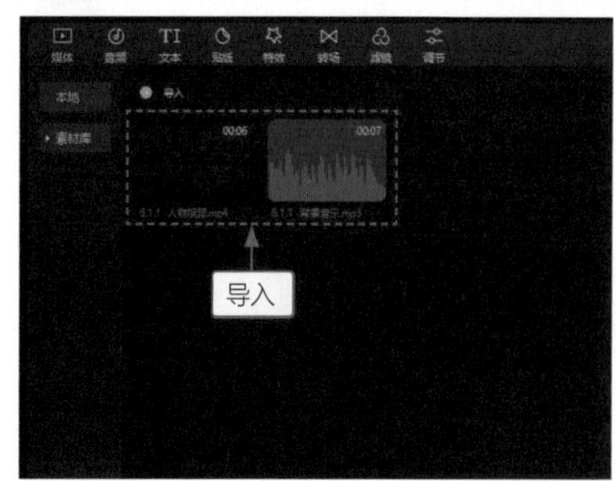

图6-2 导入人物视频和背景音乐

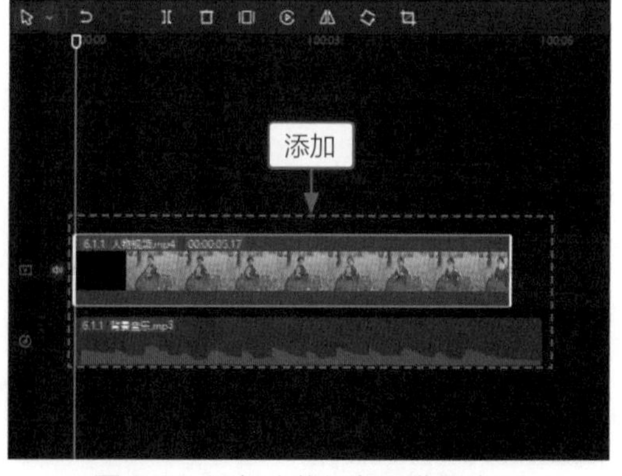

图6-3 添加人物视频和背景音乐

STEP 03 ❶拖曳时间指示器至00:00:03:00的位置处；❷单击“定格”按钮，如图6-4所示。

STEP 04 执行操作后，即可在人物望向镜头时将画面定格，❶在时间指示器的位置生成定格片段；❷选择定格片段后面的视频；❸单击“删除”按钮，如图6-5所示。

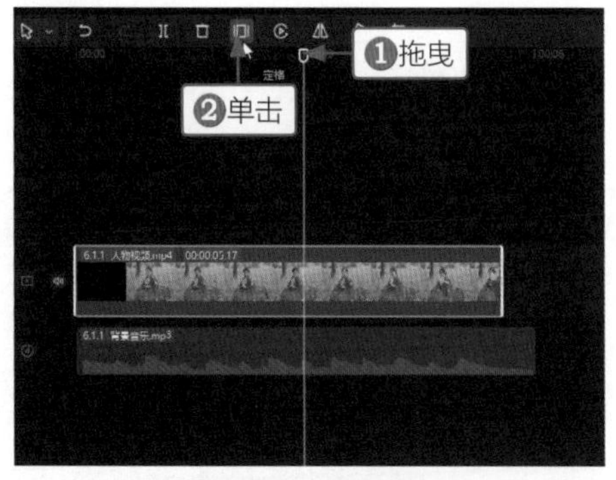

图6-4　定格视频

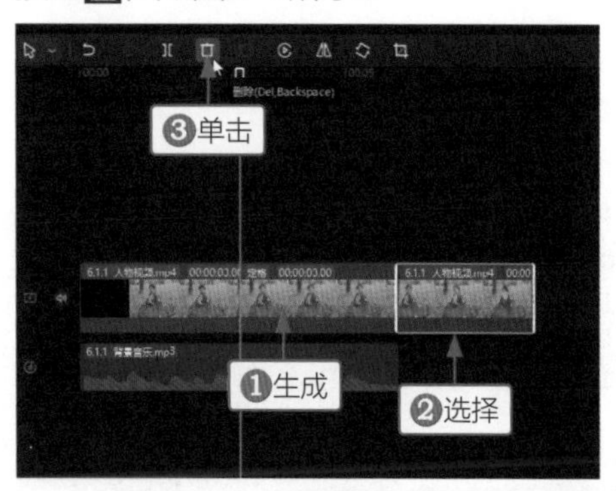

图6-5　删除多余视频

STEP 05 ❶复制定格片段并粘贴至画中画轨道中；❷选择视频轨道中的定格片段，如图6-6所示。

STEP 06 在“画面”操作区的“基础”选项卡中，设置“不透明度”参数为0%，将背景画面隐藏，如图6-7所示。

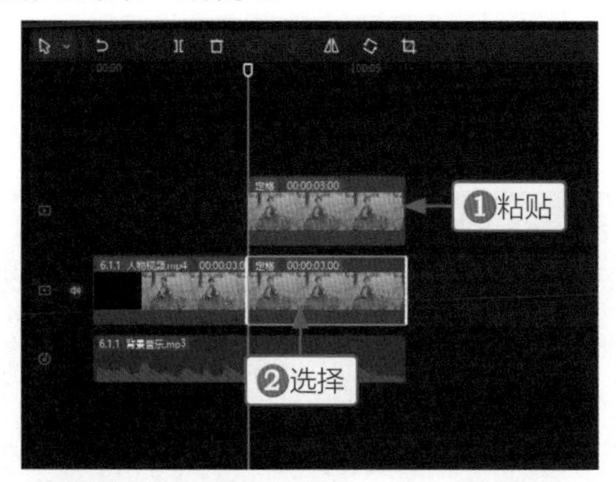

图6-6　选择视频轨道中的定格片段

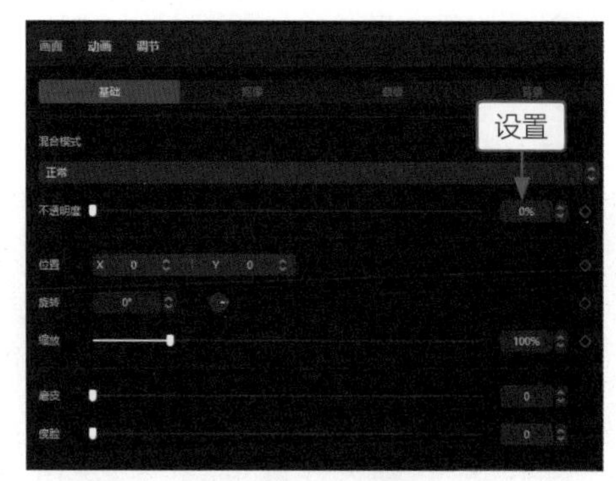

图6-7　设置参数

STEP 07 ❶切换至“背景”选项卡；❷设置“背景填充”为“模糊”；❸选择最后一个模糊样式，如图6-8所示。

STEP 08 选择画中画轨道中的定格片段，在“画面”操作区的“抠像”选项卡中，单击“智能抠像”按钮，对画面中的人物进行抠像，如图6-9所示。

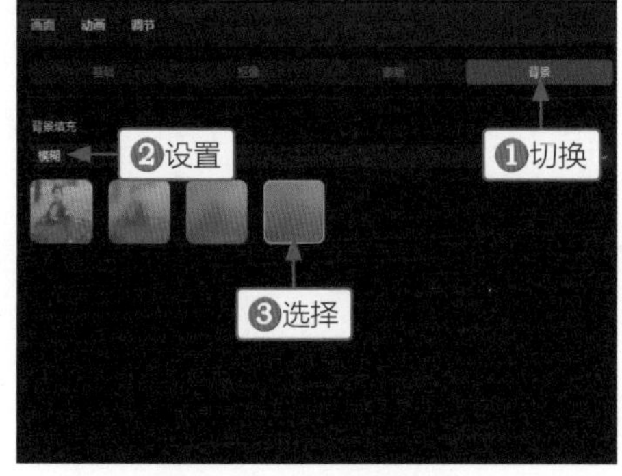

图6-8　选择模糊样式

图6-9　单击“智能抠像”按钮

STEP 09 ❶切换至“基础”选项卡；❷添加“位置”和“缩放”右侧的关键帧◆，如图6-10所示。

STEP 10 拖曳时间指示器至00:00:04:00的位置，❶在“播放器”面板中放大抠像素材并调整位置；❷在“基础”选项卡中会为素材自动添加第2组关键帧◆，制作人物定格动画效果，如图6-11所示。

图6-10 添加关键帧

图6-11 调整素材并添加第2组关键帧

STEP 11 在时间指示器的位置添加一个默认文本，并调整文本的时长，如图6-12所示。

STEP 12 在“编辑”操作区的“文本”选项卡中，❶输入人物介绍相关内容；❷设置一个合适的字体；❸在“播放器”面板中调整文字的大小和位置，如图6-13所示。

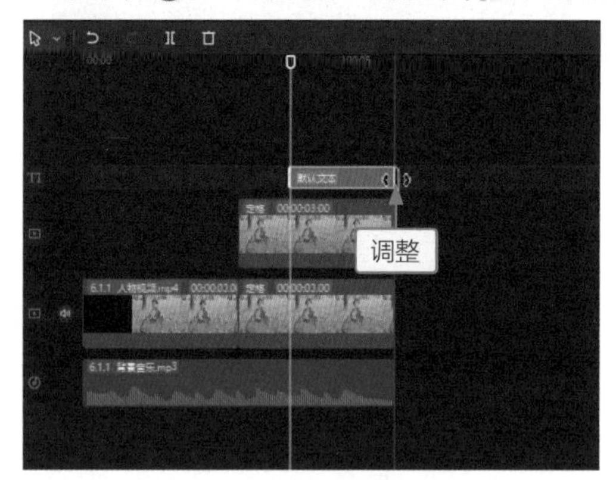

图6-12 添加并调整文本

图6-13 输入并调整文字

STEP 13 在“动画”操作区的“入场”选项卡中，❶选择“打字机Ⅰ”动画；❷设置“动画时长”参数为1.5s，如图6-14所示。

STEP 14 在“音频”功能区的“音效素材”选项卡中，❶搜索“打字声”；❷在下方搜索出来的音效中单击“添加到轨道”按钮⊕，如图6-15所示。

STEP 15 执行操作后，❶将音效添加到音频轨道中；❷拖曳时间指示器至视频结束位置；❸单击“分割”按钮Ⅱ，如图6-16所示。

STEP 16 将音效分割成两段，❶选择后半段音效；❷单击“删除”按钮🗑，将后半段音效删除，如图6-17所示。至此，完成人物出场定格效果的制作。

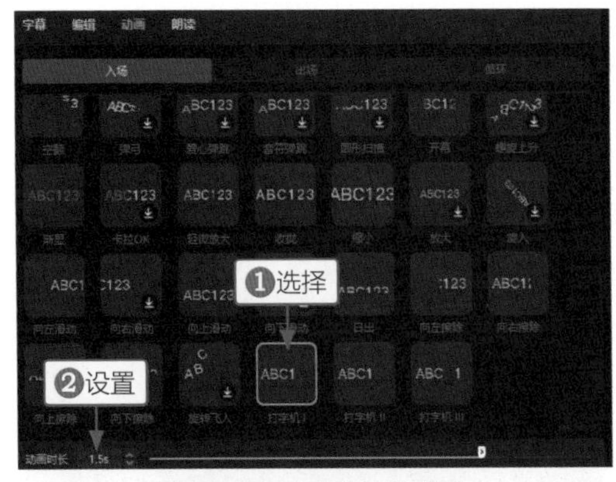

图6-14　设置入场动画

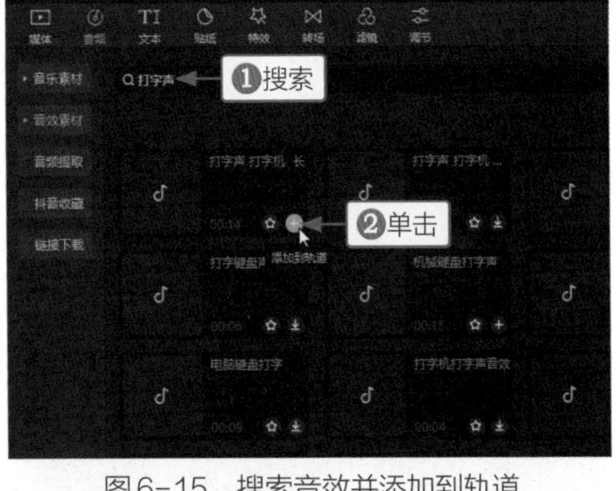

图6-15　搜索音效并添加到轨道

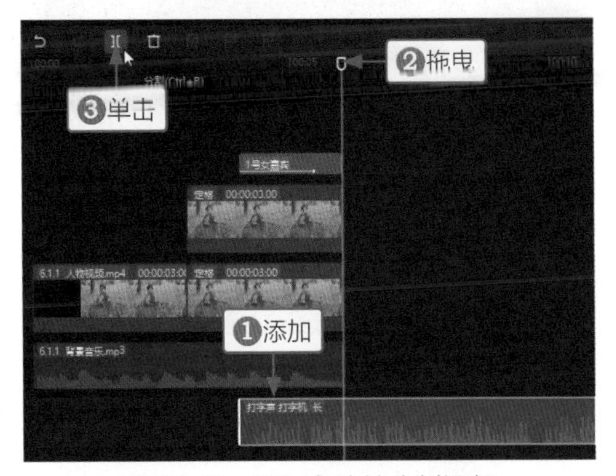

图6-16　添加音效并分割视频

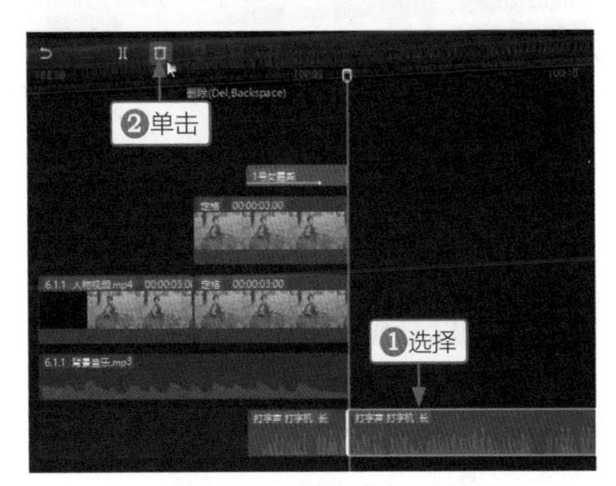

图6-17　删除多余音频

6.1.2 人物角色介绍

案例效果　教学视频

【效果说明】：有些节目在介绍嘉宾时，会一并介绍嘉宾的代表作和扮演的角色，增加观众对嘉宾的熟知度。在剪映中制作人物出场效果时，可以先准备一个好看的背景，再将人物添加在背景画面中，最后添加人物简介即可。人物角色介绍效果，如图6-18所示。

STEP 01 在剪映中导入两张人物照片和一个背景视频，如图6-19所示。

STEP 02 将背景视频添加到视频轨道上，如图6-20所示。

图6-18　人物角色介绍效果

图6-18　人物角色介绍效果(续)

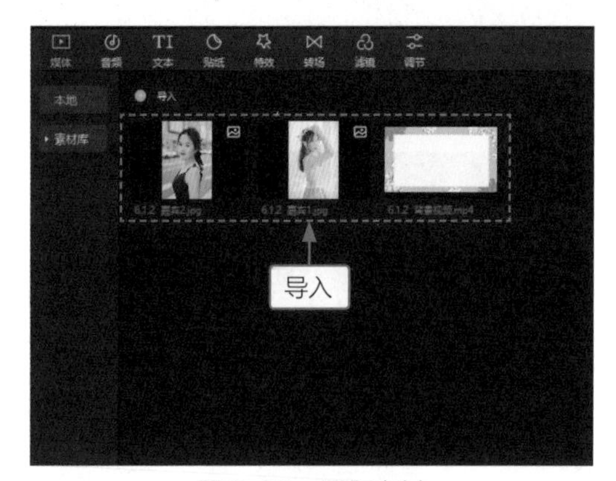

图6-19　导入素材

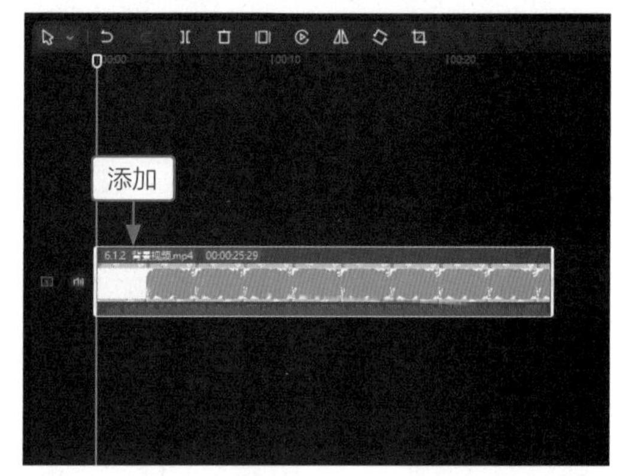

图6-20　添加背景视频到视频轨道

STEP 03 在“音频”操作区中，设置“淡出时长”参数为1.0s，设置视频的背景声音逐渐淡出，如图6-21所示。

STEP 04 ❶拖曳时间指示器至00:00:01:17的位置(即背景视频中涂抹动画结束的位置)；❷将第1张人物的照片添加到画中画轨道中并调整时长为00:00:04:00，如图6-22所示。

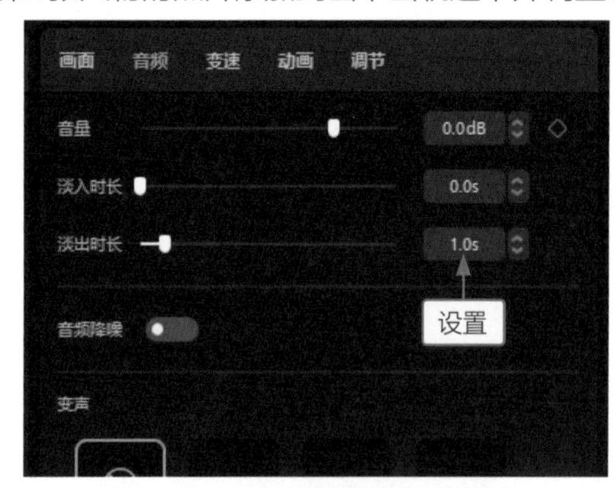

图6-21　设置背景声音淡出效果

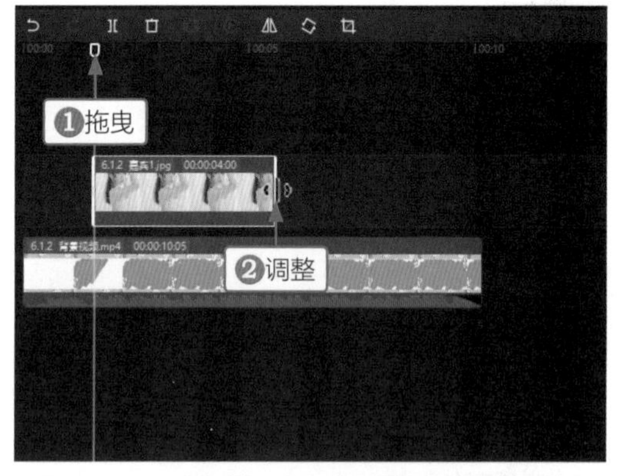

图6-22　添加第1张人物的照片并调整时长

STEP 05 在“画面”操作区的“抠像”选项卡中，单击“智能抠像”按钮，即可抠取照片中的人物，如图6-23所示。

STEP 06 在“基础”选项卡中，❶设置“缩放”参数为76%；❷在“播放器”面板中调整人物图像的位置，如图6-24所示。

STEP 07 在“动画”操作区的“入场”选项卡中，❶选择“渐显”动画；❷设置“动画时长”参数为1.0s，制作人物淡入效果，如图6-25所示。

STEP 08 拖曳时间指示器至00:00:05:00的位置，在“基础”选项卡中，添加“不透明度”关键帧◆，如图6-26所示。

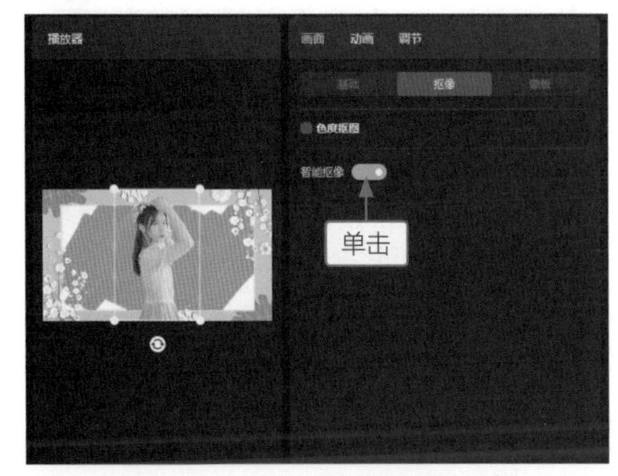

图6-23 单击“智能抠像”按钮

图6-24 缩放并调整人物图像

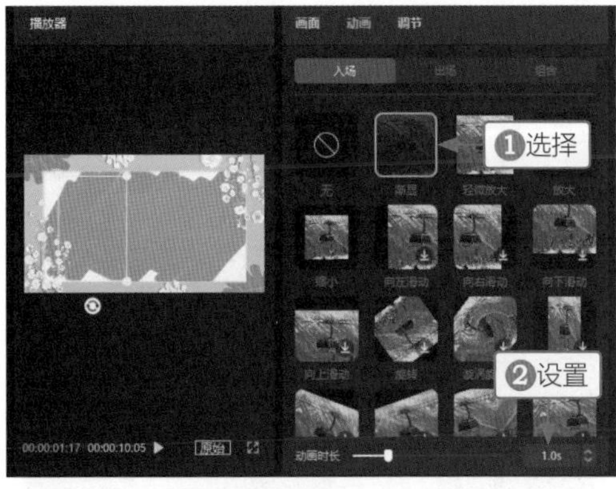

图6-25 设置入场动画

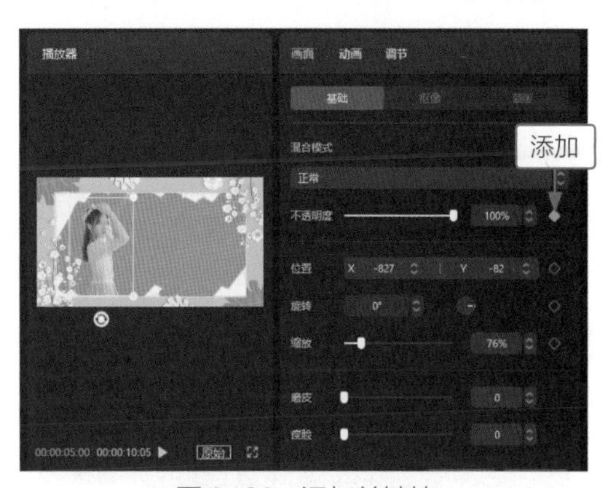

图6-26 添加关键帧

STEP 09 拖曳时间指示器至00:00:05:17的位置(即照片的结束位置)，在“基础”选项卡中，设置“不透明度”参数为0%，制作人物淡出效果，如图6-27所示。

STEP 10 ❶拖曳时间指示器至00:00:02:20的位置；❷添加一个默认文本并调整时长，如图6-28所示。

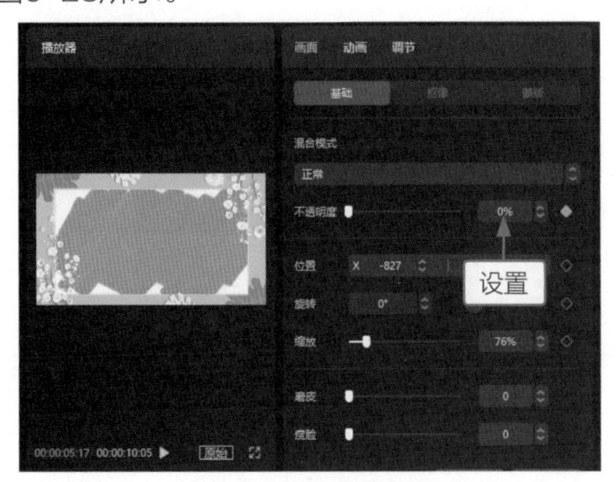

图6-27 设置参数

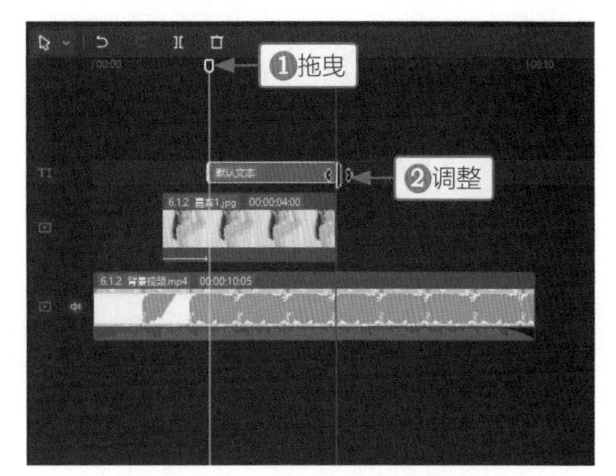

图6-28 添加文本并调整时长

STEP 11 在“编辑”操作区的“文本”选项卡中，❶输入人物角色介绍内容；❷设置一个合适的字体；❸在“播放器”面板中调整文本的大小和位置，如图6-29所示。

STEP 12 在“动画”操作区的“入场”选项卡中，❶选择“打字机Ⅱ”动画；❷设置“动画时长”参数为1.0s，如图6-30所示。

图6-29　输入并调整文本

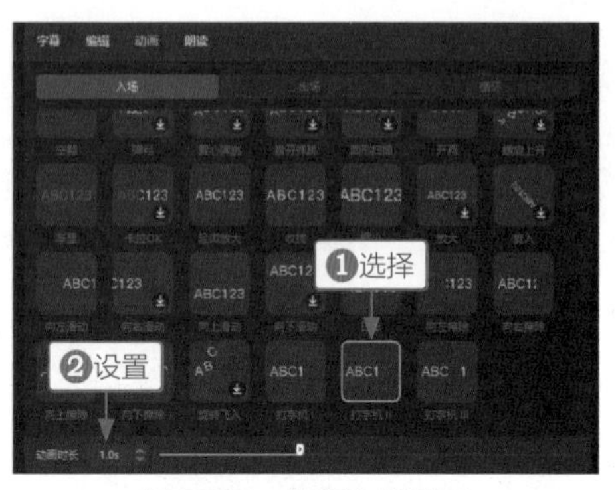

图6-30　设置入场动画

STEP 13 在“动画”操作区的“出场”选项卡中，❶选择“渐隐”动画；❷设置“动画时长”参数为0.5s，如图6-31所示。

STEP 14 ❶按Ctrl+C组合键复制制作第1张人物照片和第1个文本；❷拖曳时间指示器至00:00:06:00的位置；❸按Ctrl+V组合键粘贴第1张人物照片和第1个文本，如图6-32所示。

图6-31　设置出场动画

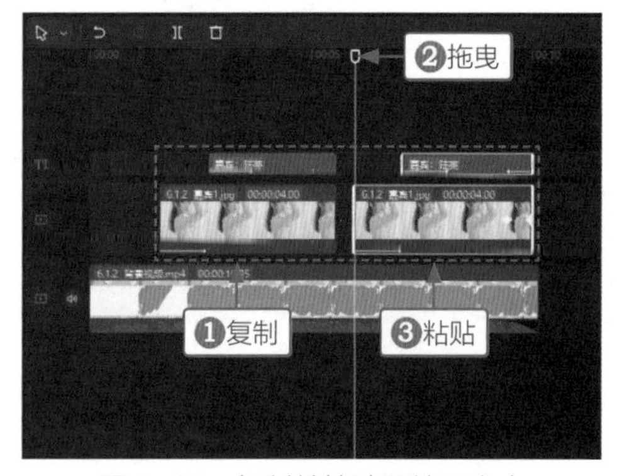

图6-32　复制并粘贴照片和文本

STEP 15 在“媒体”功能区中，将第2张人物照片拖曳至复制的素材上，如图6-33所示。

STEP 16 释放鼠标左键，弹出“替换”对话框，单击“替换片段”按钮，如图6-34所示。

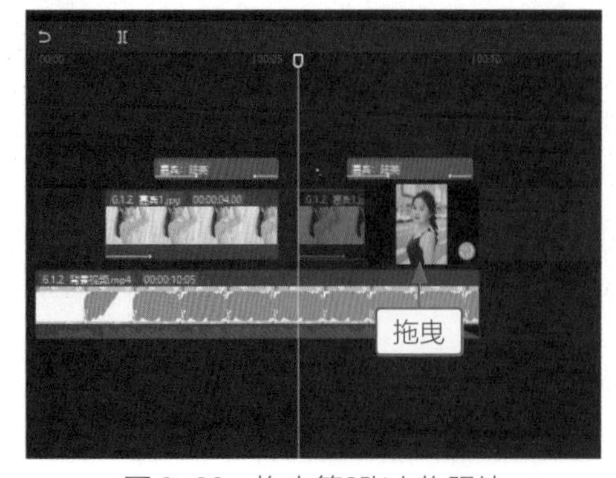

图6-33　拖曳第2张人物照片

图6-34　单击“替换片段”按钮

STEP 17 弹出信息提示框，提示用户替换片段，单击“确定”按钮，如图6-35所示。

STEP 18 执行操作后，❶将照片替换；❷单击"镜像"按钮，如图6-36所示。

图6-35 确定替换片段

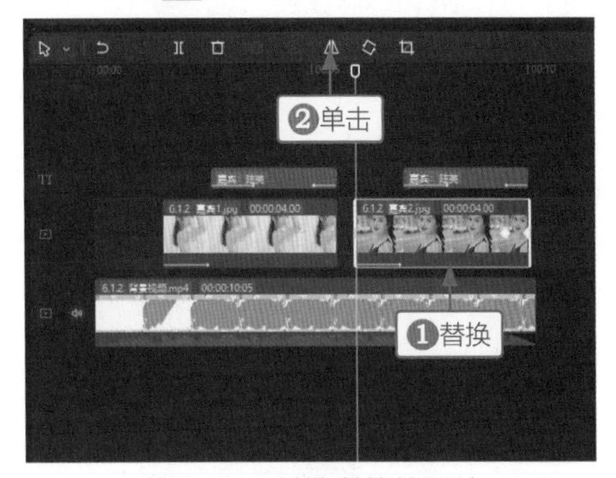

图6-36 镜像替换的照片

STEP 19 选择第2个文本，在"画面"操作区的"文本"选项卡中修改文本内容，如图6-37所示。

STEP 20 选择视频轨道中的背景视频，拖曳时间指示器至00:00:09:13的位置(第2张照片的第1个关键帧的位置)，在"画面"操作区的"基础"选项卡中，添加"不透明度"关键帧，如图6-38所示。

图6-37 修改文本内容

图6-38 添加关键帧

STEP 21 将时间指示器拖曳至结束位置，在"画面"操作区的"基础"选项卡中，设置"不透明度"参数为0%，制作背景视频淡出效果，完成人物角色介绍效果的制作，如图6-39所示。

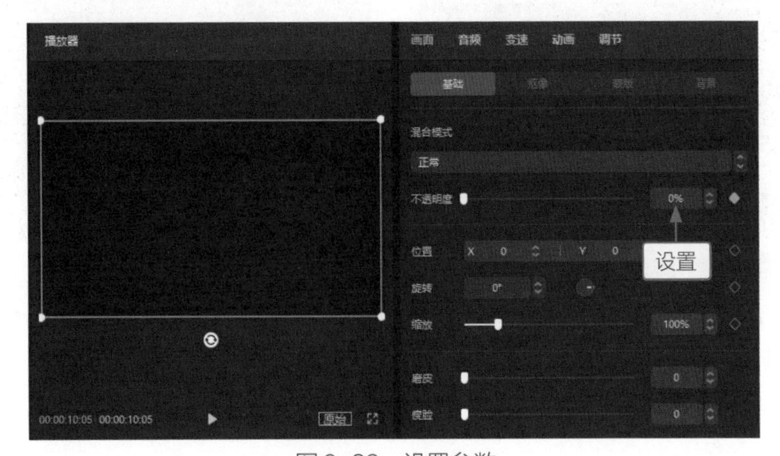

图6-39 设置参数

6.1.3 团队成员介绍

案例效果　　教学视频

【效果说明】：在节目中介绍团队成员时，可以选取采访过程中的视频片段或团队成员在节目中呈现的精彩片段。在剪映中，可根据背景音乐的节奏点，对视频片段中的团队成员进行抠像，并添加文字，介绍成员姓名和担任的职位。团队成员介绍效果，如图6-40所示。

图6-40　团队成员介绍效果

STEP 01 在剪映中导入一段背景音乐和3个人物视频，如图6-41所示。

STEP 02 将背景音乐添加到音频轨道上，如图6-42所示。

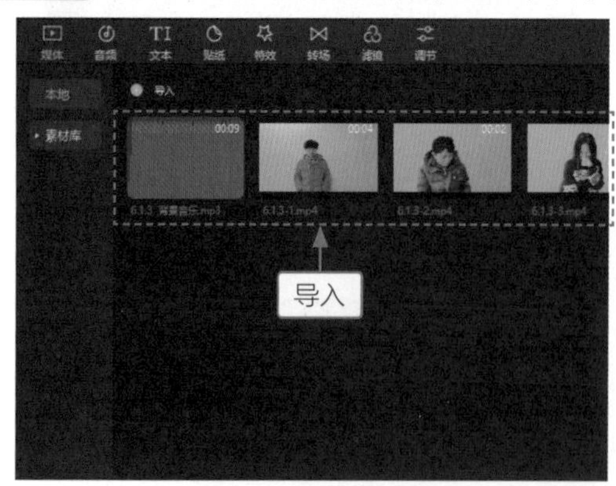

图6-41　导入视频素材

图6-42　添加背景音乐

STEP 03 播放音频，根据音频节奏，❶拖曳时间指示器至00:00:01:27的位置；❷单击“手动踩点”按钮，如图6-43所示。

STEP 04 执行操作后，音频上显示了一个黄色的圆点，表示为音频添加的第1个节拍点，如图6-44所示。

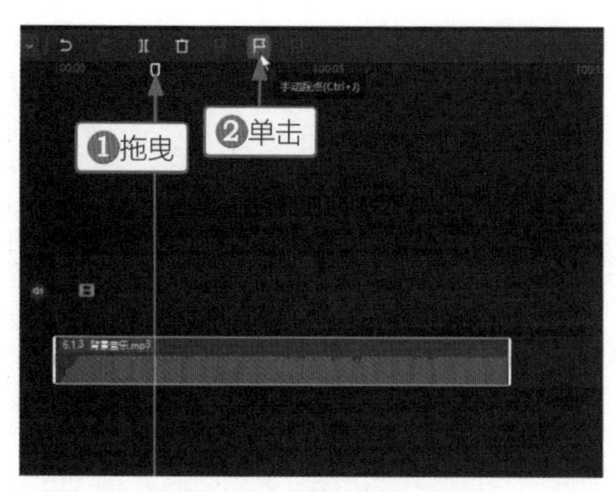

图6-43　添加手动踩点

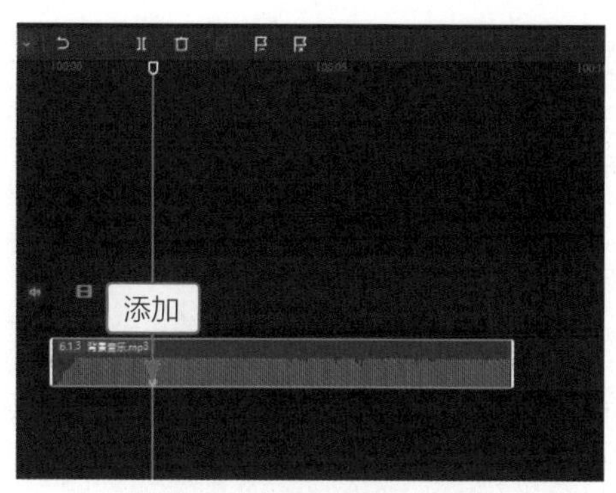

图6-44　添加第1个节拍点

STEP 05 用同样的方法，在00:00:04:05和00:00:06:07的位置分别添加一个节拍点，如图6-45所示。

STEP 06 ❶将第1个成员的采访视频添加到视频轨道中；❷拖曳时间指示器至第1个节拍点的位置；❸单击“定格”按钮，如图6-46所示。

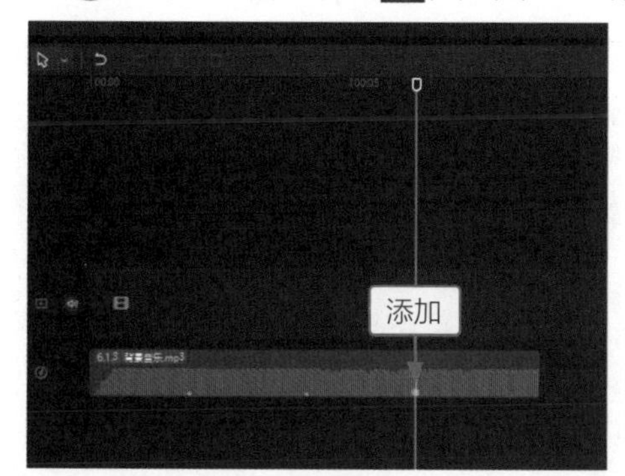

图6-45　再次添加节拍点

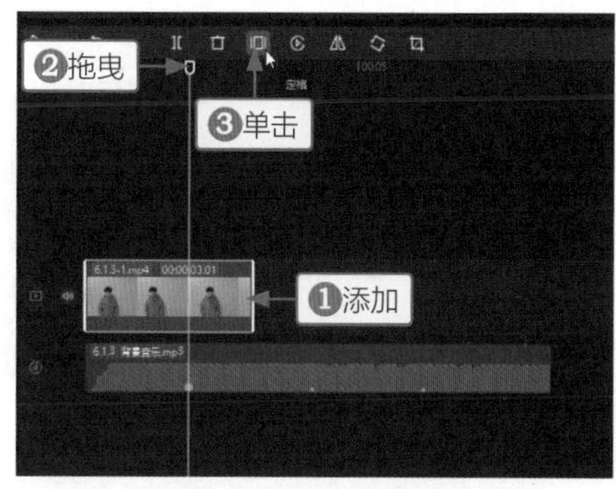

图6-46　定格视频

STEP 07 执行操作后，❶生成定格片段；❷选择定格片段后面的视频；❸单击“删除”按钮，如图6-47所示。

STEP 08 调整定格片段的时长为00:00:00:20，如图6-48所示。

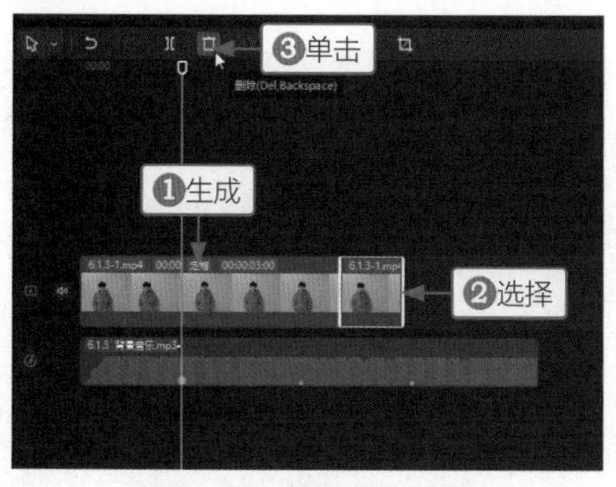

图6-47　删除多余视频

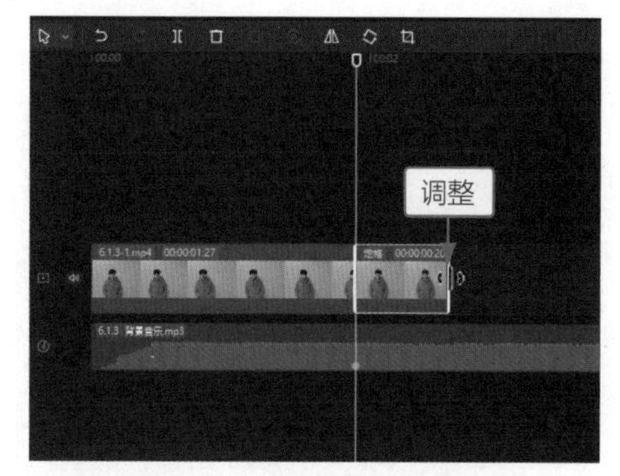

图6-48　调整定格片段的时长

STEP 09 选择定格片段，在“画面”操作区的“抠像”选项卡中，单击“智能抠像”按钮，抠取定格片段中的人物，如图6-49所示。

STEP 10 在“背景”选项卡的“背景填充”列表框中，选择“样式”选项，如图6-50所示。

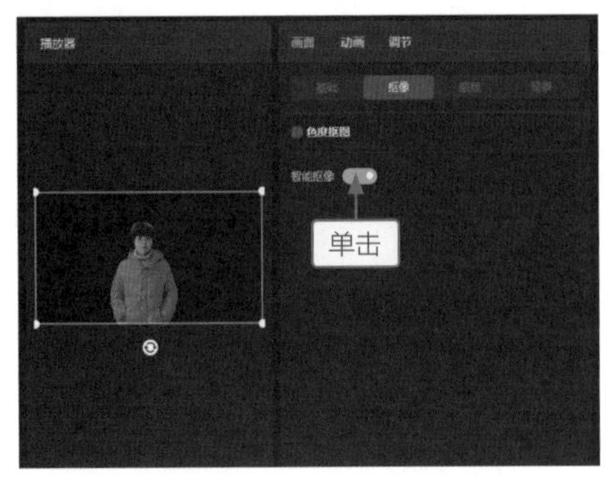

图6-49　单击“智能抠像”按钮

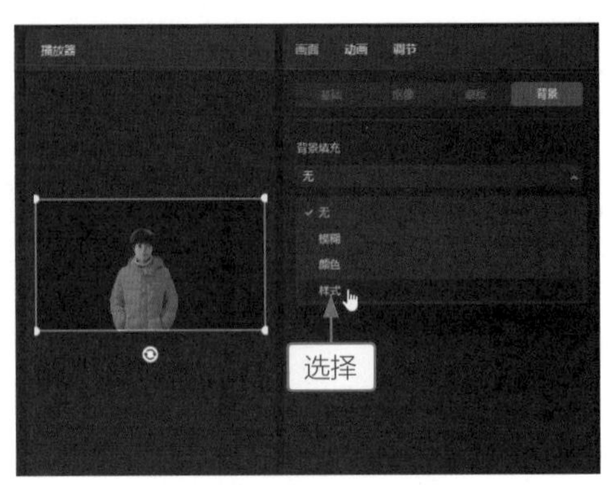

图6-50　选择“样式”选项

STEP 11 执行操作后，❶选择一个红墙背景样式；❷单击“应用到全部”按钮，如图6-51所示。

STEP 12 在“基础”选项卡中，添加“位置”和“缩放”关键帧◆。在定格片段的开始位置添加第1组关键帧，如图6-52所示。

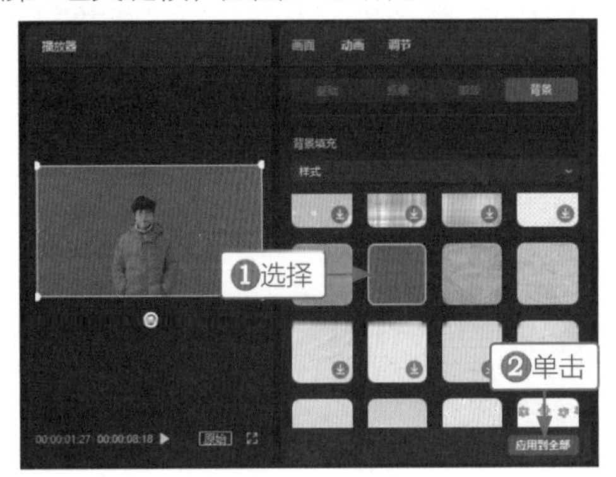

图6-51　选择背景样式

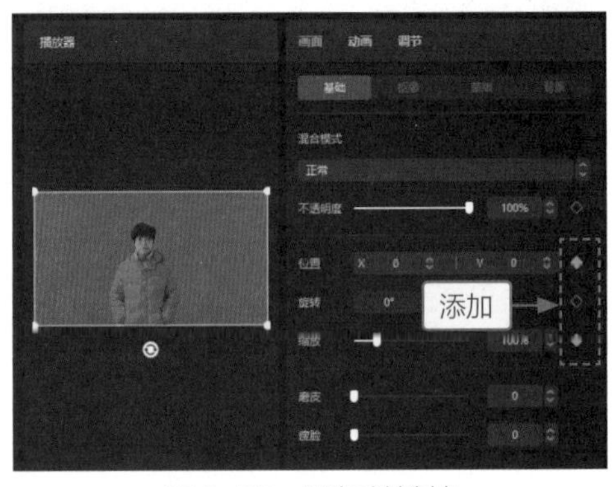

图6-52　添加关键帧

STEP 13 拖曳时间指示器至00:00:02:02的位置，在“播放器”面板中，❶调整人物大小和位置；❷为定格片段自动添加第2组关键帧◆，如图6-53所示。

STEP 14 将第2个成员的采访视频添加至视频轨道中，如图6-54所示。

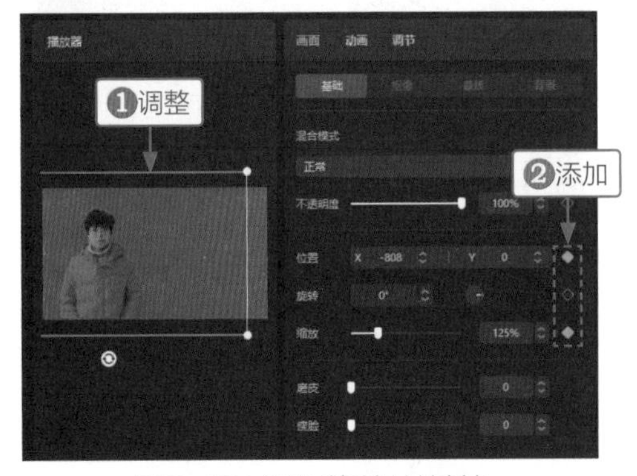

图6-53　添加第2组关键帧

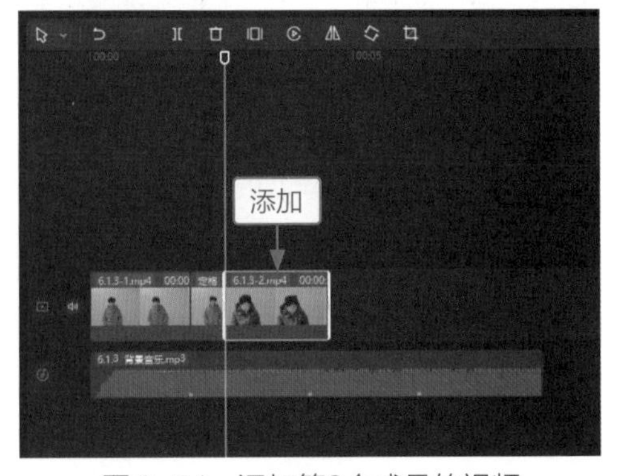

图6-54　添加第2个成员的视频

STEP 15 用同样的操作方法，在第2个节拍点的位置，❶制作一个定格片段；❷为定格片段抠像、添加关键帧等，如图6-55所示。

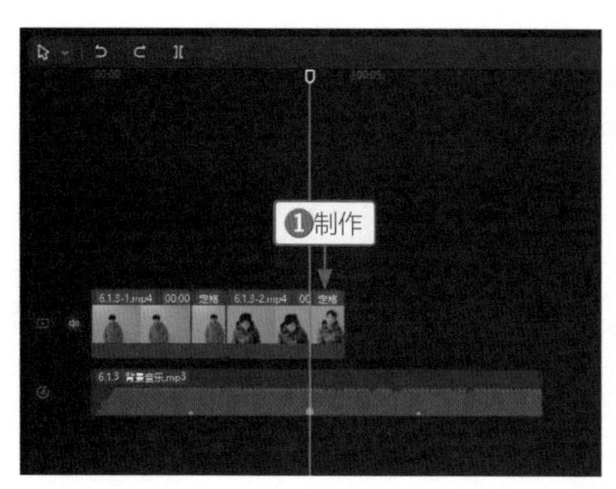

图6-55　制作第2个定格片段并抠像、添加关键帧

在调整定格片段中人物的大小和位置时，可以将团队成员统一调整到画面的左侧，这样便能将画面的右侧留出来，方便后面添加人物介绍文本。

STEP 16 依然按照上述操作方法，❶在第2个定格片段的后面添加第3个成员的采访视频；❷在第3个节拍点的位置制作一个时长为00:00:01:20的定格片段；❸为定格片段抠像、添加关键帧等，如图6-56所示。

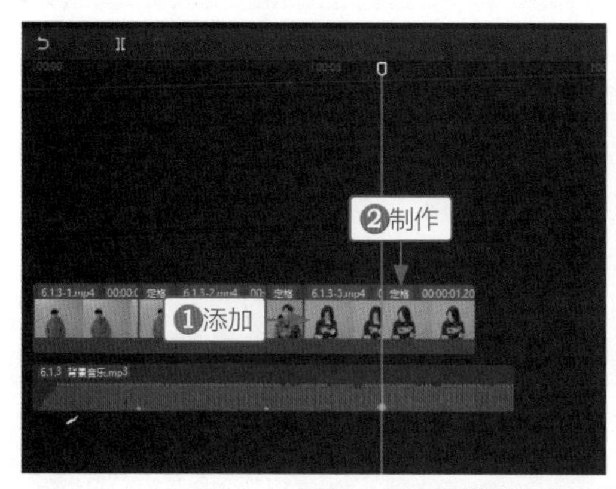

图6-56　制作第3个定格片段并抠像、添加关键帧

STEP 17 选择第3个定格片段，在"动画"操作区的"出场"选项卡中，❶选择"渐隐"动画；❷设置"动画时长"参数为1.0s，如图6-57所示。

STEP 18 拖曳时间指示器至第1个节拍点的位置，如图6-58所示。

STEP 19 在"文本"功能区"文字模板"的"标题"选项卡中，单击所选模板中的"添加到轨道"按钮⊕，如图6-59所示。

STEP 20 执行操作后，即可将文字模板添加到字幕轨道中，调整文字模板的时长与定格片段的时长一致，如图6-60所示。

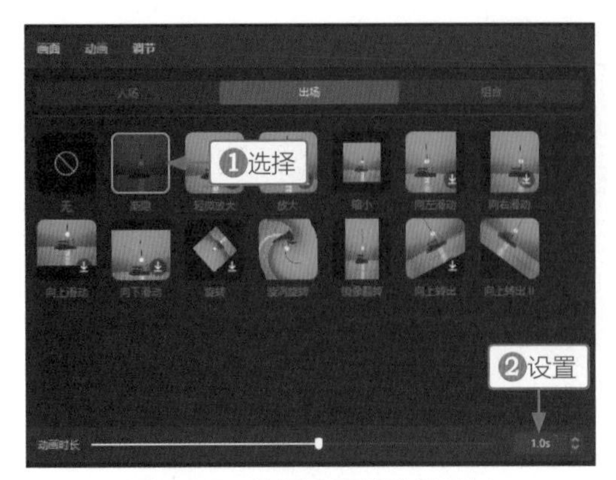

图6-57 选择动画并设置时长

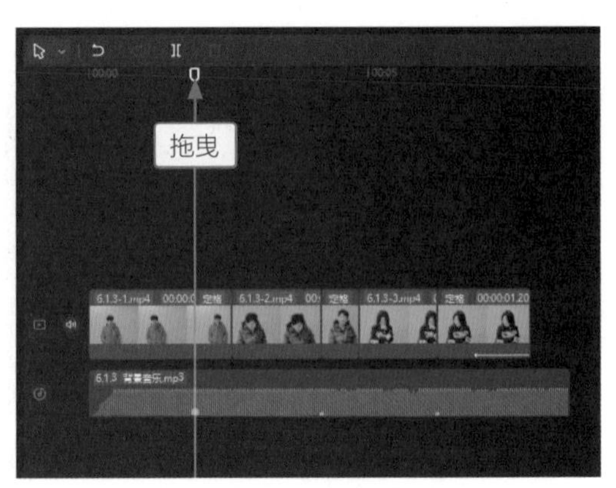

图6-58 拖曳时间指示器

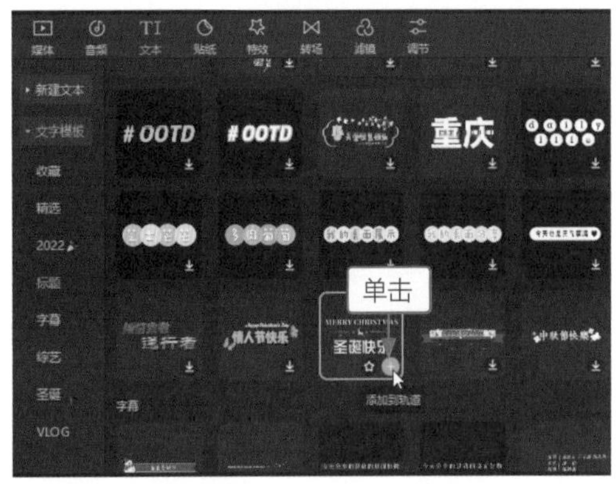

图6-59 添加模板到轨道

图6-60 添加并调整文字模板

STEP 21 在“编辑”操作区中，修改文本内容为第1个成员的人物介绍，如图6-61所示。

STEP 22 ❶复制第1个文本；❷将其分别粘贴至第2个节拍点和第3个节拍点的位置；❸调整第3个文本的结束时间至00:00:07:04的位置，如图6-62所示。由于第3个定格片段的时长比其他两个定格片段的时长更长，因此第3个文本的时长也应适当调长一些。

图6-61 修改文本内容

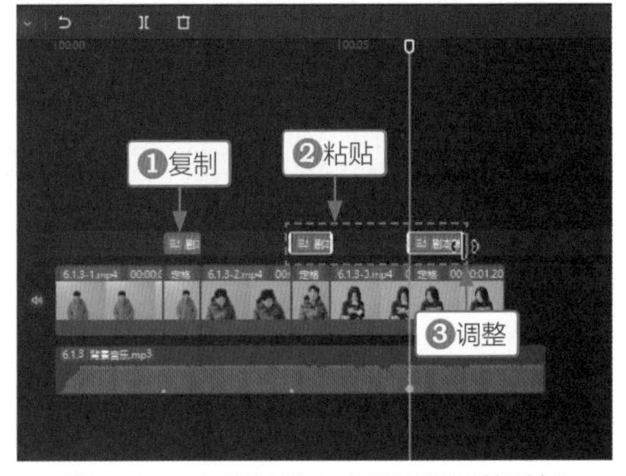

图6-62 复制粘贴文字模板并调整时长

STEP 23 在“编辑”操作区中，修改第2个和第3个文本中的内容，如图6-63所示。执行上述操作后，完成团队成员介绍效果的制作。

图6-63　修改第2个和第3个文本中的内容

6.2 综艺常用特效

综艺特效能够起到解说画面的作用，也能渲染视频氛围。本节主要介绍综艺常用特效的制作方法，包括人物大头特效、地图穿梭特效，以及慢放渲染气氛等。

6.2.1 人物大头特效

【效果说明】：人物大头特效是综艺节目中比较常用的效果之一，主要用来放大人物头像，突出人物脸上的表情，例如惊讶、不屑、嫌弃、偷笑、疑问、发呆、害怕等表情，放大后能让观众更直观地感受到人物当时的情绪。人物大头特效的效果，如图6-64所示。

案例效果

教学视频

图6-64　人物大头特效效果

STEP 01 在剪映中将视频素材添加到视频轨道中，如图6-65所示。

STEP 02 复制视频并粘贴至画中画轨道中，如图6-66所示。

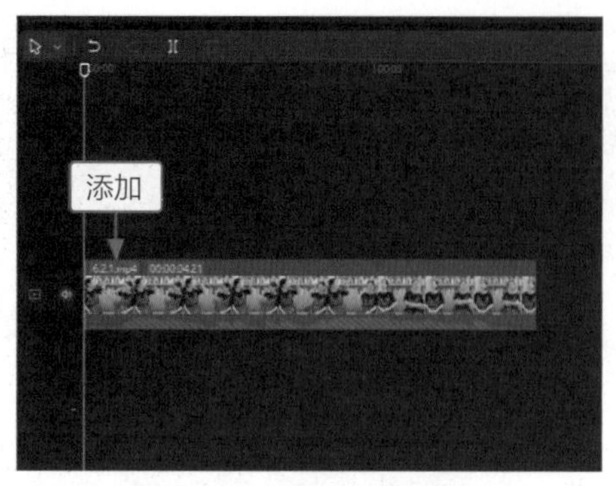

图6-65　添加视频素材

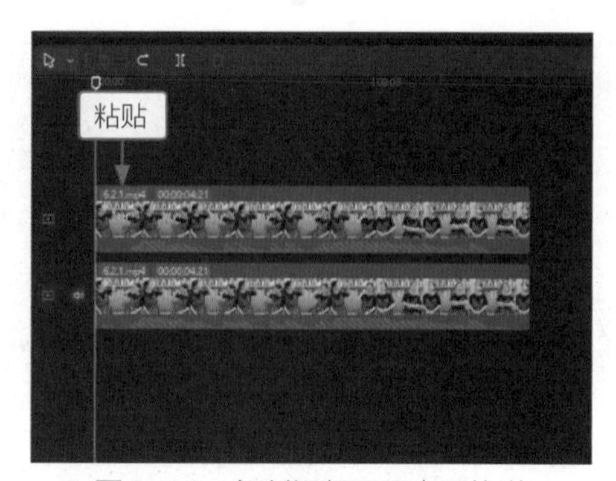

图6-66　复制视频至画中画轨道

STEP 03 在“画面”操作区的“蒙版”选项卡中，❶选择“圆形”蒙版；❷在“播放器”面板中调整蒙版的位置和大小；❸在“蒙版”选项卡中设置“羽化”参数为2，如图6-67所示。

STEP 04 拖曳时间指示器至00:00:00:14的位置，在“画面”操作区的“基础”选项卡中，添加“位置”和“缩放”关键帧，如图6-68所示。

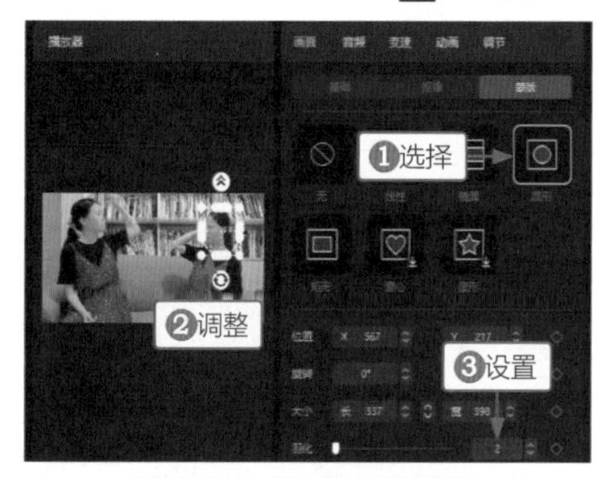

图6-67　设置和调整蒙版

图6-68　添加“位置”和“缩放”关键帧

STEP 05 拖曳时间指示器至00:00:00:15的位置处，在“画面”操作区的“基础”选项卡中，❶设置“缩放”参数为134%，放大人物头部；❷在“播放器”面板中调整人物头部的大小，如图6-69所示。

STEP 06 拖曳时间指示器至00:00:01:00的位置，在“画面”操作区的“基础”选项卡中，添加关键帧，如图6-70所示。

图6-69　调整人物头部的大小

图6-70　添加关键帧

STEP 07 拖曳时间指示器至00:00:01:01的位置，在“画面”操作区的“基础”选项卡中，❶设置“位置”的X和Y的参数均为0；❷设置“缩放”参数为100%，如图6-71所示。至此，完成人物大头特效的制作。

图6-71　设置参数

6.2.2 地图穿梭特效

【效果说明】：地图穿梭特效是户外真人秀等综艺节目中比较常用的效果之一，通常在更换拍摄地点时使用。在剪映中制作地图穿梭特效可以通过添加贴纸和文字来实现。地图穿梭特效的效果，如图6-72所示。

案例效果

教学视频

图6-72　地图穿梭特效效果

STEP 01 在剪映中将视频素材添加到视频轨道中，如图6-73所示。

STEP 02 拖曳时间指示器至00:00:00:10的位置，❶在“贴纸”功能区中搜索“地标”；❷在下方找到一个合适的地标贴纸并单击“添加到轨道”按钮⊕，如图6-74所示。

STEP 03 执行操作后，即可在轨道上添加一个地标贴纸，如图6-75所示。

STEP 04 在“播放器”面板中，调整贴纸的位置和大小，如图6-76所示。

STEP 05 在字幕轨道中，添加一个默认文本，如图6-77所示。

STEP 06 在“编辑”操作区的“文本”选项卡中，❶输入第1个地点名称；❷设置一个合适的字体；❸在“播放器”面板中调整文字的大小和位置，将文字调整至地标贴纸的左侧，如图6-78所示。

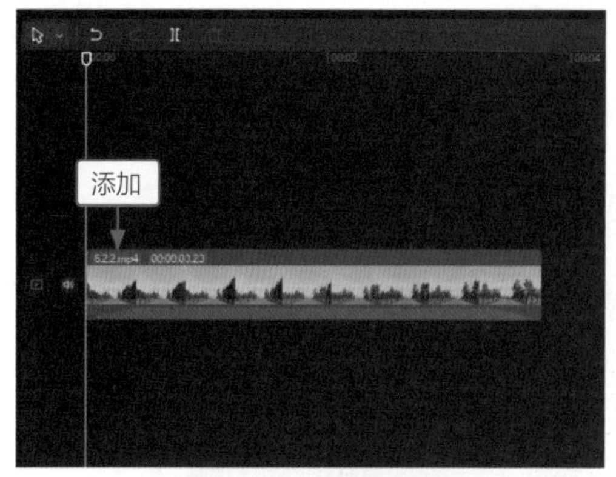

图6-73　添加视频素材

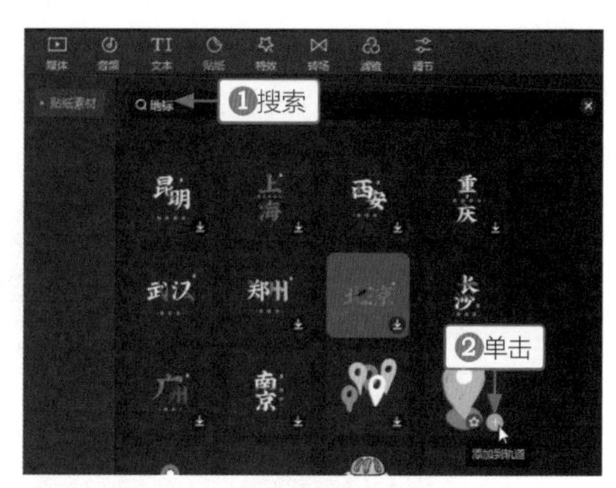

图6-74　搜索贴纸并添加到轨道

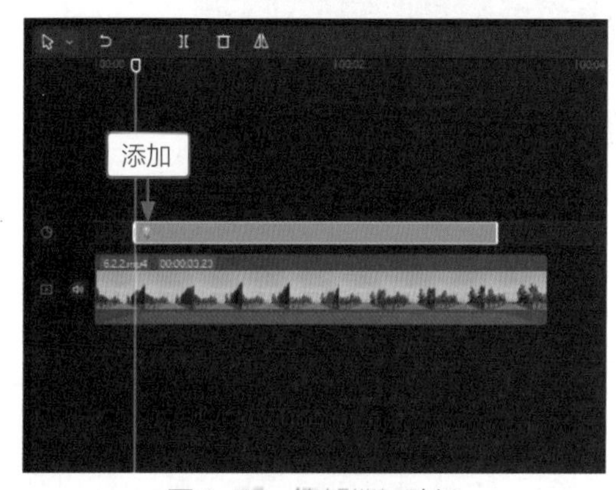

图6-75　添加地标贴纸

图6-76　调整贴纸

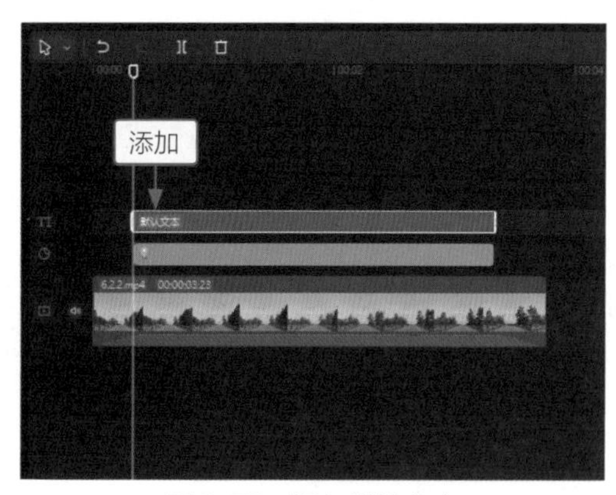

图6-77　添加默认文本

图6-78　添加并调整文字

STEP 07 用同样的方法，制作第2个地标贴纸和第2个地点文本，如图6-79所示。

STEP 08 并在“播放器”面板中，调整贴纸和文本的位置和大小，如图6-80所示。

STEP 09 在“贴纸”功能区的“箭头”选项卡中，找到一个白色的动态箭头贴纸，单击“添加到轨道”按钮⊕，如图6-81所示。

STEP 10 执行操作后，在轨道上添加白色箭头贴纸，如图6-82所示。

STEP 11 在“编辑”操作区中，❶设置“旋转”参数为-90°；❷在“播放器”面板中调整白色箭头贴纸的大小和位置，使箭头位于两个地点之间，完成地图穿梭特效的制作，如图6-83

所示。

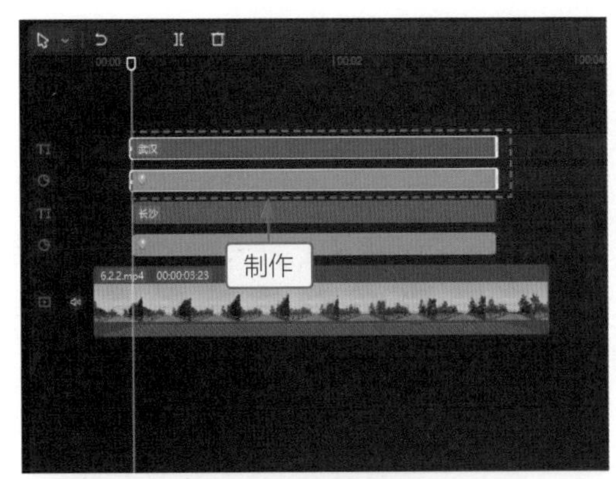

图6-79　制作贴纸和文本

图6-80　调整贴纸和文本

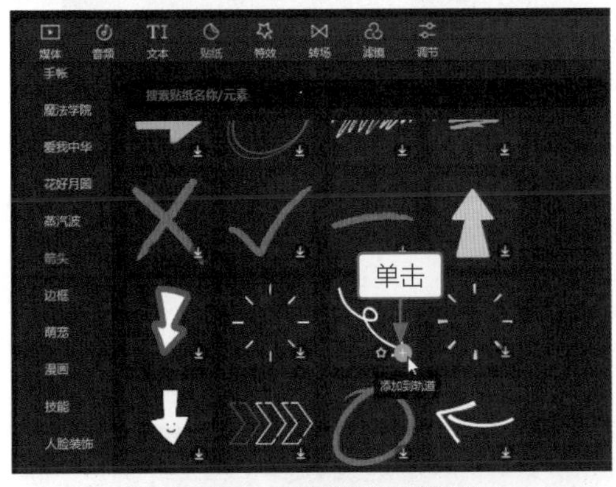

图6-81　添加贴纸到轨道

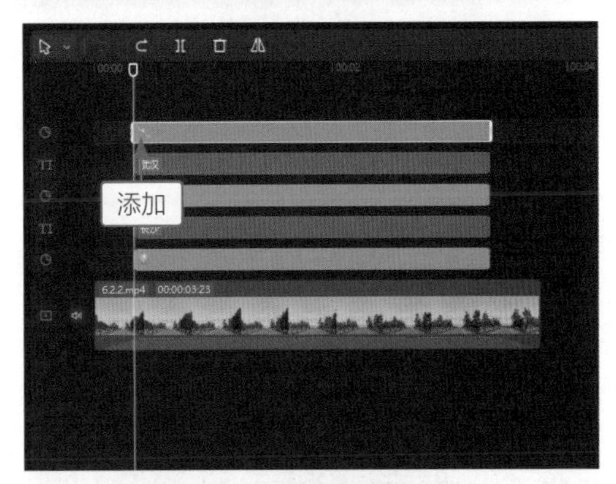

图6-82　添加白色箭头贴纸

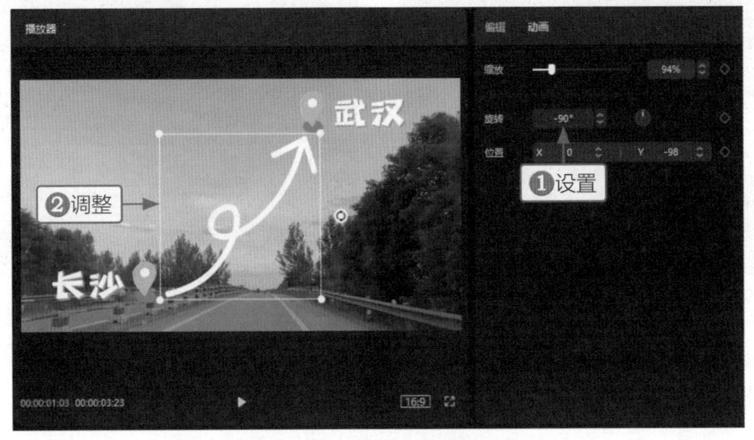

图6-83　设置和调整贴纸

6.2.3 慢放渲染气氛

案例效果

教学视频

【效果说明】：慢放特效又称升格特效，是综艺后期剪辑中常用的手法之一，通过放慢画面的播放速度，使人物的动作更加清楚地呈现，还能渲染期待、煽情，以及浪漫等画面气氛，提醒观众下一个画面即将发生一些事情，引起观众的好奇心。慢放渲染气氛的效果，如图6-84所示。

图6-84 慢放渲染气氛效果

STEP 01 在剪映“媒体”功能区中导入一个视频素材，使用拖曳的方式，将视频素材添加到视频轨道中，如图6-85所示。

STEP 02 ❶拖曳时间指示器至00:00:01:15的位置；❷单击“分割”按钮，如图6-86所示。

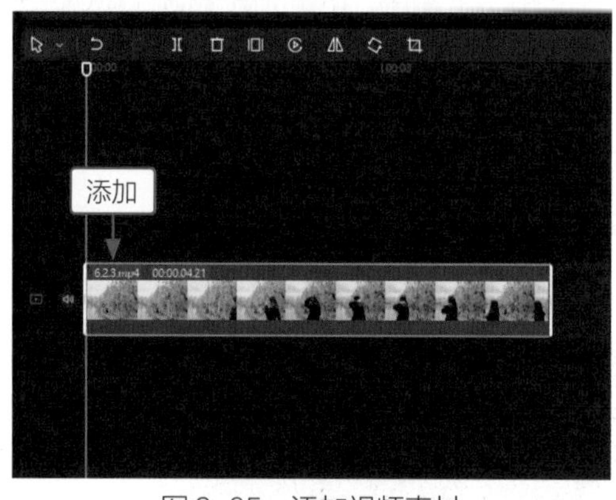

图6-85 添加视频素材

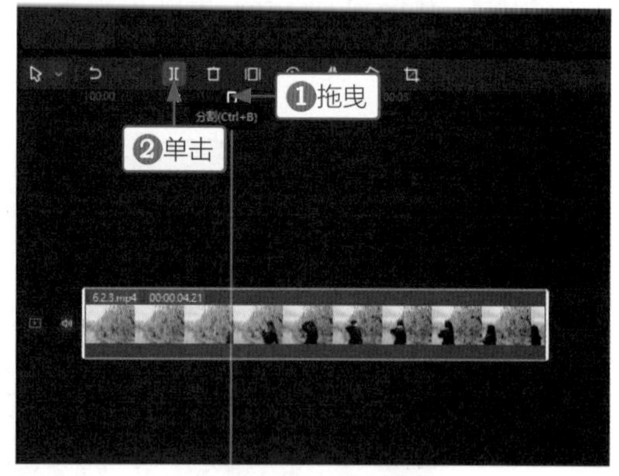

图6-86 分割视频

STEP 03 执行操作后，❶将视频分割成两段；❷拖曳时间指示器至00:00:03:00的位置，再次单击“分割”按钮，如图6-87所示。

STEP 04 执行上述操作后，即可将整个视频分割成3段，选择分割后的第2段视频，如图6-88所示。

STEP 05 在“变速”操作区的“常规变速”选项卡，设置“自定时长”参数为5.0s，如图6-89所示。执行操作后，上方的“倍数”参数会自动调整为0.3x，将第2段视频的播放速度变慢。

STEP 06 拖曳时间指示器至00:00:01:15的位置，在“特效”功能区的“氛围”选项卡中，单击“光斑飘落”特效中的“添加到轨道”按钮⊕，如图6-90所示。

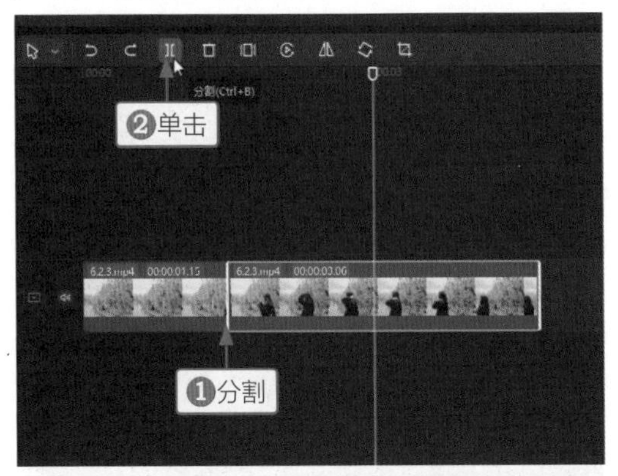

图6-87　再次分割视频

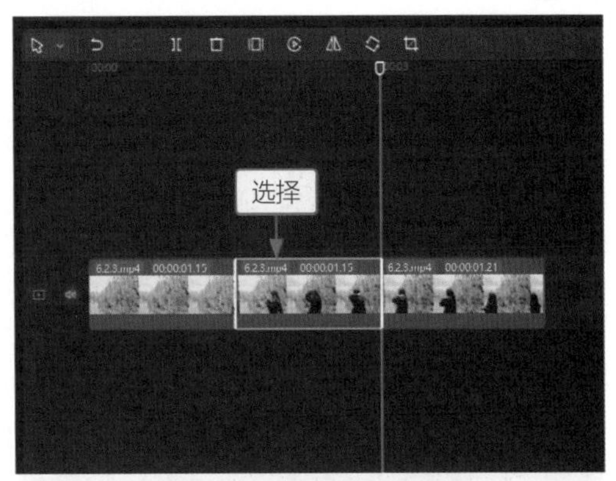

图6-88　选择第2段视频

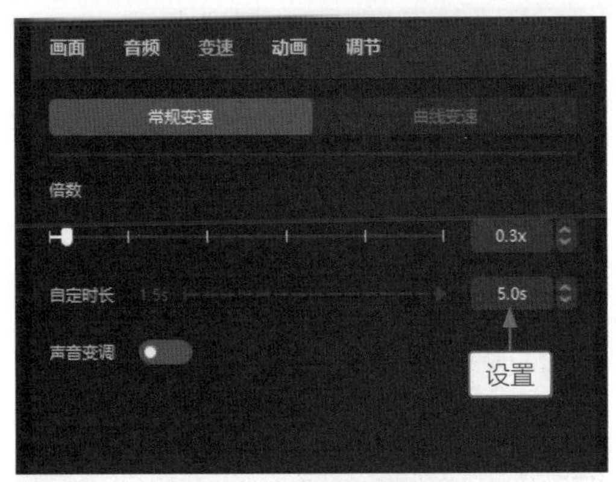

图6-89　设置变速时长

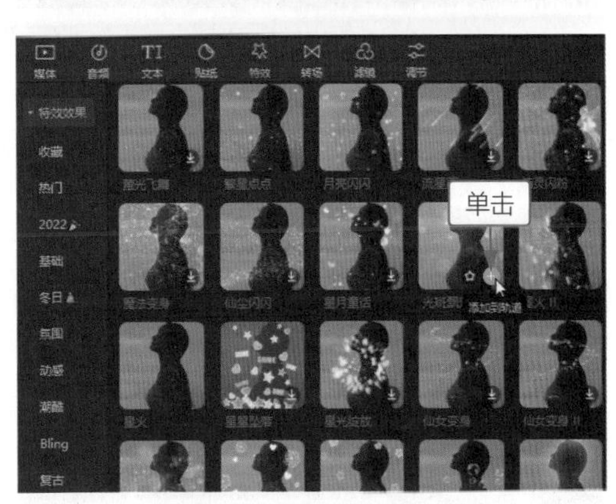

图6-90　添加特效到轨道

STEP 07 执行操作后，即可在轨道中添加“光斑飘落”特效，并调整特效的时长，如图6-91所示。

STEP 08 拖曳时间指示器至00:00:00:06的位置处，在“音频”功能区的“浪漫”选项卡中，单击所选音频中的“添加到轨道”按钮⊕，如图6-92所示。

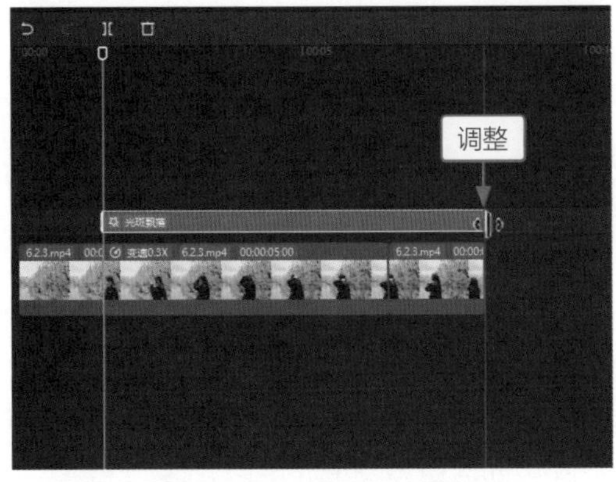

图6-91　调整特效的时长

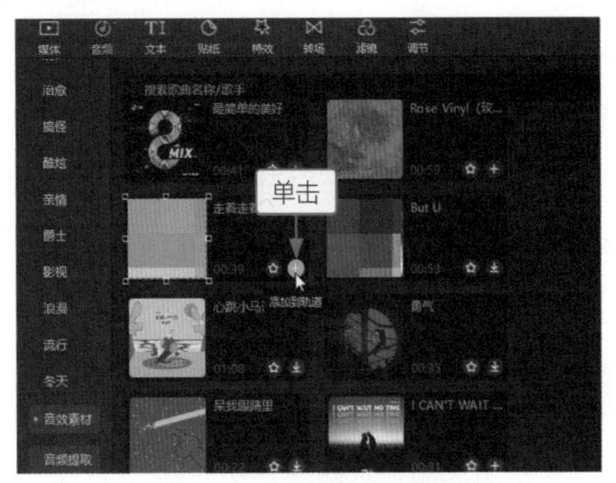

图6-92　添加音效到轨道

STEP 09 执行操作后，❶在音频轨道中添加所选音频；❷拖曳时间指示器至视频的结束位置处；❸单击“分割”按钮][，如图6-93所示。

STEP 10 执行操作后，即可将音频分割为两段，❶选择分割的后半段音频；❷单击“删除”按钮，如图6-94所示。

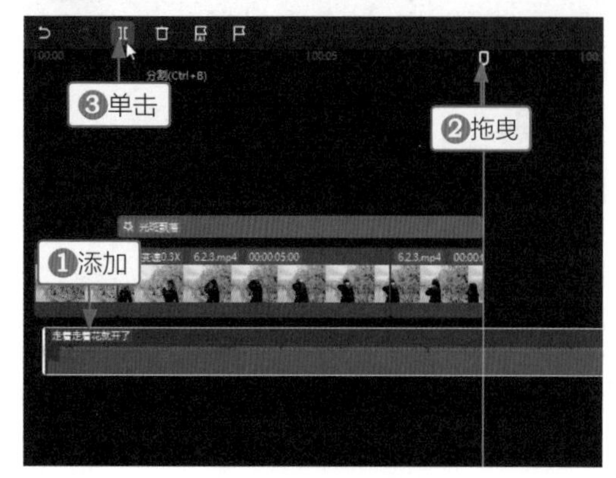

图6-93　分割音频

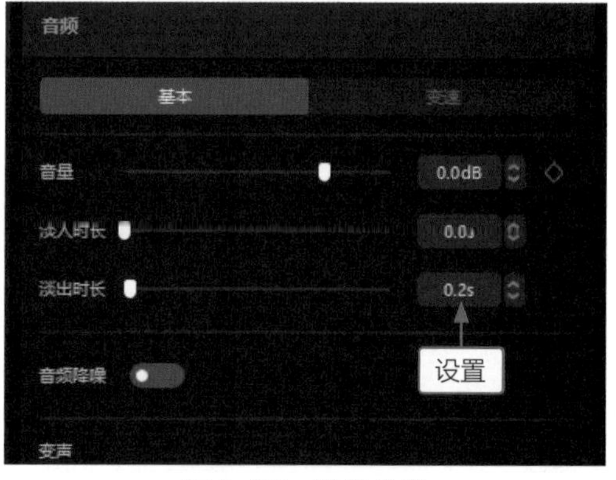

图6-94　删除多余视频

STEP 11 执行操作后，即可删除后半段音频，选择留下的音频，如图6-95所示。

STEP 12 在“音频”操作区中，设置“淡出时长”参数为0.2s，如图6-96所示。制作音频淡出效果，完成慢放渲染气氛效果的制作。

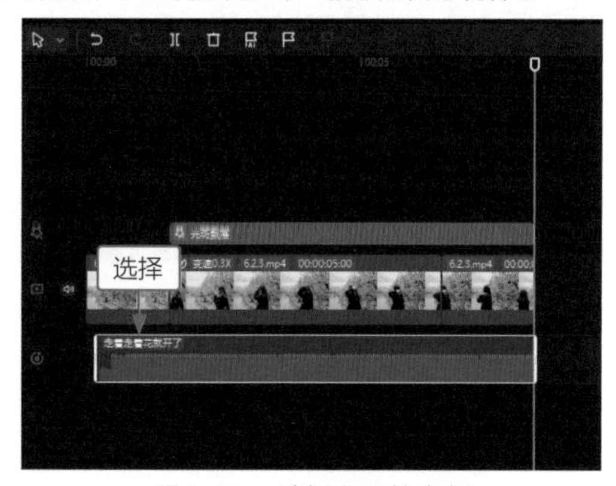

图6-95　选择留下的音频

图6-96　设置参数

6.3 综艺弹幕贴纸

弹幕贴纸在综艺节目中经常出现，适合的弹幕贴纸可以丰富观众的视觉感受。本节主要介绍神秘嘉宾贴纸、笑出鹅声贴纸，以及弹幕刷屏贴纸的制作方法，帮助大家熟练使用贴纸制作综艺效果。

6.3.1 神秘嘉宾贴纸

案例效果

教学视频

【效果说明】：在综艺节目预告片中，为了加强当期节目嘉宾的神秘感时，会将嘉宾的脸遮挡起来，给观众制造悬念，引起观众的好奇心。例如，综艺节目的后期人员经常会选择用一个萌宠贴纸或者写了“秘”字的贴纸，将嘉宾的脸遮挡起来。神秘嘉宾贴纸效果，如

图6-97所示。

图6-97　神秘嘉宾贴纸效果

STEP 01 在剪映中将视频素材添加到视频轨道中，如图6-98所示。

STEP 02 在“贴纸”功能区的“遮挡”选项卡中，单击“秘”字贴纸中的“添加到轨道”按钮⊕，如图6-99所示。

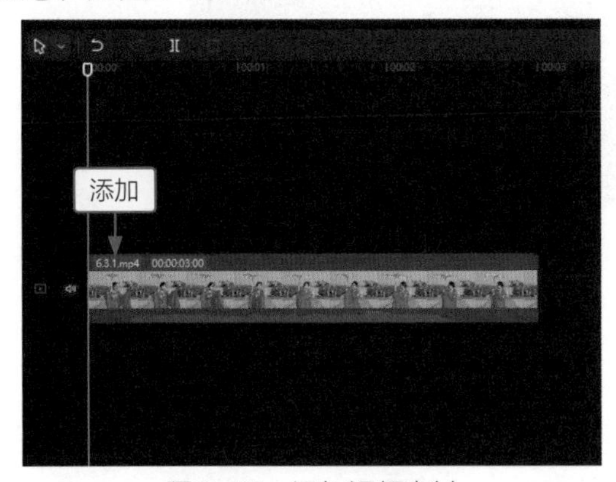

图6-98　添加视频素材

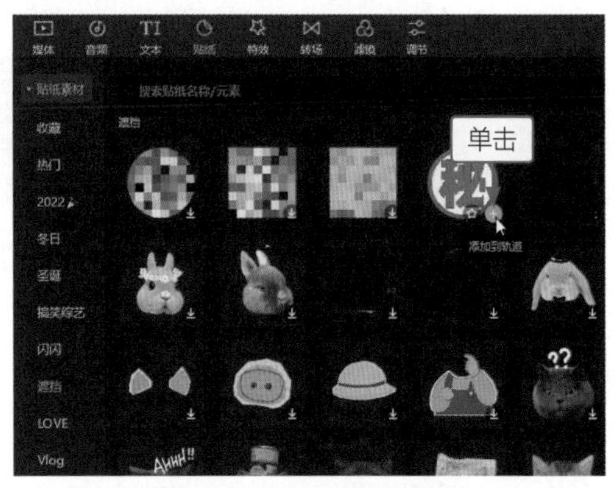

图6-99　添加贴纸到轨道

STEP 03 执行操作后，即可将“秘”字贴纸添加到轨道中，如图6-100所示。

STEP 04 ❶在“播放器”面板中调整贴纸的大小和位置；❷在“编辑”操作区中添加“位置”关键帧◆，如图6-101所示。

为贴纸添加关键帧，目的是制作贴纸的跟踪效果，使贴纸跟随人物的走动而变换位置。用户可以根据自己的视频素材，每隔两、三帧就添加一次关键帧，调整贴纸的位置。

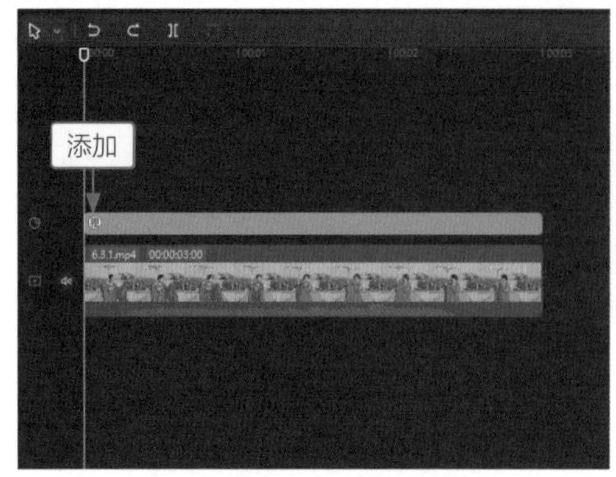

图6-100 添加贴纸到轨道

图6-101 调整贴纸并添加关键帧

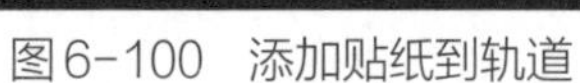

STEP 05 拖曳时间指示器至00:00:02:00的位置，在“播放器”面板中调整贴纸的位置，如图6-102所示。再次添加一个关键帧，完成神秘嘉宾贴纸的制作。

图6-102 调整贴纸

6.3.2 笑出鹅声贴纸

【效果说明】：在综艺节目中，为了增加节目的趣味性，可以在画面中添加搞笑贴纸，如尴尬、笑出鹅声等。笑出鹅声贴纸效果，如图6-103所示。

案例效果 教学视频

图6-103 笑出鹅声贴纸效果

图6-103　笑出鹅声贴纸效果(续)

STEP 01 在剪映中将视频素材添加到视频轨道中，如图6-104所示。

STEP 02 拖曳时间指示器至00:00:01:10的位置(即人物将手拍在树干上的位置)，在“贴纸”功能区的“综艺字”选项卡中，单击“尴尬”贴纸中的“添加到轨道”按钮，如图6-105所示。

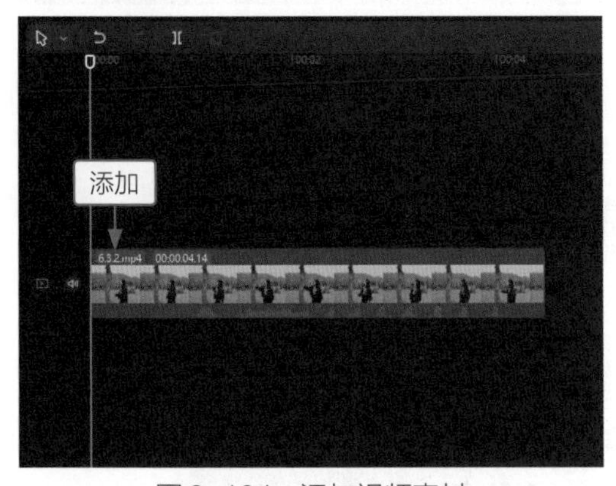

图6-104　添加视频素材

图6-105　添加“尴尬”贴纸到轨道

STEP 03 执行操作后，即可将“尴尬”贴纸添加到轨道中，并调整贴纸的结束时间至00:00:04:07的位置，如图6-106所示。

STEP 04 在“播放器”面板中调整贴纸的大小和位置，如图6-107所示。

STEP 05 拖曳时间指示器至00:00:02:00的位置(即人物将手移开树干上的位置)，在“贴纸”功能区的“综艺字”选项卡中，单击“鹅鹅鹅”贴纸中的“添加到轨道”按钮，如图6-108所示。

STEP 06 执行操作后，即可将“鹅鹅鹅”贴纸添加到轨道中，并调整贴纸的结束位置与第1个贴纸的结束位置对齐，如图6-109所示。

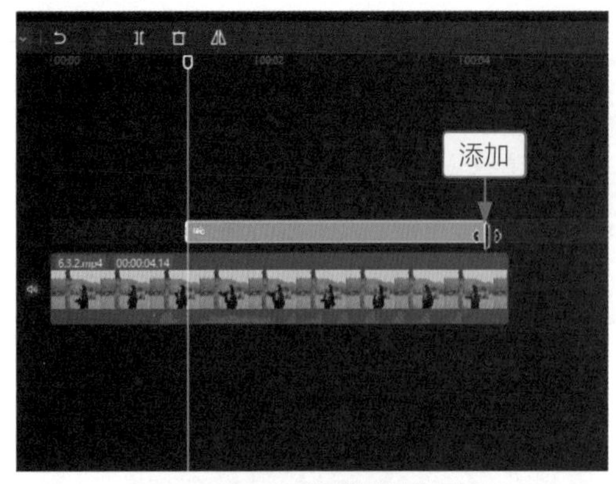

图6-106　调整“尴尬”贴纸

图6-107　调整“尴尬”贴纸的大小和位置

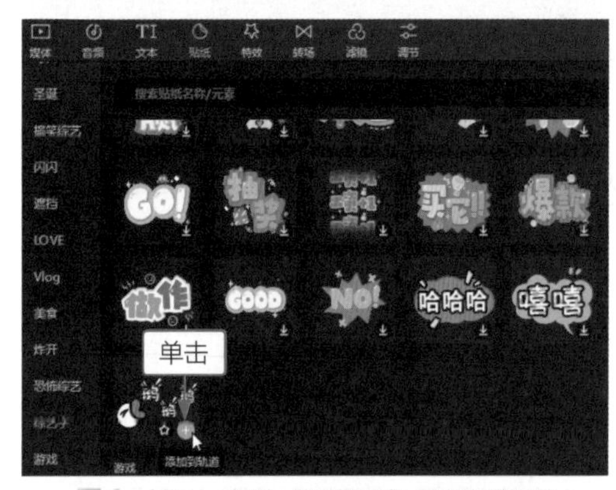

图6-108　添加“鹅鹅鹅”贴纸到轨道

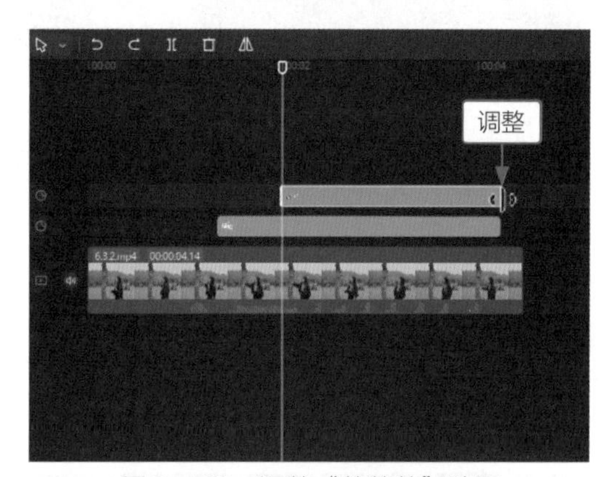

图6-109　调整“鹅鹅鹅”贴纸

STEP 07 执行上述操作后，在“播放器”面板中，调整“鹅鹅鹅”贴纸的位置和大小，如图6-110所示。执行上述操作，完成笑出鹅声贴纸效果的制作。

图6-110　调整“鹅鹅鹅”贴纸的位置和大小

6.3.3 弹幕刷屏贴纸

案例效果

教学视频

【效果说明】：弹幕是观众看节目时发表的评论性字幕，后期人员在剪辑综艺节目时，也会在比较搞笑的综艺片段中添加弹幕刷屏贴纸，并添加观众的笑声音效，丰富画面中的元素，同时也能向观众传达信息，引起观众共鸣。弹幕刷屏贴纸效果，如图6-111所示。

图6-111　弹幕刷屏贴纸效果

STEP 01 在剪映中将视频素材添加到视频轨道中，如图6-112所示。

STEP 02 拖曳时间指示器至00:00:00:27的位置(即人物站立不稳的位置)，在“贴纸”功能区的“搞笑综艺”选项卡中，单击所选弹幕贴纸中的“添加到轨道”按钮⊕，如图6-113所示。

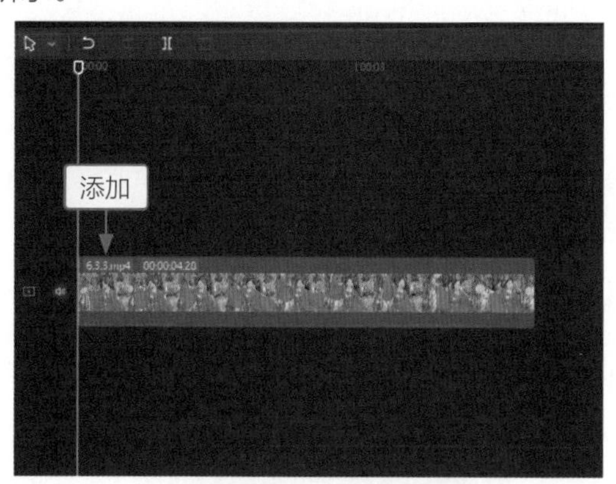

图6-112　添加视频素材

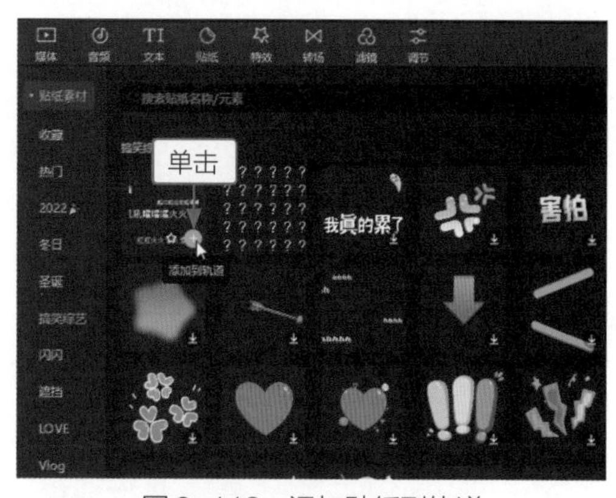

图6-113　添加贴纸到轨道

STEP 03 执行操作后，即可将弹幕贴纸添加到轨道中，调整贴纸的结束位置与视频的结束位置对齐，如图6-114所示。

STEP 04 在“播放器”面板中，调整弹幕贴纸的位置和大小，如图6-115所示。

STEP 05 拖曳时间指示器至贴纸的开始位置，在“音频”功能区“音效素材”的“笑声”选项卡中，单击“观众笑声2”音效中的“添加到轨道”按钮⊕，如图6-116所示。

STEP 06 将音效添加到音频轨道中，并调整音频时长，如图6-117所示。执行上述操作后，完成弹幕刷屏贴纸效果的制作。

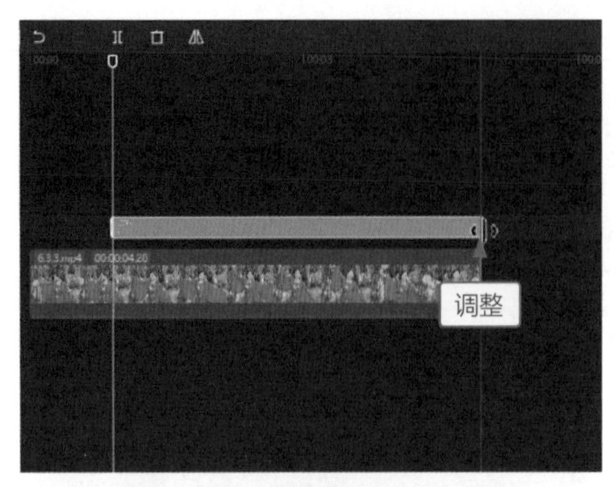

图6-114　调整贴纸的结束位置

图6-115　调整弹幕贴纸的位置和大小

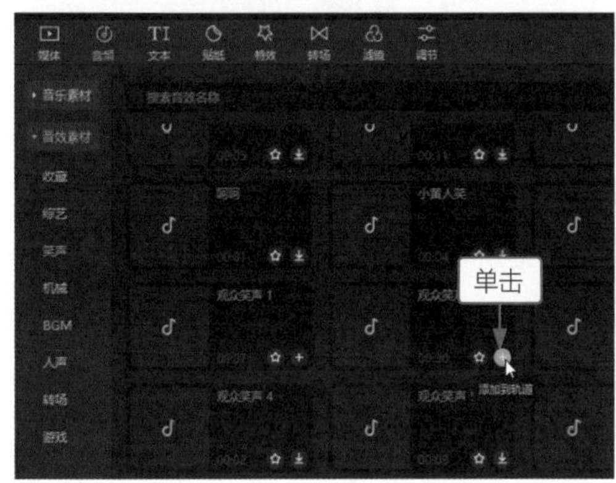

图6-116　添加音频到轨道

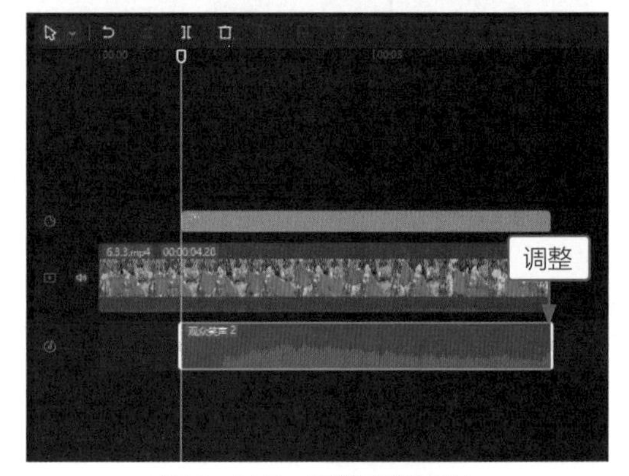

图6-117　调整音频时长

知识导读

随着视频传媒行业的发展，商务宣传短片也开始频繁出现在各大荧幕中。本章主要介绍在剪映中制作商务宣传短片的方法，包括婚庆广告宣传短片、书店广告宣传短片，以及健身广告宣传短片等。这些短片都包含一定的商业因素，可用于商业活动，也可用于广告宣传。

7 CHAPTER

第7章

商务宣传短片制作

本章重点索引

- 婚庆广告宣传短片
- 书店广告宣传短片
- 健身广告宣传短片

效果欣赏

7.1 婚庆广告宣传短片

案例效果

【效果说明】：婚庆公司为了宣传品牌与产品，会在橱窗中摆放婚纱和婚礼照片，供客户参考和选样。随着短视频时代的来临，品牌宣传已不仅仅局限于橱窗中的照片了，很多婚庆公司开始制作广告宣传短片，将照片和广告宣传语结合起来，放在视频平台、电视栏目中播放宣传，为婚庆公司带来更多的流量和口碑。婚庆广告宣传短片效果，如图7-1所示。

图7-1　婚庆广告宣传短片效果

7.1.1 制作广告画中画效果

教学视频

画中画效果，是指在广告的照片下面添加一个粒子背景视频，将照片和背景融合，然后为照片添加动态效果，这可以让短片更具观赏性，显得好看又不单调。下面介绍制作广告画中画效果的操作方法。

STEP 01 在剪映中导入8张照片和一个背景视频，如图7-2所示。

STEP 02 将背景视频添加到视频轨道中，并调整视频时长为00:00:24:00，如图7-3所示。

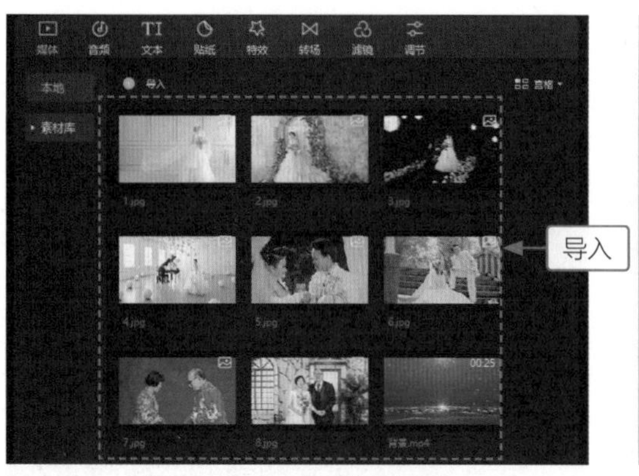

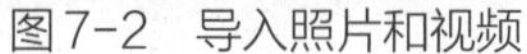
图7-2　导入照片和视频

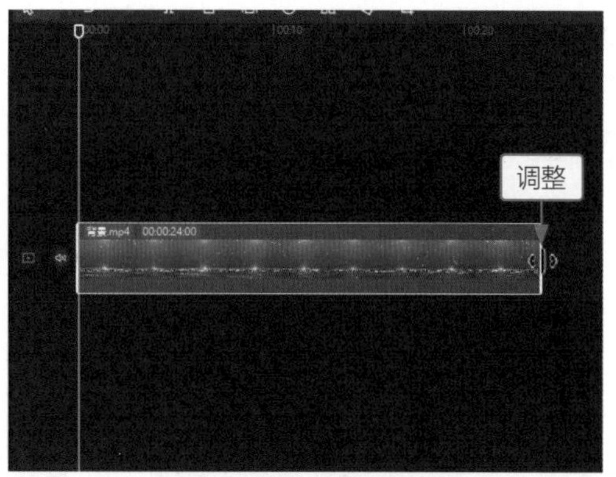

图7-3　添加视频并调整时长

STEP 03 将第1张照片添加至画中画轨道中，并调整时长为00:00:03:00，如图7-4所示。

STEP 04 在“画面”操作区的“蒙版”选项卡中，❶选择“镜面”蒙版；❷在“播放器”面板中调整蒙版的大小，使蒙版完全遮盖住背景视频；❸在“蒙版”选项卡中设置“羽化”参数为60，使照片的上下部分与背景视频相融合，如图7-5所示。

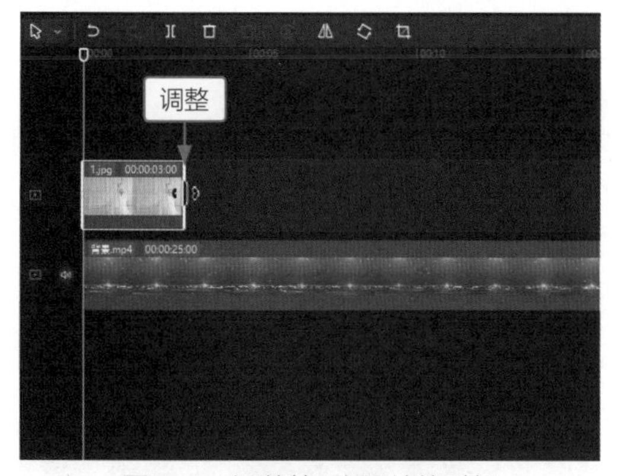

图7-4　调整第1张照片的时长

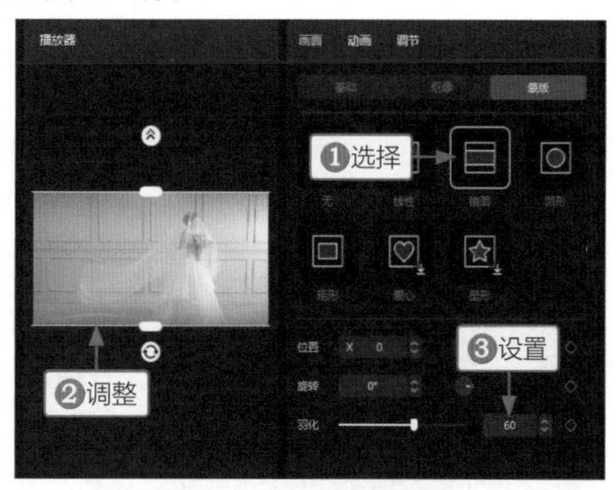

图7-5　设置和调整蒙版

STEP 05 拖曳时间指示器至00:00:02:00的位置，在“画面”操作区的“基础”选项卡中，添加“缩放”关键帧◆，如图7-6所示。

STEP 06 拖曳时间指示器至00:00:02:15的位置，在“画面”操作区的“基础”选项卡中，设置“缩放”参数为130%，将照片放大，添加第2个关键帧，如图7-7所示。

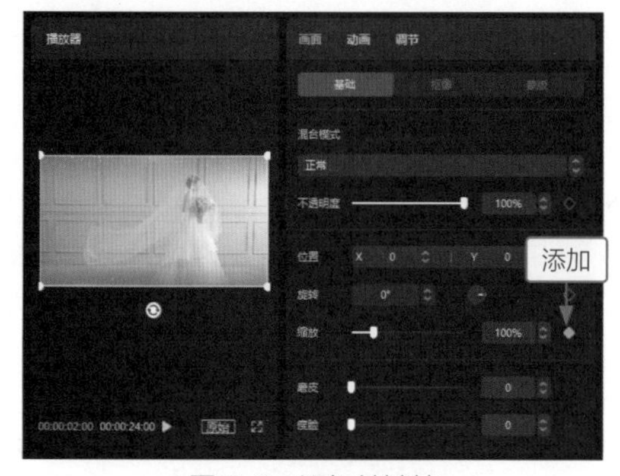

图7-6　添加关键帧

图7-7　设置参数放大照片

STEP 07 拖曳时间指示器至00:00:03:00的位置，在“画面”操作区的“基础”选项卡中，设置“缩放”参数为100%，将照片缩小，添加第3个关键帧，如图7-8所示。

STEP 08 在“动画”操作区的“入场”选项卡中，❶选择“渐显”动画；❷设置“动画时长”参数为0.5s，如图7-9所示。

图7-8 设置参数缩小照片

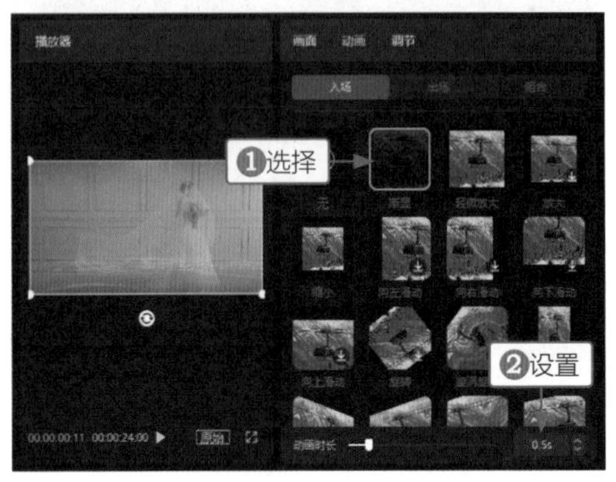

图7-9 选择动画并设置时长

STEP 09 用同样的方法，为背景视频添加“渐显”动画，制作视频片头从黑屏渐显出画面的效果，如图7-10所示。

STEP 10 拖曳时间指示器至00:00:02:15的位置(即照片放大的位置)，在“特效”功能区的“边框”选项卡中，单击“录像机”特效中的“添加到轨道”按钮⊕，如图7-11所示。

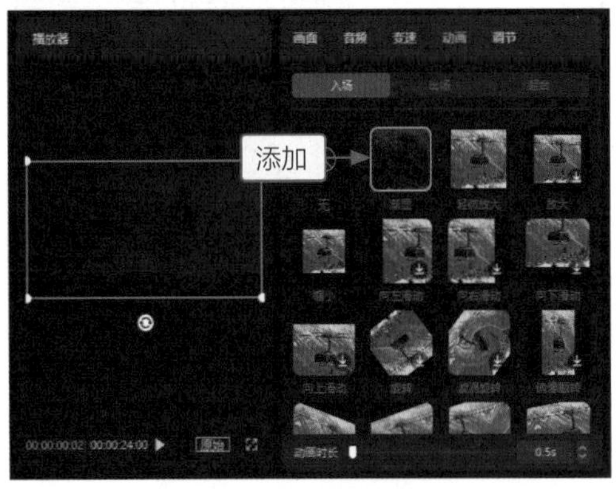

图7-10 添加动画

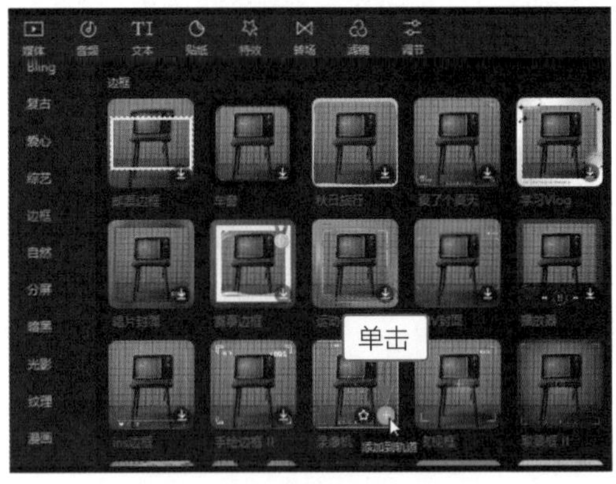

图7-11 添加特效到轨道

STEP 11 执行操作后，即可在轨道中添加“录像机”特效，调整特效的结束位置与照片的结束位置对齐，如图7-12所示。

STEP 12 添加特效后，在“播放器”面板中可以查看制作的照片拍摄动态效果，如图7-13所示。

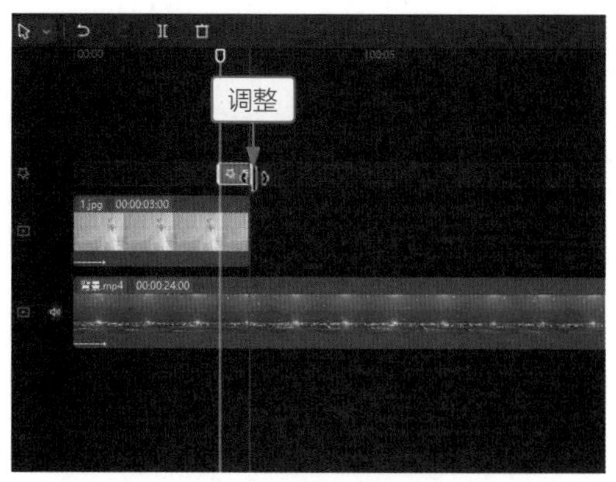

图7-12　调整特效的结束位置

图7-13　查看制作的效果

7.1.2 添加广告宣传文字

教学视频

广告宣传文字其实就是品牌的卖点，它不需要长篇大论，只需将公司的特点提炼成几句简短的话即可。要想让客户对广告宣传文字印象深刻，可以将文字与照片结合起来。下面介绍添加广告宣传文字的操作方法。

STEP 01 在开始位置添加一个默认文本，调整其结束时间至00:00:02:15的位置(即特效的开始位置)，如图7-14所示。

STEP 02 ❶切换至“编辑”操作区的“文本”选项卡；❷在文本框中输入第1句广告宣传文案；❸设置一个合适的字体；❹在“播放器”面板中调整文本的位置和大小，如图7-15所示。

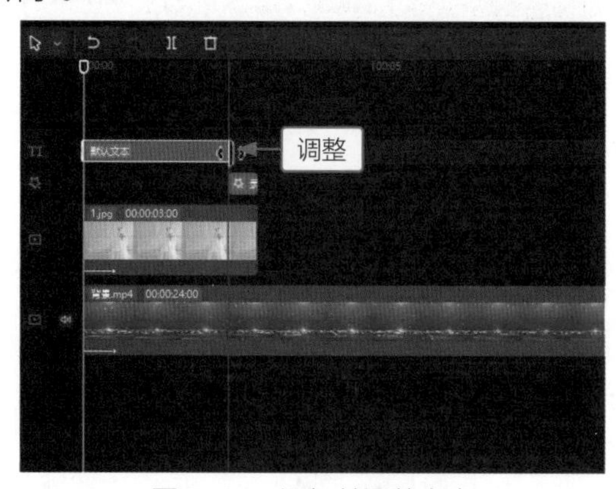

图7-14　添加并调整文本

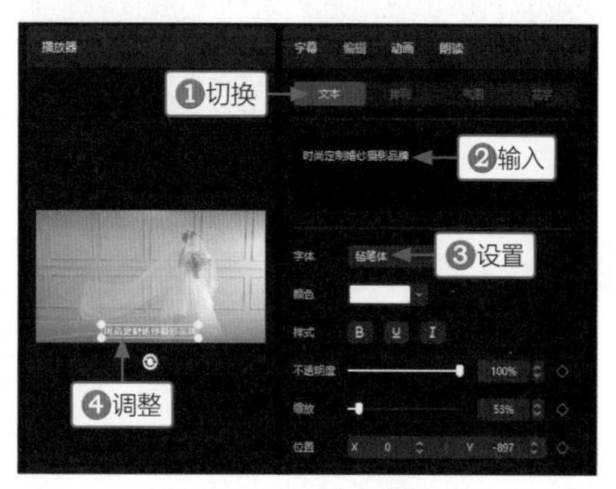

图7-15　输入和设置文本

STEP 03 向下滑动面板，在下方的“预设样式”选项区中，选择一个合适的样式，如图7-16所示。

STEP 04 执行操作后，在“排列”选项卡中，设置“字间距”参数为5，调整文字之间的距离，如图7-17所示。

图7-16 选择文本样式

图7-17 设置字间距

STEP 05 在“动画”操作区的“入场”选项卡中，❶选择“向上滑动”动画；❷设置“动画时长”参数为1.5s，如图7-18所示。

STEP 06 在“出场”选项卡中，❶选择“渐隐”动画；❷设置“动画时长”参数为0.2s，如图7-19所示。

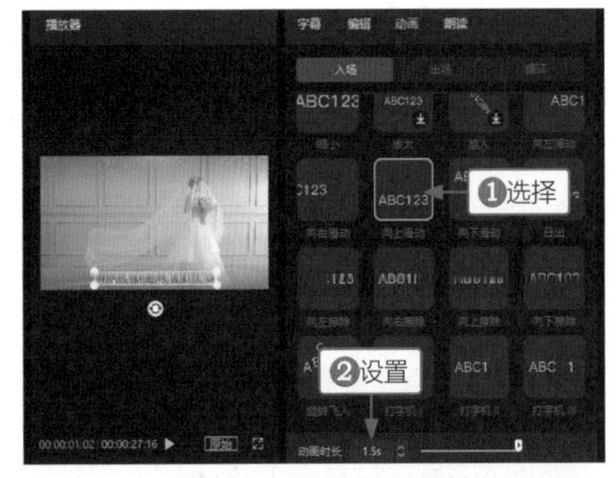

图7-18 选择入场动画

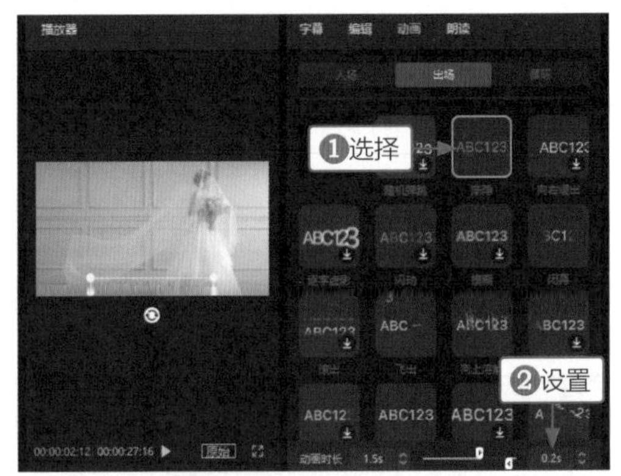

图7-19 设置出场动画

7.1.3 添加广告背景音乐

精彩的广告视频离不开好听的背景音乐，当我们设计了画面与宣传文案后，接下来就要为视频添加音乐和音效了。下面介绍添加广告背景音乐的操作方法。

教学视频

STEP 01 将时间指示器拖曳至开始位置，在“音频”功能区的“纯音乐”选项卡中，选择一首合适的背景音乐，单击“添加到轨道”按钮⊕，如图7-20所示。

STEP 02 执行操作后，即可将背景音乐添加到音频轨道中，如图7-21所示。

STEP 03 拖曳时间指示器至00:00:02:15的位置(即特效的开始位置)，如图7-22所示。

STEP 04 在“音频”功能区的“音效素材”选项卡中，❶搜索“拍照声”；❷在下方所选音效上单击“添加到轨道”按钮⊕，如图7-23所示。

图7-20　添加音频到轨道

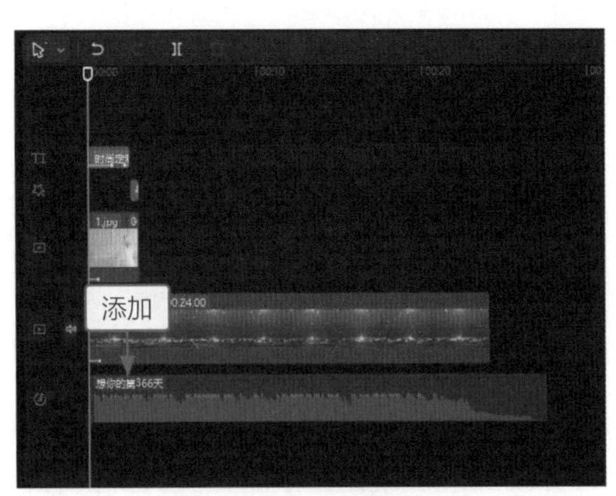

图7-21　添加背景音乐

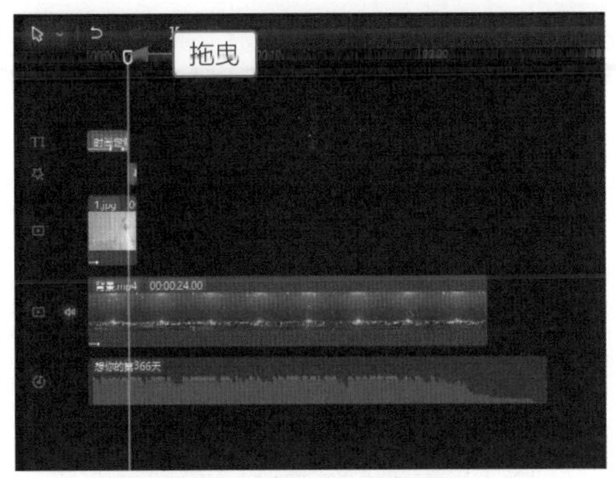

图7-22　拖曳时间指示器

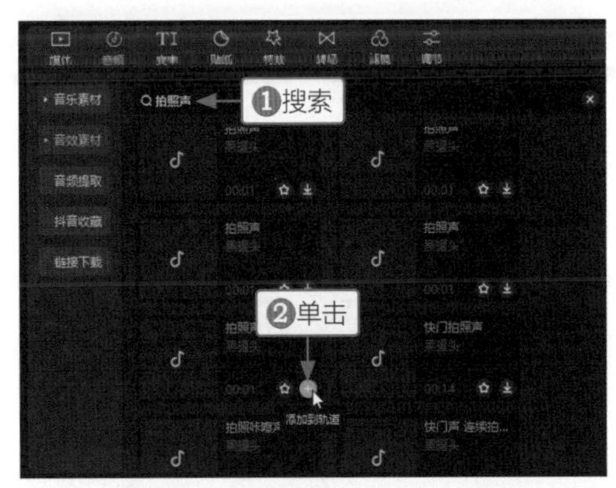

图7-23　搜索音频并添加到轨道

STEP 05 执行操作后，即可在第2条音频轨道上添加一个音效，调整音效的结束位置与第1张照片的结束位置对齐，如图7-24所示。执行操作后，第1组画面的背景音乐即可制作完成。

STEP 06 ❶按Ctrl键的，同时选择音效、照片、特效及文本；❷将时间指示器拖曳至00:00:03:00的位置(即第1组画面的结束位置)，如图7-25所示。

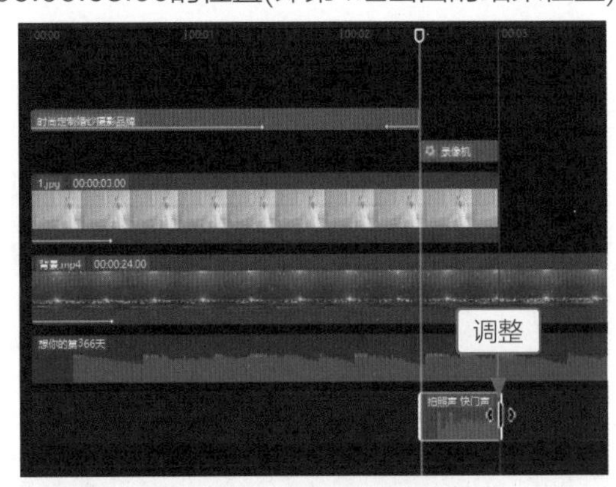

图7-24　调整音效的位置

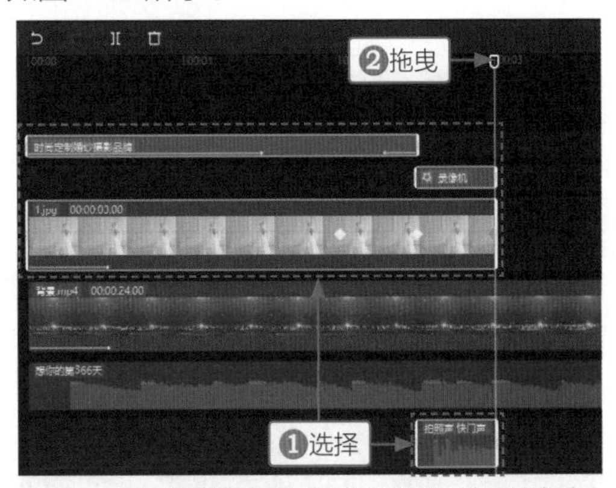

图7-25　同时选择各轨道并拖曳时间指示器

STEP 07 ❶按Ctrl + C组合键复制第1组画面；❷按Ctrl + V组合键粘贴在时间指示器的位置，如图7-26所示。

STEP 08 选择复制粘贴的照片，在“媒体”功能区中，选择第2张照片，如图7-27所示。

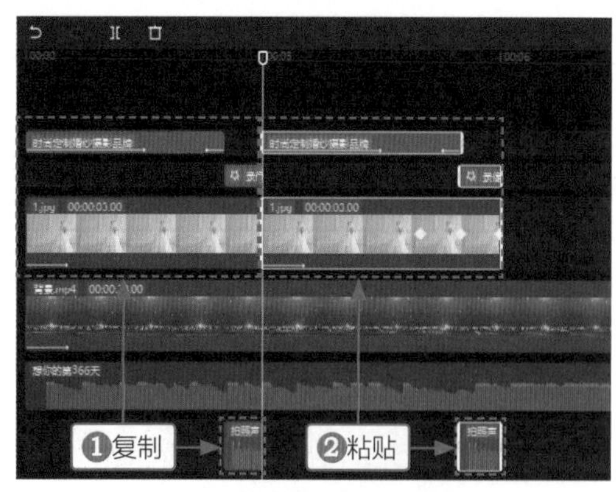

图7-26　复制并粘贴第1组画面

图7-27　选择第2张照片

STEP 09 将第2张照片拖曳至复制粘贴的照片上，如图7-28所示。

STEP 10 释放鼠标左键，弹出“替换”对话框，单击“替换片段”按钮，如图7-29所示。

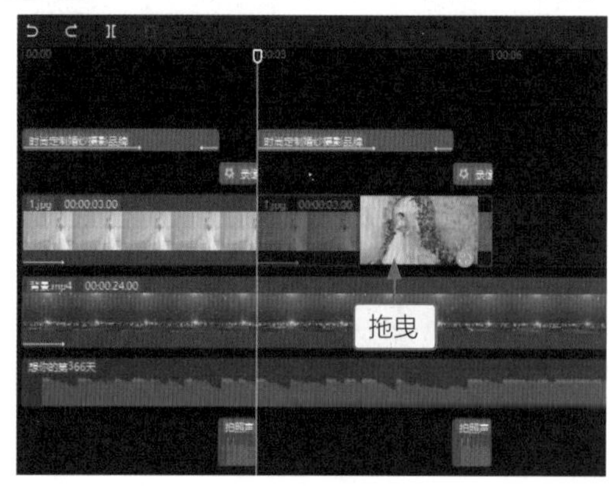

图7-28　拖曳第2张照片

图7-29　单击“替换片段”按钮

STEP 11 执行操作后，即可替换成第2张照片，如图7-30所示。

STEP 12 选择第2个文本，在“编辑”操作区的“文本”选项卡中，修改文本内容为第2句广告文案，完成第2组画面的制作，如图7-31所示。

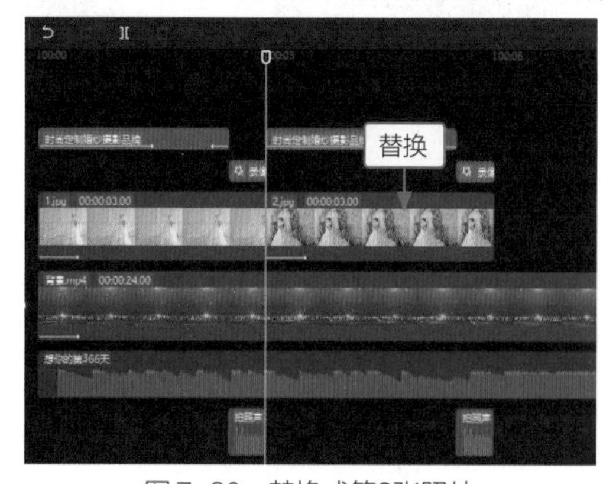

图7-30　替换成第2张照片

图7-31　修改文本内容

STEP 13 使用同样的方法，通过复制粘贴、替换素材、修改文本等操作，制作其他6组画面，如图7-32所示。

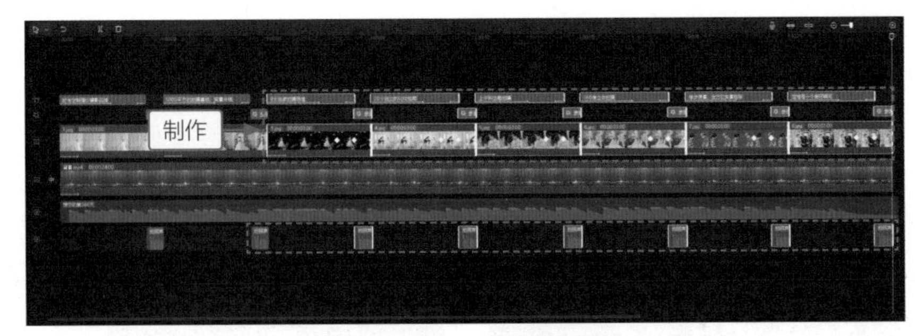

图7-32　制作其他6组画面

STEP 14 制作完成后，在“播放器”面板的预览窗口中，可以预览制作的其他6组画面，如图7-33所示。

图7-33　预览其他6组画面

7.1.4 制作广告片尾效果

宣传短片的目的是将公司品牌打响，因此公司名称要么放在片头让观众一眼记住，要么放在片尾加深观众印象。在本宣传视频中，我们将公司名称放在最后展示，作为广告短片的片尾。下面介绍制作广告片尾效果的操作方法。

教学视频

STEP 01 ❶将时间指示器拖曳至00:00:24:00的位置；❷在字幕轨道中添加一个默认文本，如图7-34所示。

STEP 02 在“编辑”操作区的“文本”选项卡中，❶输入公司名称；❷设置一个合适的字体；❸在“播放器”面板中调整文本的位置，如图7-35所示。

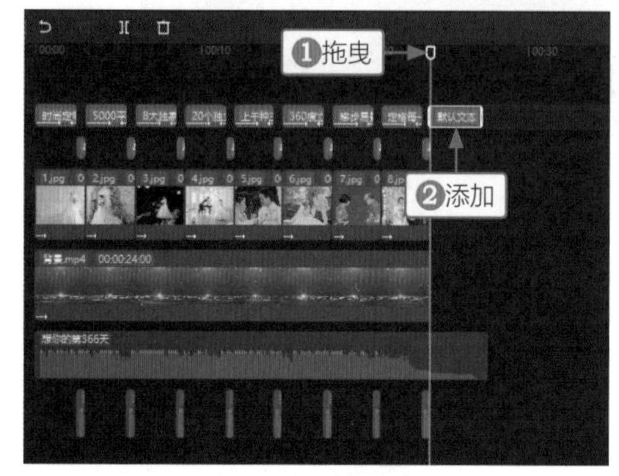

图7-34　添加默认文本

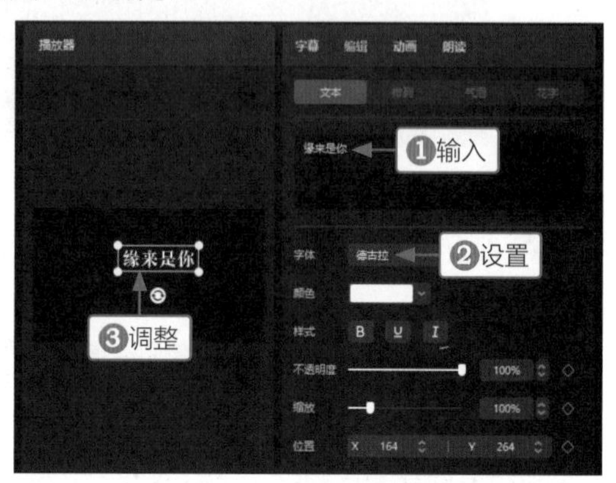

图7-35　输入并设置文本

在调整文本的位置时，如果用户担心自己调得不准，可以先在“播放器”面板中将制作的几个文本调整到一个大概的位置和大小，待所有文本和贴纸都添加完成后，再在“文本”选项卡中进行细调。

STEP 03 执行上述操作后，在同一个位置的第2条字幕轨道中，再次添加一个默认文本，在“编辑”操作区的“文本”选项卡中，❶输入公司名称的拼音；❷设置一个合适的字体；❸在“播放器”面板中调整拼音文本的位置和大小，使其位于公司名称的下方，如图7-36所示。

STEP 04 执行上述操作后，按Ctrl＋C组合键复制制作的拼音文本，并按Ctrl＋V组合键将文本粘贴至第3条字幕轨道中，在“编辑”操作区的“文本”选项卡中，❶将内容修改为广告标语；❷在“播放器”面板中调整文本的位置和大小，使其位于拼音文本的下方并右侧对齐，如图7-37所示。

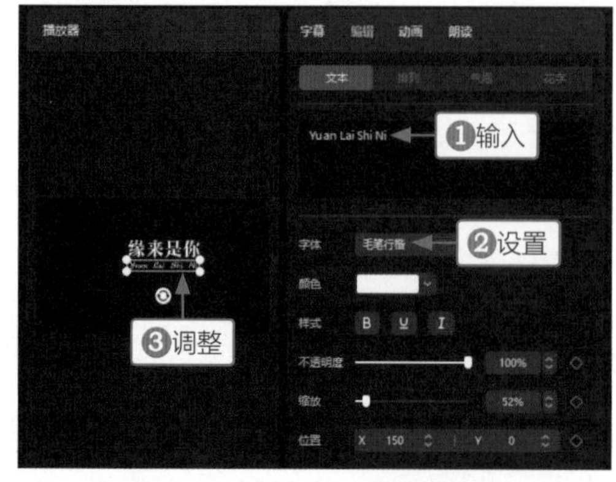

图7-36　再次输入并设置文本

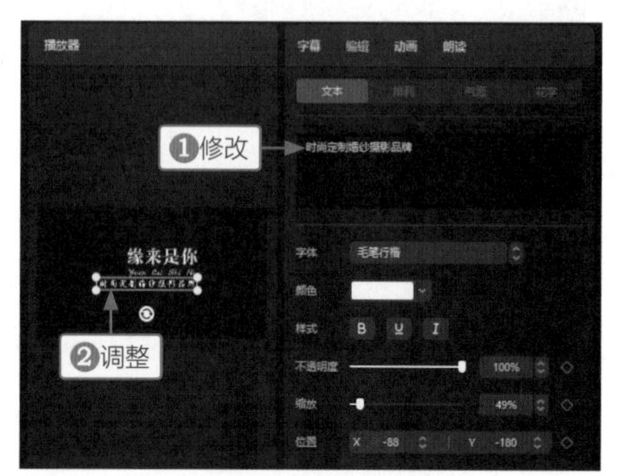

图7-37　修改并调整文本

STEP 05 在“贴纸”功能区的“婚礼”选项卡中，单击“线描捧花”贴纸中的“添加到轨道”按钮，如图7-38所示。

STEP 06 执行操作后，即可将贴纸添加至轨道中，如图7-39所示。

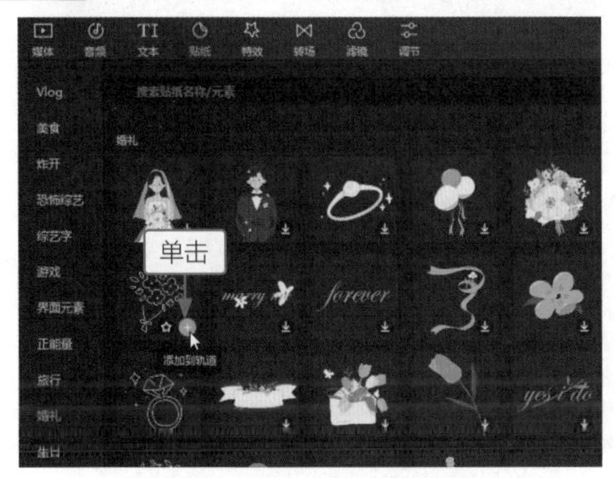

图7-38　添加贴纸到轨道

图7-39　添加贴纸

STEP 07 在“播放器”面板中，调整贴纸的大小和位置，使其位于文本左侧的空白处，完成婚庆广告宣传短片的制作，如图7-40所示。

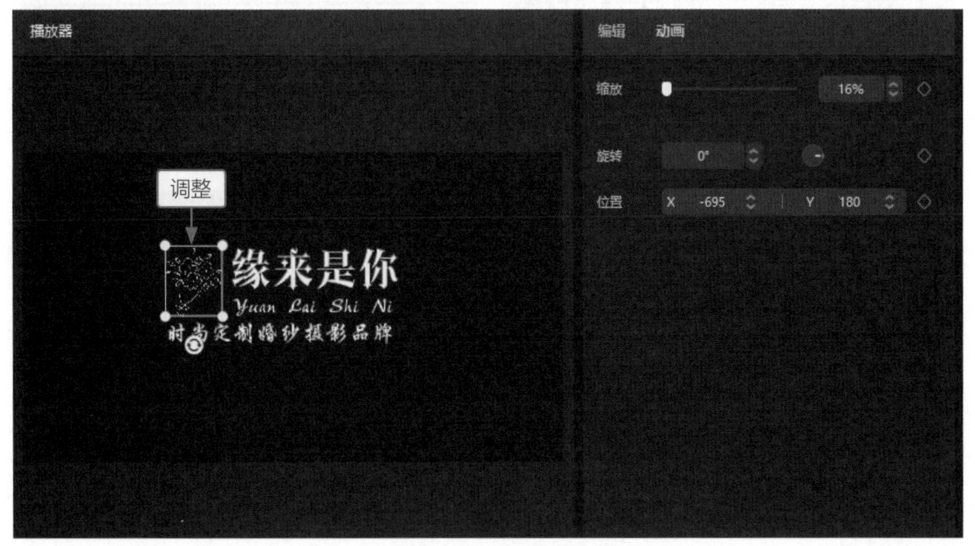

图7-40　调整贴纸

7.2 书店广告宣传短片

案例效果

【效果说明】：现在很多实体书店为了吸引顾客，都会拍摄店铺的照片或视频，通过后期剪辑成广告宣传短片，投放到各视频平台，以吸引更多顾客到实体店看书、读书、交流学术文化。书店广告宣传短片效果，如图7-41所示。

图7-41 书店广告宣传短片效果

7.2.1 制作书店名称视频

制作宣传视频，首先要突出书店名称，因此应先制作一个书店名称视频，以便后续制作书店广告宣传短片时使用。下面介绍制作书店名称视频的操作方法。

教学视频

STEP 01 在剪映“文本”功能区的“花字”选项卡中，找到一个具有金属感的花字，单击“添加到轨道”按钮⊕，如图7-42所示。

STEP 02 在字幕轨道上添加一个文本，并调整其时长为00:00:06:00，如图7-43所示。

STEP 03 在“编辑”操作区的“文本”选项卡中，❶输入书店名称；❷设置一个合适的字体；❸在“播放器”面板中调整文字的大小和位置，如图7-44所示。执行操作后，将文字导出为视频备用。

STEP 04 新建一个草稿箱，导入制作的文字视频和片头视频，如图7-45所示。

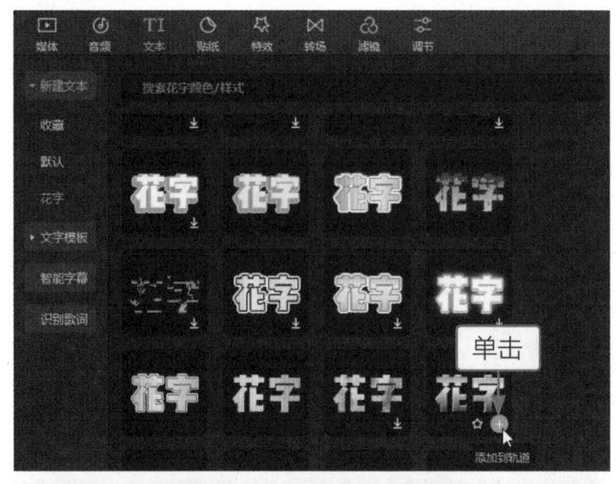

图7-42　添加花字到轨道

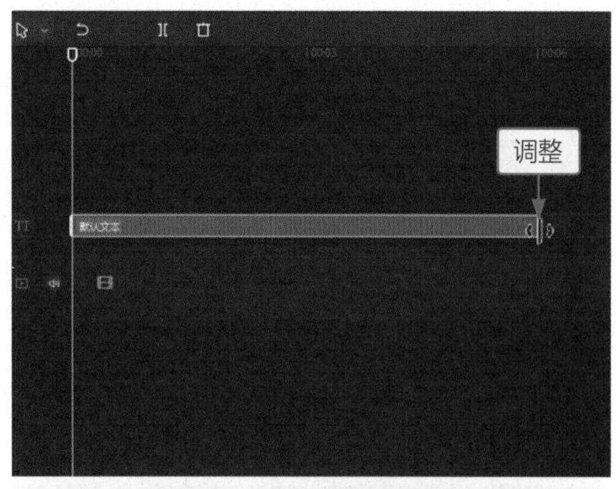

图7-43　添加和调整文本

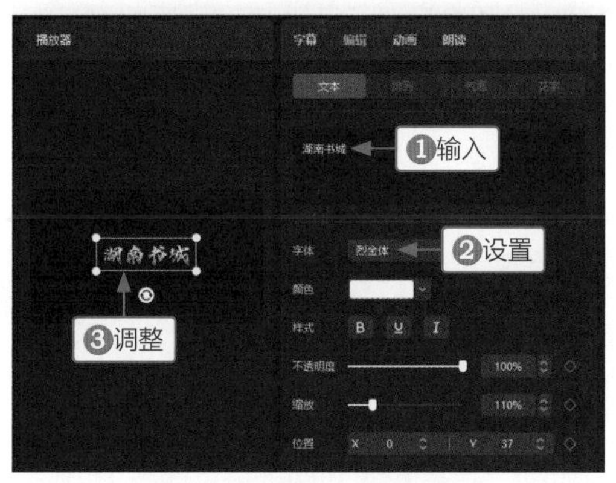

图7-44　输入和设置文本

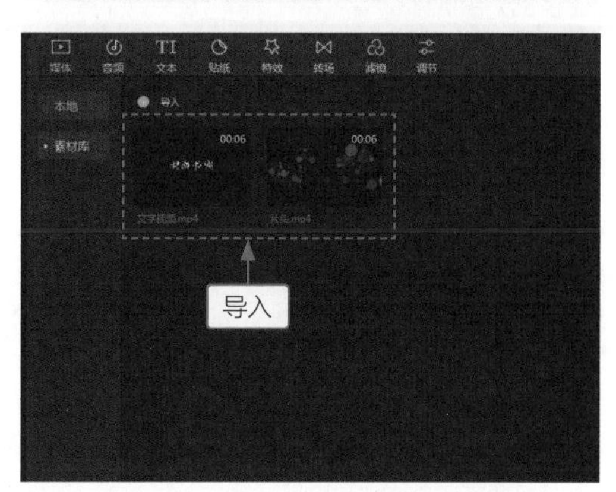

图7-45　导入文字视频和片头视频

STEP 05 ❶将文字视频添加到视频轨道中；❷将片头视频添加到画中画轨道中，如图7-46所示。

STEP 06 选择片头视频，在“画面”操作区的“基础”选项卡中，设置“混合模式”为“正片叠底”模式，将单调的文字变成有颜色的文字，如图7-47所示。

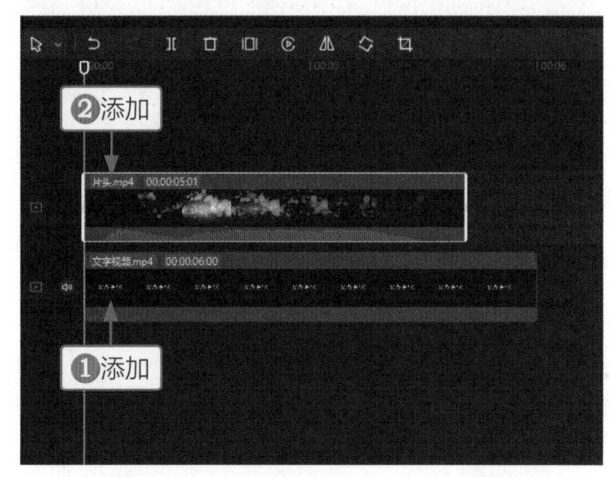

图7-46　将视频添加到相应轨道

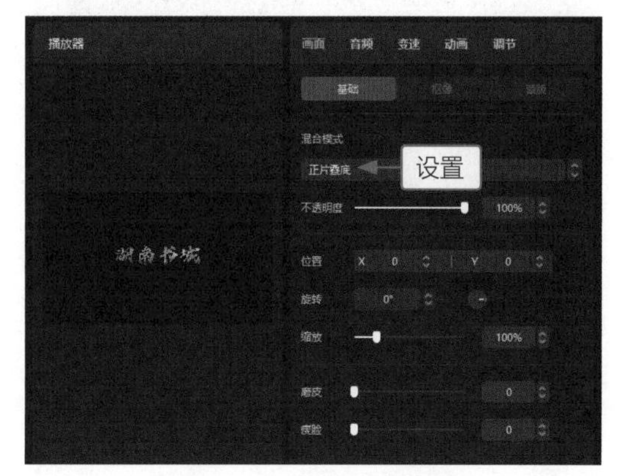

图7-47　设置混合模式

STEP 07 ❶将时间指示器拖曳至00:00:01:10的位置；❷单击“定格”按钮，如图7-48所示。

STEP 08 执行操作后，即可生成定格片段，❶将定格片段的时长调整为00:00:02:05；❷将第

3段片头视频的时长调整为00:00:02:20，如图7-49所示。执行操作后，将制作的书店名称视频导出备用。

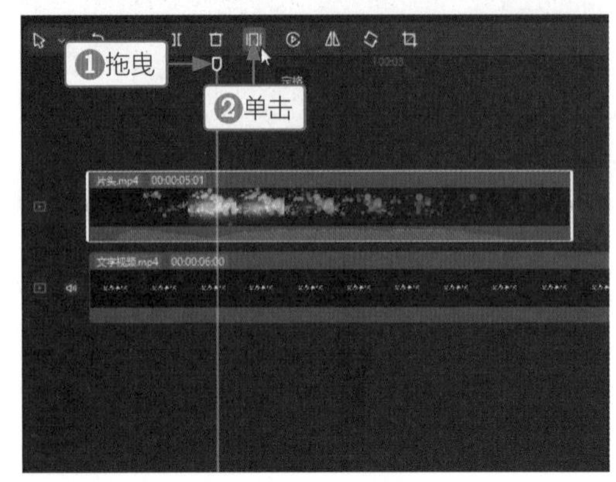

图7-48　定格视频

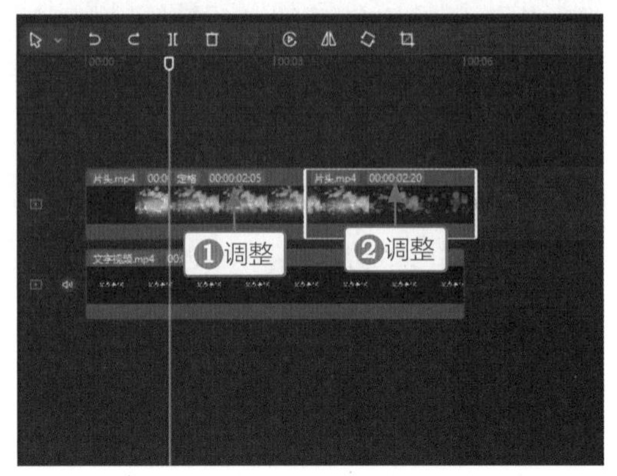

图7-49　调整视频片段的时长

7.2.2 制作广告宣传片头

书店名称视频制作完成后，即可开始制作广告宣传短片的片头。下面介绍制作广告宣传片头的操作方法。

教学视频

STEP 01 在剪映的“媒体”功能区中，导入5张书店照片素材、一段背景音乐、一个背景视频、书店名称视频和片头视频，如图7-50所示。

STEP 02 ❶将片头添加至视频轨道中；❷将时间指示器拖曳至00:00:00:15的位置，如图7-51所示。

图7-50　导入素材

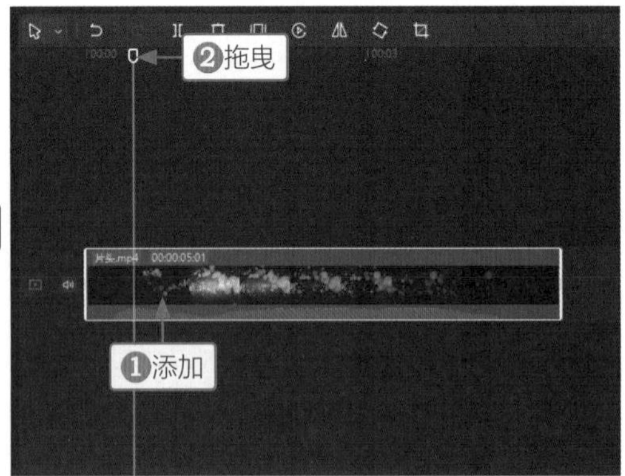

图7-51　添加片头并拖曳时间指示器

STEP 03 在时间指示器的位置，将书店名称视频添加到画中画轨道中，如图7-52所示。

STEP 04 在“画面”操作区的“基础”选项卡中，设置“混合模式”为“滤色”模式，如图7-53所示。

STEP 05 ❶将时间指示器拖曳至片头视频的结束位置；❷单击“分割”按钮，如图7-54所示。

STEP 06 执行操作后，即可将视频分割为两段，将后半段视频移至视频轨道中，如图7-55所示。执行上述操作，即可完成书店广告宣传片头的制作。

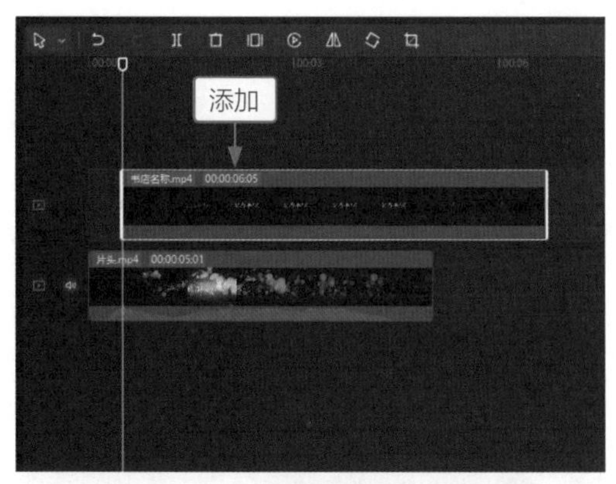

图7-52　添加视频到画中画轨道

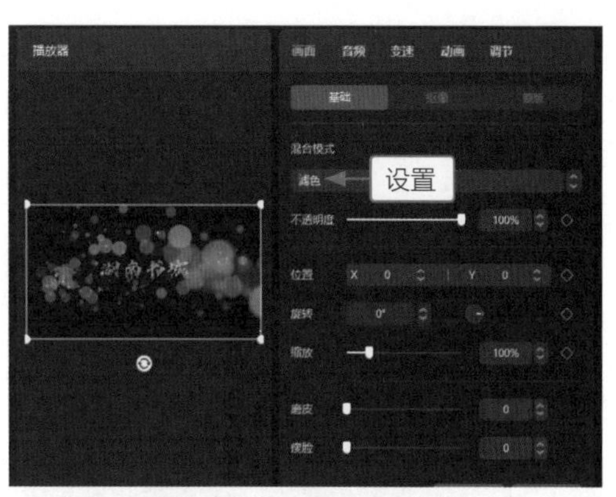

图7-53　设置混合模式

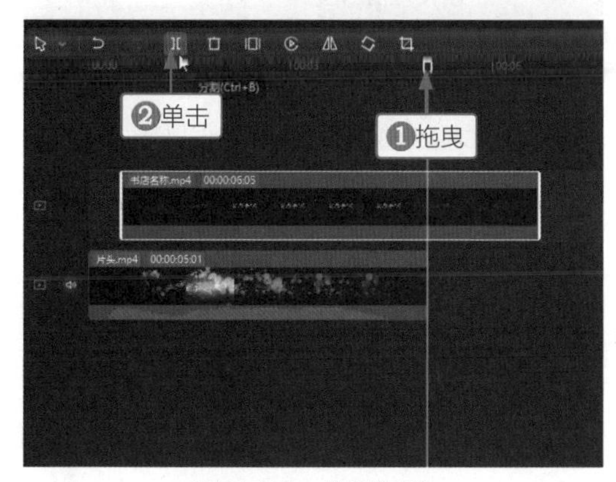

图7-54　分割视频

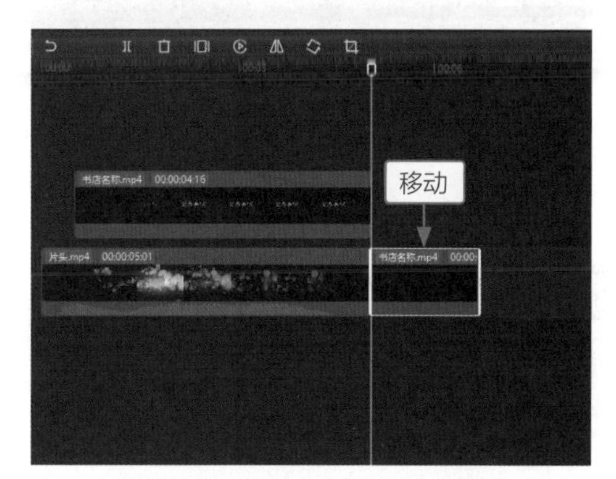

图7-55　移动分割后的视频片段

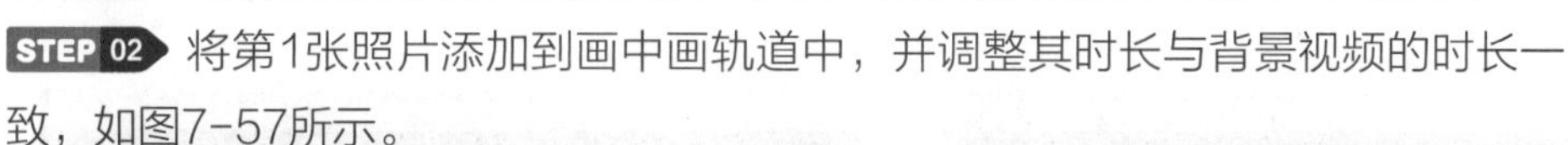

7.2.3 制作广告宣传内容

教学视频

广告片头制作完成后，即可开始制作书店广告宣传短片中的主要内容。下面介绍制作广告宣传内容的操作方法。

STEP 01 将背景视频添加到视频轨道中，查看背景视频效果，如图7-56所示。

STEP 02 将第1张照片添加到画中画轨道中，并调整其时长与背景视频的时长一致，如图7-57所示。

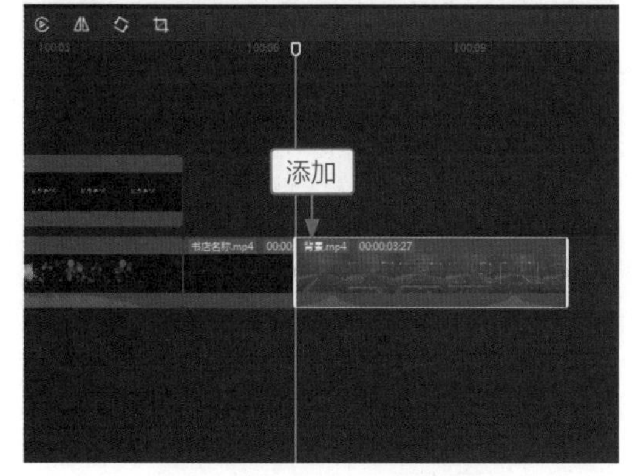

图7-56　添加背景视频

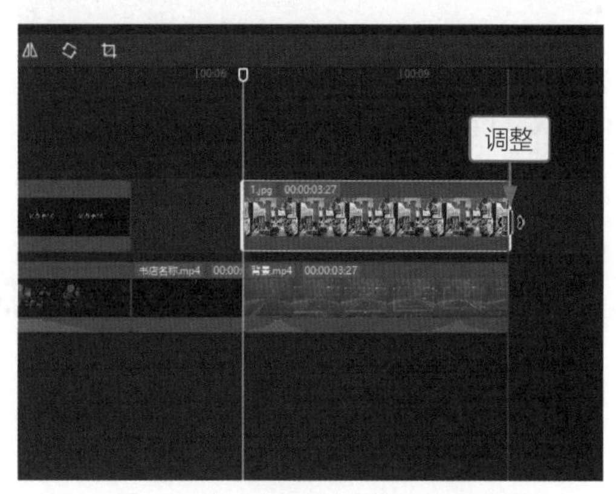

图7-57　调整第1张照片的时长

STEP 03 在“画面”操作区的“蒙版”选项卡中，❶选择“矩形”蒙版；❷在“播放器”面板中调整蒙版的大小；❸在“蒙版”选项卡中设置“羽化”参数为4，使照片边缘虚化与背景相融，如图7-58所示。

STEP 04 在“基础”选项卡中，添加“位置”和“缩放”关键帧◆，如图7-59所示。

图7-58 选择并设置蒙版

图7-59 添加关键帧

专家指点

在制作关键帧时，用户要记得先查看背景视频中线框的运动轨迹，根据轨迹来添加照片中的关键帧。

STEP 05 将时间指示器拖曳至00:00:07:15的位置(即背景视频中线框第1次缩小停在画面中间的位置)，在“画面”操作区的“基础”选项卡中，❶设置“缩放”参数为62%，将照片缩小至线框大小；❷在“播放器”面板中调整照片的位置，使照片刚好置于线框中，为照片添加第2组关键帧，如图7-60所示。

STEP 06 将时间指示器拖曳至00:00:08:12的位置(即线框开始缩小运动前的位置)，在“基础”选项卡中，再次添加“位置”和“缩放”关键帧◆，为照片添加第3组关键帧，如图7-61所示。设置后照片在00:00:07:15和00:00:08:12的时间段停滞在画面中间。

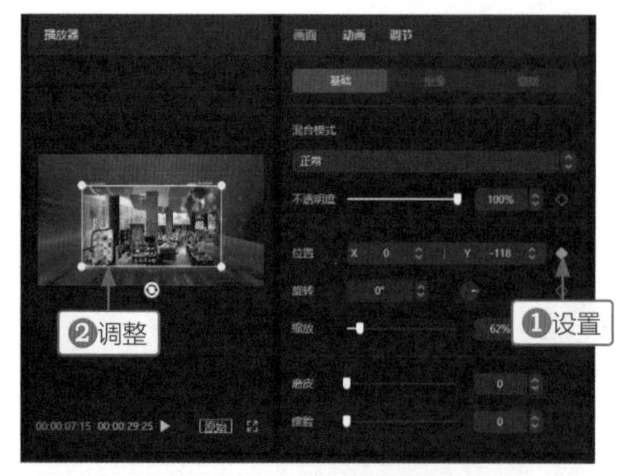

图7-60 设置和调整照片

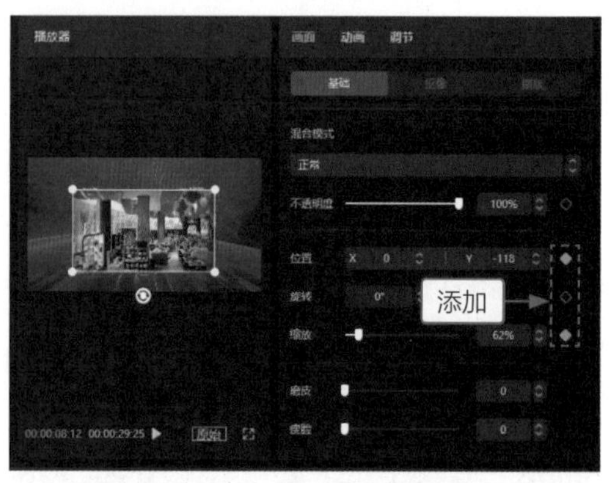

图7-61 再次添加关键帧

STEP 07 将时间指示器拖曳至00:00:08:20的位置(即线框第2次开始缩小运动的位置)，在“画面”操作区的“基础”选项卡中，❶设置“缩放”参数为61%，将照片缩小至线框大小；❷在“播放器”面板中调整照片的位置，使照片跟随线框运动，为照片添加第4组关键帧，如图7-62所示。

STEP 08 将时间指示器拖曳至00:00:09:20的位置(即线框开始快速缩小运动的位置)，在“画面”操作区的“基础”选项卡中，❶设置“缩放”参数为54%；❷在“播放器”面板中调整照片的位置，为照片添加第5组关键帧，如图7-63所示。

图7-62　缩放并调整照片

图7-63　再次缩放和调整照片

STEP 09 将时间指示器拖曳至00:00:10:16的位置(即线框开始缩小消失的位置)，在“画面”操作区的“基础”选项卡中，❶设置“缩放”参数为29%；❷在“播放器”面板中继续调整照片的位置，使照片跟随线框运动，为照片添加第6组关键帧，如图7-64所示。

STEP 10 ❶将时间指示器拖曳至00:00:07:00的位置；❷在字幕轨道中添加一个默认文本，调整文本结束位置与照片的结束位置对齐，如图7-65所示。

图7-64　继续缩放并调整照片

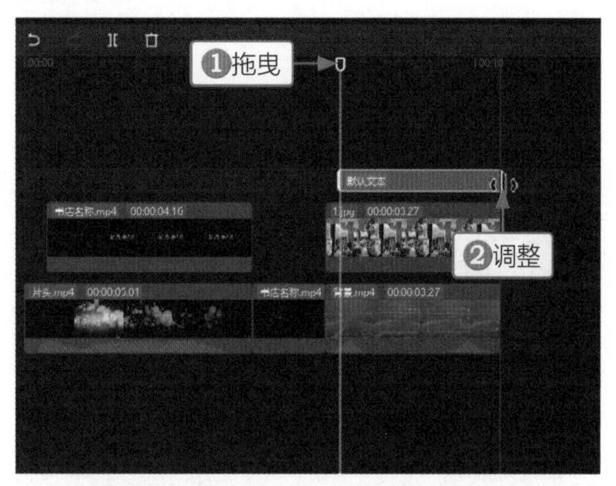

图7-65　添加文本并调整结束位置

STEP 11 拖曳时间指示器至00:00:07:15的位置(即照片和线框停滞在画面中的位置)，在“编辑”操作区的“文本”选项卡中，❶输入第1句广告宣传语；❷设置一个合适的字体；❸设置“缩放”参数为50%；❹在“播放器”面板中调整文本的位置，如图7-66所示。

STEP 12 在“动画”操作区的“入场”选项卡中，❶选择“缩小”动画；❷设置“动画时长”参数为1.0s，如图7-67所示。

图7-66　输入并设置文本

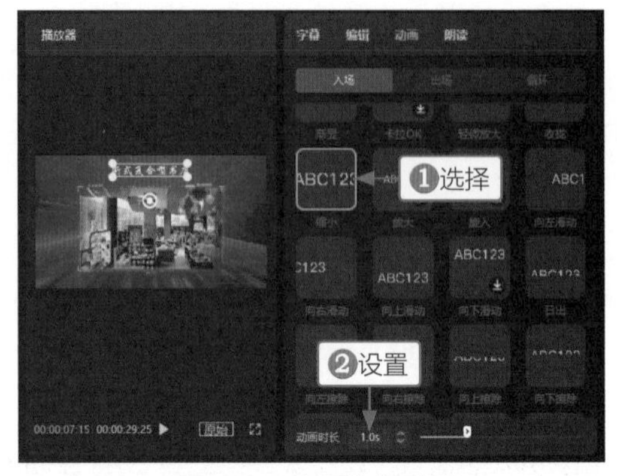

图7-67　设置入场动画

STEP 13 在“动画”操作区的“出场”选项卡中，❶选择“缩小”动画；❷设置“动画时长”参数为1.1s，使文字跟随照片缩小运动，如图7-68所示。至此，完成第1组画面的制作。

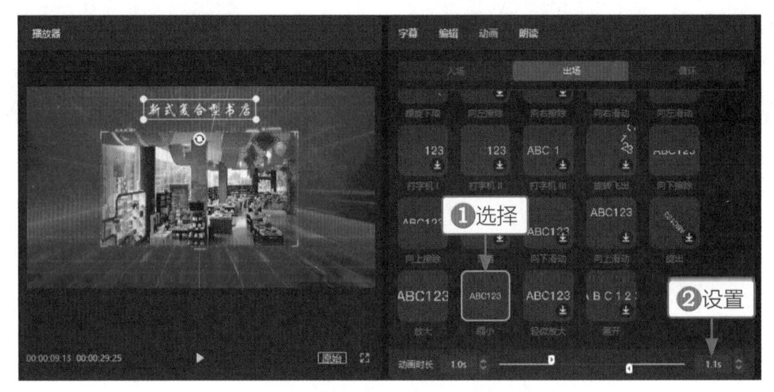

图7-68　设置出场动画

STEP 14 ❶拖曳时间指示器至背景视频结束的位置；❷按Ctrl＋C组合键复制第1组画面；❸按Ctrl＋V组合键粘贴在时间指示器的位置，如图7-69所示。

STEP 15 选择复制粘贴的照片，在“媒体”功能区中，选择第2张照片，如图7-70所示。

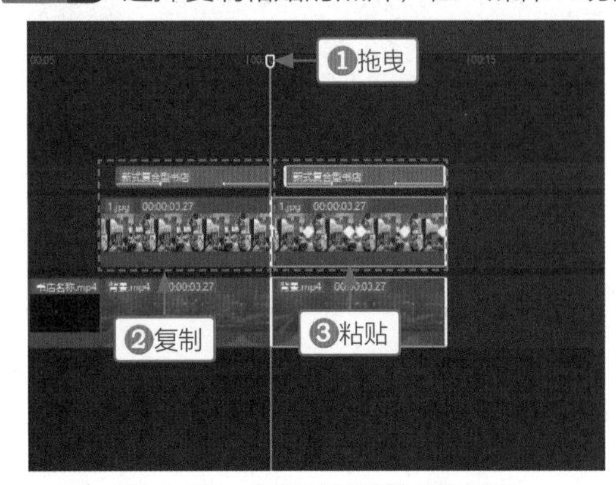

图7-69　复制并粘贴第1组画面

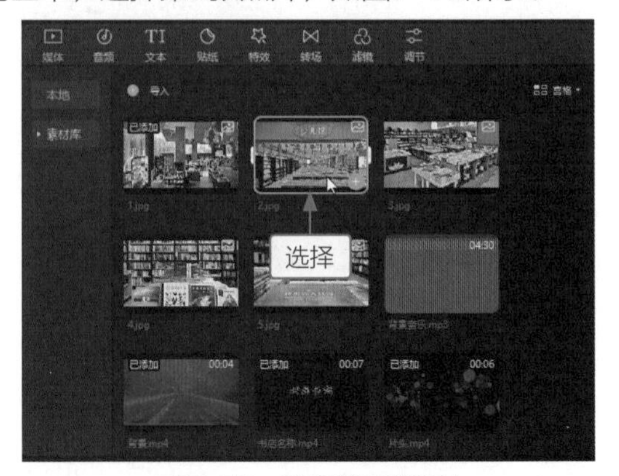

图7-70　选择第2张照片

STEP 16 将第2张照片拖曳至复制粘贴的照片上，如图7-71所示。

STEP 17 释放鼠标左键，弹出“替换”对话框，单击“替换片段”按钮，如图7-72所示。

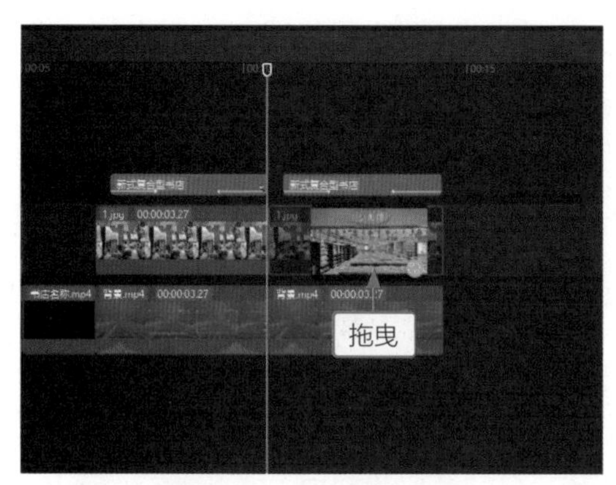

图7-71　拖曳第2张照片

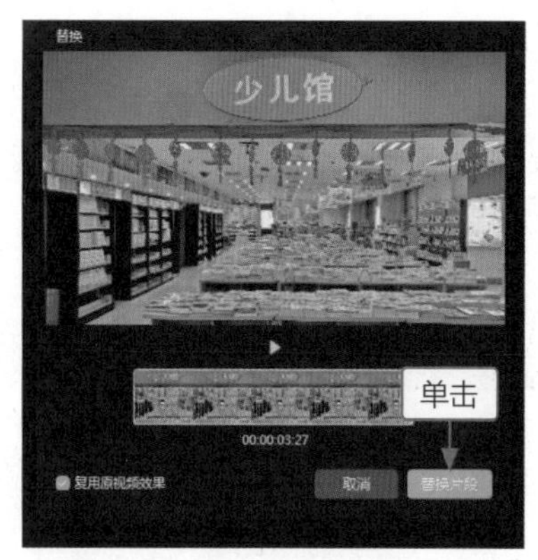

图7-72　单击“替换片段”按钮

STEP 18 执行操作后，即可替换成第2张照片，如图7-73所示。

STEP 19 选择第2个文本，在“编辑”操作区的“文本”选项卡中，修改文本内容为第2句广告宣传语，完成第2组画面的制作，如图7-74所示。

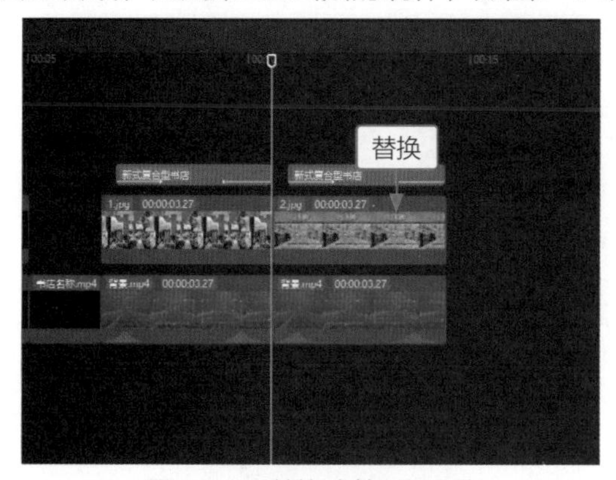

图7-73　替换成第2张照片

图7-74　修改文本内容

STEP 20 使用上述同样的方法，通过复制粘贴、替换素材、修改文本等操作，制作其他3组画面，如图7-75所示。

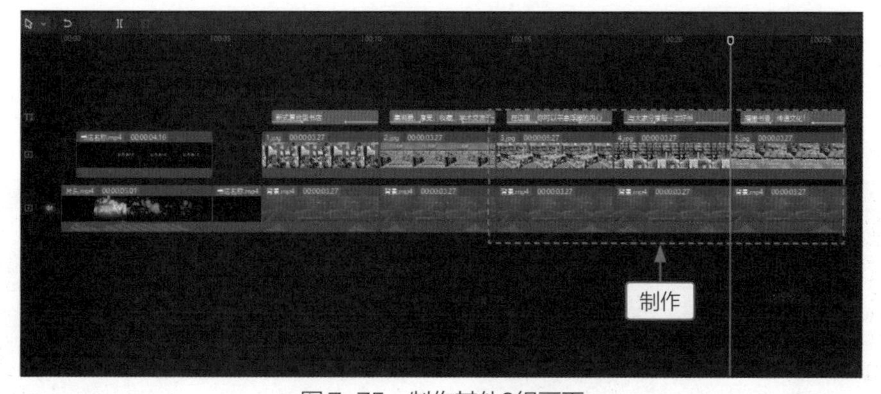

图7-75　制作其他3组画面

STEP 21 制作完成后，在“播放器”面板的预览窗口中，可以预览制作的画面内容，如图7-76所示。

图7-76 预览制作的画面内容

7.2.4 制作广告宣传片尾

接下来需要制作的是广告宣传片尾，并为短片添加背景音乐。片尾可以用一句话来展示，这句话可以是一句朗朗上口的广告标语，最好能将书店名称也一起呈现，加深观众对书店的记忆。下面介绍制作广告宣传片尾的操作方法。

教学视频

STEP 01 ❶将时间指示器拖曳至00:00:26:05的位置；❷选择并复制最后一个文本，如图7-77所示。

STEP 02 将文本粘贴在时间指示器的位置，如图7-78所示。

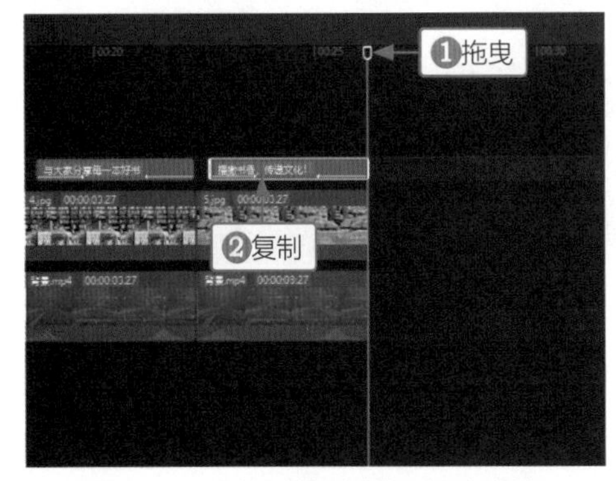

图7-77 选择并复制最后一个文本

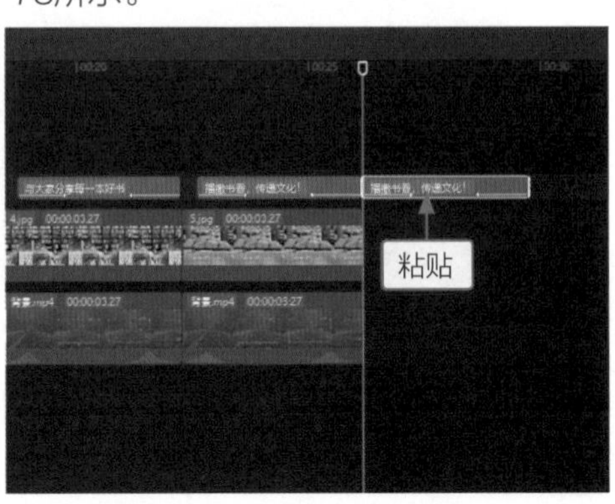

图7-78 粘贴复制的文本

STEP 03 在“编辑”操作区的“文本”选项卡中，❶修改文本内容；❷在“播放器”面板中调整文本大小和位置，即可将片尾的广告标语制作完成，如图7-79所示。

STEP 04 将时间指示器拖曳至00:00:06:15的位置，如图7-80所示。

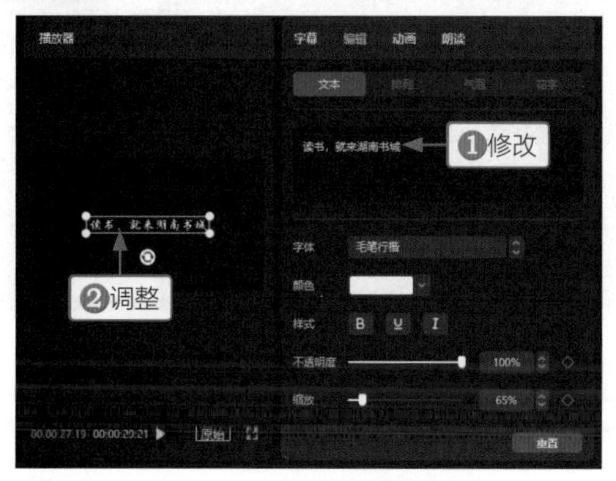

图7-79　修改和调整文本

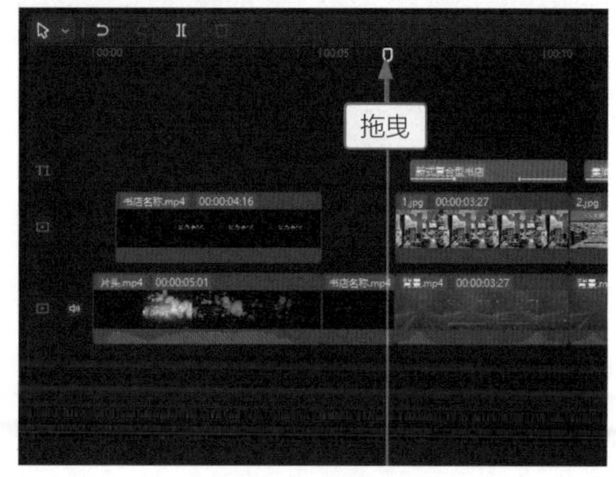

图7-80　拖曳时间指示器

STEP 05 在“媒体”功能区中，选择背景音乐素材，如图7-81所示。

STEP 06 将背景音乐拖曳至时间指示器的位置，添加至音频轨道中，如图7-82所示。

图7-81　选择背景音乐素材

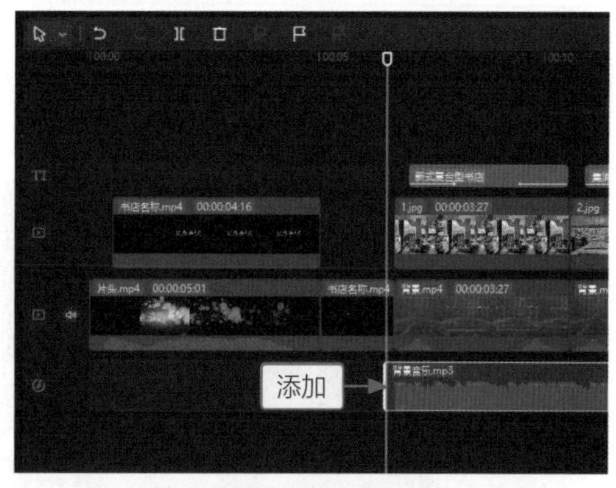

图7-82　将背景音乐添加至音频轨道

STEP 07 ❶将时间指示器拖曳至00:00:29:25的位置；❷单击“分割”按钮，如图7-83所示。

STEP 08 ❶选择分割的后半段音频；❷单击“删除”按钮，如图7-84所示。

STEP 09 选择留下的背景音乐，在“音频”操作区的“基本”选项卡中，设置“淡出时长”参数为1.0s，制作音频淡出效果，如图7-85所示。至此，完成书店广告宣传短片的制作。

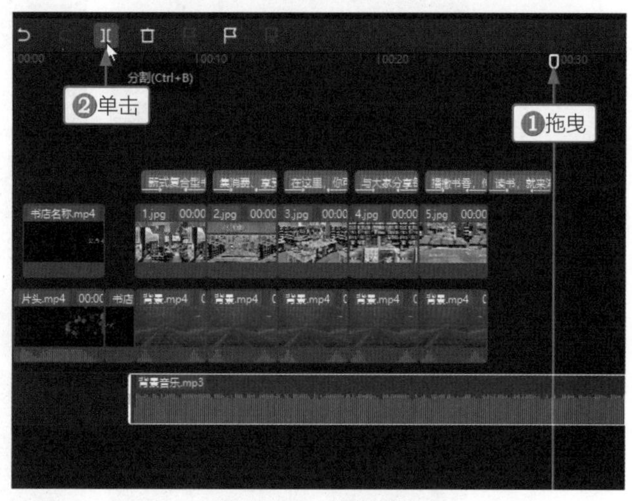

图7-83　分割音频

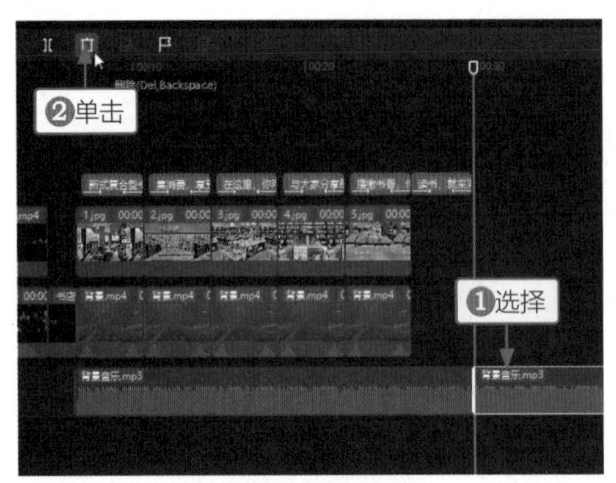

图7-84　删除多余音频

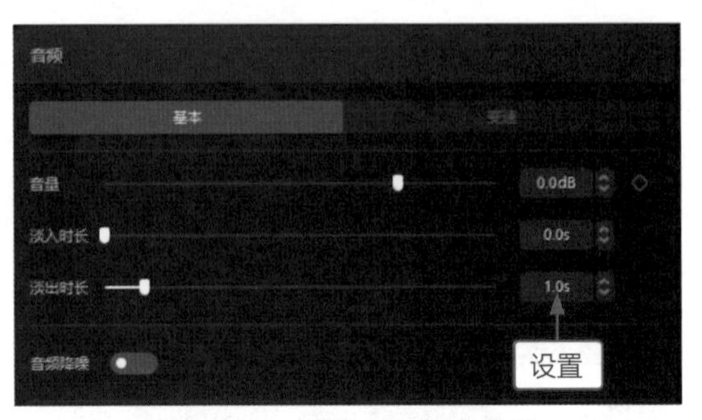

图7-85　设置音频淡出参数

7.3 健身广告宣传短片

【效果说明】：随着人们生活水平的提高，越来越多的人开始重视健康问题，各种健身中心为了吸引目标顾客，都加大了广告宣传力度，也会在网上发布各种健身类的视频。健身既是锻炼身体的有效手段，也是维护健康的绝佳方案，因此在制作宣传短片时，可以往健康运动、科学运动的方向突出主题，以有效吸引关心这方面内容的群体。健身广告宣传短片效果，如图7-86所示。

案例效果

图7-86　健身广告宣传短片效果

7.3.1 制作片头并分离音频

在剪映中，如果只需要用到视频中的部分片段和完整的背景音乐的话，可以将视频中的音频分离至音频轨道上，然后将视频进行分割，留取需要的片段即可。下面介绍使用此法制作短片片头并分离音频的操作方法。

STEP 01 在剪映中导入一个片头视频和9张照片，如图7-87所示。

STEP 02 ❶将片头视频添加到视频轨道中；❷拖曳时间指示器至00:00:00:05的位置处，如图7-88所示。

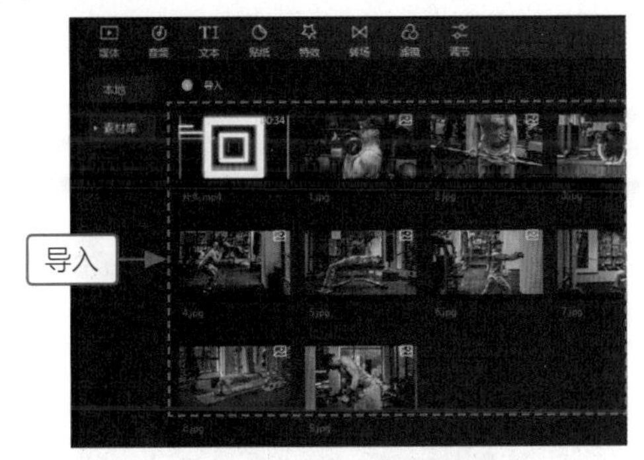

图7-87　导入视频和照片

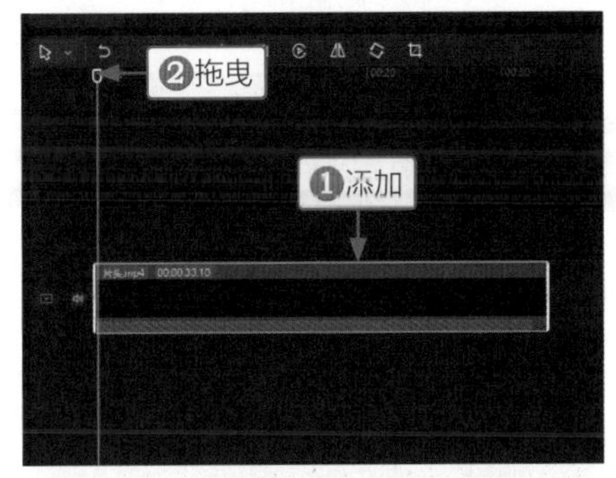

图7-88　添加视频并拖曳时间指示器

STEP 03 在"文本"功能区"文字模板"的"精选"选项卡中，选择一个合适的文字模板并单击"添加到轨道"按钮⊕，如图7-89所示。

STEP 04 执行操作后，即可将文字模板添加到字幕轨道中，如图7-90所示。

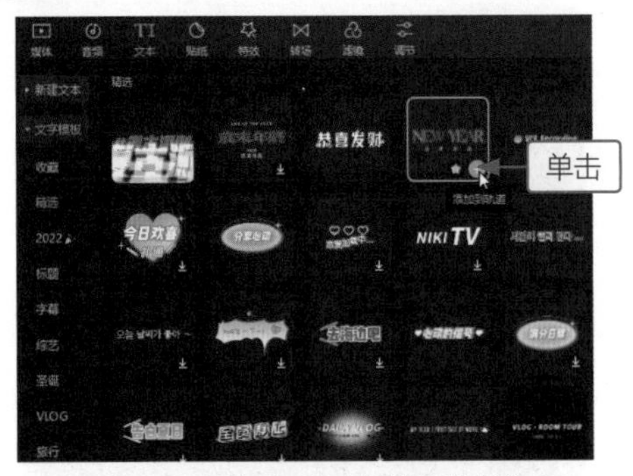

图7-89　添加文字模板到轨道

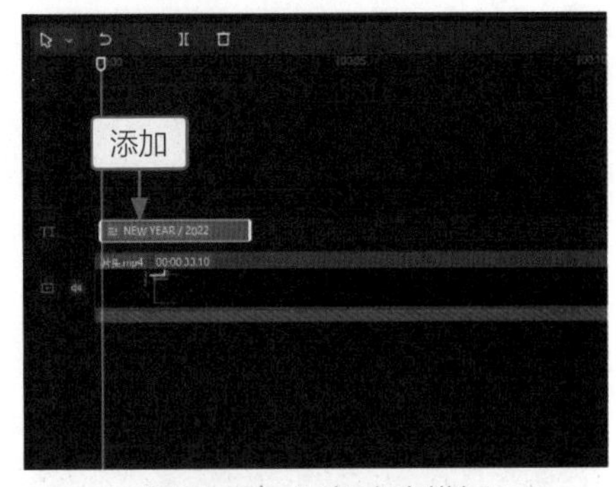

图7-90　添加文字模板

STEP 05 在"编辑"操作区中，修改两段文本内容为健身俱乐部的名称，如图7-91所示。

STEP 06 在视频轨道中，❶选择片头视频，单击鼠标右键；❷在弹出的快捷菜单中，选择"分离音频"选项，如图7-92所示。

STEP 07 执行操作后，即可将片头视频中的音频分离至音频轨道中，如图7-93所示。

STEP 08 ❶选择片头视频；❷拖曳时间指示器至文本的结束位置；❸单击"分割"按钮Ⅱ，如图7-94所示。

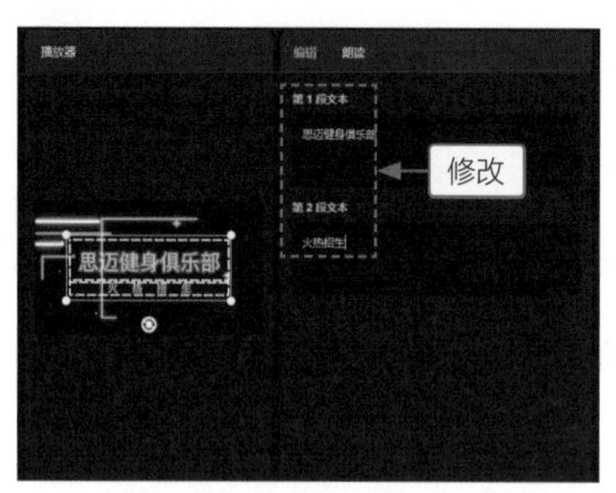

图7-91　修改两段文本内容

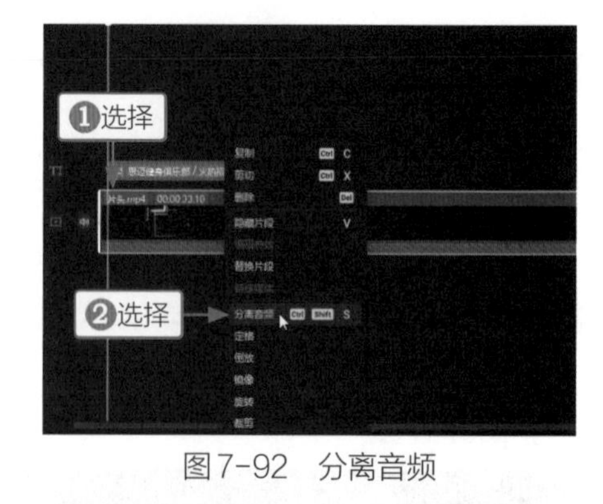

图7-92　分离音频

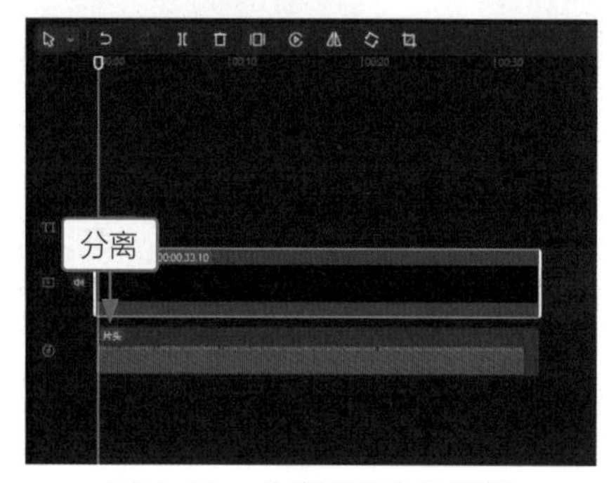

图7-93　分离视频中的音频

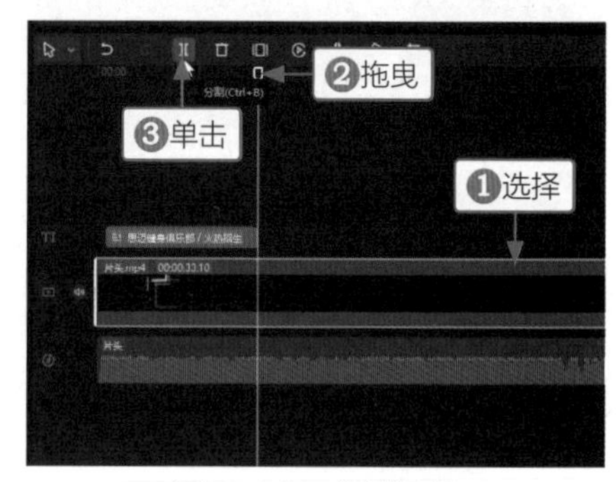

图7-94　分割视频

STEP 09 执行上述操作后，❶选择分割的后半段视频；❷单击“删除”按钮，如图7-95所示。

STEP 10 执行操作后，即可将后半段视频删除，如图7-96所示。

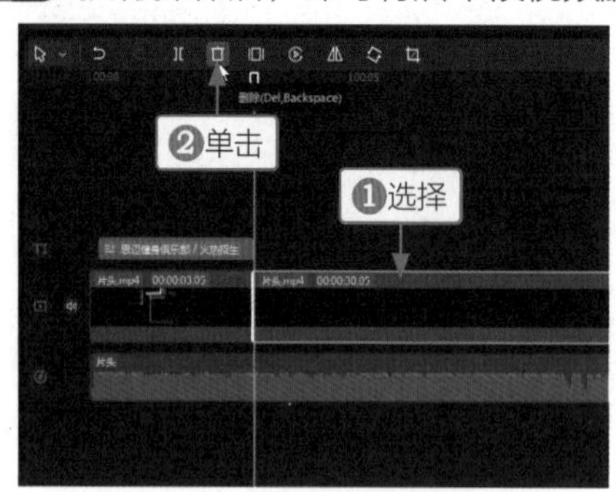

图7-95　选择后半段视频

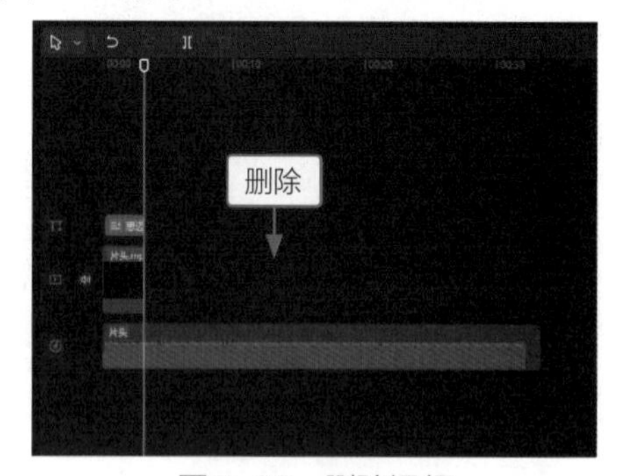

图7-96　删除视频

7.3.2 为宣传照片添加动画

片头和背景音频制作完成后，接下来需要将“媒体”功能区的照片添加到视频轨道中，调整时长并为其依次添加动画效果。下面介绍为宣传照片添加动画效果的操作方法。

教学视频

STEP 01 在剪映“媒体”功能区中，单击第1张照片中的“添加到轨道”按钮，如图7-97所示。

STEP 02 将第1张照片添加到视频轨道中，并调整其时长为00:00:03:00，如图7-98所示。

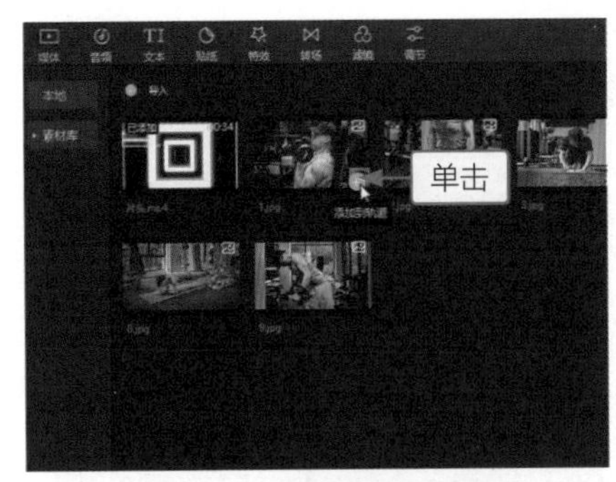

图7-97　添加照片到轨道

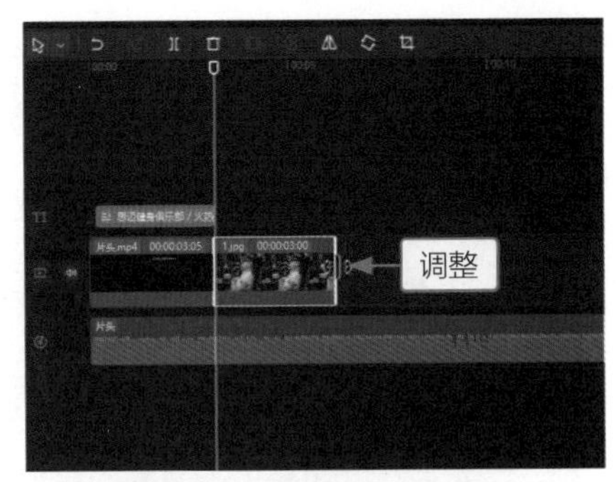

图7-98　添加并调整照片

STEP 03 在“动画”操作区的“组合”选项卡中，选择“抖入放大”动画，如图7-99所示。

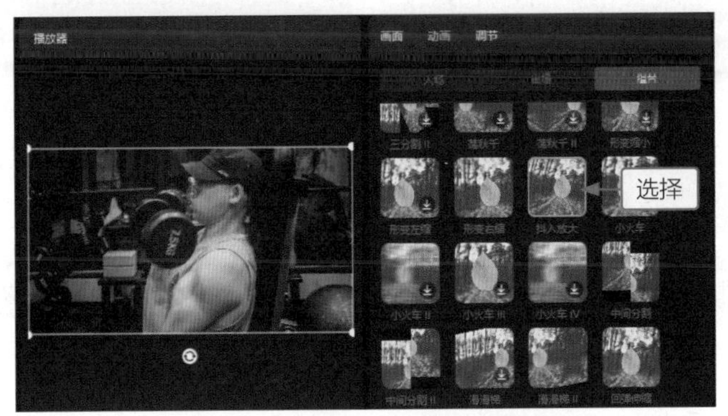

图7-99　添加“抖入放大”动画

STEP 04 用同样的方法，将后面的8张照片依次添加至视频轨道中，调整时长均为00:00:03:00，并在“动画”操作区的“组合”选项卡中添加对应的动画，如图7-100所示。

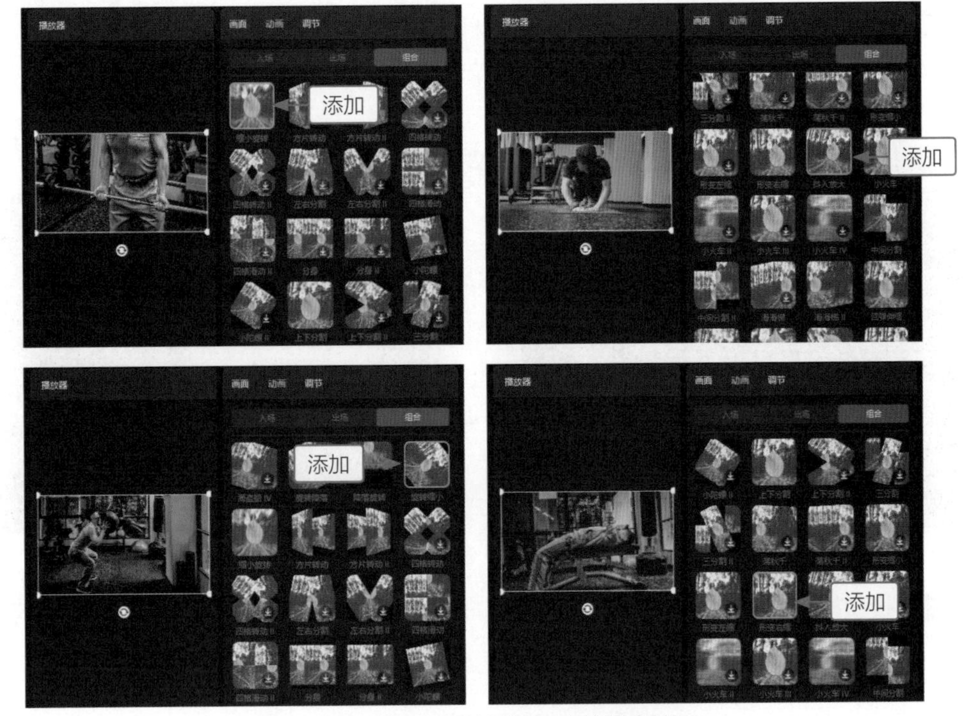

图7-100　为8张照片添加对应的组合动画

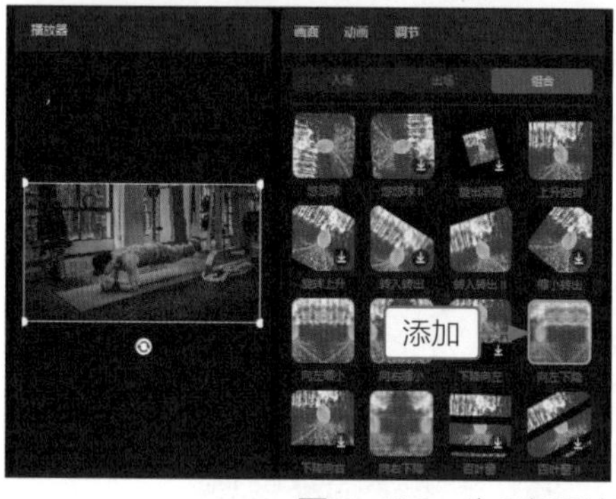

图7-100 为8张照片添加对应的组合动画(续)

7.3.3 为短片添加宣传文本

在为宣传照片添加完动画后，接下来即可在照片对应的位置添加短片宣传文本。下面介绍为短片添加宣传文本的操作方法。

教学视频

STEP 01 拖曳时间指示器至第1张照片的开始位置，在“文本”功能区“文字模板”的“字幕”选项卡中，选择一个合适的文字模板，单击“添加到轨道”按钮，如图7-101所示。

STEP 02 执行操作后，即可在字幕轨道上添加文字模板，如图7-102所示。

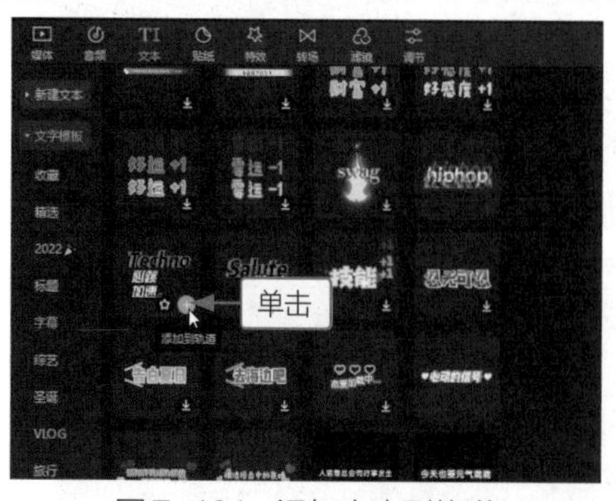

图7-101 添加文本到轨道

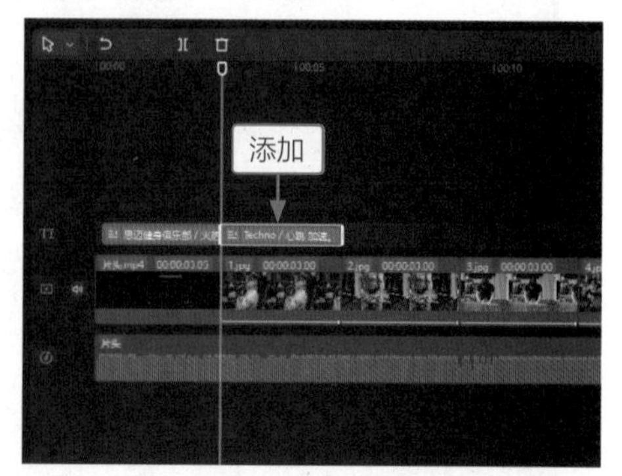

图7-102 添加文字模板

STEP 03 ❶在“编辑”操作区中修改两段文本的内容；❷在“播放器”面板中调整文本的大小和位置，如图7-103所示。

图7-103　修改并调整文本

STEP 04 复制粘贴制作的宣传文本，为后面的8张照片依次添加对应的宣传文本，❶在“编辑”操作区中修改内容；❷在“播放器”面板中调整文本的大小和位置，如图7-104所示。

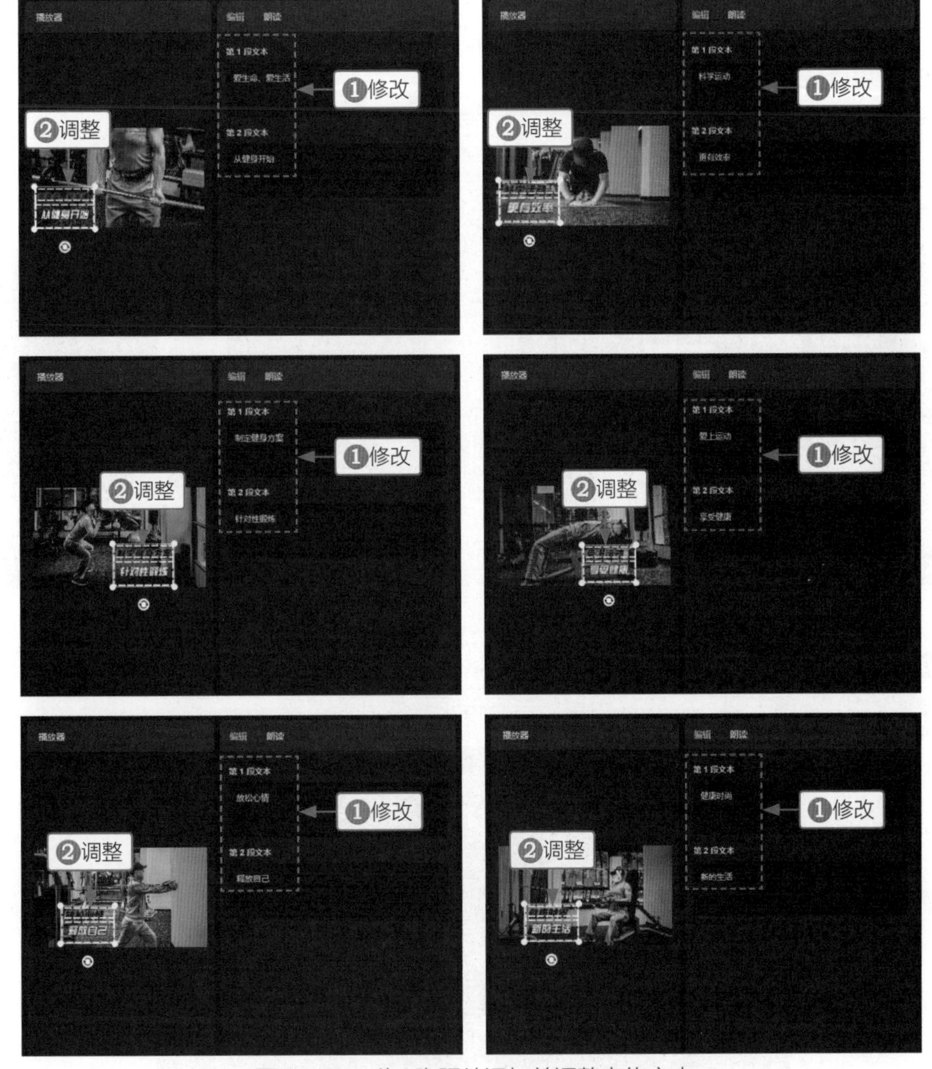

图7-104　为8张照片添加并调整宣传文本

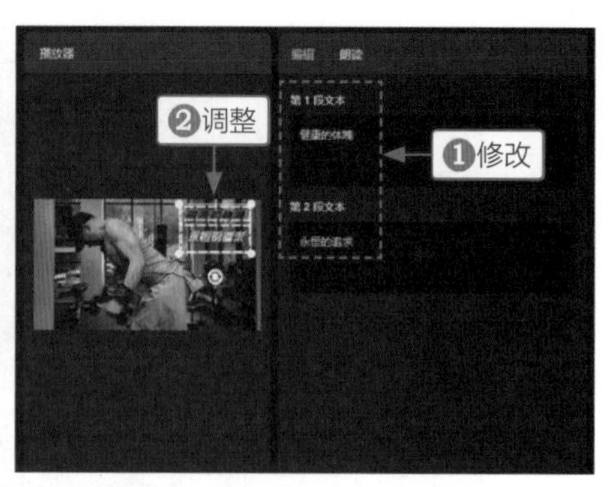

图7-104　为8张照片添加并调整宣传文本(续)

7.3.4 为短片添加片尾文本

在短片最后，还应添加片尾文本，文本内容可以是一些重要的信息或宣传语。下面介绍为短片添加片尾文本的操作方法。

教学视频

STEP 01 拖曳时间指示器至第9张照片的结束位置，在“文本”功能区“文字模板”的“字幕”选项卡中，选择一个合适的文字模板并单击“添加到轨道”按钮⊕，如图7-105所示。

STEP 02 执行操作后，即可在字幕轨道上添加文字模板，如图7-106所示。

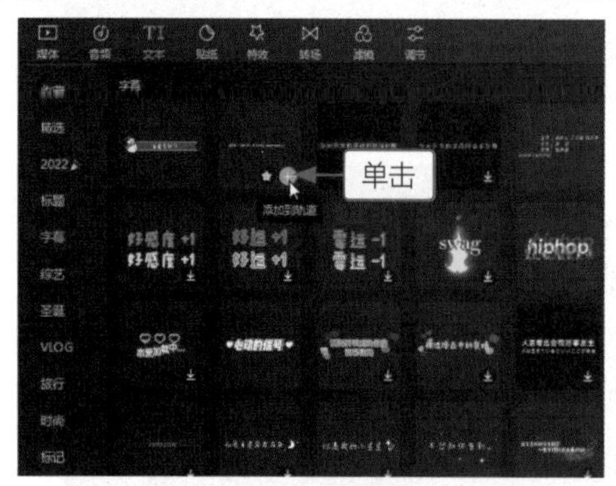

图7-105　添加文本到轨道

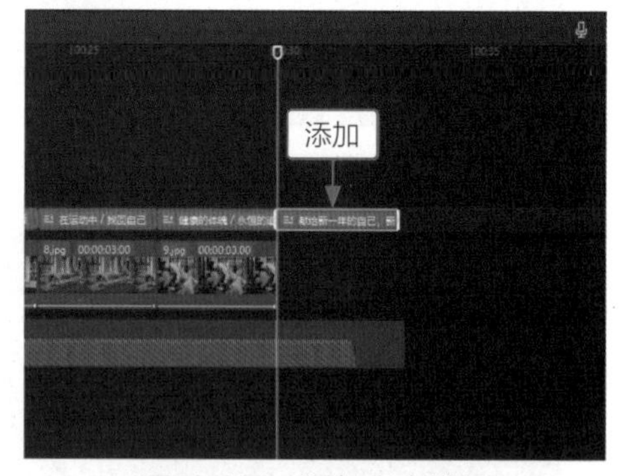

图7-106　添加文字模板

STEP 03 ①在“编辑”操作区中修改文本内容；②在“播放器”面板中调整文本的大小和位置，如图7-107所示。至此，完成健身广告宣传短片的制作。

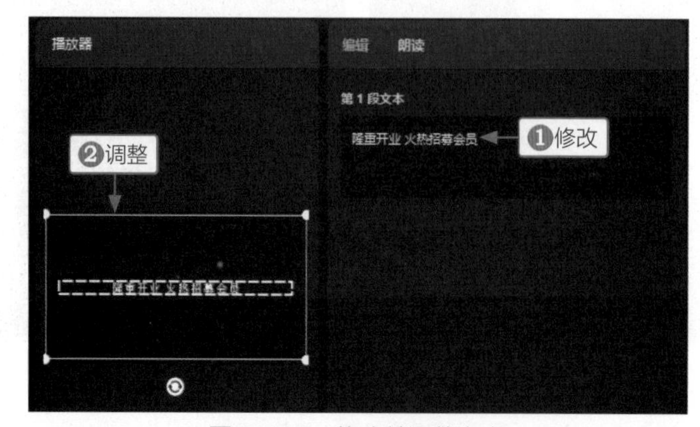

图7-107　修改并调整文本

知识导读

随着人们审美水平的提高，普通广告已很难引起消费者的兴趣，因此越来越多的商家采用产品广告短片的方式宣传品牌与商品。产品广告短片主要是向消费者介绍产品，以吸引消费者的注意力，促使消费者购买短片中的产品或服务，从而达到提高产品销量的目的。本章主要介绍产品广告短片的制作方法。

8 CHAPTER

第8章 产品广告短片制作

本章重点索引

- 汽车广告短片制作
- 菜肴广告短片制作
- 面包广告短片制作

效果欣赏

8.1 汽车广告短片制作

案例效果

【效果说明】：汽车广告主要展现的是汽车，向消费者宣传汽车的优点、特点，以及产品质量。制作汽车广告短片，可以多选用一些汽车局部的视频，如车灯、轮胎、后视镜等，加上转场动画和广告文本，加深消费者对汽车品牌的印象。汽车广告短片效果，如图8-1所示。

图8-1　汽车广告短片效果

8.1.1 添加视频并调色

教学视频

汽车视频的效果应该是清楚、明亮的，以全面展示汽车的色彩、造型和细节。当视频素材颜色不够鲜艳，或者不符合设想的色调效果时，可以在添加视频后，为视频进行调色，直至呈现出满意的色调效果为止。下面介绍添加汽车视频并调色的操作方法。

STEP 01 在剪映“媒体”功能区中，导入选用的12个汽车视频和一段背景音乐、一个片尾视频，如图8-2所示。

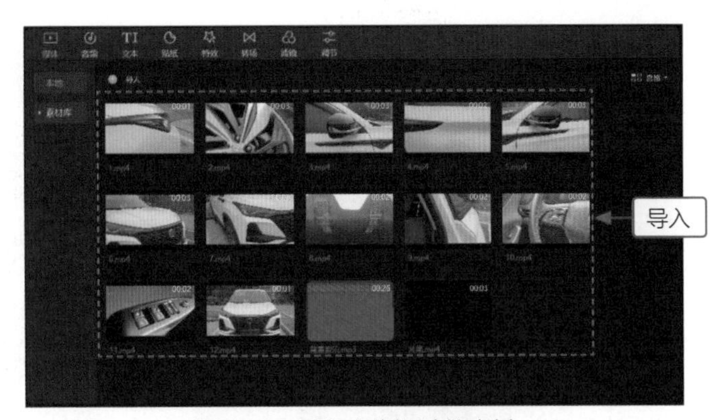

图8-2　导入广告短片的素材

STEP 02 ❶将背景音乐添加到音频轨道上；❷将汽车视频依次添加到视频轨道上，如图8-3所示。

STEP 03 选择第1个视频，在“变速”操作区的“常规变速”选项卡中，设置“自定时长”参数为1.5s，将第1个视频的时长调长一点，如图8-4所示。

STEP 04 选择第10个视频，用同样的方法，设置“自定时长”参数为1.8s，将第10个视频的时长调长，如图8-5所示。

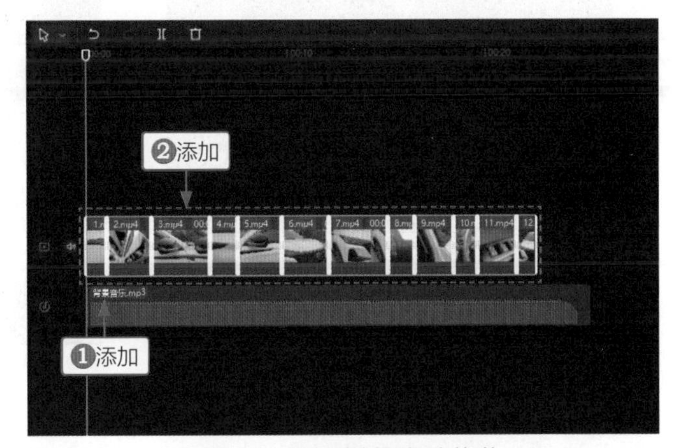

图8-3　添加素材至相应轨道

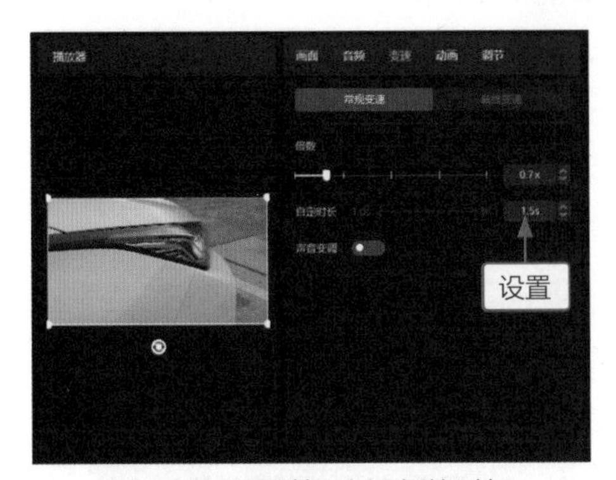

图8-4　设置第1个视频的时长

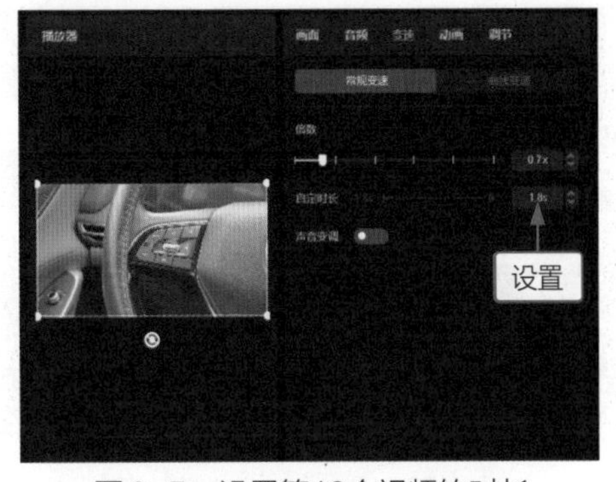

图8-5　设置第10个视频的时长

STEP 05 选择第2个视频，拖曳右侧的白色拉杆，调整视频的时长为00:00:01:22，将第2个视频的时长调短，如图8-6所示。

STEP 06 选择第11个视频，用同样的方法，调整视频的时长为00:00:01:13，将第11个视频的时长调短，如图8-7所示。

STEP 07 ❶选择第12个视频；❷单击“裁剪”按钮，如图8-8所示。

STEP 08 弹出“裁剪”对话框，在“裁剪比例”列表框中，选择16:9选项，固定裁剪框的比例，如图8-9所示。

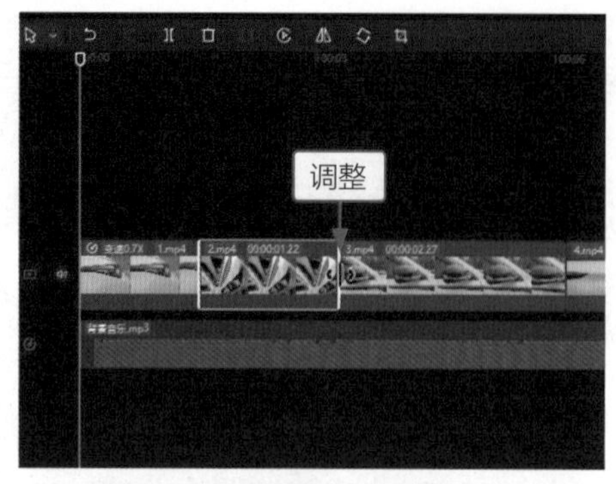

图8-6 调整第2个视频的时长

图8-7 调整第11个视频的时长

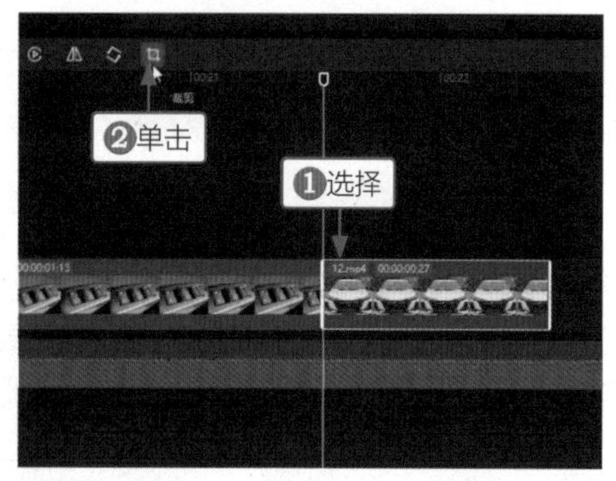

图8-8 裁剪第12个视频

图8-9 选择裁剪比例

STEP 09 在预览窗口中，拖曳控制柄调整画面的裁剪区域，如图8-10所示。

STEP 10 单击“确定”按钮，即可裁剪视频画面，如图8-11所示。

图8-10 拖曳控制柄

图8-11 裁剪视频画面

STEP 11 在“调节”功能区中，单击“自定义调节”中的“添加到轨道”按钮，如图8-12所示。

STEP 12 执行操作后，即可在轨道上添加一个调节效果，并调整调节效果的结束位置与最后一个视频的结束位置对齐，如图8-13所示。

STEP 13 在“调节”操作区的“基础”选项卡中，设置“色温”参数为-20，如图8-14所示。调节后的画面整体偏冷色调，画面中的蓝色加深，同时车身也显得更白一些。

STEP 14 设置“饱和度”参数为21，将画面中所有颜色的饱和度调高一些，如图8-15所示。

STEP 15 设置“亮度”参数为-15，稍微降低画面中的亮度，如图8-16所示。

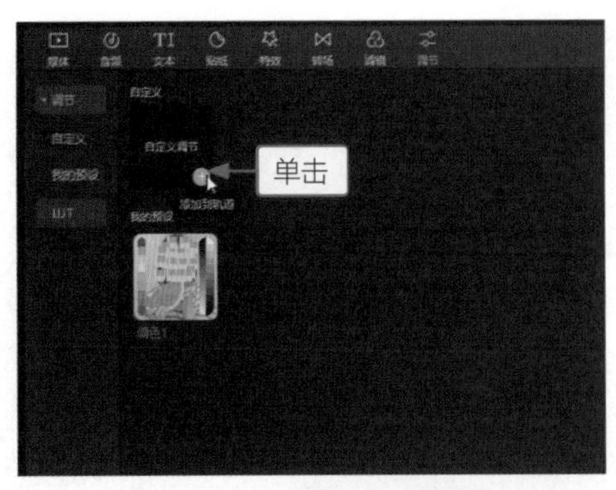

图8-12　添加自定义调节

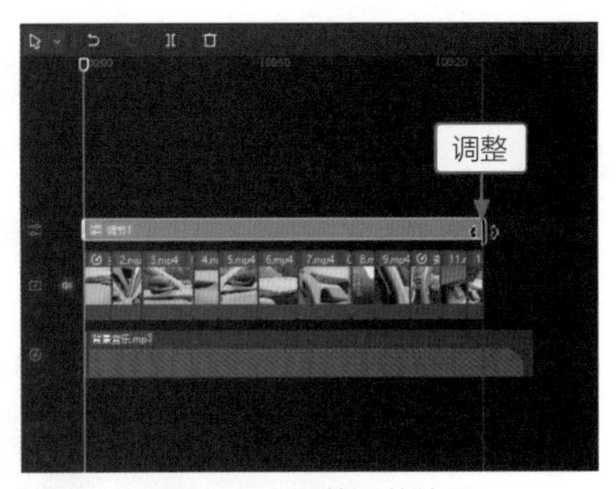

图8-13　调整调节效果

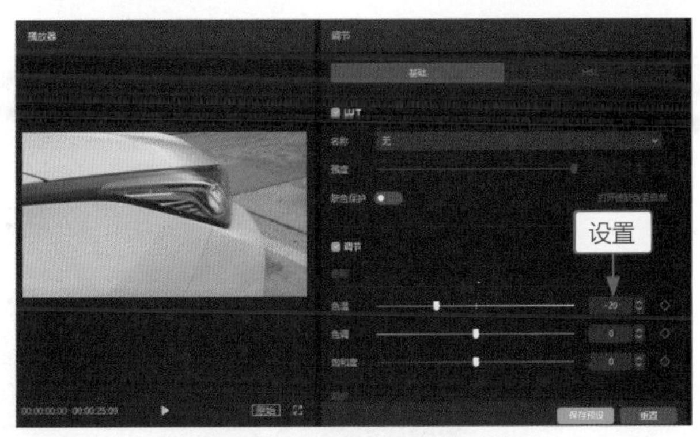

图8-14　设置“色温”参数

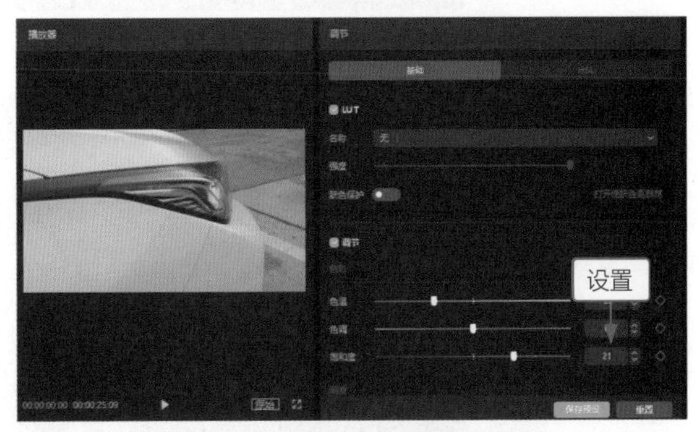

图8-15　设置“饱和度”参数

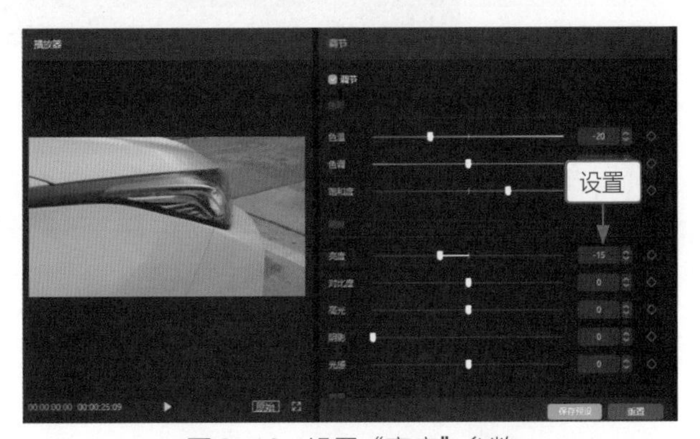

图8-16　设置“亮度”参数

STEP 16 设置“对比度”参数为25，增强画面中的明暗对比，如图8-17所示。

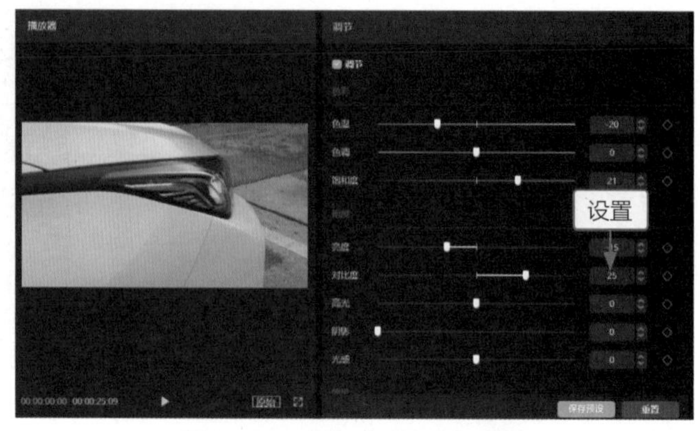

图8-17 设置“对比度”参数

STEP 17 设置“高光”参数为-10，调整画面中的高光亮度，降低曝光，如图8-18所示。

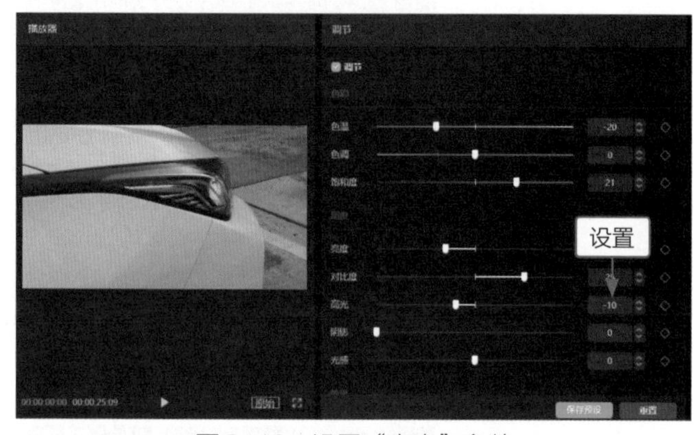

图8-18 设置“高光”参数

STEP 18 设置“光感”参数为-15，降低画面中的光线亮度，使画面整体偏暗一些。执行操作后，即可完成为所有的视频调色，如图8-19所示。

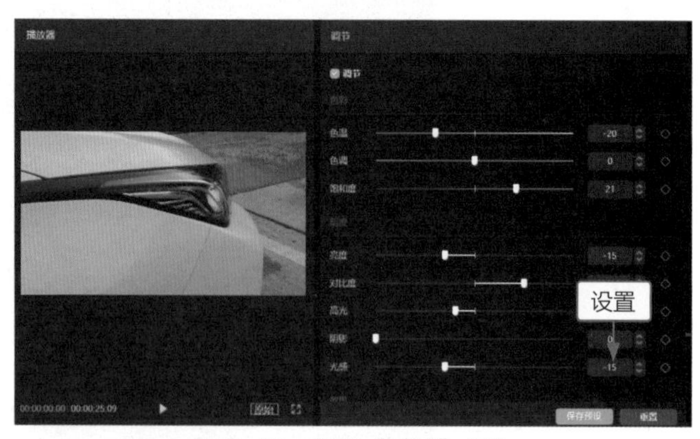

图8-19 设置“光感”参数

上述内容主要是为了介绍调色方法，至于调色参数，仅适用于本案例中的视频。用户在为自己的视频调色时，需要根据视频的实际情况进行调整，并且在批量为视频调色的过程中，要注意查看设置的调节效果是否适用于其他的视频。

8.1.2 制作转场效果

教学视频

为了让视频之间的过渡更加顺滑、自然，可以在两个视频之间添加转场。如果视频过短、转场时长不够长，则可以为视频添加动画效果进行过渡。下面介绍制作闪黑转场效果的操作方法。

STEP 01 拖曳时间指示器至第2个视频和第3个视频之间，如图8-20所示。

STEP 02 在“转场”功能区的“基础转场”选项卡中，单击“闪黑”转场中的“添加到轨道”按钮⊕，如图8-21所示。

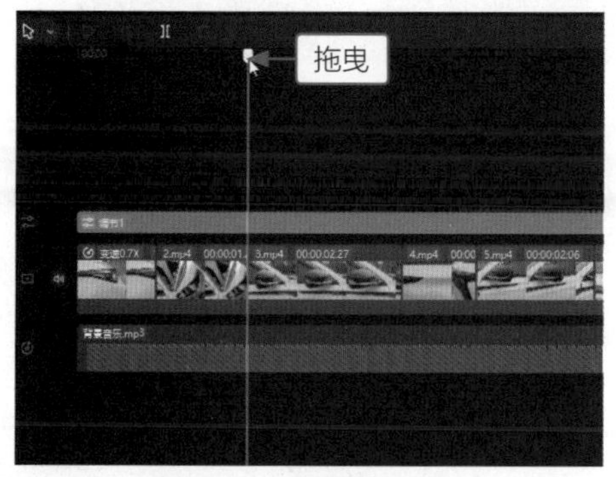

图8-20　拖曳时间指示器

图8-21　添加转场到轨道

STEP 03 执行操作后，即可将转场添加到第2个视频和第3个视频之间，如图8-22所示。

STEP 04 拖曳转场右侧的白色拉杆，将时长调整为最长，如图8-23所示。

图8-22　添加转场

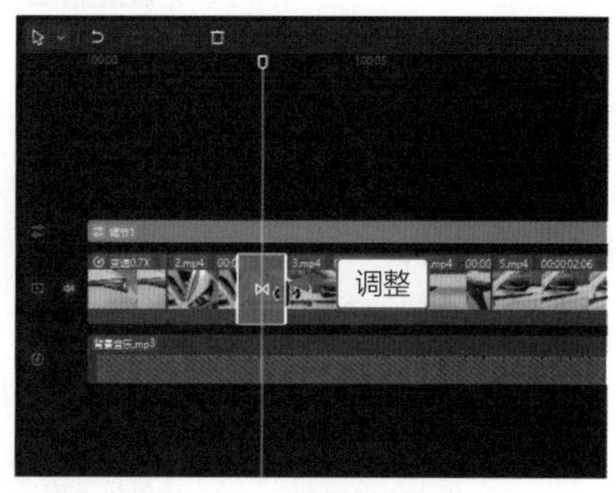

图8-23　调整转场时长

STEP 05 采用与上面同样的方式，在第3个视频和第4个视频之间、第5个视频和第6个视频之间、第6个视频和第7个视频之间、第11个视频和第12个视频之间，分别添加一个“闪黑”转场并调整转场时长为最长，如图8-24所示。

转场的时长是受限制的，如果两个视频的时长都比较长，那么转场的时长可以调得长一些；反之，如果两个视频的时长较短，那么转场的时长可调控的阈值空间则较少。因此，图8-23中显示的转场虽然都调整到了最长的长度，但每个转场的时长都是不均等的。

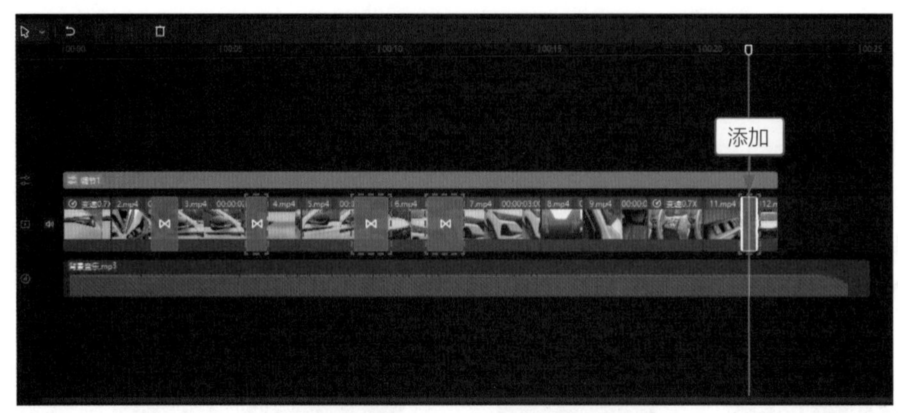

图8-24 添加多个转场并调整时长

STEP 06 选择第1个视频，在“动画”操作区的“入场”选项卡中，❶选择“渐显”动画；❷设置“动画时长”参数为0.3s，如图8-25所示。

图8-25 设置第1个视频的入场动画

STEP 07 选择第2个视频，在“动画”操作区的“入场”选项卡中，❶选择“渐显”动画；❷设置“动画时长”参数为0.5s，如图8-26所示。

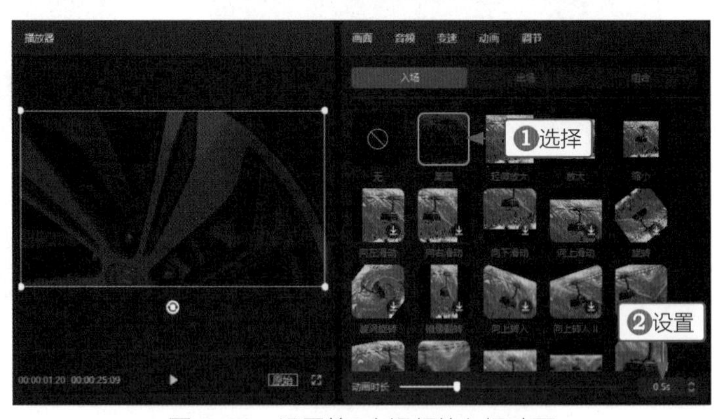

图8-26 设置第2个视频的入场动画

在剪映中，只有照片可以同时添加一个入场动画和一个出场动画，视频只能添加一个入场动画或者添加一个出场动画。

STEP 08 选择第5个视频，在“动画”操作区的“入场”选项卡中，❶选择“渐显”动画；❷设置“动画时长”参数为0.5s，如图8-27所示。

图8-27　设置第5个视频的入场动画

在本例中，要想制作视频与视频之间的闪黑过渡效果，需要注意3种情况：在两个视频之间，如果前一个视频的动画效果是“渐显”入场动画，那么后一个视频也要添加“渐显”入场动画；在两个视频之间，如果视频的前面已经添加了“闪黑”转场，视频时长相对后一个视频而言比较长的话，可以为视频添加“渐隐”出场动画，这样后一个视频就可以同样添加“渐隐”出场动画或者不添加动画了；在3个视频之间，如果前一个视频添加了“渐隐”出场动画，中间的视频没添加任何动画，那么后一个视频则需要添加“渐显”入场动画。

STEP 09 选择第7个视频，在“动画”操作区的“出场”选项卡中，❶选择“渐隐”动画；❷设置“动画时长”参数为1.0s，如图8-28所示。

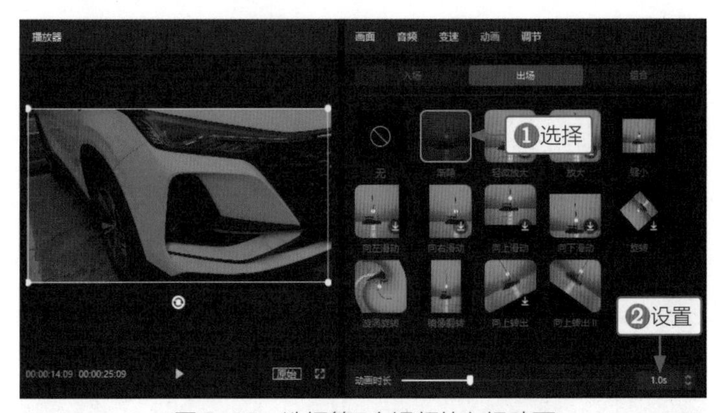

图8-28　选择第7个视频的入场动画

STEP 10 选择第9个视频，在“动画”操作区的“入场”选项卡中，❶选择“渐显”动画；❷设置“动画时长”参数为1.0s，如图8-29所示。

图8-29　设置第9个视频的入场动画

STEP 11 选择第10个视频，在“动画”操作区的“入场”选项卡中，❶选择“渐显”动画；❷设置“动画时长”参数为0.7s，如图8-30所示。

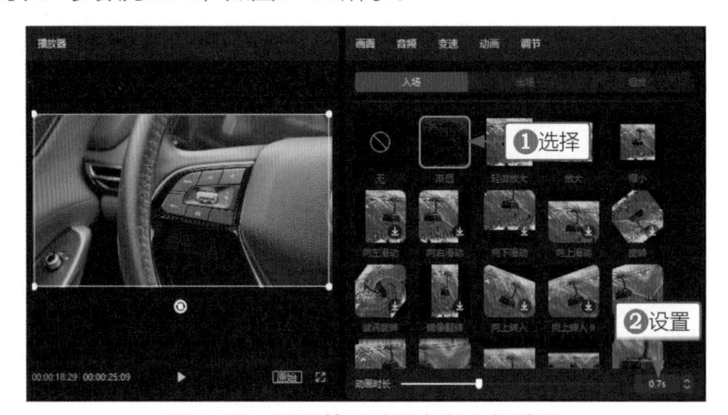

图8-30　设置第10个视频的入场动画

STEP 12 选择第11个视频，在“动画”操作区的“入场”选项卡中，❶选择“渐显”动画；❷设置“动画时长”参数为0.5s，如图8-31所示。

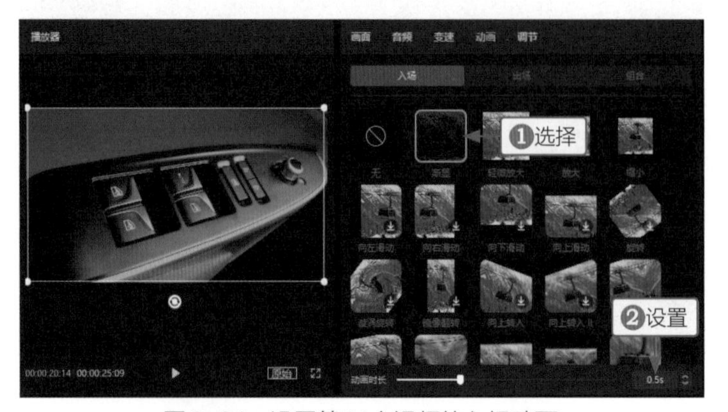

图8-31　设置第11个视频的入场动画

8.1.3 制作广告文本

教学视频

汽车广告文本是汽车广告短片的“灵魂”所在，主要用来表达汽车的特点和优势。为了保持视频风格的一致，我们需要为文本添加“渐显”入场动画和“渐隐”出场动画，制作与视频同样的闪黑过渡效果。下面介绍制作汽车广告文本的操作方法。

STEP 01 在开始位置添加一个默认文本，并调整文本的时长与第1个视频同长，如图8-32所示。

STEP 02 将时间指示器拖曳至视频完全显示的位置，选择默认文本，在“编辑”操作区的“文本”选项卡中，❶输入与第1个视频对应的广告内容；❷设置一个合适的字体；❸在“播放器”面板中调整文本的大小和位置，如图8-33所示。

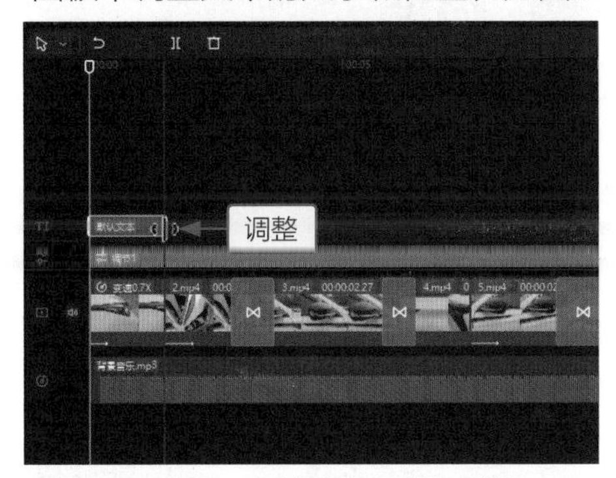

图8-32　调整默认文本的时长

图8-33　输入和设置文本

STEP 03 在“预设样式”选项区中，选择一个合适的预设样式，如图8-34所示。

STEP 04 在“动画”操作区的“入场”选项卡中，❶选择“渐显”动画；❷设置“动画时长”参数为0.5s，如图8-35所示。

图8-34　选择预设样式

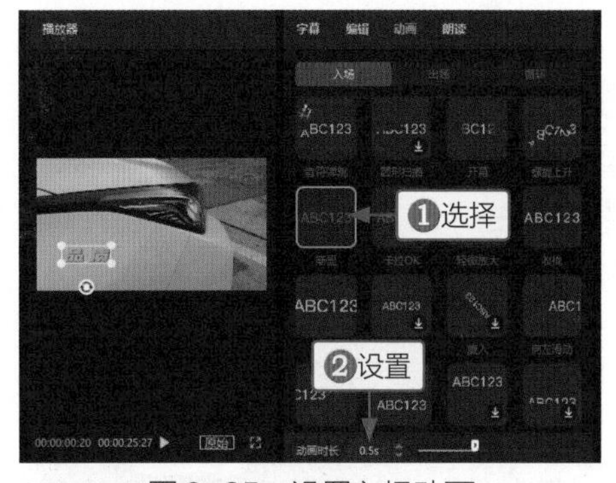

图8-35　设置入场动画

STEP 05 在“动画”操作区的“出场”选项卡中，❶选择“渐隐”动画；❷设置“动画时长”参数为0.2s，如图8-36所示。因上一步为文本添加了入场动画，所以“动画时长”右侧会显示两个数值框，第1个数值框用于设置入场动画的时长，第2个数值框用于设置出场动画的时长，此时在“入场”选项卡和“出场”选项卡中都能设置入场动画时长和出场动画时长的参数值。

STEP 06 执行操作后，❶拖曳时间指示器至第2个视频的开始位置；❷选择文本并单击鼠标右键；❸在弹出的快捷菜单中选择“复制”选项，如图8-37所示。

STEP 07 在字幕轨道的空白位置单击鼠标右键，在弹出的快捷菜单中选择“粘贴”选项，如图8-38所示。

STEP 08 执行操作后，即可复制并粘贴一个文本，调整第2个文本的时长与第2个视频的时长一致，如图8-39所示。

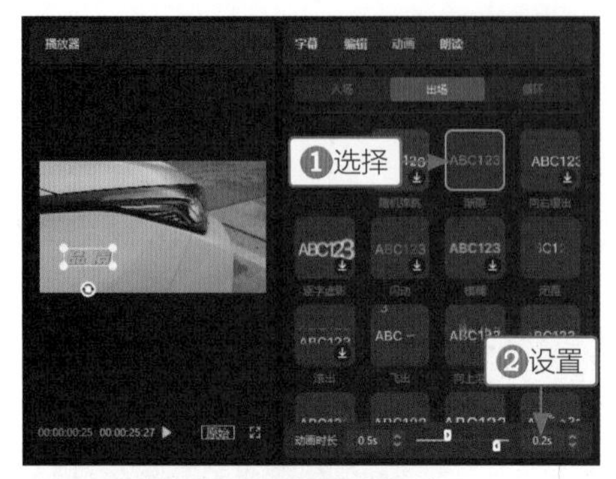

图8-36　设置出场动画

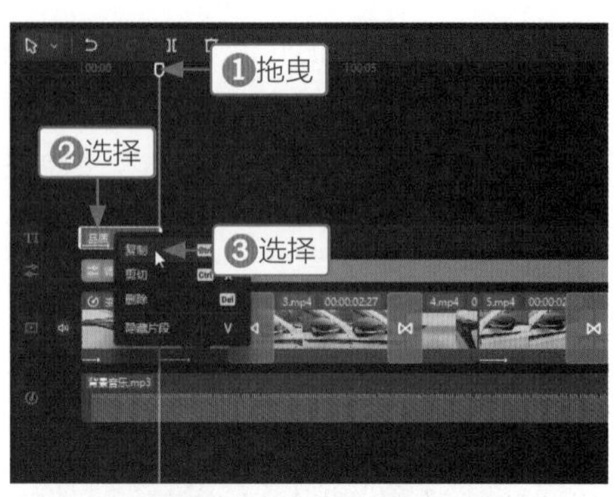

图8-37　复制文本

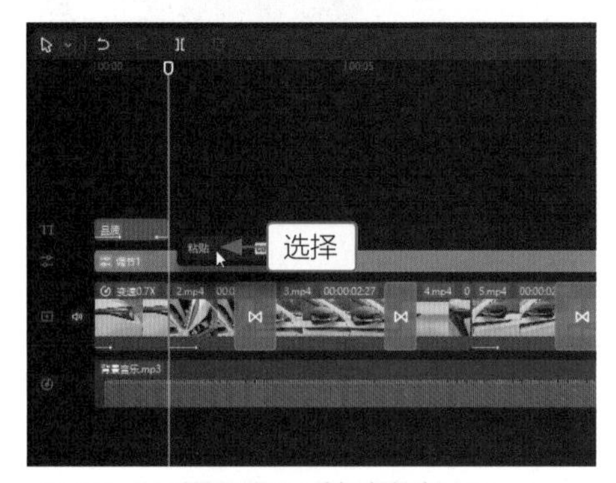

图8-38　粘贴文本

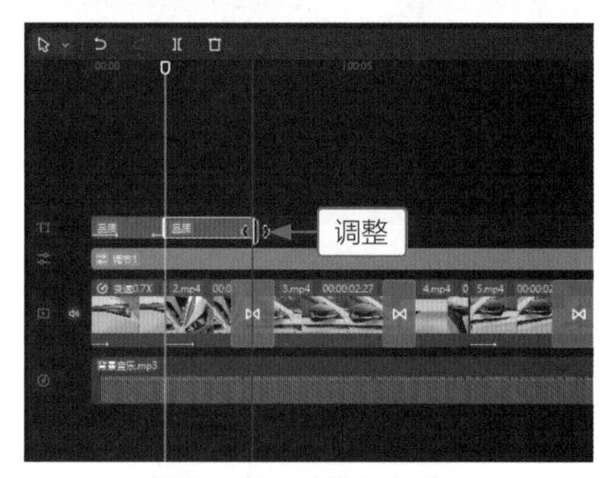

图8-39　调整文本时长

STEP 09 在“编辑”操作区的“文本”选项卡中，❶修改文本内容；❷在“播放器”面板中调整文本的位置，如图8-40所示。

STEP 10 在“动画”操作区中，设置入场动画和出场动画的“动画时长”参数，如图8-41所示。

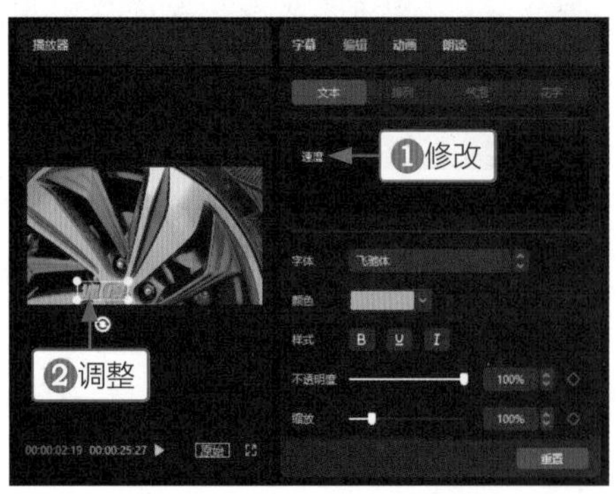

图8-40　修改和调整文本

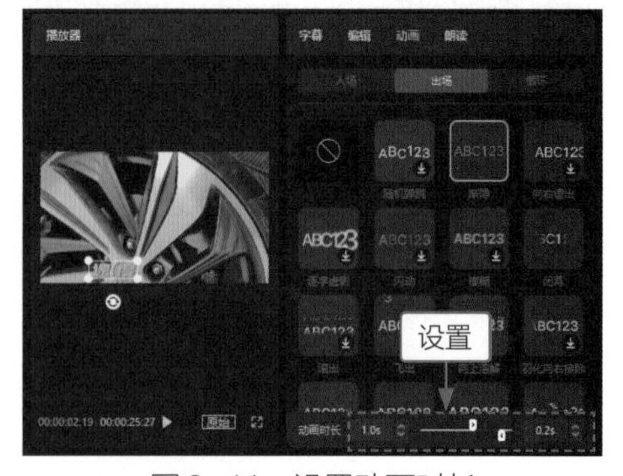

图8-41　设置动画时长

STEP 11 执行上述操作后，用同样的方法，❶为第3～11个视频制作对应的广告文本；❷并在“动画”操作区中设置文本入场动画和出场动画的“动画时长”参数，如图8-42所示。

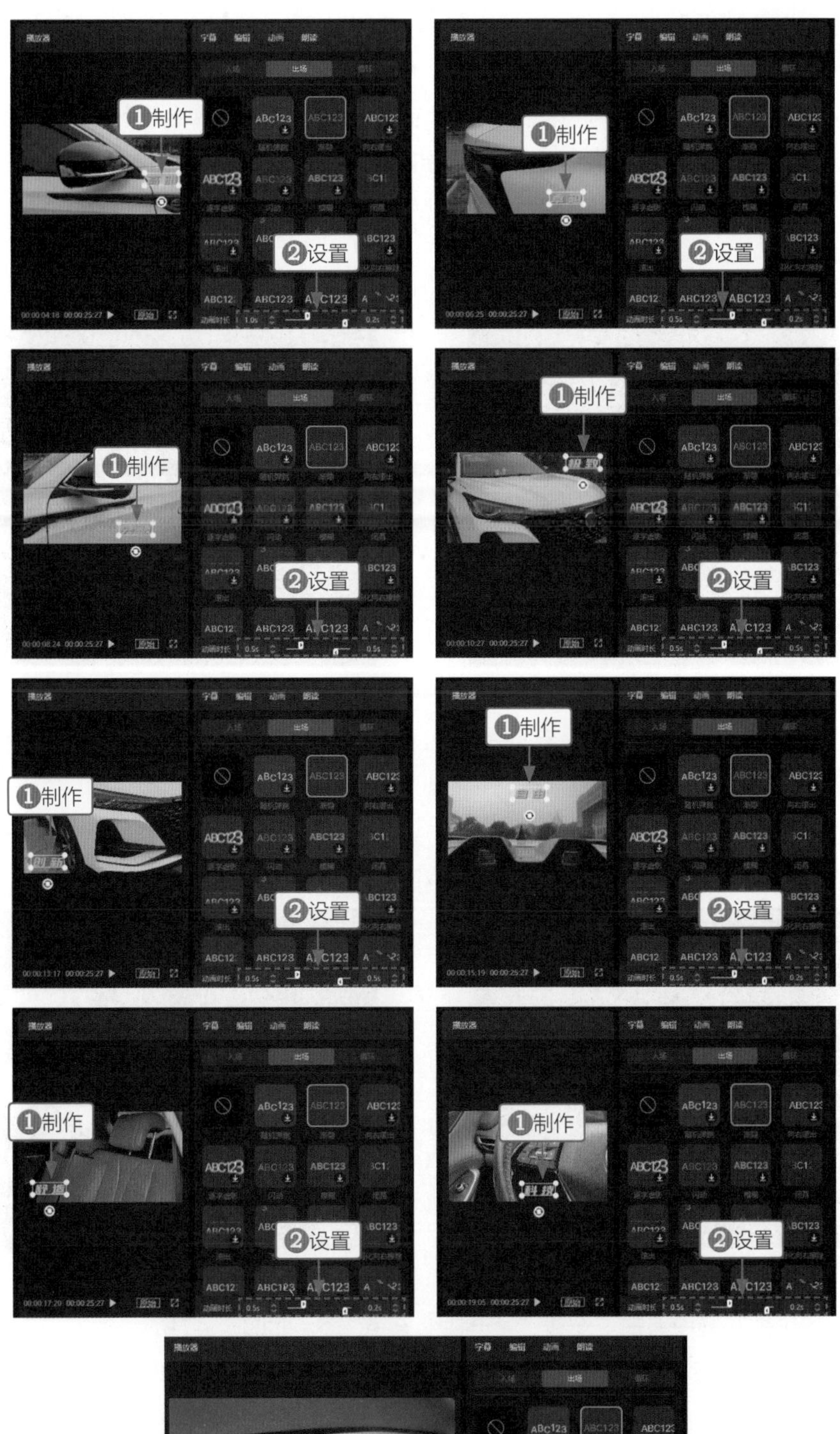

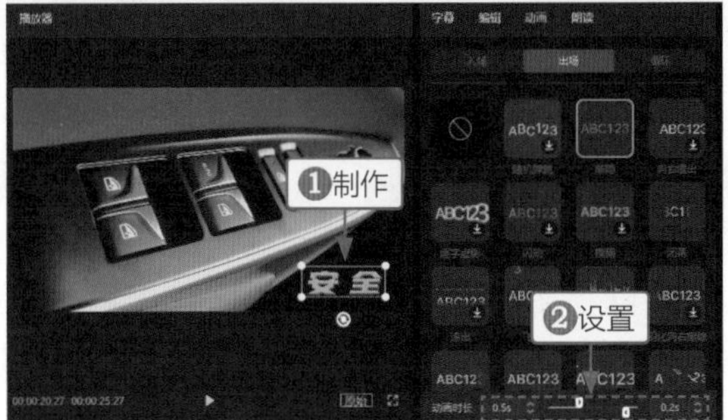

图8-42　制作其他的文本

8.1.4 制作广告片尾

教学视频

接下来我们要制作汽车广告短片的片尾，主要展现汽车的品牌名称和标语，加深观众对品牌的印象。下面介绍制作汽车广告片尾的操作方法。

STEP 01 在“媒体”功能区中，用拖曳的方式将片尾视频添加到第12个视频的后面，如图8-43所示。

STEP 02 在“播放器”面板中，可以预览片尾视频效果，如图8-44所示。

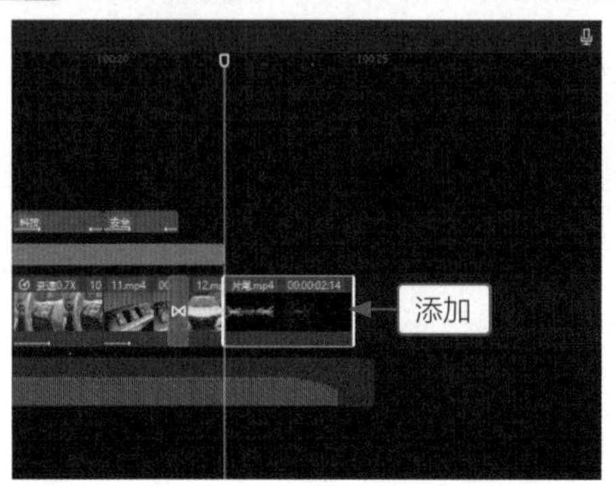

图8-43　添加片尾视频

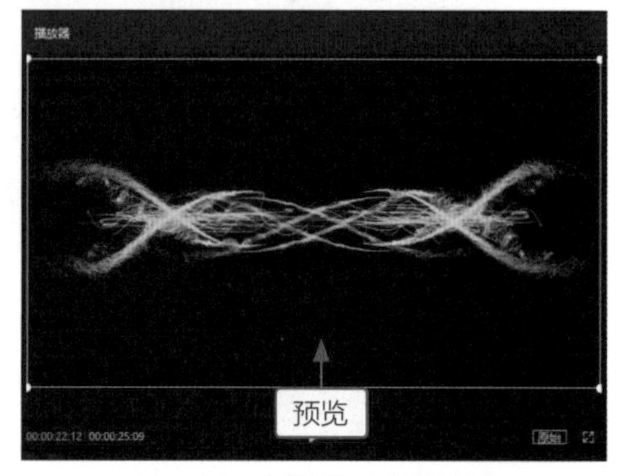

图8-44　预览片尾视频效果

STEP 03 在片尾视频的开始位置，添加一个默认文本，调整文本的结束时间至00:00:25:27的位置，如图8-45所示。

STEP 04 在“编辑”操作区的“文本”选项卡中，❶输入汽车品牌名称；❷设置一个合适的字体；❸在“播放器”面板中调整文本的大小和位置，如图8-46所示。

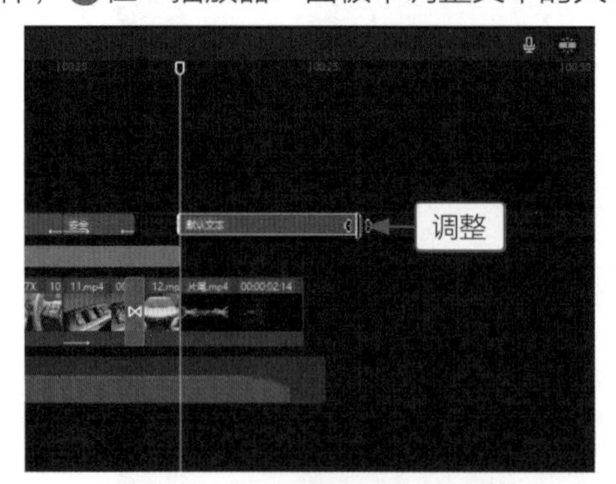

图8-45　调整文本的结束位置

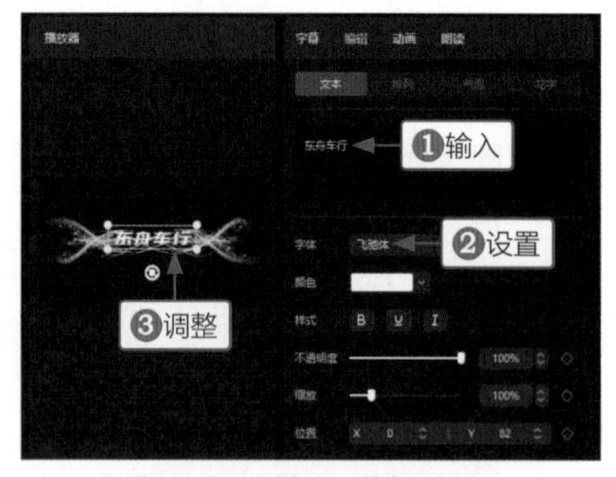

图8-46　输入和设置文本

STEP 05 在“排列”选项卡中，设置“字间距”参数为5，如图8-47所示。

STEP 06 在“花字”选项卡中，选择一个跟片尾视频中粒子颜色相近的金色花字，如图8-48所示。

STEP 07 在“动画”操作区的“出场”选项卡中，❶选择“渐隐”动画；❷设置“动画时长”参数为0.5s，如图8-49所示。

STEP 08 复制品牌名称文本并粘贴在第2条字幕轨道中，❶拖曳时间指示器至00:00:23:07的位置；❷向右拖曳文本左侧的白色拉杆至时间指示器的位置，调整第2条字幕轨道中文本的开始位置，如图8-50所示。

图8-47　设置字间距

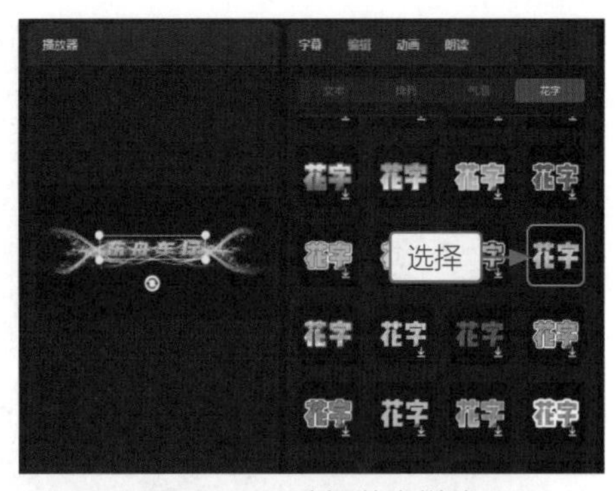

图8-48　选择花字样式

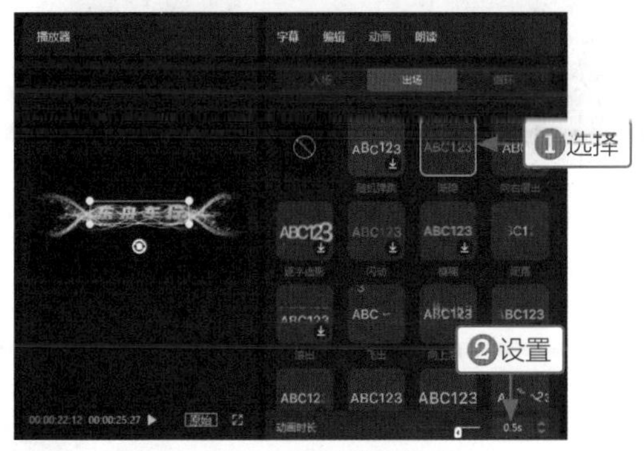

图8-49　设置出场动画

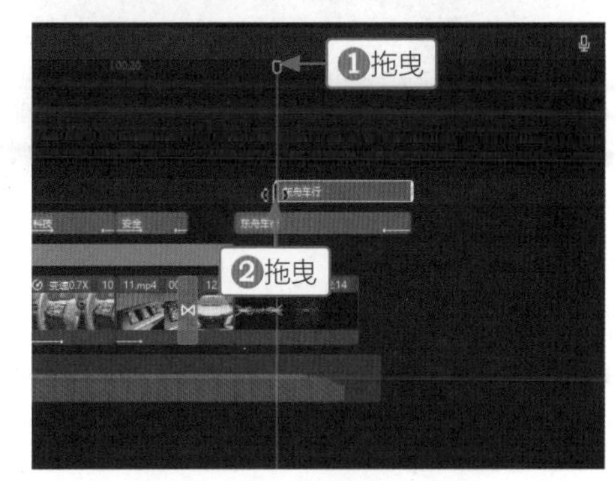

图8-50　调整文本位置

STEP 09 在“编辑”操作区的“文本”选项卡中，❶修改名称为宣传标语；❷在“播放器”面板中调整宣传标语的位置和大小，使其位于名称下方，如图8-51所示。

STEP 10 在“花字”选项卡中，选择禁用图标，将文本颜色恢复成白色，如图8-52所示。

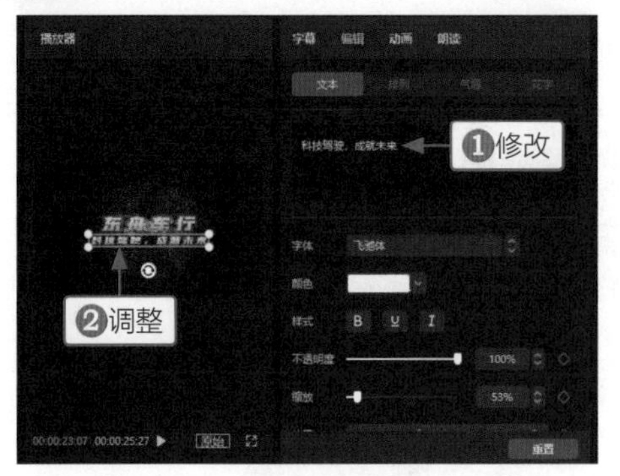

图8-51　修改和调整宣传标语

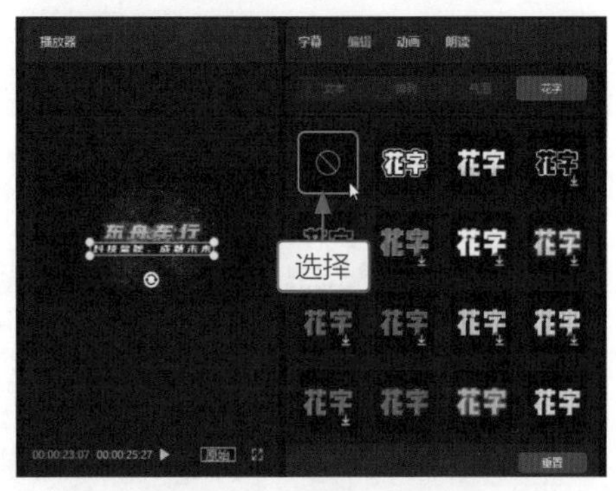

图8-52　选择禁用图标

STEP 11 在“动画”操作区的“入场”选项卡中，❶选择“逐字显影”动画；❷设置“动画时长”参数为1.5s，如图8-53所示。

STEP 12 在“播放器”面板中，可以查看制作的片尾效果，如图8-54所示。

图8-53　设置入场动画

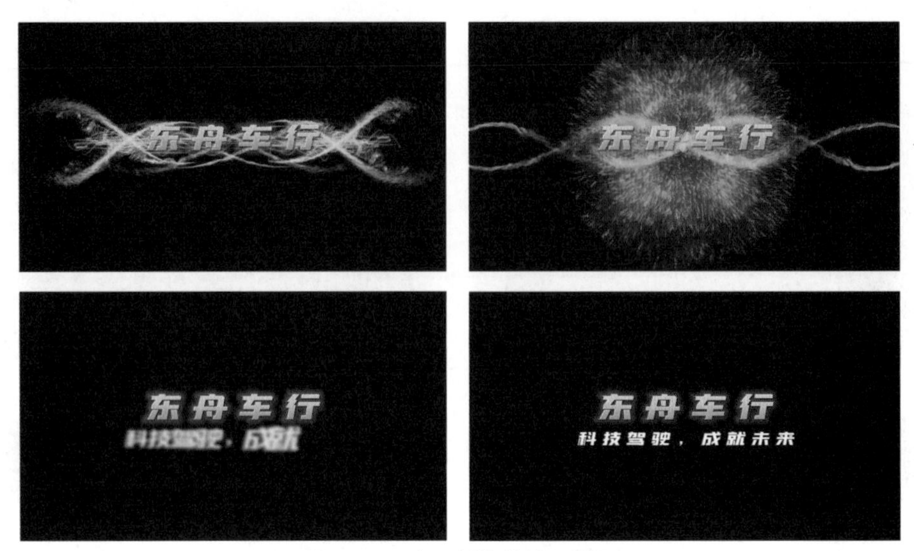

图8-54　查看制作的片尾效果

8.2 菜肴广告短片制作

案例效果

【效果说明】：随着人们的经济条件越来越好，对于美食的追求也越来越高，美食的意义已不仅仅是填饱肚子，更重要的是让人们发现新的生活方式。相较于图片和文字描述来说，展现菜品的美食视频更能引起人们的口腹之欲，因此美食广告短片是线下饭店推广菜肴、宣传品牌的重要手段。广告短片可以展现饭店的招牌菜、食材、烹饪方法、细节处理、美食文化，以及特色风味等内容。菜肴广告短片不仅可以放在线下门店播放，也可以放在电梯、商场展示屏等地方播放，还可以在大众熟知的App上进行投放，加强宣传力度，吸引更多的客源。菜肴广告短片效果，如图8-55所示。

图8-55　菜肴广告短片效果

图8-55 菜肴广告短片效果(续)

8.2.1 制作视频片头

教学视频

制作菜肴广告短片的片头效果，主要目的是展示菜品、菜色，以精美的画面吸引观众，下面介绍具体的操作方法。

STEP 01 在剪映“媒体”功能区中，导入12张美食照片和一段背景音乐、一个视频，如图8-56所示。

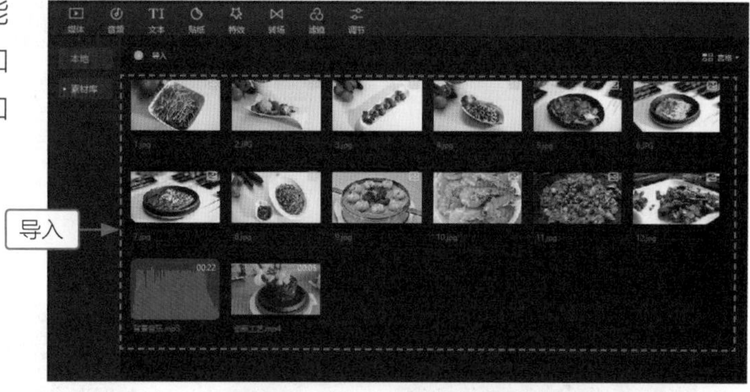

图8-56 导入广告短片需要的素材

STEP 02 ❶将背景音乐添加到音频轨道上；❷将视频添加到视频轨道上，如图8-57所示。

图8-57 添加素材至相应轨道

STEP 03 调整背景音乐的结束时间至00:00:20:24的位置，如图8-58所示。

STEP 04 ❶拖曳时间指示器至00:00:01:03的位置；❷添加一个默认文本，调整文本的结束位置与视频的结束位置一致，如图8-59所示。

STEP 05 在"编辑"操作区的"排列"选项卡中，单击"对齐"右侧的第4个按钮，将文本变为竖向置顶对齐，如图8-60所示。

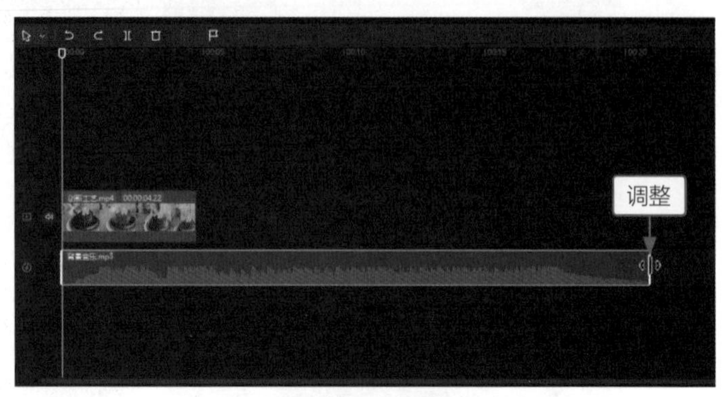

图8-58　调整背景音乐的结束位置

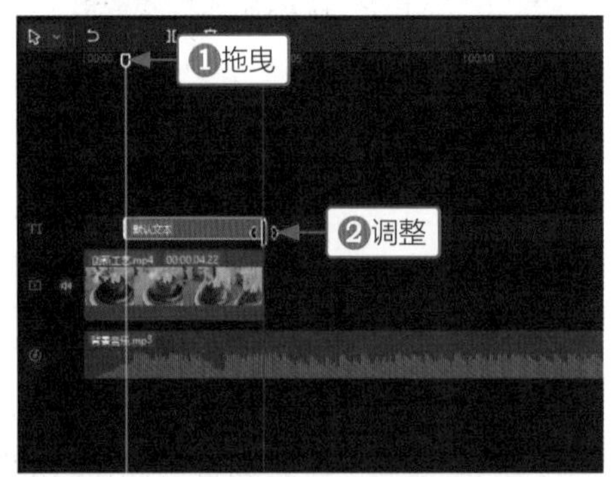

图8-59　调整文本的结束位置

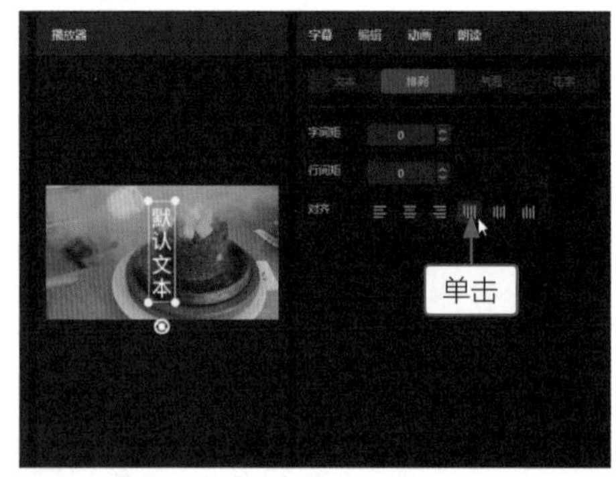

图8-60　调整文本排列方式

STEP 06 在"文本"选项卡中，❶输入文本内容"创新工艺"；❷设置一个合适的字体；❸在"播放器"面板中调整文本的大小和位置，如图8-61所示。

STEP 07 在"动画"操作区的"入场"选项卡中，❶选择"渐显"动画；❷设置"动画时长"参数为1.5s，完成片头的制作，如图8-62所示。

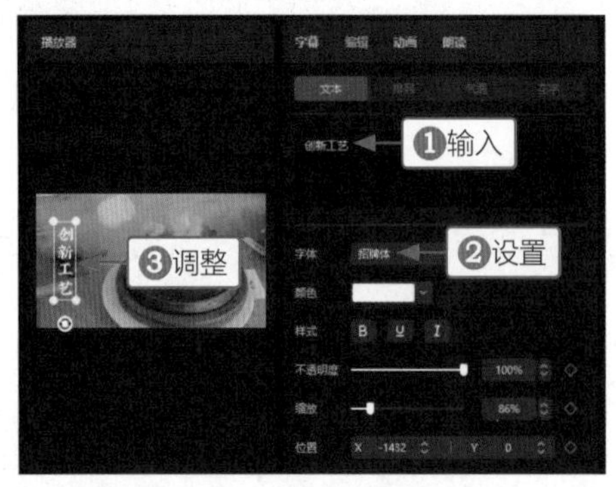

图8-61　输入并设置文本

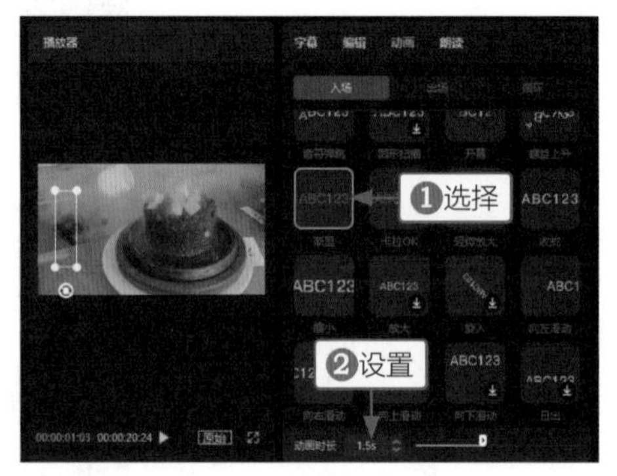

图8-62　设置入场动画

8.2.2 为照片添加动画

接下来要制作的是菜肴广告短片的主体，主要由12张菜品照片构成，为照片添加动画可以使照片动起来，下面介绍具体的操作方法。

教学视频

STEP 01 将“媒体”功能区中的12张菜品照片依次添加到视频轨道中，并统一调整照片的时长为00:00:01:00，如图8-63所示。

图8-63　添加并调整照片

STEP 02 选择第1张照片，在“动画”操作区的“组合”选项卡中，选择“旋转伸缩”动画，如图8-64所示。执行操作后，为第2张和第3张照片也添加“旋转伸缩”组合动画。

STEP 03 选择第4张照片，在“动画”操作区的“组合”选项卡中，选择“形变右缩”动画，如图8-65所示。执行操作后，为第5张和第6张照片也添加“形变右缩”组合动画。

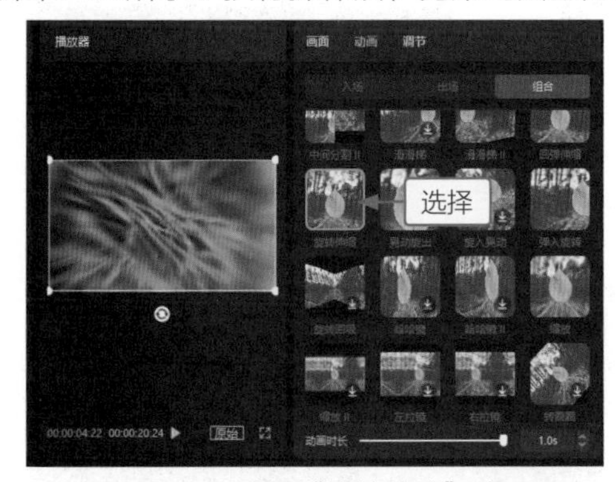

图8-64　选择“旋转伸缩”动画

图8-65　选择“形变右缩”动画

STEP 04 选择第7张照片，在“动画”操作区的“组合”选项卡中，选择“回弹伸缩”动画，如图8-66所示。执行操作后，为第8张和第9张照片也添加“回弹伸缩”组合动画。

STEP 05 选择第10张照片，在“动画”操作区的“组合”选项卡中，选择“缩放”动画，如图8-67所示。执行操作后，为第11张和第12张照片也添加“缩放”组合动画。

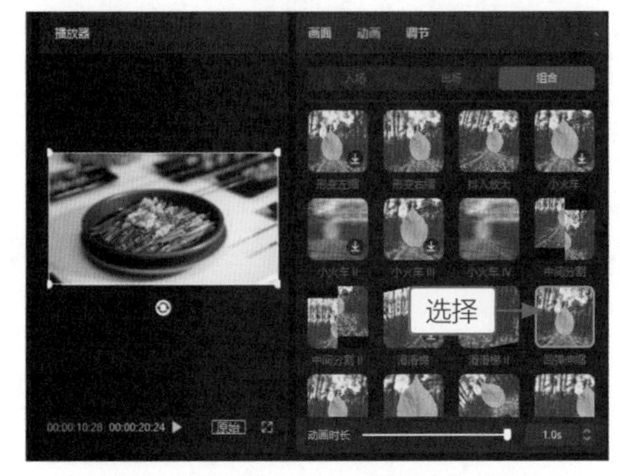

图8-66　选择“回弹伸缩”动画

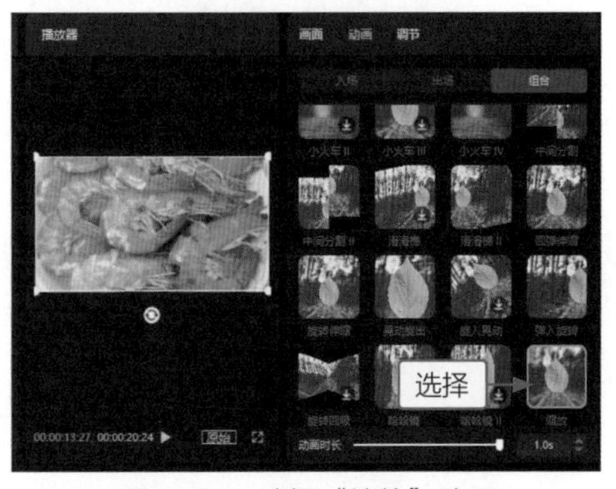

图8-67　选择“缩放”动画

8.2.3 添加广告宣传文本

教学视频

接下来要制作的是菜肴广告短片主体对应的宣传文本，这里是每3张照片添加一个宣传文本，下面介绍具体的操作方法。

STEP 01 ❶拖曳时间指示器至照片的开始位置；❷添加一个默认文本，如图8-68所示。

STEP 02 在“编辑”操作区的“文本”选项卡中，❶输入宣传文本内容；❷设置一个合适的字体；❸在“播放器”面板中调整文本的位置，如图8-69所示。

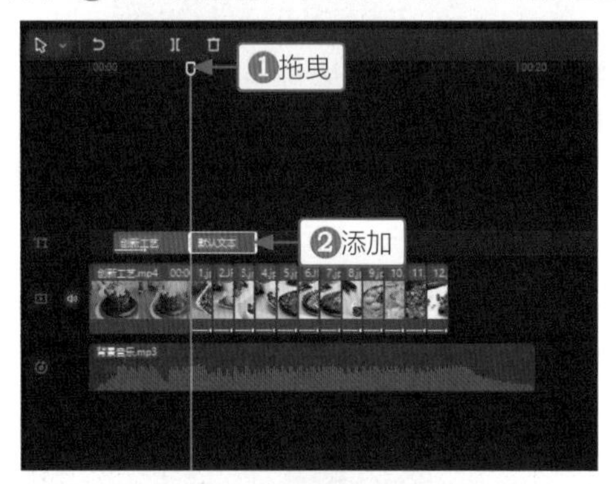

图8-68 添加默认文本

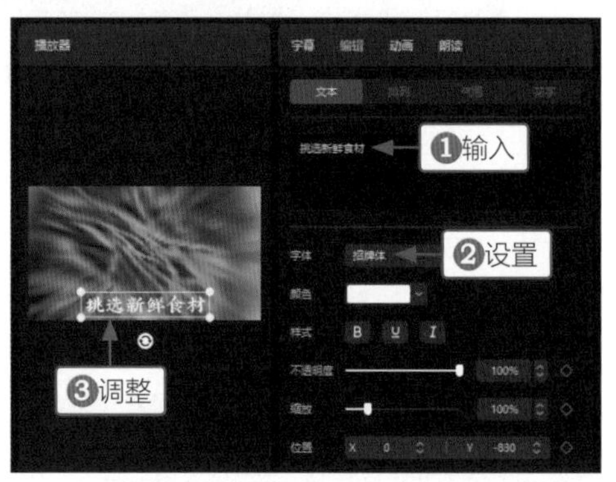

图8-69 输入和设置文本

STEP 03 在“预设样式”选项区中，选择一个合适的预设样式，如图8-70所示。

STEP 04 在“动画”操作区的“入场”选项卡中，选择“渐显”动画，如图8-71所示。

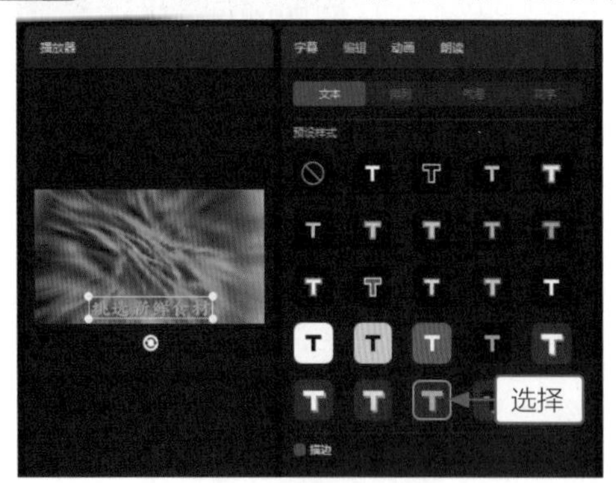

图8-70 选择预设样式

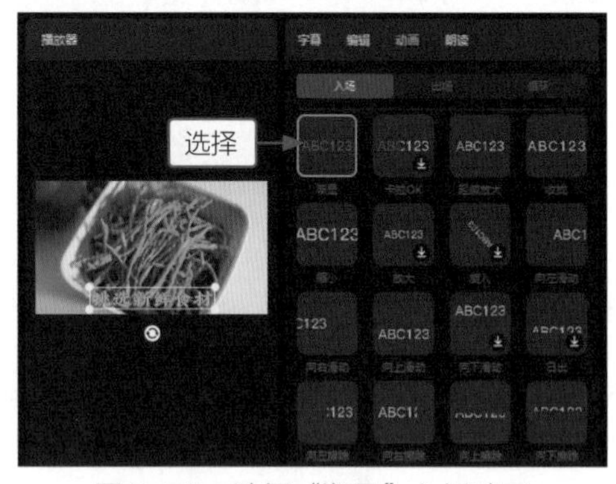

图8-71 选择“渐显”入场动画

STEP 05 在“出场”选项卡中，选择“渐隐”动画，如图8-72所示。

STEP 06 ❶拖曳时间指示器至第4张照片的开始位置；❷复制并粘贴制作的宣传文本，如图8-73所示。

STEP 07 在“编辑”操作区的“文本”选项卡中，修改文本内容，制作第2个宣传文本，如图8-74所示。

STEP 08 用上述同样的方法，制作第3个和第4个宣传文本，如图8-75所示。

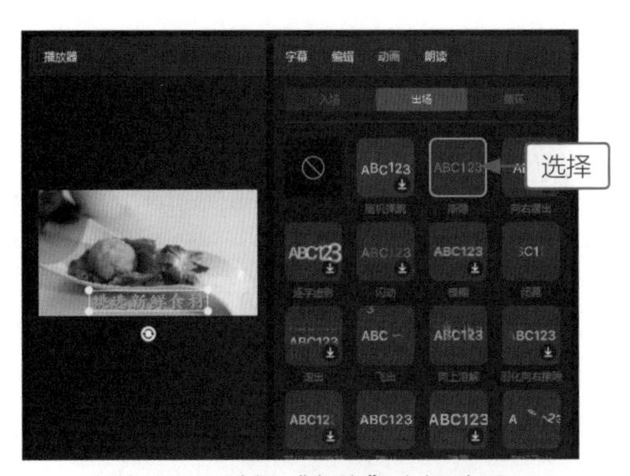

图8-72　选择“渐隐”出场动画

图8-73　复制并粘贴宣传文本

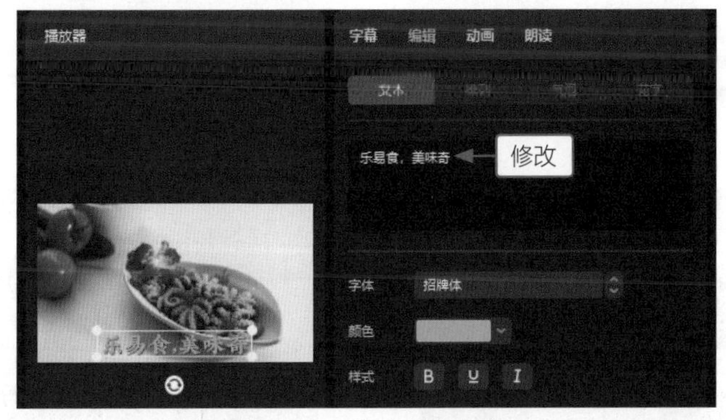

图8-74　修改文本内容

图8-75　制作第3个和第4个宣传文本

8.2.4 制作短片片尾

最后制作菜肴广告短片的片尾，片尾需要展示门店的名称，以吸引观众到店品尝菜肴，下面介绍具体的操作方法。

教学视频

STEP 01 拖曳时间指示器至第12张照片的结束位置，在“文本”功能区“文字模板”的“标记”选项卡中，单击“味”模板中的“添加到轨道”按钮⊕，如图8-76所示。

STEP 02 在字幕轨道中添加文字模板，并调整其结束位置与音频的结束位置对齐，如图8-77所示。

图8-76　添加“味”模板到轨道

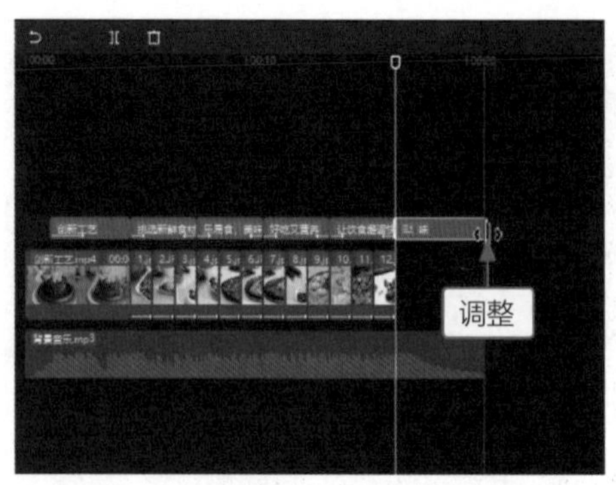

图8-77　调整“味”模板的结束位置

STEP 03 在“编辑”操作区中，❶修改文本内容；❷在“播放器”面板中调整文本的大小和位置，如图8-78所示。

STEP 04 拖曳时间指示器至00:00:17:24的位置，在“文本”功能区“文字模板”的“精选”选项卡中，选择一个合适的模板，单击“添加到轨道”按钮⊕，如图8-79所示。

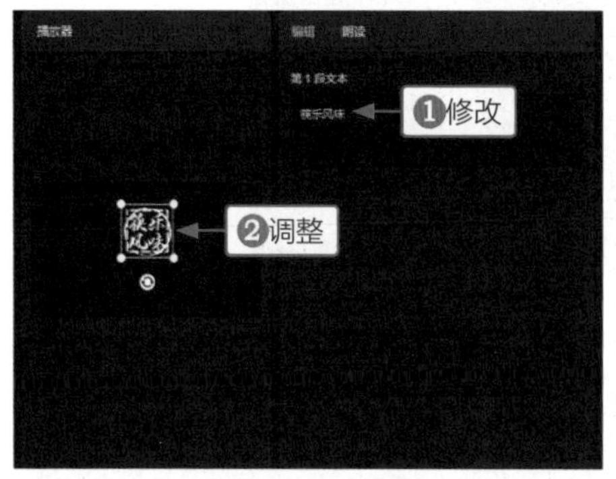

图8-78　修改并调整文本

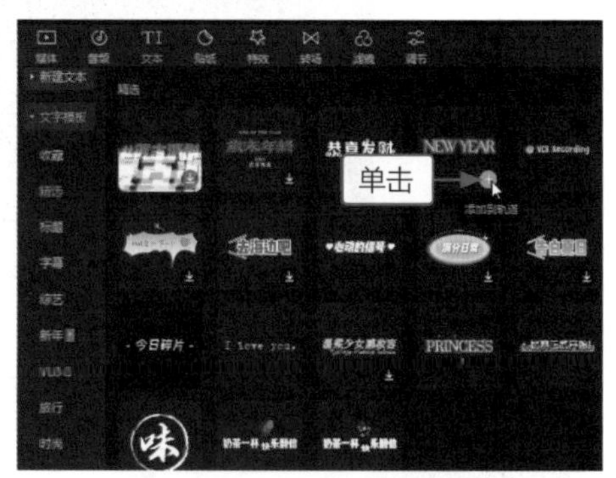

图8-79　添加模板到轨道

STEP 05 在第2条字幕轨道中添加文字模板，并调整其结束位置与音频的结束位置对齐，如图8-80所示。

STEP 06 在“编辑”操作区中，❶删除第1段文本；❷修改第2段文本；❸在“播放器”面板中调整文本的大小和位置，如图8-81所示。至此，完成菜肴广告短片的制作。

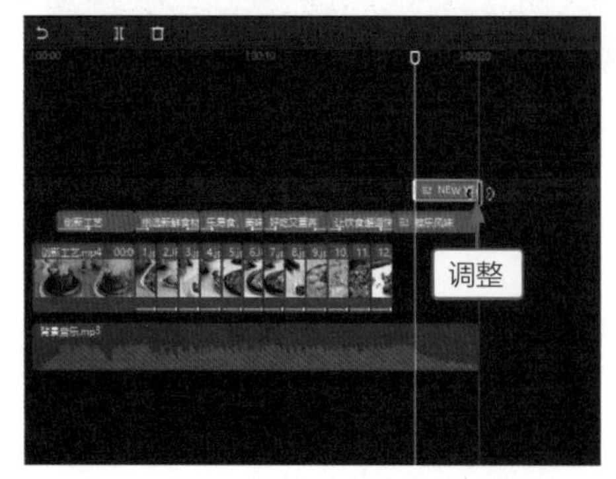

图8-80　调整文字模板的结束位置

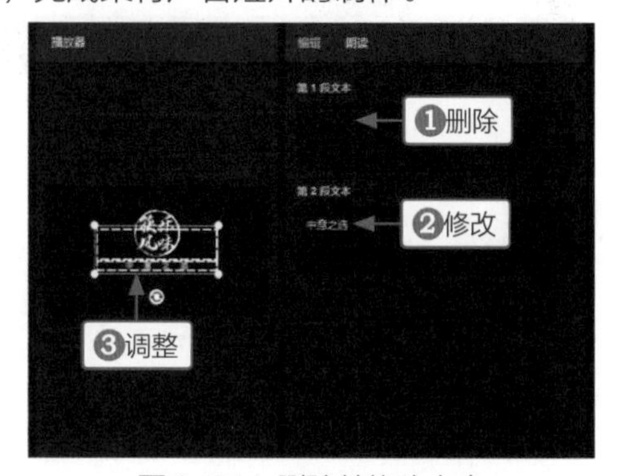

图8-81　删除并修改文本

8.3 面包广告短片制作

案例效果

【效果说明】：在制作面包广告短片时可以采用全视频素材，毕竟图片是单一性的，只能表达面包某一个角度的状态，而视频却可以全方位地展示面包或松软或酥脆的状态，更能吸引顾客。面包广告短片效果，如图8-82所示。

图8-82　面包广告短片效果

8.3.1 添加音乐制作卡点

教学视频

为了让面包广告短片更有特点，可以选择一段节奏感比较均衡的背景音乐，通过剪映的踩点功能为音频添加节拍点，制作视频的卡点效果。下面介绍添加音乐制作卡点的操作方法。

STEP 01 在剪映“媒体”功能区中，导入10个面包视频和一段背景音乐，如图8-83所示。

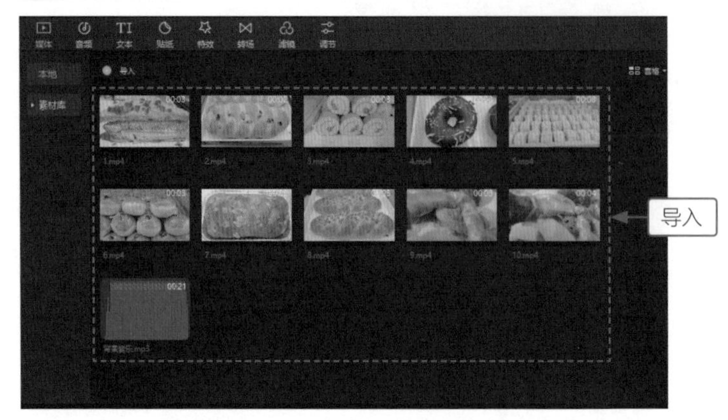

图8-83　导入广告短片需要的素材

STEP 02 将背景音乐添加到音频轨道上，如图8-84所示。

STEP 03 根据背景音乐缩略图中显示的节奏音波，❶拖曳时间指示器至00:00:02:04的位置；❷单击“手动踩点”按钮，如图8-85所示。

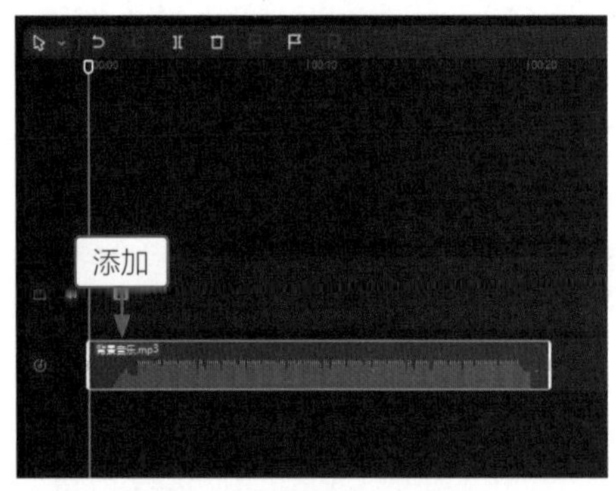

图8-84　添加背景音乐

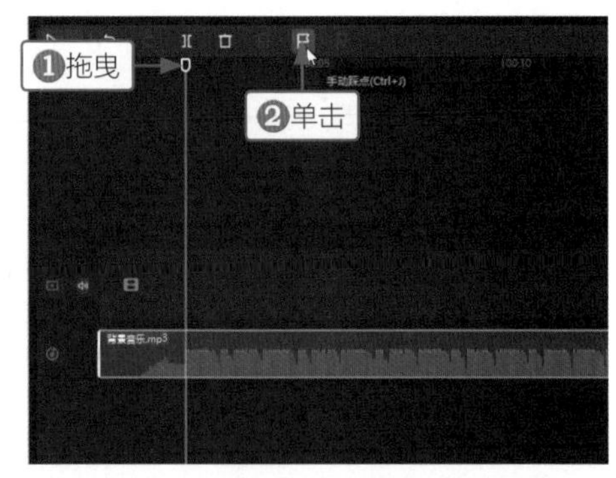

图8-85　单击“手动踩点”按钮

STEP 04 执行操作后，即可添加一个黄色的节拍点，如图8-86所示。

STEP 05 使用上述同样的方法，在其他位置添加多个节拍点，如图8-87所示。

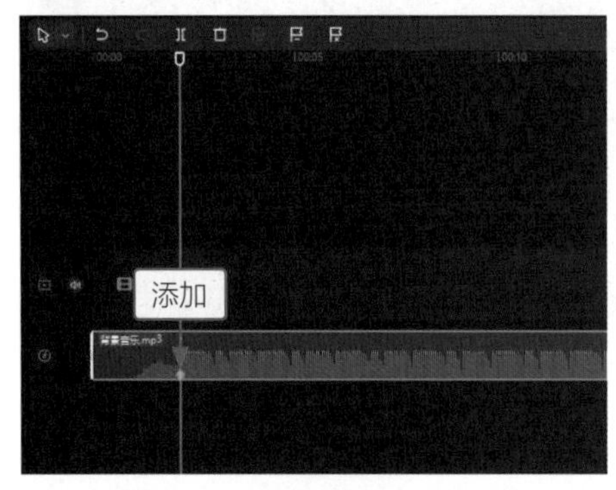

图8-86　添加黄色的节拍点

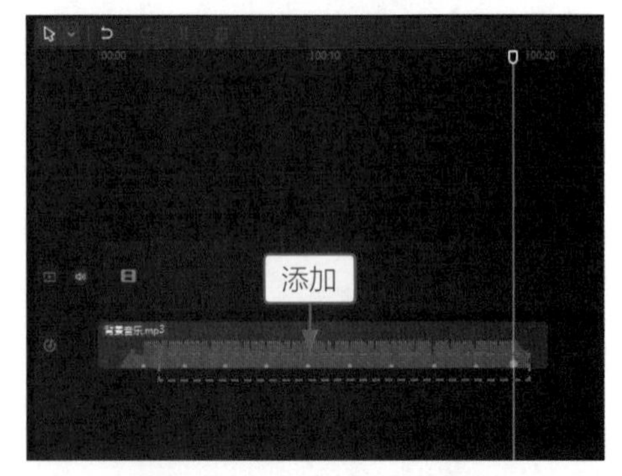

图8-87　添加多个节拍点

STEP 06 将所有的视频依次添加到视频轨道上，如图8-88所示。

STEP 07 根据节拍点的位置，使第1个视频的结束位置与第1个节拍点对齐，后面的视频以此类推调整时长，如图8-89所示。执行操作后，可制作出卡点效果。

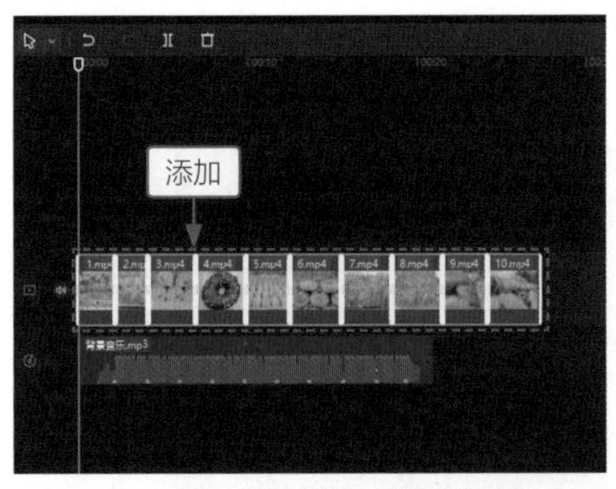

图8-88　添加所有视频至轨道

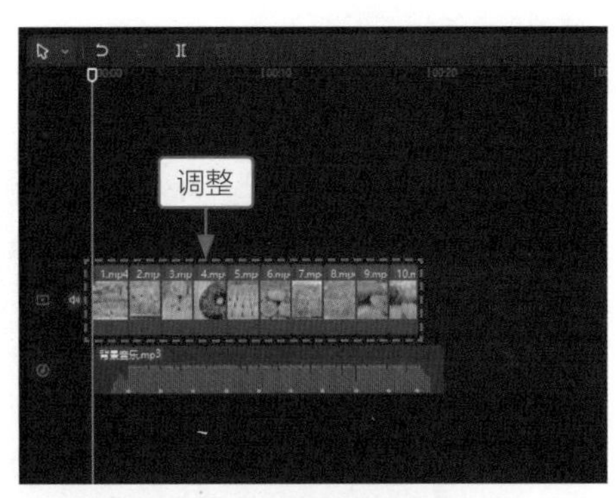

图8-89　调整视频的时长

STEP 08 选择第1个视频，在“动画”操作区的“入场”选项卡中，❶选择“渐显”动画；❷设置“动画时长”参数为0.5s，使广告片头呈现黑屏渐显的效果，如图8-90所示。

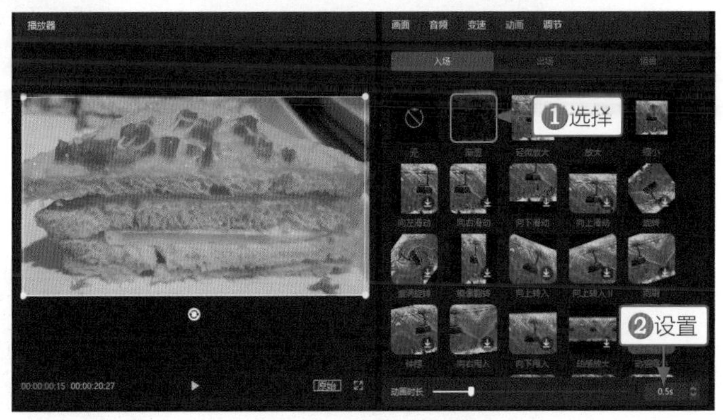

图8-90　设置入场动画

8.3.2 为视频进行调色处理

教学视频

在拍摄视频时，因为环境、灯光等原因，可能会导致拍摄的面包颜色不好看。在剪映中，可以通过“调节”功能来处理视频，进行调色。下面介绍为视频进行调色处理的操作方法。

STEP 01 在“调节”功能区中，单击“自定义调节”中的“添加到轨道”按钮⊕，如图8-91所示。

STEP 02 执行操作后，即可在轨道上添加一个调节效果，并调整调节效果的结束位置，与最后一个视频的结束位置对齐，如图8-92所示。

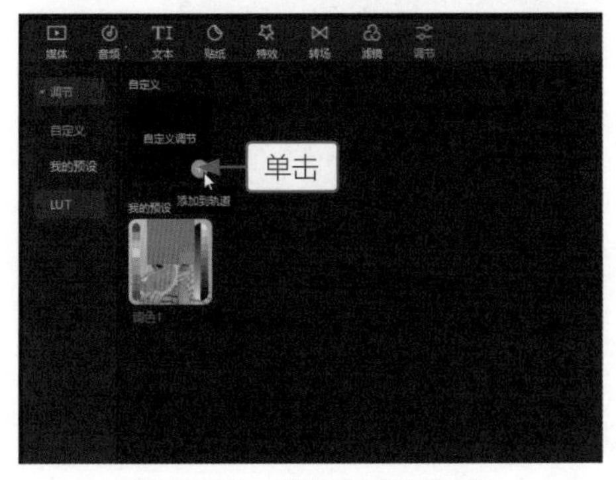

图8-91　添加自定义调节

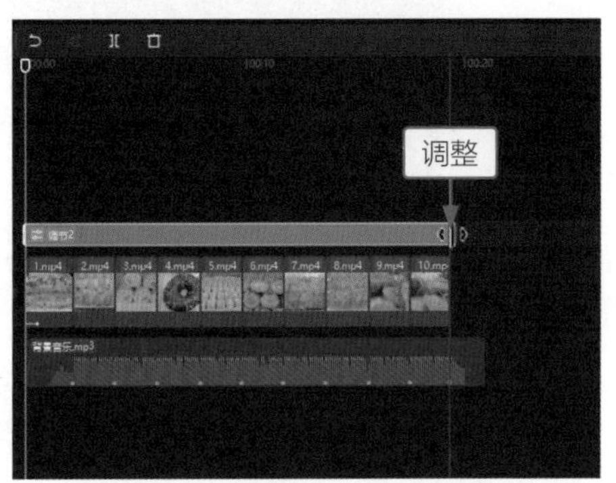

图8-92　调整调节效果的结束位置

STEP 03 在“调节”操作区的“基础”选项卡中，设置“饱和度”参数为25，使画面中的颜色更加浓郁、鲜艳，如图8-93所示。

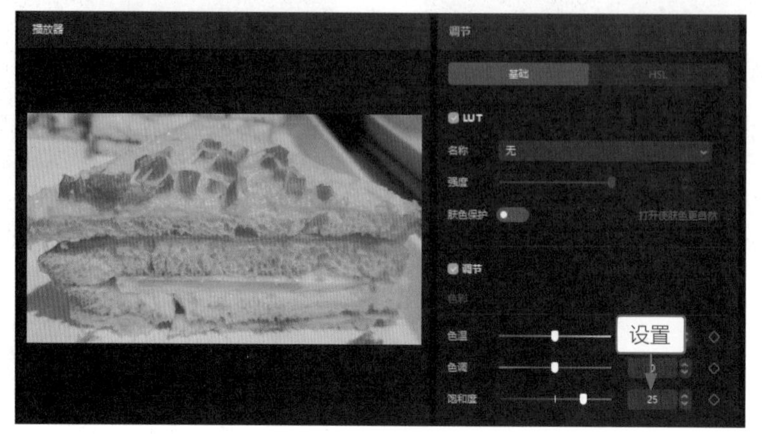

图8-93 设置“饱和度”参数

STEP 04 设置“亮度”参数为-9，稍微降低画面中的亮度，如图8-94所示。

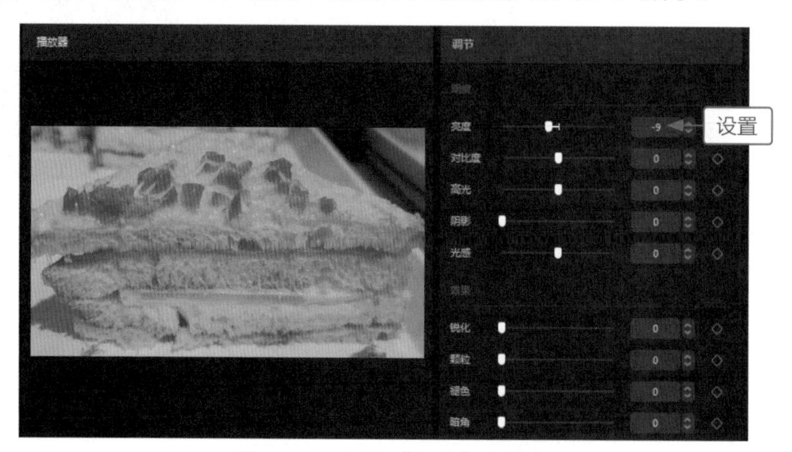

图8-94 设置“亮度”参数

STEP 05 设置“高光”参数为-5，调整画面中的高光亮度、降低曝光，如图8-95所示。

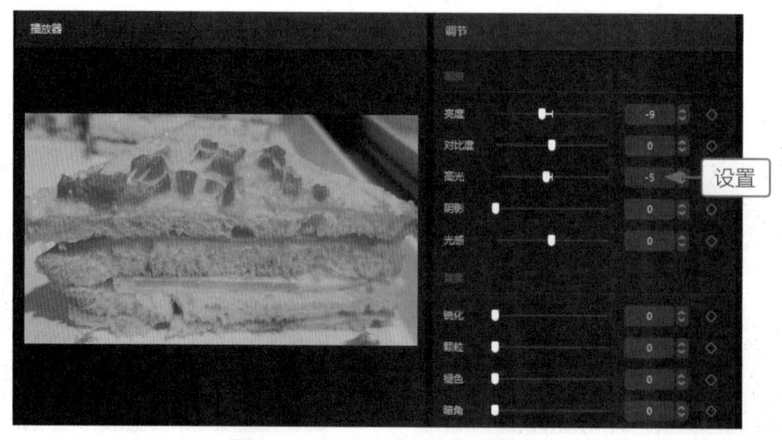

图8-95 设置“高光”参数

STEP 06 设置“光感”参数为-6，稍微降低画面中的光线亮度，如图8-96所示。

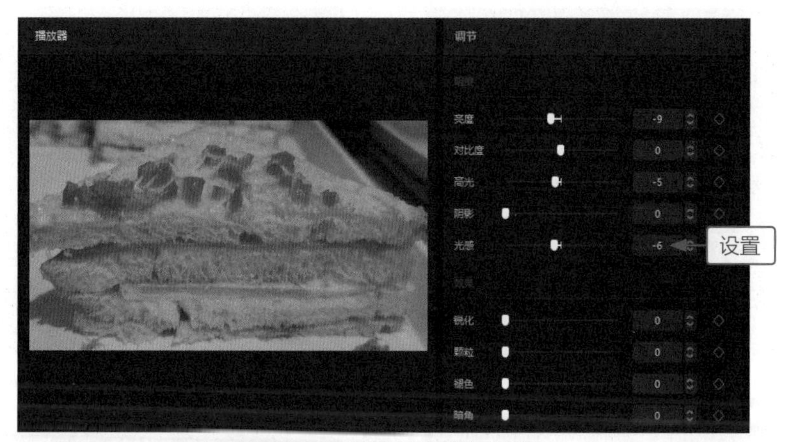

图8-96　设置“光感”参数

STEP 07 设置“锐化”参数为5，使被摄物体的边缘线和棱角更加明显，如图8-97所示。执行操作后，即可对所有的视频调色。

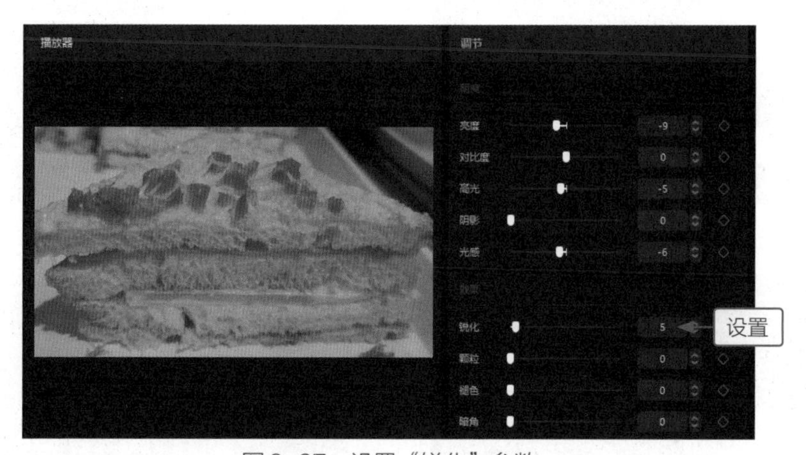

图8-97　设置“锐化”参数

8.3.3 制作广告文本

完成视频调色后，接下来即可为广告短片添加宣传文本。下面介绍制作面包广告文本的操作方法。

教学视频

STEP 01 拖曳时间指示器至第2个视频的开始位置，如图8-98所示。

STEP 02 在字幕轨道中，添加一个默认文本，并调整其时长与第2个视频同长，如图8-99所示。

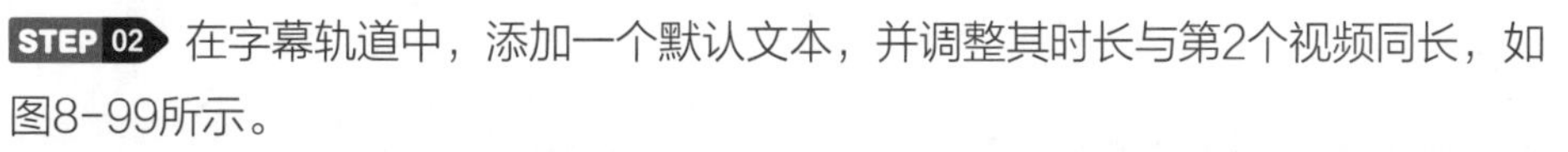

STEP 03 在“编辑”操作区的“文本”选项卡中，❶输入第1句广告文本内容；❷设置一个合适的字体；❸在“播放器”面板中调整文本的大小和位置，如图8-100所示。

STEP 04 在“预设样式”选项区中，选择一个合适的预设样式，如图8-101所示。

STEP 05 在“排列”选项卡中，设置“字间距”参数为3，如图8-102所示。

STEP 06 在“动画”操作区的“入场”选项卡中，❶选择“向右滑动”动画；❷设置“动画时长”参数为0.5s，如图8-103所示。

图8-98　拖曳时间指示器

图8-99　添加并调整文本

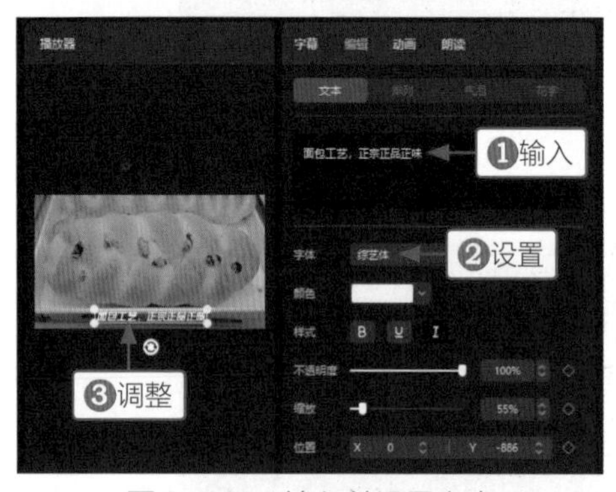

图8-100　输入并设置文本

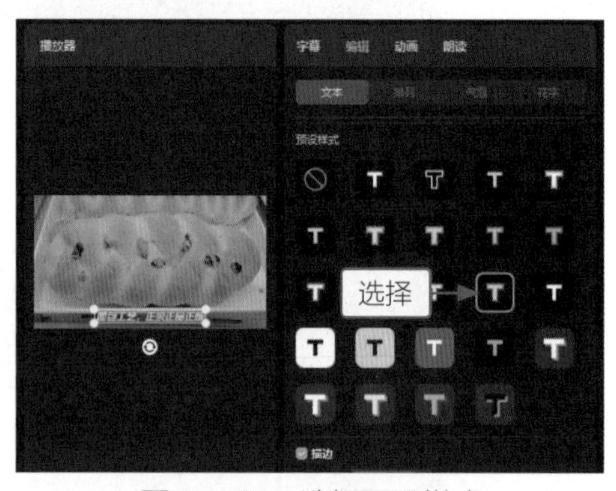

图8-101　选择预设样式

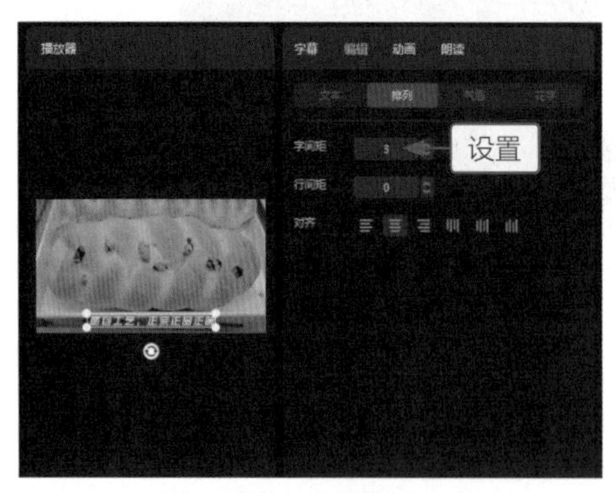

图8-102　设置字间距

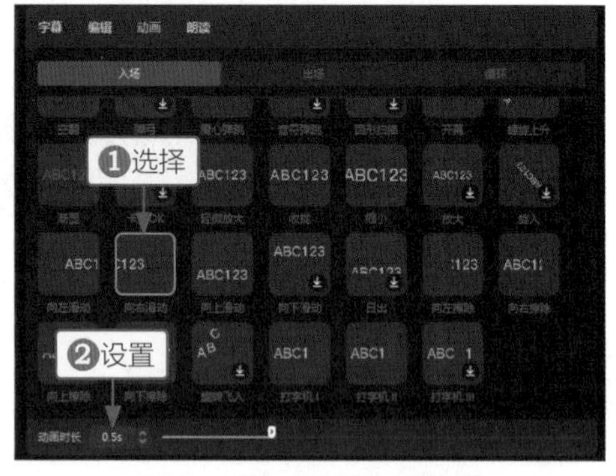

图8-103　设置入场动画

STEP 07 在“播放器”面板中，查看制作的文本入场动画效果，如图8-104所示。

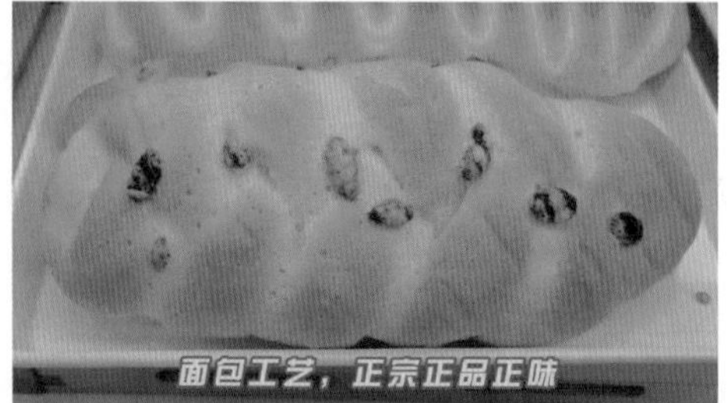

图8-104　查看文本入场动画效果

STEP 08 在“动画”操作区的“出场”选项卡中，❶选择“螺旋下降”动画；❷设置“动画时长”参数为0.5s，如图8-105所示。

STEP 09 在“播放器”面板中，查看制作的文本出场动画效果，如图8-106所示。

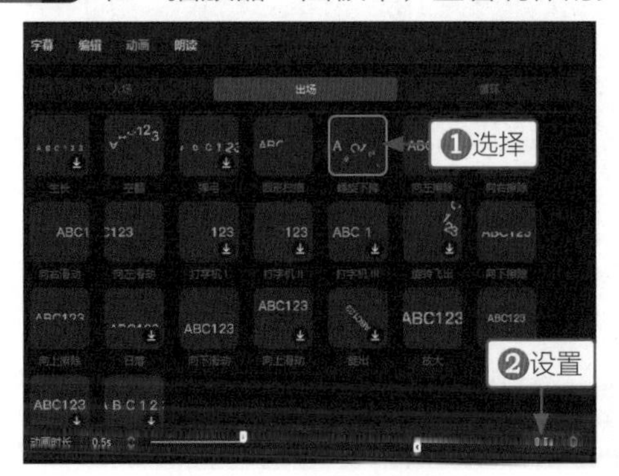

图8-105 设置出场动画

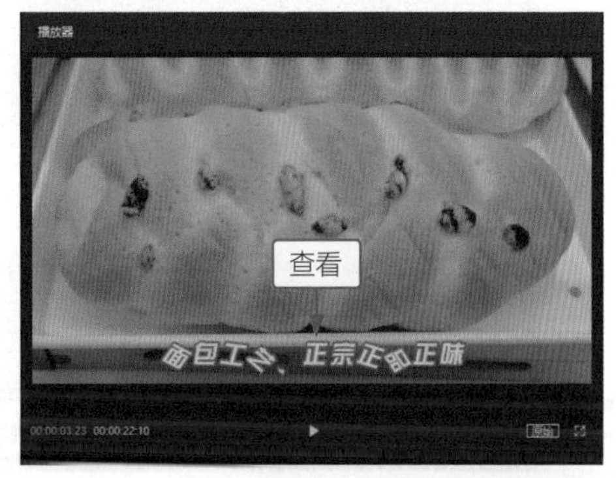

图8-106 查看文本出场动画效果

STEP 10 拖曳时间指示器至第3个视频的开始位置，如图8-107所示。

STEP 11 复制并粘贴制作的广告文本，并调整文本时长与第3个视频的时长一致，如图8-108所示。

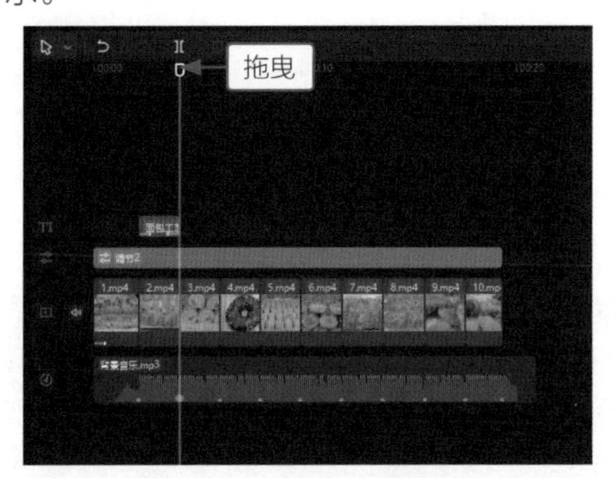

图8-107 拖曳时间指示器

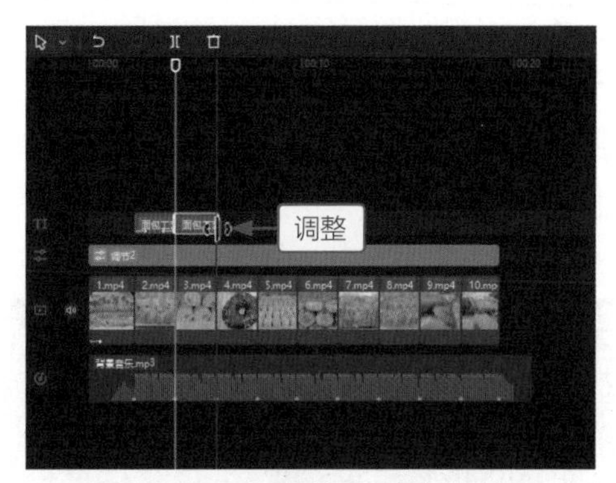

图8-108 调整第2个文本的时长

STEP 12 打开一个事先编辑好的广告文本记事本，选择并复制第2句广告文本，如图8-109所示。

STEP 13 在剪映“编辑”操作区的“文本”选项卡中，粘贴复制的广告文本，如图8-110所示。

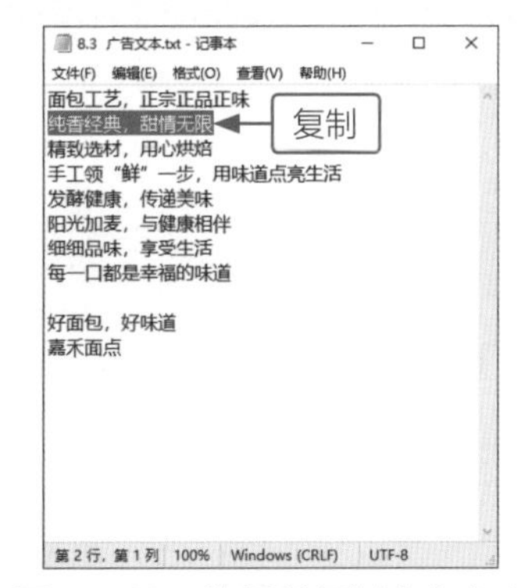

图8-109 选择并复制广告文本

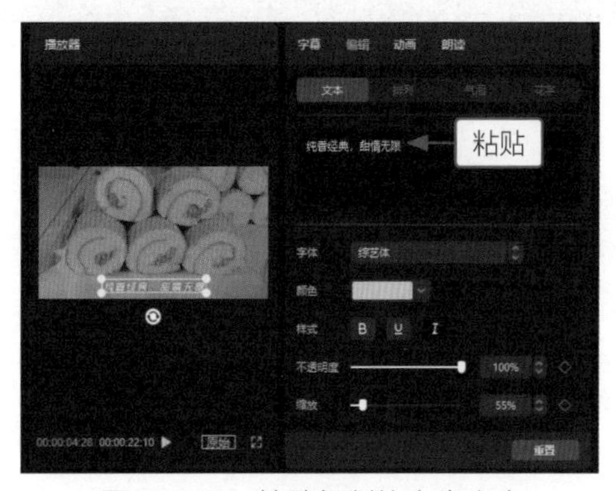

图8-110 粘贴复制的广告文本

STEP 14 用上述同样的方法，再次制作8个广告文本，这里制作的第8个文本对应的是第9个视频和第10个视频，如图8-111所示。

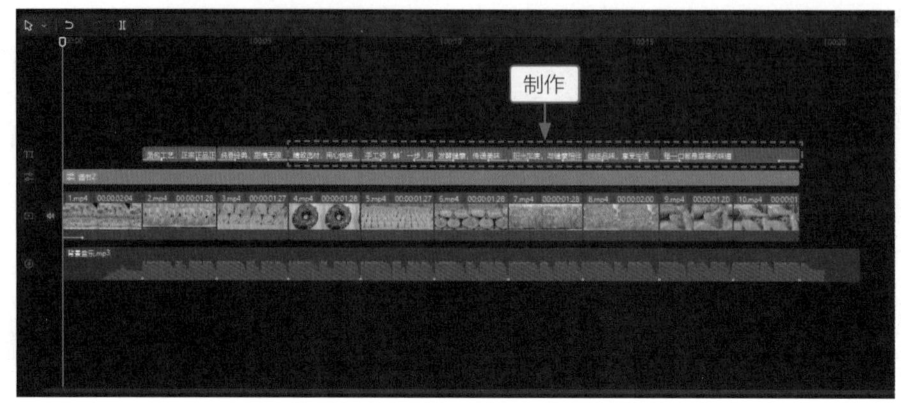

图8-111　再次制作8个广告文本

8.3.4 制作广告片尾

接下来需要制作的是广告短片的片尾，主要用于呈现店名和标语。下面介绍制作面包广告片尾的操作方法。

教学视频

STEP 01 拖曳时间指示器至第10个视频的结束位置，如图8-112所示。

STEP 02 在“文本”功能区“文字模板”的“时尚”选项卡中，选择一个合适的模板，单击“添加到轨道”按钮⊕，如图8-113所示。

图8-112　拖曳时间指示器

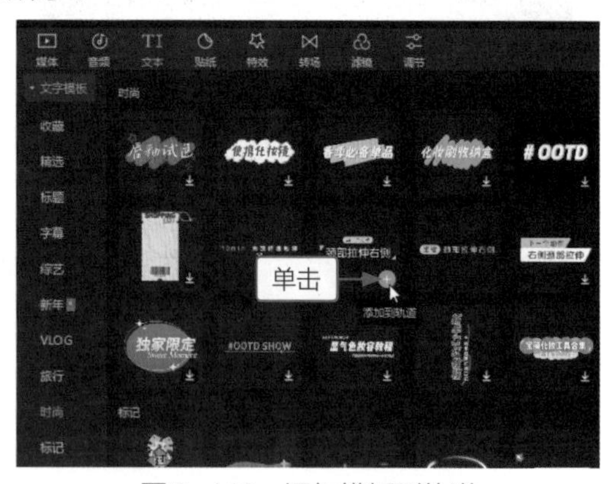

图8-113　添加模板到轨道

STEP 03 执行操作后，在字幕轨道中添加文字模板，如图8-114所示。

STEP 04 在“编辑”操作区中，❶修改第1段文本为标语；❷修改第2段文本为店名，如图8-115所示。

STEP 05 在“播放器”面板中，查看制作的片尾效果，如图8-116所示。至此，完成面包广告短片的制作。

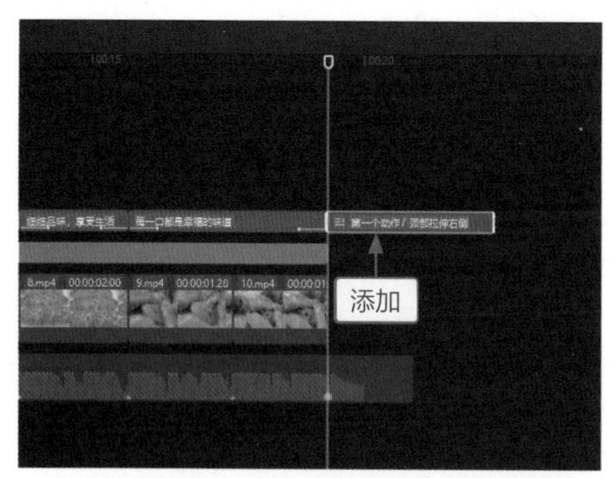

图8-114　添加文字模板

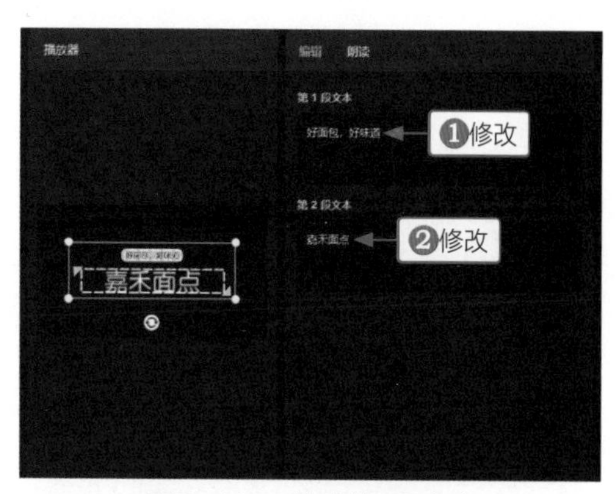

图8-115　修改第2段文本

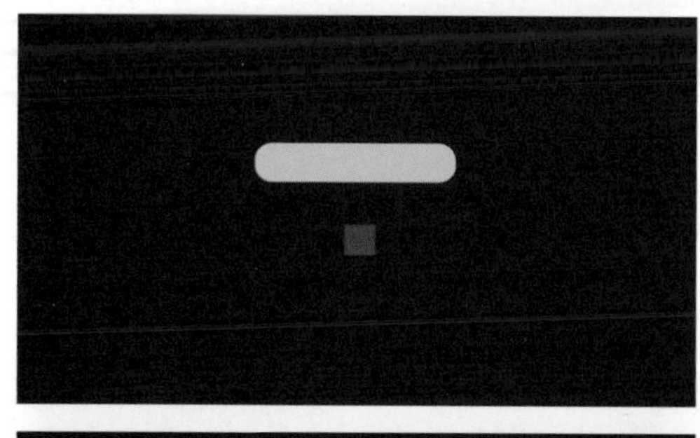

图8-116　查看片尾效果